| 中文版 |

3ds Max 2016/VRay

效果图制作技术大全

时代印象　编著

人民邮电出版社

北 京

图书在版编目（CIP）数据

中文版3ds Max 2016/VRay效果图制作技术大全 ／ 时代印象编著. -- 北京 ：人民邮电出版社，2021.6
ISBN 978-7-115-53875-8

Ⅰ．①中… Ⅱ．①时… Ⅲ．①三维动画软件 Ⅳ.
①TP391.414

中国版本图书馆CIP数据核字（2021）第021558号

内 容 提 要

本书内容针对零基础读者编写，旨在全面介绍效果图制作的基本功能及实际运用，是读者快速、全面掌握效果图制作的应备参考书。

本书从 3ds Max 2016 的基本操作入手，结合大量的可操作性练习，全面而深入地阐述建模、摄影机、材质与贴图、灯光和渲染等方面的技术。在软件运用方面，本书还结合 VRay 渲染器进行讲解，向读者展示如何运用 3ds Max 结合 VRay 渲染器进行效果图设计。

本书共 7 篇（17 章），每篇分别介绍一个技术版块的内容，讲解详细，实例丰富，通过大量的实例练习，读者可以轻松而有效地掌握软件技术。

本书附带一套学习资源，内容包含"练习文件"和"PPT 课件"。其中，"练习文件"中包含本书所有练习的初始文件、素材贴图、渲染成图和最终成品文件；"PPT 课件"可供教师教学时参考。读者可以通过在线方式获取相关资源，具体方法请参看本书前言。

本书非常适合作为初、中级读者的入门及提高参考书，尤其是零基础读者。另外，请读者注意，本书写作使用的软件版本为中文版 3ds Max 2016 和 VRay 3.0 for 3ds Max 2016。

◆ 编　著　　时代印象
　　责任编辑　　张丹丹
　　责任印制　　马振武

◆ 人民邮电出版社出版发行　　北京市丰台区成寿寺路 11 号
　　邮编　100164　　电子邮件　315@ptpress.com.cn
　　网址　https://www.ptpress.com.cn
　　三河市中晟雅豪印务有限公司印刷

◆ 开本：787×1092　1/16
　　印张：36.25
　　字数：1250 千字　　　　　　2021 年 6 月第 1 版
　　印数：1 – 1 500 册　　　　　2021 年 6 月河北第 1 次印刷

定价：129.90 元

读者服务热线：(010)81055410　印装质量热线：(010)81055316
反盗版热线：(010)81055315
广告经营许可证：京东市监广登字 20170147 号

3ds Max是备受广大三维设计用户青睐的三维制作软件之一。3ds Max功能强大，拥有完整的工作流程，还可以与其他模型、特效及渲染插件结合使用，其应用领域涉及广告制作、影视包装、工业设计、三维动画和游戏开发等。

在效果图制作领域，除了3ds Max之外，VRay也被业界广泛认可。在实际工作中，3ds Max用于创建模型，VRay用于渲染输出，两者各司其职。VRay是一款性能优良的全局光渲染器，其优点是简单、易用，渲染效果逼真，速度也比较快，所以，尽管VRay只是一款独立的渲染插件，但依然获得了业界的广泛认可，成为当前主流的渲染利器。

图书结构与内容

本书共17章，分为7篇，根据效果图制作的基本流程依次介绍如下。

软件基础篇（第1章）：本篇介绍了效果图制作的基础理论知识，包括3ds Max 2016的应用领域、特点、界面组成元素、视图操作、公共菜单与视图菜单、用户设置和对象的基本操作等内容。本部分的内容属于软件基础知识，只有掌握好了这些内容，才能在后面的学习中得心应手。

建模篇（第2~7章）：本篇介绍了效果图制作中的常用建模方法，包括内置几何体建模、样条线建模、修改器建模、多边形建模及毛发和布料的知识。

摄影机篇（第8章）：本篇介绍了摄影机的相关知识，包括摄影机的创建及使用方法等。

材质篇（第9~10章）：本篇介绍效果图的材质制作方法，包括材质与贴图技术和效果图中常用材质的制作方法。

布光篇（第11~12章）：本篇介绍了效果图的布光方法，包括3ds Max的灯光系统和效果图中常用的布光方法。

渲染篇（第13~15章）：本篇介绍了效果图的渲染方法，包括渲染前的准备工作、VRay渲染技术和效果图的常用渲染技法。

综合表现篇（第16~17章）：本篇介绍了效果图的综合表现实例，分别从家装和工装两个不同领域介绍了效果图的制作。

资源说明

　　本书附带一套学习资源，内容包含"练习文件"和"PPT课件"。其中，"练习文件"中包含本书所有练习的初始文件、素材贴图、渲染成图和最终成品文件；"PPT课件"可供教师教学时参考。这些学习资源文件可在线获取，扫描下面或封底的"资源获取"二维码，关注"数艺设"的微信公众号，即可得到资源文件获取方式。如需资源获取技术支持，请致函szys@ptpress.com.cn。在学习的过程中，如果遇到问题，欢迎您与我们交流，客服邮箱：press@iread360.com。

资源获取

编者

2020年12月

资源与支持

本书由"数艺设"出品，"数艺设"社区平台（www.shuyishe.com）为您提供后续服务。

配套资源

练习文件：书中所有练习的初始文件、素材贴图、渲染成图和最终成品文件。
PPT课件：可供教师教学时参考。

资源获取请扫码

"数艺设"社区平台，为艺术设计从业者提供专业的教育产品。

与我们联系

我们的联系邮箱是szys@ptpress.com.cn。如果您对本书有任何疑问或建议，请您发邮件给我们，并请在邮件标题中注明本书书名及ISBN，以便我们更高效地做出反馈。

如果您有兴趣出版图书、录制教学课程，或者参与技术审校等工作，可以发邮件给我们；有意出版图书的作者也可以到"数艺设"社区平台在线投稿（直接访问 www.shuyishe.com 即可）。如果学校、培训机构或企业想批量购买本书或"数艺设"出版的其他图书，也可以发邮件联系我们。

如果您在网上发现针对"数艺设"出品图书的各种形式的盗版行为，包括对图书全部或部分内容的非授权传播，请您将怀疑有侵权行为的链接通过邮件发给我们。您的这一举动是对作者权益的保护，也是我们持续为您提供有价值的内容的动力之源。

关于"数艺设"

人民邮电出版社有限公司旗下品牌"数艺设"，专注于专业艺术设计类图书出版，为艺术设计从业者提供专业的图书、U书、课程等教育产品。出版领域涉及平面、三维、影视、摄影与后期等数字艺术门类，字体设计、品牌设计、色彩设计等设计理论与应用门类，UI设计、电商设计、新媒体设计、游戏设计、交互设计、原型设计等互联网设计门类，环艺设计手绘、插画设计手绘、工业设计手绘等设计手绘门类。更多服务请访问"数艺设"社区平台www.shuyishe.com。我们将提供及时、准确、专业的学习服务。

目录

第 **1** 章

效果图制作的软件基础

目前，制作效果图的主流软件是3ds Max和VRay渲染器。3ds Max是一款综合性很强的三维制作软件。本章主要带领读者认识3ds Max 2016的工作界面，以及学习软件的基本操作，为以后的学习打下坚实的基础。

※ 认识3ds Max 2016 　　　　　※ 掌握常用的对象操作
※ 掌握3ds Max的基本操作 　　　※ 掌握加载VRay渲染器的方法
※ 掌握常用的视图操作

1.1 认识3ds Max 2016和VRay

Autodesk公司出品的3ds Max是目前比较受欢迎的三维软件之一，3ds Max功能强大，从诞生以来就一直受到CG艺术家的喜爱。为了不断地完善3ds Max的功能，Autodesk公司不断地对其进行更新，本书使用的版本是3ds Max 2016。而VRay是3ds Max不可或缺的渲染插件，后面会详细介绍。

1.1.1 3ds Max 2016概述

3ds Max在模型塑造、场景渲染、动画及特效等方面都能制作出高品质的对象，这也使其在插画、影视动画、游戏、产品造型和效果图等领域中占据重要地位，成为全球很受欢迎的三维制作软件之一，如图1-1~图1-5所示。

图1-1   图1-2

图1-3   图1-4   图1-5

提示

从3ds Max 2009开始，Autodesk公司推出了两个版本的3ds Max，一个是面向影视动画专业人士的3ds Max，另一个是专门为建筑师、设计师以及可视化设计量身定制的3ds Max Design。对于大多数用户而言，这两个版本是没有任何区别的。在3ds Max 2016中，该公司已经将这两个版本合并为一个版本。另外，建议大家在安装3ds Max 2016时采用Windows 7或更高级别的系统，并且要用64位的操作系统。

1.1.2 VRay渲染器

VRay渲染器是3ds Max常用的一款渲染器插件，其主要作用是为3ds Max提供强大的渲染功能。另外，VRay渲染器也提供了常用的建模、灯光和材质工具，本书后面的内容中将会讲解到。注意，本书所用的VRay渲染器版本是VRay 3.0版，如图1-6所示。

下面介绍VRay渲染器的加载方法。

第1步：安装好VRay渲染器后，在3ds Max 2016中按F10键打开"渲染设置"对话框，如图1-7所示。

图1-6   图1-7

第2步：单击"公用"选项卡，展开"指定渲染器"卷展栏，然后单击"产品级"选项后面的"选择渲染器"按钮，在弹出的"选择渲染器"对话框中选择VRay adv 3.00.08，最后单击"确定"按钮，如图1-8所示。加载VRay渲染器后的"渲染设置"对话框如图1-9所示。

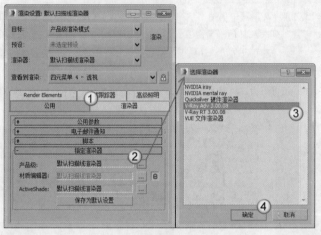

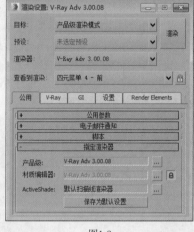

图1-8   图1-9

提示

本书几乎所有实例所用的渲染器都是VRay渲染器，因此需要先安装好这个渲染器（关于VRay渲染器的安装方法，读者可以在互联网上查找相关资料）。另外，关于VRay渲染器的具体内容，本书后面的章节会详细介绍。

1.2 3ds Max 2016的工作界面

安装好3ds Max 2016后，可以通过以下两种方法来启动3ds Max 2016。

第1种：双击桌面上的快捷图标 。

第2种：执行"开始>所有程序>Autodesk 3ds Max 2016>3ds Max 2016-Simplified Chinese"命令，如图1-10所示。

图1-10

在启动3ds Max 2016的过程中，可以观察到3ds Max 2016的启动画面，如图1-11所示，启动完成后可以看到其工作界面，如图1-12所示。3ds Max 2016的视口显示是四视图显示，如果要切换到单一的视图，可以单击界面右下角的"最大化视口切换"按钮回或按Alt+W组合键，如图1-13所示。

图1-11

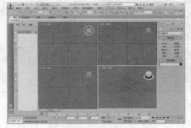
图1-12

图1-13

技术专题：如何使用教学影片

在初次启动3ds Max 2016时，系统会自动弹出欢迎屏幕，其中包括"学习""开始"和"扩展"3个选项卡，如图1-14所示。"学习"选项卡中提供了"1分钟启动影片"列表和其他学习资源，如图1-15所示；在"开始"选项卡中，不仅可以在"最近使用的文件"中打开最近使用过的文件，还可以在"启动模板"中选择对应的场景类型，并新建场景，如图1-16所示；"扩展"选项卡中提供了扩展3ds Max功能的途径，可以搜寻Autodesk Exchange商店提供的精选应用和Autodesk资源的列表，包括Autodesk 360和The Area，还可以通过单击"Autodesk动画商店"链接和"下载植物"链接将资源添加到场景中，如图1-17所示。

图1-14

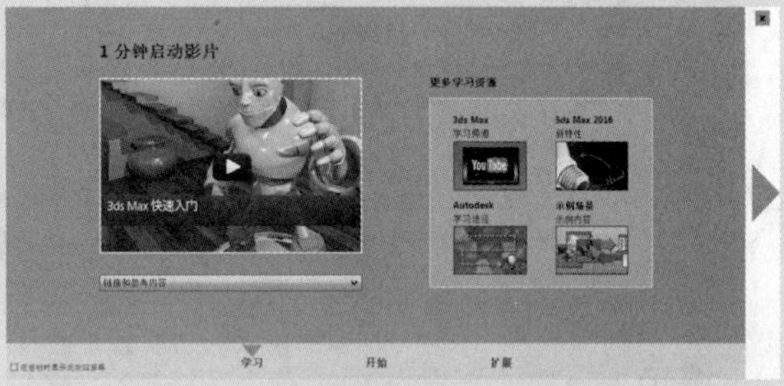

图1-15

图1-16

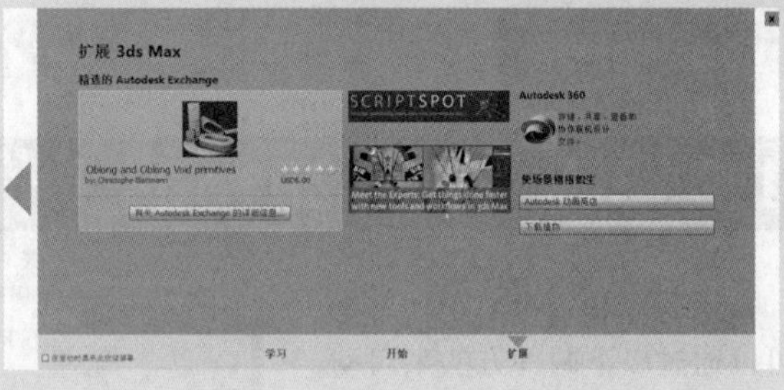

图1-17

若想在启动3ds Max 2016时不弹出欢迎屏幕对话框，只需要在欢迎屏幕的左下角关闭"在启动时显示此欢迎屏幕"选项，如图1-18所示；若要恢复欢迎屏幕对话框，可以执行"帮助>欢迎屏幕"菜单命令来打开该对话框，如图1-19所示。

图1-18

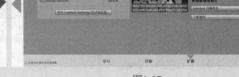
图1-19

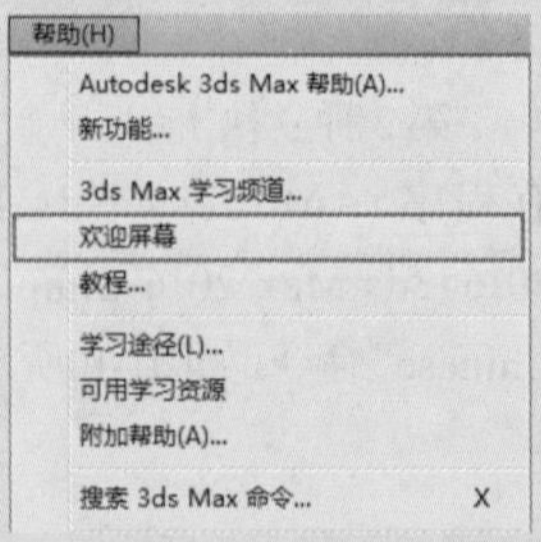

3ds Max 2016的工作界面分为"标题栏"、"菜单栏"、"主工具栏"、视口区域、"视口布局选项卡"、"场景资源管理器"、Ribbon工具栏、"命令"面板、"时间尺"、"状态栏"、时间控制按钮和视口导航控制按钮12大部分,如图1-20所示。

默认状态下的"主工具栏"、"命令"面板和"视口布局选项卡"分别停靠在界面的上方、右侧和左侧,可以通过拖曳的方式将其移动到界面的其他位置,这时将以浮动的面板形态呈现在界面中,如图1-21所示。

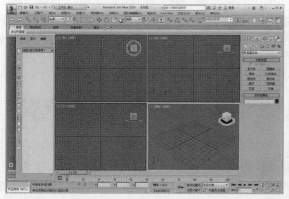

图1-20

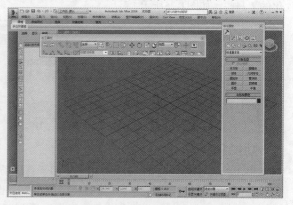

图1-21

提示

若想将浮动的工具栏/面板切换回停靠状态,可以将浮动的工具栏/面板拖曳到任意一个工具栏或面板的边缘,或者直接双击工具栏/面板的标题名称。如"命令"面板是浮动在界面中的,将光标放在"命令"面板的标题名称上,然后双击鼠标左键,这样"命令"面板就会返回到停靠状态,如图1-22和图1-23所示。另外,也可以在工具栏/面板的顶部单击鼠标右键,在弹出的菜单中选择"停靠"菜单下的子命令来选择停靠位置,如图1-24所示。

图1-22

图1-23

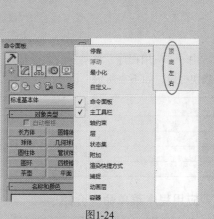

图1-24

1.3 标题栏

3ds Max 2016的"标题栏"位于界面的顶部。"标题栏"中包含当前编辑的文件名称、软件版本信息，同时还有软件图标（这个图标也称为"应用程序"图标）、快速访问工具栏和信息中心3个非常人性化的工具栏，如图1-25所示。

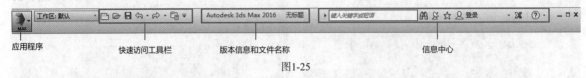

图1-25

1.3.1 应用程序

功能介绍

单击"应用程序"图标会弹出一个用于管理场景文件的下拉菜单。这个菜单与之前版本的"文件"菜单类似，主要包括"新建""重置""打开""保存""另存为""导入""导出""发送到""参考""管理"和"属性"命令，以及一个"最近使用的文档"列表，如图1-26所示。

图1-26

由于"应用程序"菜单下的命令都是一些常用的命令，因此使用频率很高，这里提供其中一些命令的键盘快捷键，如下表所示。请牢记这些快捷键，这样可以节省很多操作时间。

命令	快捷键
新建	Ctrl+N
打开	Ctrl+O
保存	Ctrl+S
退出3ds Max	Alt+F4

应用程序菜单命令介绍

❖ 新建：该命令用于新建场景，包含4种方式，如图1-27所示。

20

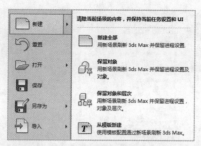

图1-27

❖ 新建全部：新建一个场景，并清除当前场景中的所有内容。

❖ 保留场景：保留场景中的对象，但是删除它们之间的任意链接以及任意动画键。

❖ 保留对象和层次：保留对象以及它们之间的层次链接，但是删除任意动画键。

❖ 从模板新建：从"创建新场景"对话框中选择场景模板进行创建，如图1-28所示。

图1-28

提示

在一般情况下，可以通过按Ctrl+N组合键打开"新建场景"对话框，在该对话框中也可以选择新建方式，如图1-29所示。这种方式是最快捷的新建方式。

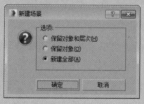

图1-29

❖ 重置：执行该命令可以清除所有数据，并重置3ds Max设置（包括视口配置、捕捉设置、材质编辑器和视口背景图像等）。重置可以还原启动软件时的默认设置，并且可以移除当前所做的任何自定义设置。

❖ 打开：该命令用于打开场景，包含两种方式，如图1-30所示。

图1-30

❖ 打开：执行该命令或按Ctrl+O组合键可以打开"打开文件"对话框，在该对话框中可以选择要打开的3ds Max场景文件，如图1-31所示。

图1-31

—— 提示 ——

除了用"打开"命令打开场景以外，还有一种更为简便的方法。在文件夹中选择要打开的场景文件，使用鼠标左键直接拖曳到3ds Max的操作界面即可将其打开，如图1-32所示。

图1-32

◇ 从Vault中打开 ▓：执行该命令可以直接从 Autodesk Vault（3ds Max附带的数据管理提供程序）中打开3ds Max文件，如图1-33所示。

❖ 保存 ▓：执行该命令可以保存当前场景。如果先前没有保存场景，则执行该命令会打开"文件另存为"对话框，在该对话框中可以设置文件的保存位置、文件名以及保存的类型，如图1-34所示。

图1-33

图1-34

❖ 另存为📄：执行该命令可以将当前场景文件另存一份，包含4种方式，如图1-35所示。

　◇ 另存为📄：执行该命令可以打开"文件另存为"对话框，在该对话框中可以设置文件的保存位置、文件名以及保存的类型，如图1-36所示。

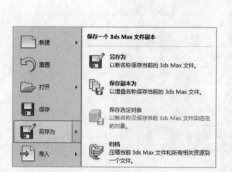

图1-35

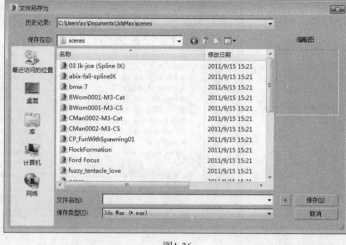

图1-36

提示

　　对于"保存"命令，如果事先已经保存了场景文件，也就是计算机硬盘中已经有这个场景文件，那么执行该命令可以直接覆盖掉这个文件；如果计算机硬盘中没有场景文件，那么执行该命令会打开"文件另存为"对话框，设置好文件保存位置、文件名和保存类型后才能保存文件，这种情况与"另存为"命令的工作原理是一样的。

　　对于"另存为"命令，如果硬盘中已经存在场景文件，执行该命令同样会打开"文件另存为"对话框，可以选择另存为一个文件，也可以选择覆盖掉原来的文件；如果硬盘中没有场景文件，执行该命令会打开"文件另存为"对话框。

　◇ 保存副本为📄：执行该命令可以用一个不同的文件名来保存当前场景的副本。

　◇ 保存选定对象📄：在视口中选择一个或多个几何体对象以后，执行该命令可以保存选定的几何体。注意，只有在选择了几何体的情况下，该命令才可用。

　◇ 归档📄：这是一个比较实用的功能。执行该命令可以将创建好的场景、场景位图保存为一个zip格式的压缩包。对于复杂的场景，使用该命令进行保存是一种很好的保存方法，因为这样不会丢失任何文件。

❖ 导入📄：该命令可以加载或合并当前3ds Max场景文件以外的几何体文件，包含6种方式，如图1-37所示。

　◇ 导入📄：执行该命令可以打开"选择要导入的文件"对话框，在该对话框中可以选择要导入的文件，如图1-38所示。

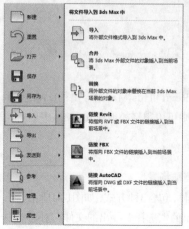

图1-37

图1-38

◆ 合并🔲：执行该命令可以打开"合并文件"对话框，在该对话框中可以将已保存的场景文件中的对象加载到当前场景中，如图1-39所示。

图1-39

提示

选择要合并的文件后，在"合并文件"对话框中单击"打开"按钮 打开(0)，3ds Max会弹出"合并"对话框，在该对话框中可以选择要合并的文件类型，如图1-40所示。

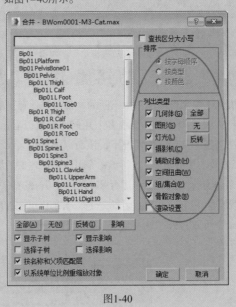

图1-40

◆ 替换🔲：执行该命令可以替换场景中的一个或多个几何体对象。

◆ 链接Revit🔲：该命令不只是用于导入文件，还可以保留从Revit和3ds Max中导出的DWG文件之间的"实时链接"。如果决定在Revit文件中做出更改，则可以很轻松地在3ds Max中更新该更改。

◆ 链接FBX🔲：将指向FBX格式文件的链接插入当前场景。

◆ 链接AutoCAD🔲：将指向DWG或DXF格式文件的链接插入当前场景。

❖ 导出🔲：该命令可以将场景中的几何体对象导出为各种格式的文件，包含3种方式，如图1-41所示。

◆ 导出🔲：执行该命令可以导出场景中的几何体对象，在弹出的"选择要导出的文件"对话框中可以选择导出的文件格式，如图1-42所示。

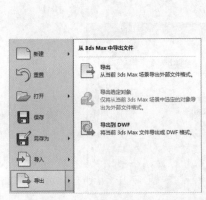

图1-41

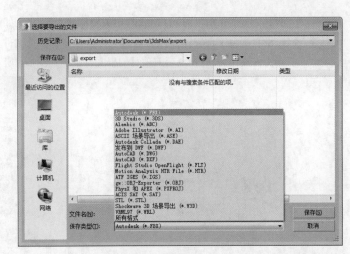

图1-42

◇ 导出选定对象 ：在场景中选择几何体对象以后，执行该命令可以用各种格式导出选定的几何体。

◇ 导出到DWF ：执行该命令可以将场景中的几何体对象导出成DWF格式的文件。这种格式的文件可以在AutoCAD中打开。

❖ 发送到 ：该命令可以将当前场景发送到其他软件中，以实现交互式操作，可发送的软件有Maya、MotionBuilder和Mudbox，如图1-43所示。

图1-43

提示

Maya（Autodesk公司的软件）是一款优秀的三维动画软件，应用对象是专业的影视广告、角色动画和电影特技等。Maya功能完善、易学易用，制作效率极高，渲染真实感极强，是电影级别的高端制作软件。

MotionBuilder（Autodesk公司的软件）是业界重要的3D角色动画制作软件。它集成了众多优秀的工具，为制作高质量的动画作品提供了保证。

Mudbox（Autodesk公司的软件）是一款用于数字雕刻与纹理绘画的软件，其基本操作方式与Maya相似。

❖ 参考 ：该命令用于将外部的参考文件插入3ds Max，以供用户进行参考，可供参考的对象包含5种，如图1-44所示。其中比较常用的是"资源追踪"。

◇ 资源追踪 ：执行该命令可以打开"资源追踪"对话框，在该对话框中可以检入和检出文件、将文件添加到资源追踪系统（ATS）及获取文件的不同版本等，如图1-45所示。

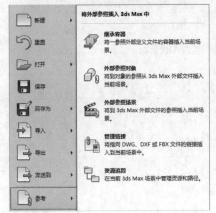

图1-44

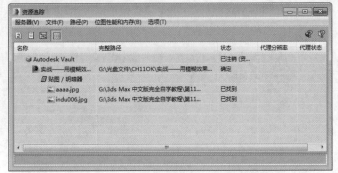

图1-45

❖ 管理▤：该命令用于对3ds Max的相关资源进行管理，如图1-46所示。

◇ 设置项目文件夹▤：执行该命令可以打开"浏览文件夹"对话框，在该对话框中可以选择一个文件夹作为3ds Max当前项目的根文件夹，如图1-47所示。

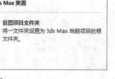

图1-46　　　　　　　　　　　　　　　图1-47

❖ 属性▤：该命令用于显示当前场景的详细摘要信息和文件属性信息，如图1-48所示。

❖ 选项▤：单击该按钮可以打开"首选项设置"对话框，在该对话框中几乎可以设置3ds Max所有的首选项，如图1-49所示。

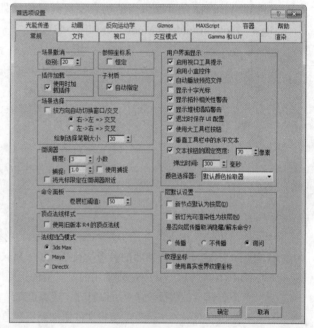

图1-48　　　　　　　　　　　　　　　图1-49

❖ 退出3ds Max▤：单击该按钮可以退出3ds Max，快捷键为Alt+F4。

提示

　　如果当前场景中有编辑过的对象，那么在退出时会弹出一个3ds Max对话框，提示"场景已修改。保存更改？"，用户可根据实际情况进行操作，如图1-50所示。

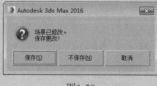

图1-50

【练习1-1】用归档功能保存场景

01 按Ctrl+O组合键打开"打开文件"对话框,选择学习资源中的"练习文件>第1章>练习1-1.max"文件,单击"打开"按钮 打开(O) ,如图1-51所示,打开的场景效果如图1-52所示。

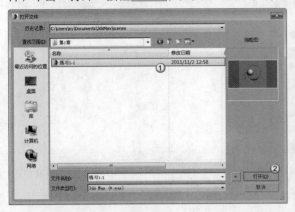

图1-51

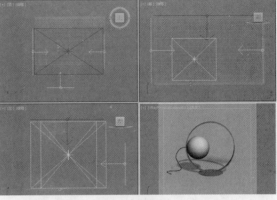

图1-52

提示

读者发现在摄影机视图中有很多杂点,其实这不是杂点,而是3ds Max 2016的实时照明和阴影显示效果(默认情况下,在3ds Max 2016中打开的场景都有实时照明和阴影),如图1-53所示。如果要关闭实时照明和阴影,可以执行"视图>视口背景>配置视口背景"菜单命令,打开"视口配置"对话框,在"照明和阴影"选项组下关闭"高光""天光作为环境光颜色""阴影""环境光阻挡"和"环境反射"选项,单击"应用到活动视图"按钮 应用到活动视图 ,如图1-54所示,这样在活动视图中就不会显示出实时照明和阴影,如图1-55所示。注意,开启实时照明和阴影会占用一定的系统资源,建议计算机配置比较低的用户关闭这个功能。

图1-53

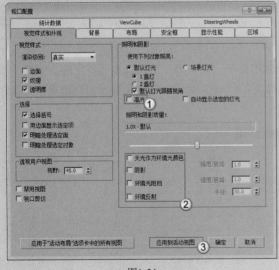

图1-54

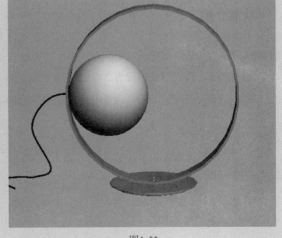

图1-55

02 单击界面左上角的"应用程序"图标 ，然后在弹出的菜单中执行"另存为>归档"菜单命令，如图1-56所示，在弹出的"文件归档"对话框中选择好保存位置和文件名，最后单击"保存"按钮 保存(S) ，如图1-57所示。

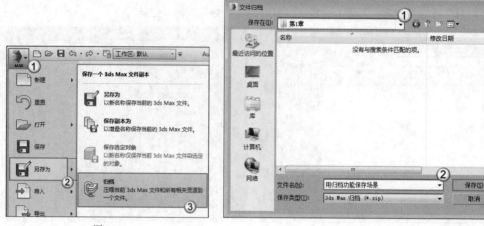

图1-56   图1-57

提示

归档场景以后，在保存位置会出现一个zip格式压缩包，如图1-58所示，这个压缩包中会包含场景的所有文件及一个归档信息文本，如图1-59所示。

图1-58 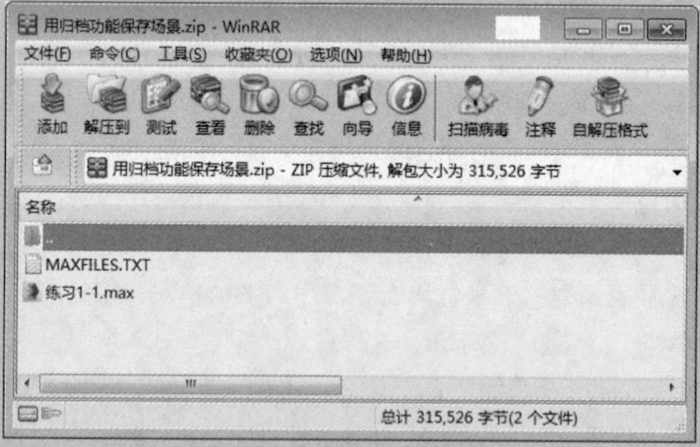   图1-59

1.3.2 快速访问工具栏

功能介绍

"快速访问工具栏"集合了用于管理场景文件的常用命令，便于用户快速管理场景文件，包括"新建""打开""保存""撤销""重做"和"设置项目文件夹"6个常用命令，同时用户也可以根据个人喜好对"快速访问工具栏"进行设置，如图1-60所示。

图1-60

1.3.3 信息中心

功能介绍

"信息中心"用于访问有关3ds Max 2016和Autodesk其他产品的信息，如图1-61所示。

图1-61

1.4 菜单栏

功能介绍

"菜单栏"位于工作界面的顶端，包含"编辑""工具""组""视图""创建""修改器""动画""图形编辑器""渲染""Civil View""自定义""脚本"和"帮助"13个主菜单，如图1-62所示。

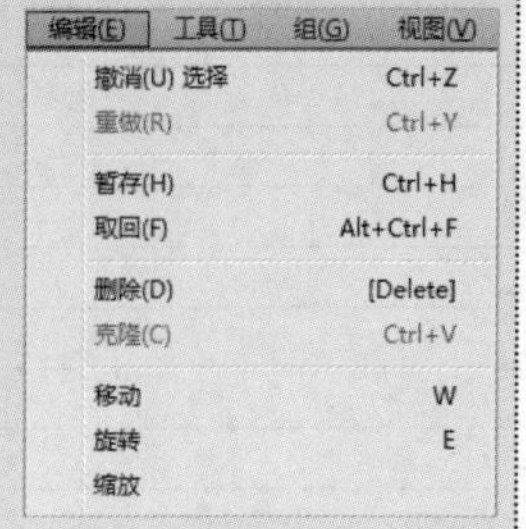

| 编辑(E) | 工具(T) | 组(G) | 视图(V) | 创建(C) | 修改器(M) | 动画(A) | 图形编辑器(D) | 渲染(R) | Civil View | 自定义(U) | 脚本(S) | 帮助(H) |

图1-62

技术专题：菜单命令的基础知识

在执行菜单栏中的命令时可以发现，某些命令后面有与之对应的快捷键，如图1-63所示。如"移动"命令的快捷键为W键，也就是说按W键就可以切换到"选择并移动"工具。牢记这些快捷键能够节省很多操作时间。

若下拉菜单命令的后面带有省略号，则表示执行该命令后会弹出一个独立的对话框，如图1-64所示。

若下拉菜单命令的后面带有小箭头图标，则表示该命令还含有子命令，如图1-65所示。

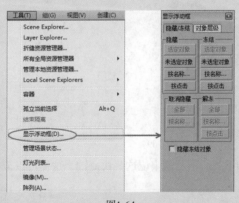

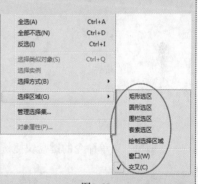

图1-63   图1-64   图1-65

每个主菜单后面均有一个括号，且括号内有一个字母，如"编辑"菜单后面的（E），这表示可以利用E键来执行该菜单下的命令。下面以"编辑>撤销"菜单命令为例来介绍这种快捷方式的操作方法。按住Alt键（在执行相应命令之前不要松开该键），然后按E键，此时字母E下面会出现下划线，表示该菜单被激活，同时将弹出下面的子命令，如图1-66所示，接着按U键即可撤销当前操作，返回到上一步（按Ctrl+Z组合键也可以达到相同的效果）。

仔细观察菜单命令，会发现某些命令显示为灰色，这表示这些命令不可用，这是因为在当前操作中该命令没有合适的操作对象。如在没有选择任何对象的情况下，"组"菜单下的命令只有一个"集合"命令处于可用状态，如图1-67所示，而在选择了对象以后，"组"命令和"集合"命令都可用，如图1-68所示。

图1-66

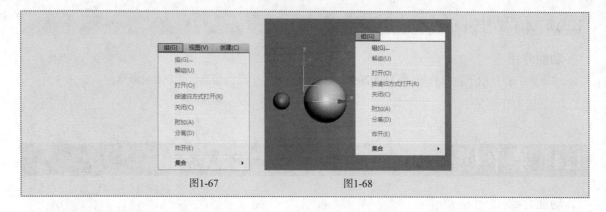

图1-67 图1-68

1.4.1 编辑菜单

功能介绍

"编辑"菜单下是一些编辑对象的常用命令,这些命令基本都配有快捷键,如图1-69所示。

图1-69

"编辑"菜单命令的键盘快捷键如下表所示。请牢记这些快捷键,这样可以节省很多操作时间。

命令	快捷键
撤销	Ctrl+Z
重做	Ctrl+Y
暂存	Ctrl+H
取回	Alt+Ctrl+F
删除	Delete
克隆	Ctrl+V
移动	W
旋转	E
变换输入	F12
全选	Ctrl+A
全部不选	Ctrl+D
反选	Ctrl+I
选择类似对象	Ctrl+Q
选择方式>名称	H

参数详解

- ❖ 撤销：用于撤销上一次操作，可以连续使用，撤销的次数可以控制。
- ❖ 重做：用于恢复上一次撤销的操作，可以连续使用，直到不能恢复。
- ❖ 暂存：使用"暂存"命令可以将场景设置保存到基于磁盘的缓冲区，可存储的信息包括几何体、灯光、摄影机、视口配置及选择集。
- ❖ 取回：当使用了"暂存"命令后，使用"取回"命令可以还原上一个"暂存"命令存储的缓冲内容。
- ❖ 删除：选择对象以后，执行该命令或按Delete键可将其删除。
- ❖ 克隆：使用该命令可以创建对象的副本、实例或参考对象。

技术专题：克隆的3种方式

选择一个对象以后，执行"编辑>克隆"菜单命令或按Ctrl+V组合键可以打开"克隆选项"对话框，该对话框中有3种克隆方式，分别是"复制""实例"和"参考"，如图1-70所示。

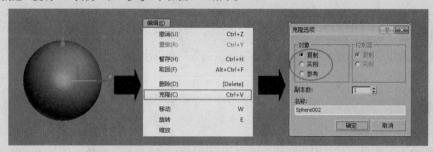

图1-70

1.复制

如果选择"复制"方式，将创建一个原始对象的副本对象，如图1-71所示。如果对原始对象或副本对象中的一个进行编辑，另外一个对象不会受到任何影响，如图1-72所示。

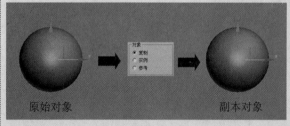

图1-71

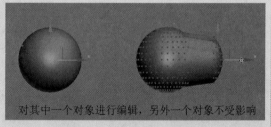

图1-72

2.实例

如果选择"实例"方式，将创建一个原始对象的实例对象，如图1-73所示。如果对原始对象或实例对象中的一个进行编辑，另外一个对象也会跟着发生变化，如图1-74所示。这种克隆方式很实用，在一个场景中创建一盏目标灯光，调节好参数以后，用"实例"方式将其克隆若干盏到其他位置，这时如果修改其中一盏目标灯光的参数，所有目标灯光的参数都会跟着发生变化。

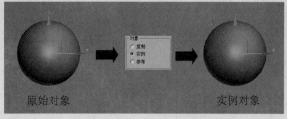

图1-73

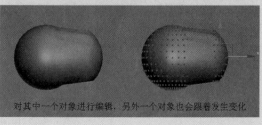

图1-74

3.参考

如果选择"参考"方式，将创建一个原始对象的参考对象。如果对参考对象进行编辑，原始对象不会发生任何变化，如图1-75所示；如果为原始对象加载一个FFD 4×4×4修改器，那么参考对象也会被加载一个相同的修改器，此时对原始对象进行编辑，参考对象也会跟着发生变化，如图1-76所示。注意，一般情况下不会用到这种克隆方式。

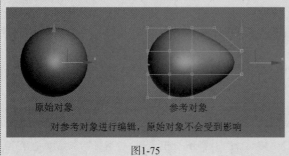
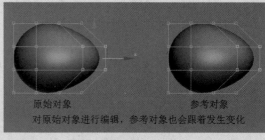

图1-75　　　　　　　　　　　　　　　　图1-76

- ❖ 移动：该命令用于选择并移动对象，选择该命令将激活主工具栏中的 ❖ 按钮。
- ❖ 旋转：该命令用于选择并旋转对象，选择该命令将激活主工具栏中的 ○ 按钮。
- ❖ 缩放：该命令用于选择并缩放对象，选择该命令将激活主工具栏中的 按钮。

—— 提示 ——

这里暂时先不详细介绍"移动""旋转"和"缩放"命令的使用方法，笔者将在后面的"主工具栏"内容中进行详细介绍。

- ❖ 变换输入：该命令可以用于精确设置移动、旋转和缩放变换的数值。例如，当前选择的是"选择并移动"工具 ❖，那么执行"编辑>变换输入"菜单命令可以打开"变换输入"对话框，在该对话框中可以精确设置对象的x、y、z坐标值，如图1-77所示。

图1-77

—— 提示 ——

如果当前选择的是"选择并旋转"工具 ○，执行"编辑>变换输入"菜单命令将打开"旋转变换输入"对话框，如图1-78所示；如果当前选择的是"选择并均匀缩放"工具 ，执行"编辑>变换输入"菜单命令将打开"缩放变换输入"对话框，如图1-79所示。

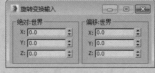
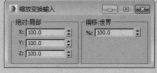

图1-78　　　　　　　　　　　　图1-79

- ❖ 变换工具框：执行该命令可以打开"变换工具框"对话框，如图1-80所示。在该对话框中可以调整对象的旋转、大小、定位及对象的轴。

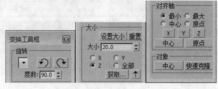

图1-80

❖　全选：执行该命令或按Ctrl+A组合键可以选择场景中的所有对象。

提示

> 注意，"全选"命令是基于"主工具栏"中的"过滤器"列表而言的。例如，在"过滤器"列表中选择"全部"选项，执行"全选"命令可以选择场景中所有的对象；如果在"过滤器"列表中选择"L–灯光"选项，执行"全选"命令将选择场景中的所有灯光，而其他的对象不会被选择。

❖　全部不选：执行该命令或按Ctrl+D组合键可以取消对任何对象的选择。

❖　反选：执行该命令或按Ctrl+I组合键可以反向选择对象。

❖　选择类似对象：执行该命令或按Ctrl+Q组合键可以自动选择与当前选择对象类似的所有对象。注意，类似对象是指这些对象位于同一层中，并且应用了相同的材质或不应用材质。

❖　选择实例：执行该命令可以选择选定对象的所有实例化对象。如果对象没有实例或者选定了多个对象，则该命令不可用。

❖　选择方式：该命令包含3个子命令，如图1-81所示。

　　◇　名称：执行该命令或按H键可以打开"从场景选择"对话框，如图1-82所示。

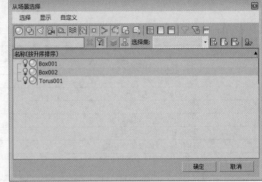

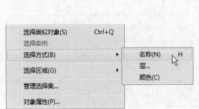

图1-81　　　　　　　　　　　　　　　　　　　　图1-82

　　◇　层：执行该命令可以打开"按层选择"对话框，如图1-83所示。在该对话框中选择一个或多个层以后，这些层中的所有对象都会被选择。

　　◇　颜色：执行该命令可以选择与选定对象具有相同颜色的所有对象。

❖　对象属性：选择一个或多个对象以后，执行该命令可以打开"对象属性"对话框，如图1-84所示。在该对话框中可以查看和编辑对象的"常规""高级照明"和"用户定义"参数。

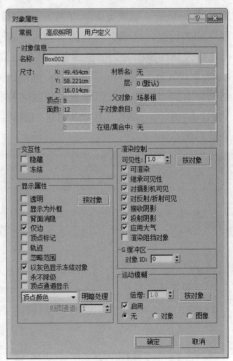

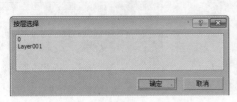

图1-83　　　　　　　　　　　　　　　　　　　　图1-84

1.4.2 工具菜单

功能介绍

"工具"菜单主要包括对物体进行基本操作的命令，如图1-85所示。这些命令一般在"主工具栏"中都有相对应的命令按钮，直接使用命令按钮更方便一些，部分不太常用的需要使用菜单命令来执行。

图1-85

"工具"菜单命令的键盘快捷键如下表所示。

命令	快捷键
孤立当前选择	Alt+Q
对齐>对齐	Alt+A
对齐>快速对齐	Shift+A
对齐>间隔工具	Shift+I
对齐>法线对齐	Alt+N
栅格和捕捉>捕捉开关	S
栅格和捕捉>角度捕捉切换	A
栅格和捕捉>百分比捕捉切换	Shift+Ctrl+P
栅格和捕捉>捕捉使用轴约束	Alt+D或Alt+F3

参数详解

❖ Scene Explorer（场景资源管理器）：选择该命令，系统会打开"场景资源管理器-场景资源管理器"列表面板，场景中所有的活动对象都会显示在面板中，用户可以通过该列表来查找对象、排序以及属性编辑等，如重命名、删除、隐藏和冻结等，如图1-86所示。

❖ Layer Explorer（层资源管理器）：选择该命令，可以打开"场景资源管理器-层资源管理器"对话框，在该对话框中可以设置对象的名称、可见性、渲染性、颜色及对象和层的包含关系等，如图1-87所示。同时，还可以创建和删除层，查看和编辑场景中所有层的设置，以及与其相关联的对象。

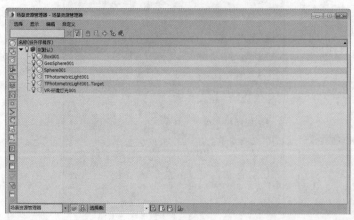

图1-86   图1-87

❖ 折缝资源管理器：与前面的资源管理器类似，主要用于管理场景中的折缝对象，如图1-88所示。

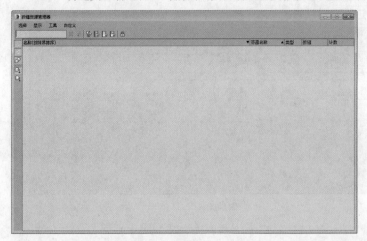

图1-88

❖ 所有全局资源管理器：该命令下包含各种对象的资源管理器，选择它们可以打开对应类别的管理器，如选择"灯光资源管理器"，可以打开用于管理灯光的管理器面板，如图1-89所示。

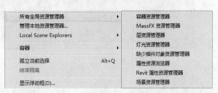

图1-89

❖ 管理本地资源管理器：所有活动的场景资源管理器都使用场景来保存和加载，要单独保存和加载场景资源管理器，以及删除和重命名它们，可以执行该命令，打开"管理本地场景资源管理器"对话框，如图1-90所示。通过该对话框，用户可以保存和加载自定义的场景资源管理器，删除和重命名现在的实例，以及将喜好的场景资源管理器设置为默认值。

❖ Local Scene Explorers：执行该命令可以打开已经保存的场景资源管理器，已经保存的场景资源管理器会出现在该命令的子菜单中，选择即可打开。

❖ 容器：该命令的子菜单和容器资源管理器中"容器"工具栏的功能是相同的，如图1-91所示。

❖ 孤立当前选择：这是一个相当重要的命令，也是一种特殊选择对象的方法，可以将选择的对象单独显示出来，以方便对其进行编辑。

❖ 结束隔离：当使用了"孤立当前选择"命令后，该命令才会被激活，用于取消"孤立当前选择"命令。

❖ 显示浮动框：执行该命令将打开"显示浮动框"面板，里面包含许多用于对象显示、隐藏和冻结的命令设置，这与显示命令面板内的控制项目大致相同，如图1-92所示。它的优点是可以浮动在屏幕上，不必为显示操作而频繁在修改命令和显示命令面板之间切换，这对于提高工作效率是很有帮助的。

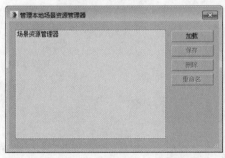

图1-90

图1-91

图1-92

❖ 管理场景状态：执行该命令可以打开"管理场景状态"对话框，该功能可以让用户快速保存和恢复场景中元素的特定属性，其最主要的用途是创建同一场景的不同版本内容而不用实际创建出独立的场景。它可以在不复制新文件的情况下改变场景中的灯光、摄影机、材质和环境等元素，并可以随时调出用户保存的场景库，这样非常便于比较在不同参数条件下的场景效果，如图1-93所示。

❖ 灯光列表：执行该命令可以打开"灯光列表"对话框，如图1-94所示。在该对话框中可以设置每个灯光的很多参数，也可以进行全局设置。

图1-93

图1-94

提示

注意，"灯光列表"对话框中只显示3ds Max内置的灯光类型，不能显示渲染插件的灯光。

❖ 镜像：选择对象进行镜像操作，它在"主工具栏"中有相应的命令按钮[M]。
❖ VRay灯光列表：在加载了VRay渲染其后，会出现该命令，如图1-95所示。
❖ 阵列：选择对象以后，执行该命令可以打开"阵列"对话框，如图1-96所示。在该对话框中可以基于当前选择创建对象阵列。

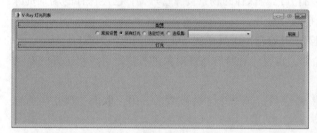
图1-95

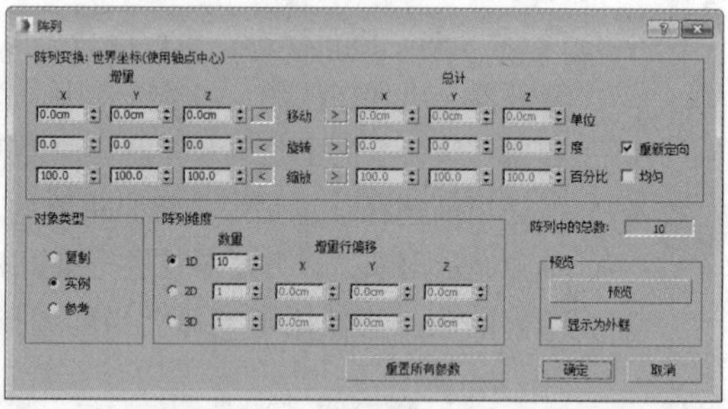

图1-96

❖ 对齐：选择对象并进行对齐操作，它在"主工具栏"中有相应的命令按钮[L]。
❖ 快照：执行该命令打开"快照"对话框，如图1-97所示。在该对话框中可以随时间克隆动画对象。
❖ 重命名对象：执行该命令可以打开"重命名对象"对话框，如图1-98所示。在该对话框中可以一次性重命名若干个对象。

图1-97

图1-98

❖ 指定顶点颜色：该命令可以基于指定给对象的材质和场景中的照明来指定顶点颜色。
❖ 颜色剪贴板：该命令可以存储用于将贴图或材质复制到另一个贴图或材质的色样。
❖ 透视匹配：该命令可以使用位图背景照片和5个或多个特殊的CamPoint对象来创建或修改透

视效果，以便其位置、方向和视野与创建原始照片的摄影机相匹配。

❖ 视口画布：执行该命令可以打开"视口画布"对话框，如图1-99所示。可以使用该对话框中的工具将颜色和图案绘制到视口中对象的材质中任何贴图上。

❖ 预览-抓取视口：该命令可以将视口抓取为图像文件，还可以生成动画的预览。

❖ 栅格和捕捉：该命令的子菜单中包含使用栅格和捕捉工具帮助精确布置场景的命令。关于捕捉工具的应用，与"主工具栏"中的应用相同。栅格工具用于控制主栅格和辅助栅格对象。主栅格是基于世界坐标系的栅格对象，由程序自动产生。辅助栅格是一种辅助对象，根据制作需要而手动创建的栅格对象。

❖ 测量距离：使用该命令可快速计算出两点之间的距离。计算的距离会显示在状态栏中。

❖ 通道信息：选择对象以后，执行该命令可以打开"贴图通道信息"对话框，如图1-100所示。在该对话框中可以查看对象的通道信息。

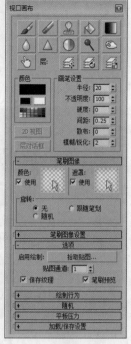

图1-99

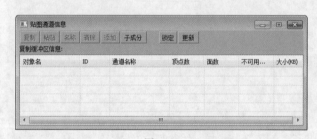

图1-100

❖ VRay材质（VRMAT）转换器：加载了VRay渲染器才会出现该选项，可以进行VRay材质和VRMAT材质库文件之间的转换。

1.4.3 组菜单

功能介绍

"组"菜单中的命令可以将场景中的两个或两个以上的物体编成一组，同样也可以将成组的物体拆分为单个物体，如图1-101所示。

命令详解

❖ 组：选择一个或多个对象以后，执行该命令将其编为一组。

❖ 解组：将选定的组解散为单个对象。

❖ 打开：执行该命令可以暂时对组进行解组，这样可以单独操作组中的对象。

图1-101

❖ 按递归方式打开：执行该命令可以暂时取消所有级别的分组，各个组之间有红色边框作为区分。

❖ 关闭：当用"打开"命令对组中的对象编辑完成以后，可以用"关闭"命令关闭打开状态，使对象恢复到原来的成组状态。

❖ 附加：选择一个对象以后，执行该命令，然后单击组对象，可以将选定的对象添加到组中。

❖ 分离：用"打开"命令暂时解组以后，选择一个对象，然后用"分离"命令可以将该对象从组中分离出来。

❖ 炸开：这是一个比较难理解的命令，下面用一个"技术专题"来进行讲解。

技术专题：解组与炸开的区别

要理解"炸开"命令的作用，首先要了解"解组"命令的深层含义。先看图1-102，茶壶与圆锥体是一个"组001"，而球体与圆柱体是另外一个"组002"。选择这两个组，然后执行"组>组"菜单命令，将这两个组再编成一组，成为"组003"，如图1-103所示。在"主工具栏"中单击"图解视图（打开）"按钮 ，打开"图解视图"对话框，在该对话框中可以观察到3个组以及各组与对象之间的层次关系，如图1-104所示。

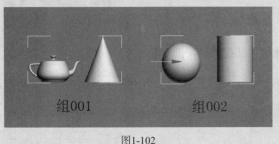

组001　　　　　　　组002

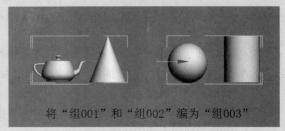

将"组001"和"组002"编为"组003"

图1-102　　　　　　　　　　　　　　　　　　　　　图1-103

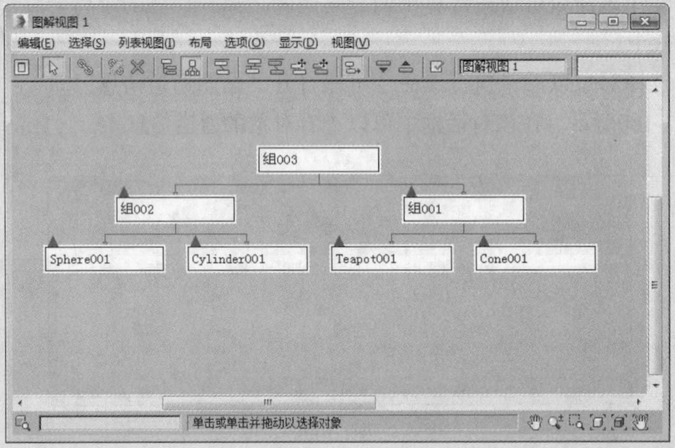

图1-104

1.解组

选择整个"组003"，然后执行"组>解组"菜单命令，在"图解视图"对话框中观察各组之间的关系，可以发现"组003"已经被解散了，但"组002"和"组001"仍然保留了下来，也就是说"解组"命令一次只能解开一个组，如图1-105所示。

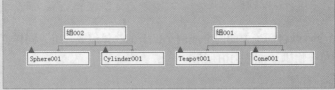

图1-105

2.炸开

同样选择"组003"，然后执行"组>炸开"菜单命令，在"图解视图"对话框中观察各组之间的关系，可以发现所有的组都被解散了，也就是说"炸开"命令可以一次性解开所有的组，如图1-106所示。

图1-106

1.4.4 视图菜单

功能介绍

"视图"菜单中的命令主要用来控制视图的显示方式及进行视图的相关参数设置（如视图的配置与导航器的显示等），如图1-107所示。

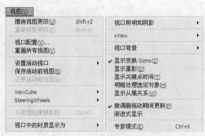

图1-107

命令详解

❖ 撤销视图更改：执行该命令可以取消对当前视图的最后一次更改。

❖ 重做视图更改：取消当前视口中的最后一次撤销操作。

❖ 视口配置：执行该命令可以打开"视口配置"对话框，如图1-108所示。在该对话框中可以设置视图的视觉样式和外观、布局、安全框和显示性能等。

❖ 重画所有视图：执行该命令可以刷新所有视图中的显示效果。

❖ 设置活动视口：该菜单下的子命令用于切换当前活动视图，如图1-109所示。例如，当前活动视图为透视图，按F键可以切换到前视图。

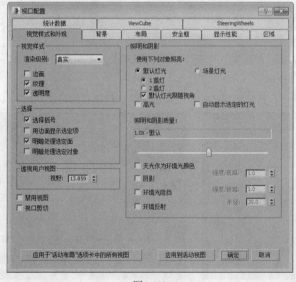

图1-108

图1-109

❖ 保存活动X视图：执行该命令可以将该活动视图存储到内部缓冲区。X是一个变量，如当前活动视图为透视图，那么X就是透视图。

❖ 还原活动X视图：执行该命令可以显示以前使用"保存活动X视图"命令存储的视图。

❖ ViewCube：该菜单下的子命令用于设置ViewCube（视图导航器）和"主栅格"，如图1-110所示。

❖ SteeringWheels：该菜单下的子命令用于在不同的轮子之间进行切换，并且可以更改当前轮子中某些导航工具的行为，如图1-111所示。

图1-110　　　　　　　　　　　图1-111

❖ 从视图创建摄影机：执行这个命令可以创建其视野与某个活动的透视视口相匹配的目标摄影机。

❖ 视口中的材质显示为：该菜单下的子命令用于切换视口显示材质的方式，如图1-112所示。

❖ 视口照明和阴影：该菜单下的子命令用于设置灯光的照明与阴影，如图1-113所示。

❖ xView：该菜单下的"显示统计"和"孤立顶点"命令比较重要，如图1-114所示。

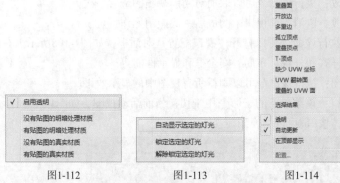

图1-112　　　　　　　图1-113　　　　　　　图1-114

◇ 显示统计：执行该命令或按大键盘上的7键，可以在视图的左上角显示整个场景或当前选择对象的统计信息，如图1-115所示。

◇ 孤立顶点：执行该命令可以在视口底部的中间显示出孤立的顶点数目，如图1-116所示。

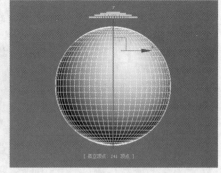

图1-115　　　　　　　　　　　图1-116

提示

　　"孤立顶点"是与任何边或面不相关的顶点。"孤立顶点"命令一般在创建完一个模型以后，对模型进行最终的整理与检查时使用，用该命令显示出孤立顶点以后可以将其删除。

❖ 视口背景：该菜单下的子命令用于设置视口的背景，如图1-117所示。设置视口背景图像有助于辅助用户创建模型。

❖ 显示变换Gizmo：该命令用于切换所有视口Gizmo的3轴架显示，如图1-118所示。

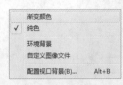

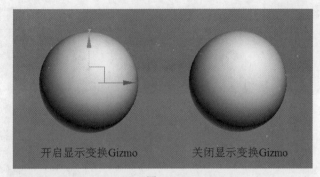

图1-117 图1-118

❖ 显示重影：重影是一种显示方式，它在当前帧之前或之后的许多帧显示动画对象的线框"重影副本"。使用重影可以分析和调整动画。

❖ 显示关键点时间：该命令用于切换沿动画显示轨迹上的帧数。

❖ 明暗处理选定对象：如果视口设置为"线框"显示，执行该命令可以将场景中的选定对象以"着色"方式显示出来。

❖ 显示从属关系：使用"修改"面板时，该命令用于切换从属于当前选定对象的对象的视口高亮显示。

❖ 微调器拖动期间更新：执行该命令可以在视口中实时更新显示效果。

❖ 渐进式显示：在变换几何体、更改视图或播放动画时，该命令可以用来提高视口的性能。

❖ 专家模式：启用"专家模式"后，3ds Max的界面上将不显示"主工具栏""命令"面板、"状态栏"及所有的视口导航按钮，仅显示菜单栏、时间滑块和视口等少量重要的功能区，如图1-119所示。

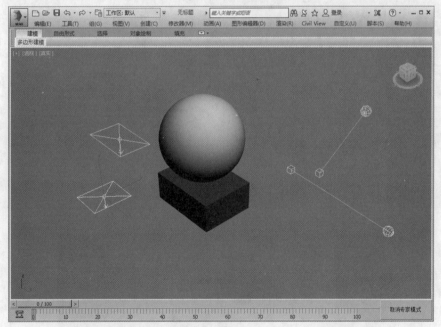

图1-119

【练习1-2】加载背景图像

01 执行"视图>视口背景>配置视口背景"菜单命令或按Alt+B组合键，打开"视口配置"对话框，然后在"背景"选项卡下勾选"使用文件"选项，如图1-120所示。

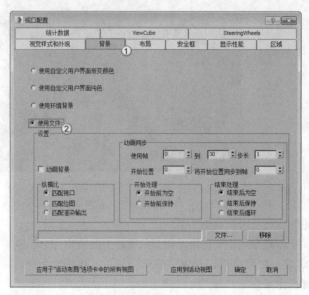

图1-120

02 在"视口配置"对话框中单击"文件"按钮 文件... ，在弹出的"选择背景图像"对话框中选择学习资源中的"练习文件>第1章>练习1-2>背景.jpg"文件，然后单击"打开"按钮 打开(O) ，最后单击"确定"按钮 确定 ，如图1-121所示，此时的视图显示效果如图1-122所示。

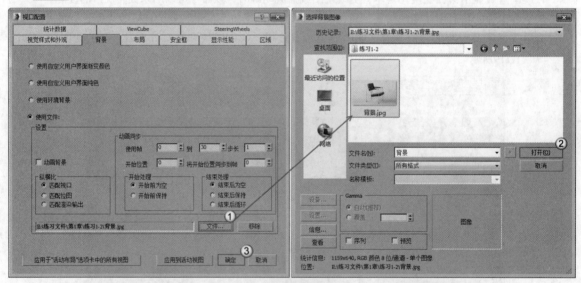

图1-121

图1-122

03 要关闭背景图像的显示，可以在"视图>视口背景"菜单下选择"渐变颜色"或"纯色"命令。另外，还可以在视图左上角单击视口显示模式文本，然后在弹出的菜单中选择 "视口背景>渐变颜色/纯色"命令，如图1-123所示。

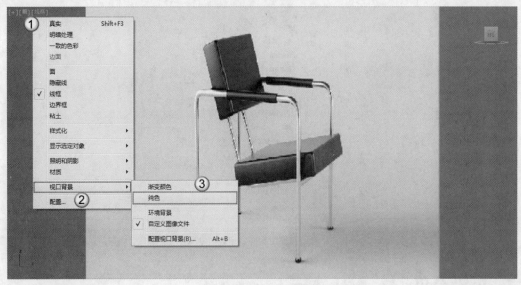

图1-123

1.4.5 创建菜单

功能介绍

"创建"菜单中的命令主要用来创建几何体、二维图形、灯光和粒子等对象，如图1-124所示。

图1-124

提示

"创建"菜单下的命令与"创建"面板中的工具完全相同，这些命令非常重要，这里就不再讲解了，大家可参阅后面各章内容。

1.4.6 修改器菜单

功能介绍

"修改器"菜单中的命令集合了所有的修改器，如图1-125所示。

图1-125

---提示---

"修改器"菜单下的命令与"修改"面板中的修改器完全相同,这些命令同样非常重要,大家可以参阅后面的相关内容。

1.4.7 渲染菜单

功能介绍

"渲染"菜单主要用于设置渲染参数,包括"渲染""环境"和"效果"等命令,如图1-126所示。这个菜单下的命令将在后面的相关章节进行详细讲解,这里就不再多说。

---提示---

请用户特别注意,"渲染"菜单下有一个"Gamma/LUT设置"命令,这个命令用于调整输入和输出图像以及监视器显示的Gamma和查询表(LUT)值。"Gamma/LUT设置"不仅会影响模型、材质、贴图在视口中的显示效果,还会影响渲染效果,而3ds Max 2016在默认情况下开启了"Gamma/LUT校正"。为了得到正确的渲染效果,需要执行"渲染>Gamma/LUT设置"菜单命令打开"首选项设置"对话框,然后在"Gamma和LUT"选项卡下关闭"启用Gamma/LUT校正"选项,并且要关闭"材质和颜色"选项组下的"影响颜色选择器"和"影响材质选择器"选项,如图1-127所示。

图1-126

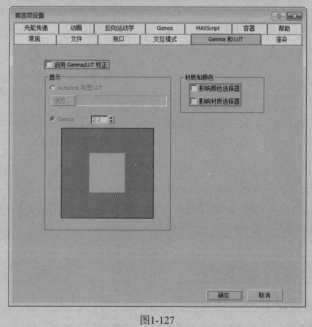

图1-127

44

1.4.8 Civil View菜单

功能介绍

Civil View（Autodesk Civil View for 3ds Max）是一款供土木工程师和交通运输基础设施规划人员使用的可视化工具。Civil View可以与各种土木设计应用程序（包括 AutoCAD Civil 3D软件）紧密集成，从而在发生设计更改时立即更新可视化模型。Civil View菜单下包含一个"初始化Civil View"命令，如图1-128所示。如果要使用Civil View可视化工具，必须先执行"初始化Civil View"命令，然后关闭并重启3ds Max才能使用Civil View。

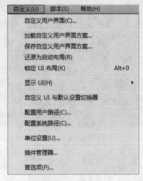

图1-128

1.4.9 自定义菜单

功能介绍

"自定义"菜单主要用来更改用户界面以及设置3ds Max的首选项。通过这个菜单可以定制自己的界面，同时还可以对3ds Max系统进行设置，例如，设置场景单位和自动备份等，如图1-129所示。

图1-129

"自定义"菜单命令的键盘快捷键如下表所示。

命令	快捷键
锁定UI布局	Alt+0
显示UI>显示主工具栏	Alt+6

参数详解

❖ 自定义用户界面：执行该命令可以打开"自定义用户界面"对话框。在该对话框中可以创建一个完全自定义的用户界面，包括快捷键、四元菜单、菜单、工具栏和颜色。

❖ 加载自定义用户界面方案：执行该命令可以打开"加载自定义用户界面方案"对话框，如图1-130所示。在该对话框中可以选择想要加载的用户界面方案。

图1-130

技术专题：更改用户界面方案

在默认情况下，3ds Max 2016的界面颜色为黑色，如果用户的视力不好，很可能看不清界面上的文字，如图1-131所示。这时就可以利用"加载自定义用户界面方案"命令来更改界面颜色，在3ds Max 2016的安装路径下打开UI文件夹，选择想要的界面方案即可，如图1-132和图1-133所示。

图1-131

图1-132

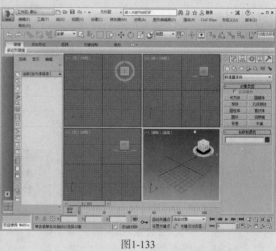

图1-133

❖ 保存自定义用户界面方案：执行该命令可以打开"保存自定义用户界面方案"对话框，如图1-134所示。在该对话框中可以保存当前状态下的用户界面方案。

❖ 还原为启动布局：执行该命令可以自动加载_startup.ui文件，并将用户界面返回到启动设置。

❖ 锁定UI布局：当该命令处于激活状态时，通过拖动界面元素不能修改用户界面布局（但是仍然可以使用鼠标右键单击菜单来改变用户界面布局）。利用该命令可以防止由于鼠标单击而更改用户界面或发生错误操作（如浮动工具栏）。

❖ 显示UI：该命令包含5个子命令，如图1-135所示。勾选相应的子命令即可在界面中显示出相应的UI对象。

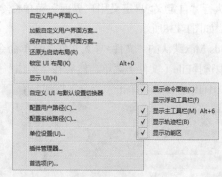

图1-134 图1-135

❖ 自定义UI与默认设置切换器：使用该命令可以快速更改程序的默认值和UI方案，以更适合用户所做的工作类型。

❖ 配置用户路径：3ds Max可以使用存储的路径来定位不同种类的用户文件，其中包括场景、图像、DirectX效果、光度学和脚本文件。使用"配置用户路径"命令可以自定义这些路径。

❖ 配置系统路径：3ds Max使用路径来定位不同种类的文件（其中包括默认设置、字体）并启动脚本文件。使用"配置系统路径"命令可以自定义这些路径。

❖ 单位设置：这是"自定义"菜单下最重要的命令之一，执行该命令可以打开"单位设置"对话框，如图1-136所示。在该对话框中可以在通用单位和标准单位间进行选择。

❖ 插件管理器：执行该命令可以打开"插件管理器"对话框，如图1-137所示。该对话框提供了位于3ds Max插件目录中的所有插件的列表，包括插件描述、类型（对象、辅助对象、修改器等）、状态（已加载或已延迟）、大小和路径。

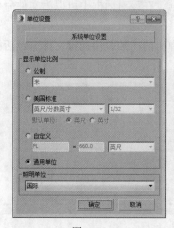

图1-136 图1-137

❖ 首选项：执行该命令可以打开"首选项设置"对话框，在该对话中几乎可以设置3ds Max所有的首选项。

提示

在"自定义"菜单下有3个命令比较重要，分别是"自定义用户界面""单位设置"和"首选项"命令。这些命令在下面的内容中会安排小实战来进行重点讲解。

【练习1-3】设置快捷键

在实际工作中，一般都是使用快捷键来代替烦琐的操作，因为使用快捷键可以提高工作效率。3ds Max 2016内置的快捷键非常多，用户也可以自行设置快捷键来调用常用的工具或命令。

01 执行"自定义>自定义用户界面"菜单命令，打开"自定义用户界面"对话框，然后单击"键盘"选项卡，如图1-138所示。

02 3ds Max默认的"文件>导入文件"菜单命令没有快捷键，下面给它设置一个快捷键Ctrl+I。在"类别"列表中选择File（文件）菜单，然后在"操作"列表下选择"导入文件"命令，接着在"热键"框中按键盘上的Ctrl+I组合键，再单击"指定"按钮 指定 ，最后单击"保存"按钮 保存... ，如图1-139所示。

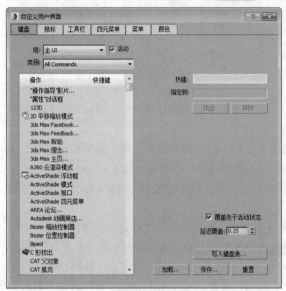
图1-138

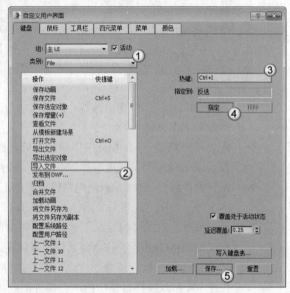
图1-139

03 单击"保存"按钮 保存... 后会弹出"保存快捷键文件为"对话框，在该对话框中可以为文件命名，继续单击"保存"按钮 保存(S) ，如图1-140所示。

04 在"自定义用户界面"对话框中单击"加载"按钮 加载... ，在弹出的"加载快捷键文件"对话框中选择前面保存好的文件，单击"打开"按钮 打开(O) ，如图1-141所示。

图1-140

图1-141

05 关闭"自定义用户界面"对话框，按Ctrl+I组合键即可打开"选择要导入的文件"对话框，如图1-142所示。

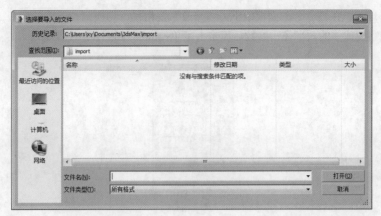

图1-142

【练习1-4】设置场景与系统单位

通常情况下，在制作模型之前要对3ds Max的单位进行设置，这样才能制作出精确的模型。

01 打开学习资源中的"练习文件>第1章>练习1-4.max"文件，这是一个球体，如图1-143所示。

02 在"命令"面板中单击"修改"按钮，切换到"修改"面板，在"参数"卷展栏下可以观察到球体的相关参数，但是这些参数后面都没有单位，如图1-144所示。

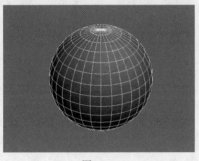

图1-143　　　　　　　　　　图1-144

03 下面将长方体的单位设置为mm（mm即毫米）。执行"自定义>单位设置"菜单命令，打开"单位设置"对话框，然后设置"显示单位比例"为"公制"，在下拉列表中选择单位为"毫米"，如图1-145所示。

04 单击"系统单位设置"按钮 系统单位设置 ，在弹出的"系统单位设置"对话框中设置"系统单位比例"为"毫米"，单击"确定"按钮 确定 ，如图1-146所示。

图1-145　　　　　　　　　　　　　　图1-146

提示

注意，"系统单位"一定要与"显示单位"保持一致，这样才方便进行操作。

49

05 在场景中选择球体，在"命令"面板中单击"修改"按钮，切换到"修改"面板，此时在"参数"卷展栏下就可以观察到球体的"半径"参数后面带上了单位mm，如图1-147所示。

图1-147

提示

在制作室外场景时一般采用m（米）作为单位，在制作室内场景时一般采用cm（厘米）或mm（毫米）作为单位。

技术专题：设置自动备份

3ds Max 2016软件在运行过程中对计算机的配置要求比较高，占用系统资源也很大。在运行3ds Max 2016时，某些计算机由于配置较低或系统性能不稳定等原因会导致文件关闭或发生死机现象。当进行较为复杂的计算（如光影追踪渲染）时，一旦出现无法恢复的故障，就会丢失所做的各项操作，造成无法弥补的损失。

解决这类问题除了提高计算机的硬件配置外，还可以通过增强系统稳定性来减少死机现象。在一般情况下，可以通过以下3种方法来提高系统的稳定性。

第1种：要养成经常保存场景的习惯。

第2种：在运行3ds Max 2016时，尽量不要或少启动其他程序，而且硬盘要留有足够的缓存空间。

第3种：如果当前文件发生了不可恢复的错误，可以通过备份文件来打开前面自动保存的场景。

下面将重点讲解设置自动备份文件的方法。

执行"自定义>首选项"菜单命令，在弹出的"首选项设置"对话框中单击"文件"选项卡，在"自动备份"选项组下勾选"启用"选项，再对"Autobak文件数"和"备份间隔（分钟）"选项进行设置，最后单击"确定"按钮 <kbd>确定</kbd> ，如图1-148所示。

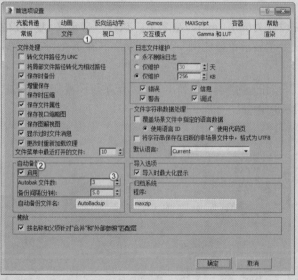

图1-148

"Autobak文件数"表示在覆盖第1个文件前要写入的备份文件的数量；"备份间隔（分钟）"表示产生备份文件的时间间隔的分钟数。如有特殊需要，可以适当加大或降低"Autobak文件数"和"备份间隔"的数值。

1.4.10 脚本菜单

功能介绍

脚本是3ds Max的内置脚本语言，"脚本"菜单下主要包含用于创建、打开和运行脚本的命令，如图1-149所示。

图1-149

1.4.11 帮助菜单

功能介绍

"帮助"菜单中主要是一些帮助信息，可以供用户参考学习，如图1-150所示。

图1-150

1.5 主工具栏

"主工具栏"中集合了最常用的编辑工具，图1-151所示为默认状态下的"主工具栏"。某些工具的右下角有一个三角形图标，用鼠标左键单击该图标且不松开就会弹出下拉工具列表。以"捕捉开关"为例，用鼠标左键单击"捕捉开关"按钮 不放就会弹出捕捉工具列表，如图1-152所示。

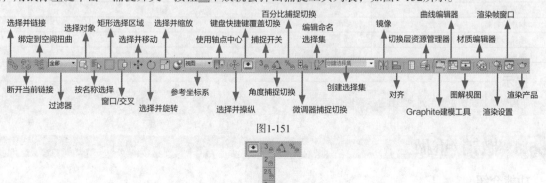

图1-151

图1-152

如果显示器的分辨率较低，"主工具栏"中的工具可能无法完全显示出来，这时可以将光标放置在"主工具栏"上的空白处，当光标变成手型🖐时，使用鼠标左键左右移动"主工具栏"，即可查看没有显示出来的工具。在默认情况下，很多工具栏都处于隐藏状态，如果要调出这些工具栏，可以在"主工具栏"的空白处单击鼠标右键，在弹出的菜单中勾选相应的工具栏即可，如图1-153所示。如果要调出所有隐藏的工具栏，可以执行"自定义>显示UI>显示浮动工具栏"菜单命令，如图1-154所示，再次执行"显示浮动工具栏"命令可以将浮动的工具栏隐藏起来。

图1-153

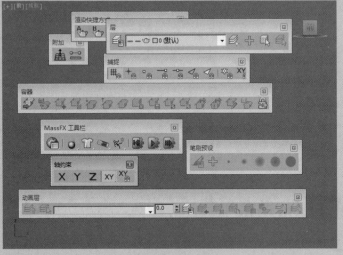

图1-154

"主工具栏"中的工具快捷键如下表所示。

工具名称	工具图标	快捷键
撤销	↶	Ctrl+Z
重做	↷	Ctrl+Y
选择对象	▣	Q
按名称选择	▤	H
选择并移动	✛	W
选择并旋转	⟳	E
选择并缩放	▦/▦/▦	R
选择并放置/旋转	◔/◔	Y
捕捉开关	2/2/3	S
角度捕捉切换	⛰	A
百分比捕捉切换	%	Shift+Ctrl+P
对齐	▤	Alt+A
快速对齐	▤	Shift+A
法线对齐	◐	Alt+N
放置高光	◔	Ctrl+H
材质编辑器	◕	M
渲染设置	▦	F10
渲染	▦/▦/▦	F9/Shift+Q

下面仅对效果图中使用到的工具进行详细介绍。

1.5.1 撤销/重做

功能介绍

在使用3ds Max 2016进行场景操作时，难免会出现错误操作，这时可以单击"主工具栏"上的"撤销"按钮 ，取消上一步的操作，回到之前的操作，连续单击该按钮可撤销多步操作。如果撤销操作过多，导致取消了正确的操作，可以单击"重做"按钮 ，取消上一步撤销的操作。

1.5.2 过滤器

功能介绍

"过滤器" 全部 主要用来过滤不需要选择的对象类型，这对于批量选择同一种类型的对象非常有用，如图1-155所示。例如，在下拉列表中选择"L-灯光"选项，那么在场景中选择对象时，只能选择灯光，而几何体、图形和摄影机等对象不会被选中，如图1-156所示。

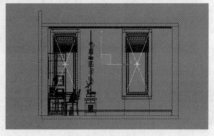

图1-155　　　　　　　　　　图1-156

【练习1-5】用过滤器选择场景中的灯光

在较大的场景中，物体的类型可能非常多，这时要想选择处于隐藏位置的物体就会很困难，而使用"过滤器"过滤掉不需要选择的对象后，选择相应的物体就很方便了。

01 打开学习资源中的"练习文件>第1章>1-5.max"文件，从视图中可以观察到本场景包含两把椅子和4盏灯光，如图1-157所示。

02 如果只想选择灯光，可以在"过滤器"下拉列表中选择"L-灯光"选项，如图1-158所示，然后使用"选择对象"工具 框选视图中的灯光，框选完毕后可以发现只选择了灯光，而椅子模型并没有被选中，如图1-159所示。

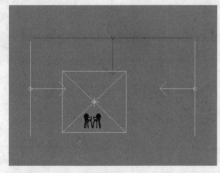

图1-157　　　　　　　　　图1-158　　　　　　　　　图1-159

03 如果想选择椅子模型，可以在"过滤器"下拉列表中选择"G-几何体"选项，然后使用"选择对象"工具 框选视图中的椅子模型，框选完毕后可以发现只选择了椅子模型，而灯光并没有被选中，如图1-160所示。

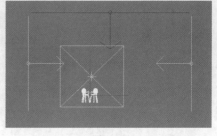

图1-160

1.5.3 选择对象

功能介绍

　　"选择对象"工具▣是最重要的工具之一，主要用来选择对象。如果想选择对象而又不想移动对象，建议使用这个工具。使用该工具单击对象即可选择相应的对象，如图1-161所示。

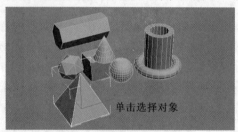

图1-161

技术专题：选择对象的5种方法

　　使用"选择对象"工具▣单击对象即可将其选择，这只是选择对象的一种方法。下面介绍一下框选、加选、减选、反选和孤立选择对象的方法。

　　1.框选对象

　　这是选择多个对象的常用方法之一，适合选择一个区域的对象，如使用"选择对象"工具▣在视图中拉出一个选框，那么处于该选框内的所有对象都将被选中（这里以在"过滤器"列表中选择"全部"类型为例），如图1-162所示。另外，在使用"选择对象"工具▣框选对象时，按Q键可以切换选框的类型，如当前使用的"矩形选择区域"▣模式，按一次Q键可切换为"圆形选择区域"▣模式，如图1-163所示，继续按Q键又会切换到"围栏选择区域"▣模式、"套索选择区域"▣模式、"绘制选择区域"▣模式，并一直按此顺序循环下去。

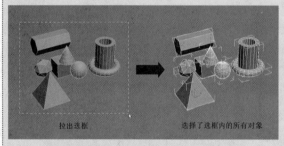

图1-162

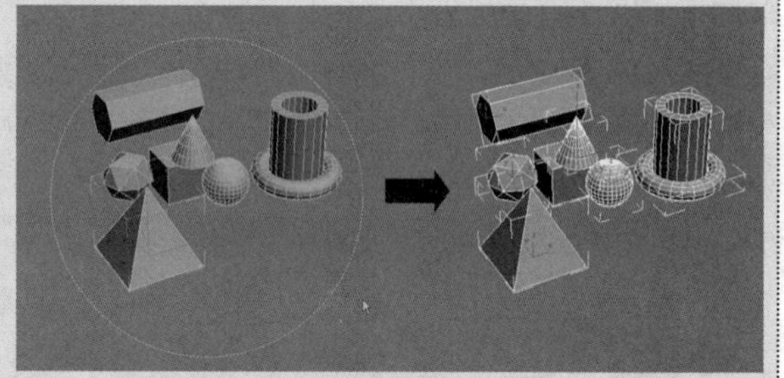

图1-163

　　2.加选对象

　　如果当前选择了一个对象，还想加选其他对象，可以按住Ctrl键单击其他对象，这样可同时选择多个对象，如图1-164所示。

　　3.减选对象

　　如果当前选择了多个对象，想减去某个不想选择的对象，可以按住Alt键单击想要减去的对象，这样可减去当前单击的对象，如图1-165所示。

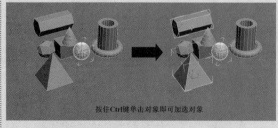

图1-164

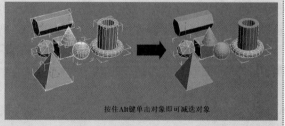

图1-165

4.反选对象

如果当前选择了某些对象，想要反选其他的对象，可以按Ctrl+I组合键来完成，如图1-166所示。

5.孤立选择对象

这是一种特殊选择对象的方法，可以将选择的对象单独显示出来，以方便对其进行编辑，如图1-167所示。

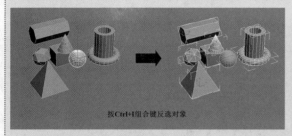

图1-166 按Ctrl+I组合键反选对象

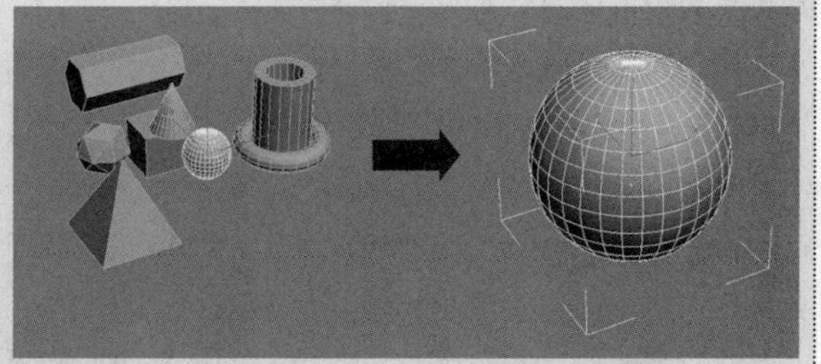

图1-167

切换孤立选择对象的方法主要有以下两种。

第1种：执行"工具>孤立当前选择"菜单命令或直接按Alt+Q组合键，如图1-168所示。

第2种：在视图中单击鼠标右键，在弹出的菜单中选择"孤立当前选择"命令，如图1-169所示。

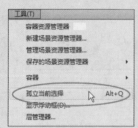

图1-168

图1-169

请大家牢记这几种选择对象的方法，这样在选择对象时可以达到事半功倍的效果。

1.5.4 按名称选择

功能介绍

单击"按名称选择"按钮🔍会弹出"从场景选择"对话框，在该对话框中选择对象的名称后，单击"确定"按钮 ▢确定▢ 即可将其选择。例如，在"从场景选择"对话框中选择了Sphere001，单击"确定"按钮 ▢确定▢ 后即可选择这个球体对象，如图1-170和图1-171所示。

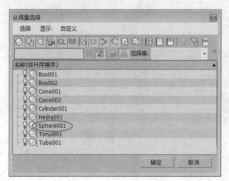

图1-170

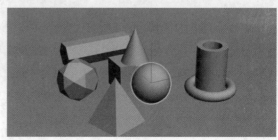

图1-171

【练习1-6】按名称选择对象

01 打开学习资源中的"练习文件>第1章>1-6.max"文件，如图1-172所示。

02 在"主工具栏"中单击"按名称选择"按钮，打开"从场景选择"对话框，从该对话框中可以观察到场景对象的名称，如图1-173所示。

图1-172

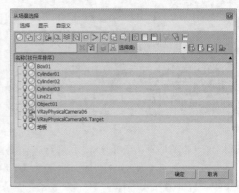
图1-173

03 如果要选择单个对象，可以直接在"从场景选择"对话框单击该对象的名称，然后单击"确定"按钮，如图1-174所示。

04 如果要选择隔开的多个对象，可以按住Ctrl键依次单击对象的名称，然后单击"确定"按钮，如图1-175所示。

图1-174

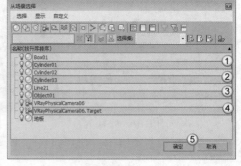
图1-175

提示

如果当前已经选择了部分对象，那么按住Ctrl键可以进行加选，按住Alt键可以进行减选。

05 如果要选择连续的多个对象，可以按住Shift键依次单击首、尾的两个对象名称，然后单击"确定"按钮，如图1-176所示。

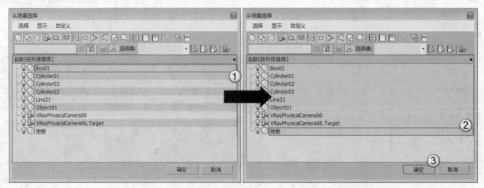
图1-176

提示

"从场景选择"对话框中有两排按钮，如图1-177所示。上面的一排用于过滤显示对象，当激活相应的对象按钮后，在下面的对象列表中就会显示出与其相对应的对象；下面的一排用于快速选择对象。

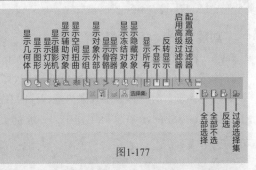

图1-177

1.5.5 选择区域

功能介绍

选择区域工具包含5种模式，如图1-178所示，主要用来配合"选择对象"工具 一起使用。

默认情况下，3ds Max使用的是"矩形选择区域" ，也就是使用鼠标光标只能在视图中绘制出矩形的选区，如图1-179所示。

矩形选择区域
圆形选择区域
围栏选择区域
套索选择区域
绘制选择区域

图1-178

图1-179

当使用鼠标左键按住"矩形选择区域" 时，会弹出下拉工具栏，按住鼠标左键移动光标到"圆形选择区域" ，然后松开鼠标左键，即可选择"圆形选择区域" ，此时使用光标只能绘制出圆形选区，如图1-180所示。同理，其他选择区域的效果如图1-181~图1-183所示。

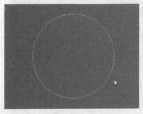

图1-180

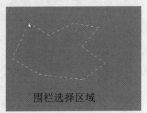

围栏选择区域

图1-181

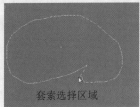

套索选择区域

图1-182

绘制选择区域

图1-183

【练习1-7】用套索选择区域工具选择对象

01 打开学习资源中的"练习文件>第1章>1-7.max"文件，如图1-184所示。

02 在"主工具栏"中单击"选择对象"按钮 ，然后连续按3次Q键将选择模式切换为"套索选择区域" ，接着在视图中绘制一个形状区域，将刀叉模型勾选出来，如图1-185所示，释放鼠标以后就选中了刀叉模型，如图1-186所示。

图1-184

图1-185

图1-186

1.5.6 窗口/交叉

功能介绍

当"窗口/交叉"工具处于未激活状态时，其显示效果为，这时如果在视图中选择对象，那么只要选择的区域包含对象的一部分即可选中该对象，如图1-187所示；当"窗口/交叉"工具处于凹陷状态（即激活状态）时，其显示效果为，这时在视图中选择对象，只有选择区域包含对象的全部才能将其选中，如图1-188所示。在实际工作中，一般都要让"窗口/交叉"工具处于未激活状态。

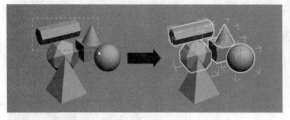
图1-187

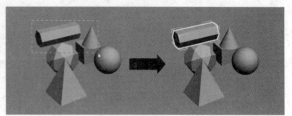
图1-188

1.5.7 选择并移动

功能介绍

"选择并移动"工具是最重要的工具之一（快捷键为W键），主要用来选择并移动对象，其选择对象的方法与"选择对象"工具相同。使用"选择并移动"工具可以将选中的对象移动到任意位置。当使用该工具选择对象时，视图中会显示出坐标移动控制器，在默认的四视图中只有透视图显示的是x、y、z这3个轴向，而其他3个视图中只显示其中的某两个轴向，如图1-189所示。若想要在多个轴向上移动对象，可以将光标放在轴向的中间，拖曳鼠标，如图1-190所示；如果想在单个轴向上移动对象，可以将光标放在这个轴向上，拖曳鼠标，如图1-191所示。

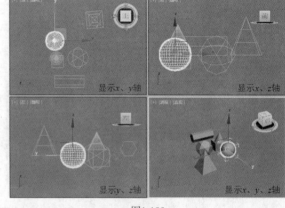
图1-189

图1-190

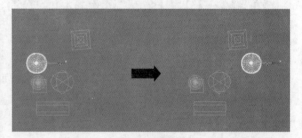
图1-191

提示

若想将对象精确移动一定的距离，可以在"选择并移动"工具上单击鼠标右键，然后在弹出的"移动变换输入"对话框中输入"绝对:世界"或"偏移:屏幕"的数值即可，如图1-192所示。

"绝对"坐标是指对象目前所在的世界坐标位置，"偏移"坐标是指对象以屏幕为参考对象所偏移的距离。

图1-192

【练习1-8】用选择并移动工具制作酒杯塔

本例使用"选择并移动"工具的移动复制功能制作的酒杯塔效果如图1-193所示。

图1-193

01 打开学习资源中的"练习文件>第1章>1-8.max"文件，如图1-194所示。

02 在"主工具栏"中单击"选择并移动"按钮，按住Shift键在前视图中将高脚杯沿y轴向下移动复制，在弹出的"克隆选项"对话框中设置"对象"为"复制"，最后单击"确定"按钮 确定 完成操作，如图1-195所示。

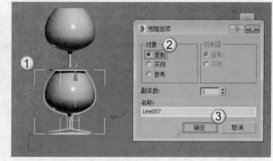

图1-194　　　　　　　　　　　　　　　　图1-195

03 在顶视图中将下层的高脚杯沿x、y轴向外拖曳到图1-196所示的位置。

04 保持对下层高脚杯的选择，按住Shift键沿x轴向左侧移动复制，在弹出的"克隆选项"对话框中单击"确定"按钮 确定 ，如图1-197所示。

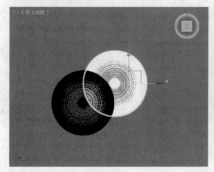

图1-196　　　　　　　　　　　　　　　　图1-197

05 采用相同的方法在下层继续复制一个高脚杯，调整好每个高脚杯的位置，完成后的效果如图1-198所示。

06 将下层的高脚杯向下进行移动复制，然后向外复制一些高脚杯，得到最下层的高脚杯，最终效果如图1-199所示。

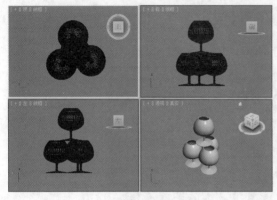

图1-198

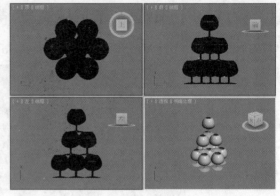

图1-199

1.5.8 选择并旋转

功能介绍

"选择并旋转"工具 是最重要的工具之一（快捷键为E键），主要用来选择并旋转对象，其使用方法与"选择并移动"工具 相似。当该工具处于激活状态（选择状态）时，被选中的对象可以在 x、y、z 这3个轴上进行旋转。

―― 提示 ――

如果要将对象精确旋转一定的角度，可以在"选择并旋转"按钮 上单击鼠标右键，然后在弹出的"旋转变换输入"对话框中输入旋转角度即可，如图1-200所示。

图1-200

1.5.9 选择并缩放

功能介绍

选择并缩放工具是最重要的工具之一（快捷键为R键），主要用来选择并缩放对象。选择并缩放工具包含3种，如图1-201所示。使用"选择并均匀缩放"工具 可以沿3个轴以相同量缩放对象，同时保持对象的原始比例，如图1-202所示；使用"选择并非均匀缩放"工具 可以根据活动轴约束以非均匀方式缩放对象，如图1-203所示；使用"选择并挤压"工具 可以创建"挤压和拉伸"效果，如图1-204所示。

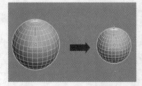

图1-201   图1-202 选择并均匀缩放   图1-203 选择并非均匀缩放   图1-204 选择并挤压

―― 提示 ――

同理，选择并缩放工具也可以设定一个精确的缩放比例因子，具体操作方法就是在相应的工具上单击鼠标右键，然后在弹出的"缩放变换输入"对话框中输入相应的缩放比例数值即可，如图1-205所示。

图1-205

【练习1-9】用选择并缩放工具调整花瓶形状

01 打开学习资源中的"练习文件>第1章>1-9.max"文件，如图1-206所示。

02 在"主工具栏"中选择"选择并均匀缩放"工具，选择最左边的花瓶，在前视图中沿x轴正方向进行缩放，如图1-207所示，完成后的效果如图1-208所示。

　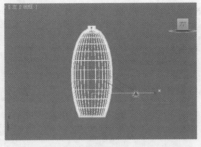　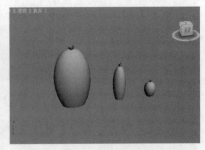

图1-206　　　　　　　　　图1-207　　　　　　　　　图1-208

03 在"主工具栏"中选择"选择并非均匀缩放"工具，然后选择中间的花瓶，在透视图中沿y轴正方向进行缩放，如图1-209所示。

04 在"主工具栏"中选择"选择并挤压"工具，然后选择最右边的模型，在透视图中沿z轴负方向进行挤压，如图1-210所示。

图1-209　　　　　　　　　图1-210

1.5.10 选择并放置/旋转

"选择并放置"工具是3ds Max 2016新增的工具，使用该工具可以将对象准确地定位在另一个对象的曲面上。当该工具处于活动状态时，单击对象将其选中，然后拖动鼠标将对象移动到另一对象上，即可将其放置到另一对象上。而使用"选择并旋转"工具可以将对象围绕放置曲面的法线进行旋转。

在默认情况下，基础曲面的接触点是对象的轴心，如果要使用对象的底座作为接触点，可以在"选择并放置"工具上单击鼠标右键，然后在弹出的"放置设置"对话框中单击"使用基础对象作为轴"按钮，如图1-211所示。

图1-211

1.5.11 参考坐标系

功能介绍

"参考坐标系"可以用来指定变换操作（如移动、旋转、缩放等）所使用的坐标系统，包括视图、屏幕、世界、父对象、局部、万向、栅格、工作和拾取9种坐标系，如图1-212所示。

参数详解

❖ 视图：在默认的"视图"坐标系中，所有正交视图中的x轴、y轴、z轴都相同。使用该坐标系移动对象时，可以相对于视图空间移动对象。

图1-212

- ❖ 屏幕：将活动视口屏幕用作坐标系。
- ❖ 世界：使用世界坐标系。
- ❖ 父对象：使用选定对象的父对象作为坐标系。如果对象未链接至特定对象，则其为世界坐标系的子对象，其父坐标系与世界坐标系相同。
- ❖ 局部：使用选定对象的轴心点为坐标系。
- ❖ 万向：万向坐标系与Euler XYZ旋转控制器一同使用，它与局部坐标系类似，但其3个旋转轴相互之间不一定垂直。
- ❖ 栅格：使用活动栅格作为坐标系。
- ❖ 工作：使用工作轴作为坐标系。
- ❖ 拾取：使用场景中的另一个对象作为坐标系。

1.5.12 使用轴点中心

功能介绍

轴点中心工具包含"使用轴点中心"工具 、"使用选择中心"工具 和"使用变换坐标中心"工具 3种，如图1-213所示。

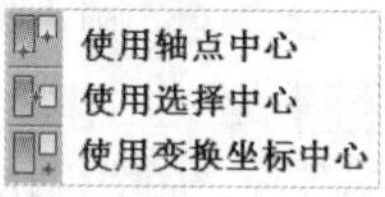

图1-213

参数详解

- ❖ 使用轴点中心 ：该工具可以围绕其各自的轴点旋转或缩放一个或多个对象。
- ❖ 使用选择中心 ：该工具可以围绕其共同的几何中心旋转或缩放一个或多个对象。如果变换多个对象，该工具会计算所有对象的平均几何中心，并将该几何中心用作变换中心。
- ❖ 使用变换坐标中心 ：该工具可以围绕当前坐标系的中心旋转或缩放一个或多个对象。当使用"拾取"功能将其他对象指定为坐标系时，其坐标中心在该对象轴的位置上。

1.5.13 选择并操纵

功能介绍

使用"选择并操纵"工具 可以在视图中通过拖曳"操纵器"来编辑修改器、控制器和某些对象的参数。

—— 提示 ——

"选择并操纵"工具 与"选择并移动"工具 不同，它的状态不是唯一的。只要选择模式或变换模式之一为活动状态，并且启用了"选择并操纵"工具 ，那么就可以操纵对象。但是，在选择一个操纵器辅助对象之前必须禁用"选择并操纵"工具 。

1.5.14 键盘快捷键覆盖切换

功能介绍

当关闭"键盘快捷键覆盖切换"工具 时，只识别"主用户界面"快捷键；当激活该工具时，可以同时识别主UI快捷键和功能区域快捷键。一般情况都需要开启该工具。

1.5.15 捕捉开关

功能介绍

捕捉开关工具（快捷键为S键）包含"2D捕捉"工具 、"2.5D捕捉"工具 和"3D捕捉"工具 3种，如图1-214所示。

图1-214

参数详解

❖   2D捕捉 ²ₐ：主要用于捕捉活动的栅格。

❖   2.5D捕捉 ²ₐ：主要用于捕捉结构或捕捉根据网格得到的几何体。

❖   3D捕捉 ³ₐ：可以捕捉3D空间中的任何位置。

—— 提示 ——

在"捕捉开关"上单击鼠标右键，可以打开"栅格和捕捉设置"对话框，在该对话框中可以设置捕捉类型和捕捉的相关选项，如图1-215所示。

图1-215

1.5.16 角度捕捉切换

功能介绍

"角度捕捉切换"工具 可以用来指定捕捉的角度（快捷键为A键）。激活该工具后，角度捕捉将影响所有的旋转变换，在默认状态下以5度为增量进行旋转。

—— 提示 ——

若要更改旋转增量，可以在"角度捕捉切换"工具 上单击鼠标右键，在弹出的"栅格和捕捉设置"对话框中单击"选项"选项卡，在"角度"选项后面输入相应的旋转增量角度即可，如图1-216所示。

图1-216

【练习1-10】用角度捕捉切换工具制作挂钟刻度

本例使用"角度捕捉切换"工具制作的挂钟刻度效果如图1-217所示。

图1-217

01 打开学习资源中的"练习文件>第1章>1-10.max"文件，如图1-218所示。

02 在"创建"面板中单击"球体"按钮 [球体]，然后在场景中创建一个大小合适的球体，如图1-219所示。

图1-218

图1-219

——— 提示 ———

从图1-218中可以观察到挂钟没有指针刻度。在3ds Max中，制作这种具有相同角度且有一定规律的对象一般都使用"角度捕捉切换"工具来制作。

03 选择"选择并均匀缩放"工具 [ ]，在左视图中沿x轴负方向进行缩放，如图1-220所示，使用"选择并移动"工具 [ ] 将其移动到表盘的"12点钟"的位置，如图1-221所示。

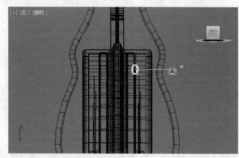

图1-220

图1-221

04 在"命令"面板中单击"层次"按钮 [ ]，进入"层次"面板，然后单击"仅影响轴"按钮 [仅影响轴]（此时球体上会增加一个较粗的坐标轴，这个坐标轴主要用来调整球体的轴心点位置），使用"选择并移动"工具 [ ] 将球体的轴心点拖曳到表盘的中心位置，如图1-222所示。

05 单击"仅影响轴"按钮 [仅影响轴] 退出"仅影响轴"模式，在"角度捕捉切换"工具 [ ] 上单击鼠标右键（注意，要使该工具处于激活状态），在"栅格和捕捉设置"对话框中设置"角度"为30，如图1-223所示。

图1-222

图1-223

06 选择"选择并旋转"工具 [ ]，在前视图中按住Shift键顺时针旋转-30度，然后在弹出的"克隆选项"对话框中设置"对象"为"实例"，"副本数"为11，最后单击"确定"按钮 [确定]，如图1-224所示，最终效果如图1-225所示。

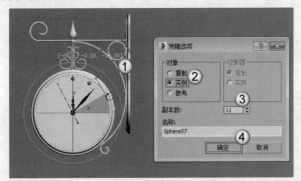

图1-224　　　　　　　　　　　　　　　　　　　图1-225

1.5.17　百分比捕捉切换

功能介绍

使用"百分比捕捉切换"工具 可以将对象缩放捕捉到自定的百分比（快捷键为Shift+Ctrl+P），在缩放状态下，默认每次的缩放百分比为10%。

—— 提示 ——

若要更改缩放百分比，可以在"百分比捕捉切换"工具 上单击鼠标右键，在弹出的"栅格和捕捉设置"对话框中单击"选项"选项卡，在"百分比"选项后面输入相应的百分比数值即可，如图1-226所示。

图1-226

1.5.18　微调器捕捉切换

功能介绍

"微调器捕捉切换"工具 可以用来设置微调器单次单击的增加值或减少值。

—— 提示 ——

若要设置微调器捕捉的参数，可以在"微调器捕捉切换"工具 上单击鼠标右键，然后在弹出的"首选项设置"对话框中单击"常规"选项卡，在"微调器"选项组下设置相关参数即可，如图1-227所示。

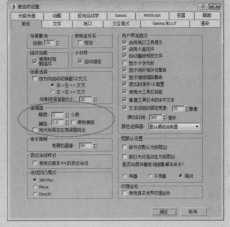

图1-227

1.5.19 编辑命名选择集

功能介绍

使用"编辑命名选择集"工具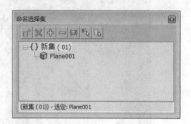可以为单个或多个对象创建选择集。选中一个或多个对象后,单击"编辑命名选择集"工具可以打开"命名选择集"对话框,在该对话框中可以创建新集、删除集以及添加、删除选定对象等操作,如图1-228所示。

图1-228

1.5.20 创建选择集

功能介绍

如果选择了对象,在"创建选择集" 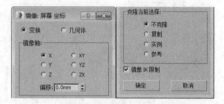 中输入名称可以创建一个新的选择集;如果已经创建了选择集,在列表中可以选择创建的集。

1.5.21 镜像

功能介绍

使用"镜像"工具可以围绕一个轴心镜像出一个或多个副本对象。选中要镜像的对象后,单击"镜像"工具可以打开"镜像:屏幕坐标"对话框,在该对话框中可以对"镜像轴""克隆当前选择"和"镜像IK限制"进行设置,如图1-229所示。

图1-229

【练习1-11】用镜像工具镜像椅子

本例使用"镜像"工具镜像的椅子效果如图1-230所示。

图1-230

01 打开学习资源中的"练习文件>第1章>1-11.max"文件,如图1-231所示。

02 选中椅子模型,在"主工具栏"中单击"镜像"按钮,在弹出的"镜像"对话框中设置"镜像轴"为x轴,"偏移"值为-120mm,"克隆当前选择"为"复制"方式,单击"确定"按钮,具体参数设置如图1-232所示,最终效果如图1-233所示。

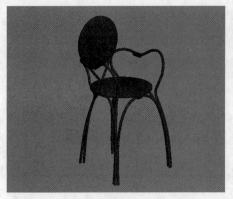

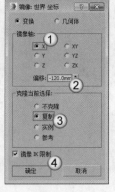

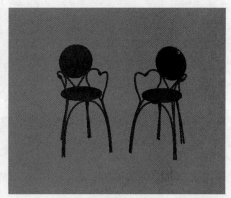

图1-231　　　　　　　　　　图1-232　　　　　　　　　　图1-233

1.5.22　对齐

功能介绍

对齐工具包括6种，分别是"对齐"工具、"快速对齐"工具、"法线对齐"工具、"放置高光"工具、"对齐摄影机"工具和"对齐到视图"工具，如图1-234所示。

	对齐
	快速对齐
	法线对齐
	放置高光
	对齐摄影机
	对齐到视图

图1-234

参数详解

❖ 对齐：使用该工具（快捷键为Alt+A）可以将当前选定对象与目标对象进行对齐。

❖ 快速对齐：使用该工具（快捷键为Shift+A）可以立即将当前选择对象的位置与目标对象的位置进行对齐。如果当前选择的是单个对象，那么"快速对齐"需要使用到两个对象的轴；如果当前选择的是多个对象或多个子对象，使用"快速对齐"可以将选中对象的选择中心对齐到目标对象的轴。

❖ 法线对齐："法线对齐"（快捷键为Alt+N）基于每个对象的面或是以选择的法线方向来对齐两个对象。要打开"法线对齐"对话框，先要选择对齐的对象，单击对象上的面，单击第2个对象上的面，释放鼠标后就可以打开"法线对齐"对话框。

❖ 放置高光：使用该工具（快捷键为Ctrl+H）可以将灯光或对象对齐到另一个对象，以便可以精确定位其高光或反射。在"放置高光"模式下，可以在任一视图中单击并拖动光标。

提示

"放置高光"是一种依赖于视图的功能，所以要使用渲染视图。在场景中拖动光标时，会有一束光线从光标处射入场景。

❖ 对齐摄影机：使用该工具可以将摄影机与选定的面法线进行对齐。该工具的工作原理与"放置高光"工具类似。不同的是，它是在面法线上进行操作，而不是入射角，并在释放鼠标时完成，而不是在拖曳鼠标期间完成。

❖ 对齐到视图：使用该工具可以将对象或子对象的局部轴与当前视图进行对齐。该工具适用于任何可变换的选择对象。

【练习1-12】用对齐工具对齐办公椅

本例使用"对齐"工具对齐办公椅后的效果如图1-235所示。

图1-235

01 打开学习资源中的"练习文件>第1章>1-12.max"文件，可以观察到场景中有两把椅子没有与其他的椅子对齐，如图1-236所示。

02 选中其中的一把没有对齐的椅子，在"主工具栏"中单击"对齐"按钮 📇 ，然后单击另外一把处于正常位置的椅子，在弹出的对话框中设置"对齐位置（局部）"为"X位置"，设置"当前对象"和"目标对象"为"轴点"，单击"确定"按钮 ⬚ 确定 ，如图1-237所示。

图1-236

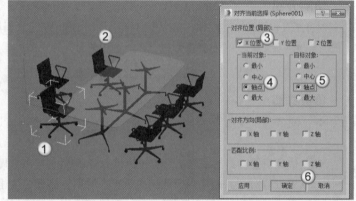

图1-237

技术专题：对齐参数详解

X/Y/Z位置：用来指定要执行对齐操作的一个或多个坐标轴。同时勾选这3个选项可以将当前对象重叠到目标对象上。

最小：将具有最小X值、Y值或Z值对象边界框上的点与其他对象上选定的点对齐。

中心：将对象边界框的中心与其他对象上的选定点对齐。

轴点：将对象的轴点与其他对象上的选定点对齐。

最大：将具有最大X值、Y值或Z值对象边界框上的点与其他对象上选定的点对齐。

对齐方向（局部）：包括X轴、Y轴和Z轴3个选项，主要用来设置选择对象与目标对象是以哪个坐标轴进行对齐。

匹配比例：包括X轴、Y轴和Z轴3个选项，可以匹配两个选定对象之间的缩放轴的值，该操作仅对变换输入中显示的缩放值进行匹配。

03 采用相同的方法对齐另外一把没有对齐的椅子，完成后的效果如图1-238所示。

图1-238

1.5.23 切换场景资源管理器

功能介绍

单击"切换场景资源管理器"按钮■可以打开"场景资源管理器-场景资源管理器"对话框，如图1-239所示。使用该管理器不仅可以查看、排序、过滤、选择、重命名、删除、隐藏和冻结对象，还可以创建、修改对象的层次和编辑对象属性。

1.5.24 切换层资源管理器

功能介绍

单击"切换层资源管理器"按钮■可以打开"场景资源管理器-层资源管理器"对话框，在该对话框中可以设置对象的名称、可见性、渲染性、颜色以及对象和层的包含关系等，如图1-240所示。同时，还可以创建和删除层，也可以用来查看和编辑场景中所有层的设置及与其相关联的对象。

图1-239

1.5.25 功能切换区

功能介绍

单击"功能切换区"按钮■可以打开或关闭Ribbon工具栏（这个工具栏在以前的版本中称为"石墨建模工具"或"建模工具"选项卡），如图1-241所示。Ribbon工具栏是优秀的PolyBoost建模工具与3ds Max的完美结合，其工具摆放的灵活性与布局的科学性大大方便了多边形建模。

图1-240

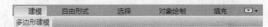

图1-241

1.5.26 图解视图

功能介绍

单击"图解视图（打开）"按钮■可以打开"图解视图"对话框，如图1-242所示。"图解视图"是基于节点的场景图，通过它可以访问对象的属性、材质、控制器、修改器、层次和不可见场景关系，同时在"图解视图"对话框中可以查看、创建并编辑对象间的关系，也可以创建层次、指定控制器、材质、修改器和约束等。

--- 提示 ---

在"图解视图"对话框列表视图中的文本列表中可以查看节点，这些节点的排序是有规则性的，通过这些节点可以迅速浏览极其复杂的场景。

图1-242

1.5.27 材质编辑器

功能介绍

"材质编辑器" 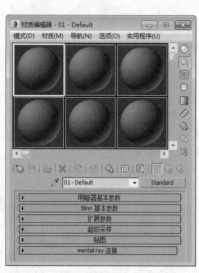是最重要的编辑器之一（快捷键为M键），在后面的章节中将有专门的内容对其进行介绍，主要用来编辑对象的材质。3ds Max 2016的"材质编辑器"分为"精简材质编辑器"和"Slate材质编辑器"两种，如图1-243和图1-244所示。

图1-243

图1-244

1.5.28 渲染设置

功能介绍

单击"主工具栏"中的"渲染设置"按钮（快捷键为F10键），可以打开"渲染设置"对话框，所有的渲染设置参数基本上都在该对话框中完成，如图1-245所示。

图1-245

1.5.29 渲染帧窗口

功能介绍

单击"主工具栏"中的"渲染帧窗口"按钮可以打开"渲染帧窗口"对话框，在该对话框中可以完成区域渲染、切换图像通道和储存渲染图像等任务，如图1-246所示。

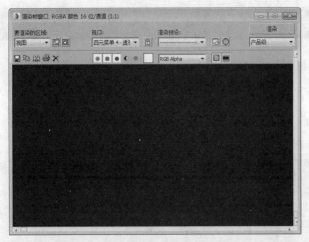

图1-246

1.5.30 渲染工具

功能介绍

渲染工具包含"渲染产品"工具、"渲染迭代"工具和ActiveShade工具3种，如图1-247所示。

图1-247

1.5.31 在Autodesk A360中渲染

功能介绍

A360是一种云端渲染方法，单击"在Autodesk A360中渲染"按钮可以打开"渲染设置"对话框，同时将渲染的"目标"自动设置为"A360云渲染模式"，如图1-248所示。用户通过登录Autodesk账户，可以借助Autodesk A360中的渲染器来渲染场景。上传的场景数据存储在安全的数据中心内，其他人是无法查看和下载的，只有使用特定的Autodesk ID和密码登录到渲染服务的人才可以访问这些文件，但也仅限于联机渲染。

— 提示 —

使用Autodesk A360云渲染只能渲染静帧场景和摄影机视图。

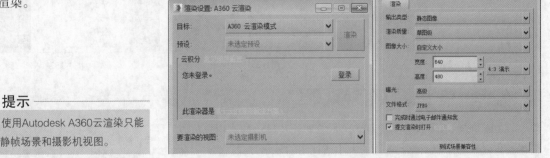

图1-248

1.5.32 打开Autodesk A360库

功能介绍

单击"打开Autodesk A360库"按钮可以打开Rendering in Autodesk A360链接，注册并登录Autodesk账户以后，用户可以在链接中查看、搜索和下载资料。

1.6 视口设置

视口区域是操作界面中最大的区域，也是3ds Max中用于实际工作的区域，默认状态下为四视图显示，包括顶视图、左视图、前视图和透视图4个视图，在这些视图中可以从不同的角度对场景中的对象进行观察和编辑。

每个视图的左上角都会显示视图的名称以及模型的显示方式，右上角有一个导航器（不同视图显示的状态也不同），如图1-249所示。

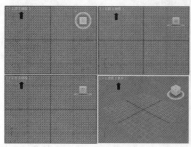 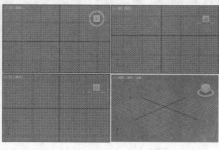

图1-249

提示

常用的几种视图都有其相对应的快捷键，顶视图的快捷键是T，底视图的快捷键是B，左视图的快捷键是L，前视图的快捷键是F，透视图的快捷键是P，摄影机视图的快捷键是C。

1.6.1 视图快捷菜单

功能介绍

3ds Max 2016的视图名称被分为3个小部分，用鼠标右键分别单击这3个部分，会弹出不同的视图快捷设置菜单，如图1-250~图1-252所示。图1-250所示菜单用于还原、活动、禁用视口以及设置导航器等；图1-251所示菜单用于切换视口的类型；图1-252所示菜单用于设置对象在视口中的显示方式。

图1-250

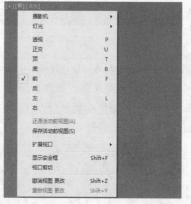

图1-251

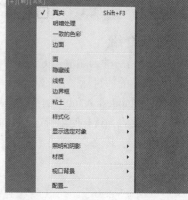

图1-252

【练习1-13】视口布局设置

在3ds Max 2016中是可以调整视图的划分及显示的，用户可以根据观察对象的需要来改变视图的大小或视图的显示方式。

01 打开学习资源中的"练习文件>第1章>1-13.max"文件，如图1-253所示。

02 执行"视图>视口背景>配置视口背景"菜单命令，打开"视口配置"对话框，然后单击"布局"选项卡，在该选项卡下预设了一些视口的布局方式，如图1-254所示。

03 选择第6个布局方式，此时在下面的缩略图中可以观察到这个视

图1-253

图布局的划分方式，如图1-255所示。

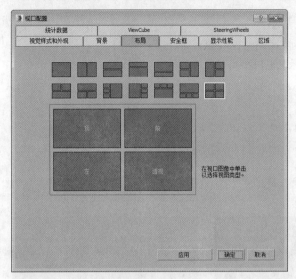

图1-254

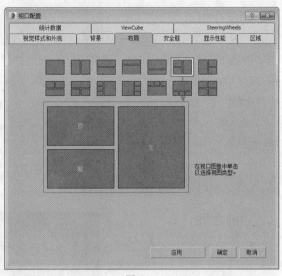

图1-255

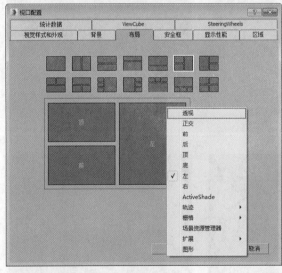

图1-256

04 在视图缩略图上单击鼠标左键或右键，在弹出的菜单中可以选择应用哪个视图，选择好后单击"确定"按钮 确定 即可，如图1-256所示，重新划分后的视图效果如图1-257所示。

图1-257

提示

将光标放在视图与视图的交界处，当光标变成"双向箭头" ↔/↕ 时，可以左右或上下调整视图的大小，如图1-258所示；当光标变成"十字箭头" ✛ 时，可以上下左右调整视图的大小，如图1-259所示。

如果要将视图恢复到原始的布局状态，可以在视图交界处单击鼠标右键，在弹出的菜单中选择"重置布局"命令，如图1-260所示。

图1-258

图1-259

图1-260

1.6.2 视口布局选项卡

功能介绍

"视口布局选项卡"位于操作界面的左侧，用于快速调整视口的布局。单击"创建新的视口布局选项卡"按钮 ，在弹出的"标准视口布局"面板中可以选择3ds Max预设的一些标准视口布局，如图1-261所示。

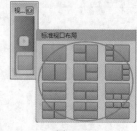

—— 提示 ——

如果用户对视图的配置已经比较熟悉，可以关闭"视口布局选项卡"，以节省操作界面的空间。

图1-261

1.6.3 切换透视图背景色

功能介绍

在默认情况下，3ds Max 2016的透视图的背景颜色为灰度渐变色，如图1-262所示。如果用户不习惯渐变背景色，可以执行"视图>视口背景>纯色"菜单命令，将其切换为纯色显示，如图1-263所示。

图1-262

图1-263

1.6.4 切换栅格的显示

功能介绍

栅格是多条直线交叉而形成的网格，严格来说是一种辅助计量单位，可以基于栅格捕捉绘制物体。在默认情况下，每个视图中均有栅格，如图1-264所示，如果嫌栅格有碍操作，可以按G键关闭栅格的显示（再次按G键可以恢复栅格的显示），如图1-265所示。

图1-264

图1-265

1.7 命令面板

"命令"面板非常重要，场景对象的操作都可以在"命令"面板中完成。"命令"面板由6个用户界面面板组成，默认状态下显示的是"创建"面板 ，其他面板分别是"修改"面板 、"层次"面板 、"运动"面板 、"显示"面板 和"实用程序"面板 ，如图1-266所示。

1.7.1 创建面板

功能介绍

"创建"面板是最重要的面板之一，在该面板中可以创建7种对象，分别是"几何

图1-266

体"、"图形" 、"灯光" 、"摄影机" 、"辅助对象" 、"空间扭曲" 和"系统" ，如图1-267所示。

参数详解

❖ 几何体 ：主要用来创建长方体、球体和锥体等基本几何体，也可以创建出高级几何体，例如布尔、阁楼以及粒子系统中的几何体。

❖ 图形 ：主要用来创建样条线和NURBS曲线。

提示

虽然样条线和NURBS曲线能够在2D空间或3D空间中存在，但是它们只有一个局部维度，可以为形状指定一个厚度以便于渲染，这两种线条主要用于构建其他对象或运动轨迹。

图1-267

❖ 灯光 ：主要用来创建场景中的灯光。灯光的类型有很多种，每种灯光都可以用来模拟现实世界中的灯光效果。

❖ 摄影机 ：主要用来创建场景中的摄影机。

❖ 辅助对象 ：主要用来创建有助于场景制作的辅助对象。这些辅助对象可以定位、测量场景中的可渲染几何体，并且可以设置动画。

❖ 空间扭曲 ：使用空间扭曲功能可以在围绕其他对象的空间中产生各种不同的扭曲效果。

❖ 系统 ：可以将对象、控制器和层次对象组合在一起，提供与某种行为相关联的几何体，并且包含模拟场景中的阳光系统和日光系统。

1.7.2 修改面板

功能介绍

"修改"面板是最重要的面板之一，该面板主要用来调整场景对象的参数，同样可以使用该面板中的修改器来调整对象的几何形体，图1-268所示是默认状态下的"修改"面板。

图1-268

【练习1-14】制作一个变形的茶壶

本例将用一个正常的茶壶和一个变形的茶壶来讲解"创建"面板和"修改"面板的基本用法，如图1-269所示。

图1-269

<u>01</u> 在"创建"面板中单击"几何体"按钮 ，然后单击"茶壶"按钮 茶壶 ，在视图中拖曳鼠标左键创建一个茶壶，如图1-270所示。

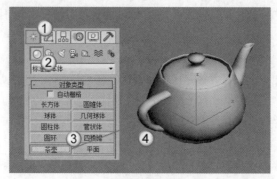

图1-270

02 用"选择并移动"工具⬦选择茶壶，然后按住Shift键在前视图中向右移动复制一个茶壶，在弹出的"克隆选项"对话框中设置"对象"为"复制"，单击"确定"按钮 确定，如图1-271所示。

03 选择原始茶壶，在"命令"面板中单击"修改"按钮⬚，进入"修改"面板，然后在"参数"卷展栏下设置"半径"为200mm，"分段"为10，最后关闭"壶盖"选项，具体参数设置如图1-272所示。

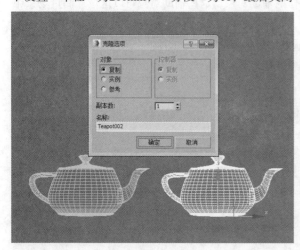

图1-271   图1-272

提示

在默认情况下创建的对象处于（透视图）"真实"显示方式，如图1-273所示，而图1-274是"真实+线框"显示方式。如果要将"真实"显示方式切换为"真实+线框"显示方式，或将"真实+线框"方式切换为"真实"显示方式，可按F4键进行切换，图1-274所示为"真实+线框"显示方式；如果要将显示方式切换为"线框"显示方式，可按F3键，如图1-275所示。

图1-273   图1-274   图1-275

04 选择原始茶壶，在"修改"面板下单击"修改器列表"，在下拉列表中选择FFD 2×2×2修改器，为其加载一个FFD 2×2×2修改器，如图1-276所示。

05 在FFD 2×2×2修改器左侧单击⬛图标，展开次物体层级列表，选择"控制点"次物体层级，如图1-277所示。

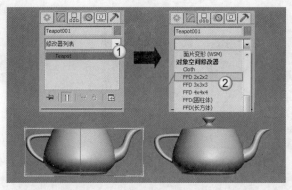
图1-276

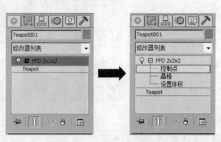
图1-277

06 用"选择并移动"工具⊹在前视图中框选上部的4个控制点，然后沿y轴向上拖曳控制点，使其产生变形效果，如图1-278所示。

图1-278

07 保持对控制点的选择，按R键切换到"选择并均匀缩放"工具▫，然后在透视图中向内缩放茶壶顶部，如图1-279所示，最终效果如图1-280所示。

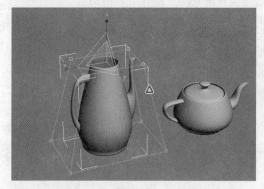
图1-279

图1-280

1.7.3 层次面板

功能介绍

在"层次"面板中可以访问调整对象间的层次链接信息，通过将一个对象与另一个对象链接，创建对象之间的父子关系，如图1-281所示。

图1-281

参数详解

❖ 轴 轴 ：该工具下的参数主要用来调整对象和修改器中心位置，以及定义对象之间的父子关系和反向动力学IK的关节位置等，如图1-282所示。

❖ IK IK ：该工具下的参数主要用来设置动画的相关属性，如图1-283所示。

❖ 链接信息 链接信息 ：该工具下的参数主要用来限制对象在特定轴中的移动关系，如图1-284所示。

图1-282

图1-283

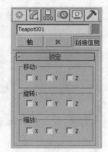
图1-284

1.7.4 运动面板

功能介绍

"运动"面板中的工具与参数主要用来调整选定对象的运动属性,如图1-285所示。

图1-285

> **提示**
>
> 可以使用"运动"面板中的工具来调整关键点的时间及其缓入和缓出效果。"运动"面板还提供了"轨迹视图"的替代选项来指定动画控制器,如果指定的动画控制器具有参数,则在"运动"面板中可以显示其他卷展栏;如果把"路径约束"指定给对象的位置轨迹,则"路径参数"卷展栏将添加到"运动"面板中。

1.7.5 显示面板

功能介绍

"显示"面板中的参数主要用来设置场景中控制对象的显示方式,如图1-286所示。

图1-286

1.7.6 实用程序面板

功能介绍

在"实用程序"面板中可以访问各种工具程序,包含用于管理和调用的卷展栏,如图1-287所示。

图1-287

1.8 状态栏

状态栏位于轨迹栏的下方，它提供了选定对象的数目、类型、变换值和栅格数目等信息，并且状态栏可以基于当前光标位置和当前活动程序来提供动态反馈信息，如图1-288所示。

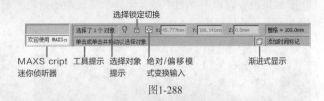

图1-288

1.9 视图导航控制按钮

视图导航控制按钮在状态栏的最右侧，主要用来控制视图的显示和导航。使用这些按钮可以缩放、平移和旋转活动的视图，如图1-289所示。

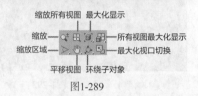

图1-289

1.9.1 所有视图可用控件

功能介绍

所有视图中可用的控件包含"所有视图最大化显示"工具⊞、"所有视图最大化显示选定对象"工具⊞和"最大化视口切换"工具⊠。

参数详解

❖ 所有视图最大化显示⊞：将场景中的对象在所有视图中居中显示出来。
❖ 所有视图最大化显示选定对象⊞：将所有可见的选定对象或对象集在所有视图中以居中最大化的方式显示出来。
❖ 最大化视口切换⊠：可以将活动视口在正常大小和全屏大小之间进行切换，其快捷键为Alt+W。

> **—— 提示 ——**
>
> 左边3个控件适用于所有的视图，而有些控件只能在特定的视图中才能使用，下面将依次讲解。

【练习1-15】使用所有视图可用控件

`01` 打开学习资源中的"练习文件>第1章>1-15.max"文件，可以观察到场景中的物体在4个视图中只显示出了局部，并且位置不居中，如图1-290所示。

`02` 如果想要整个场景的对象都居中显示，可以单击"所有视图最大化显示"按钮⊞，效果如图1-291所示。

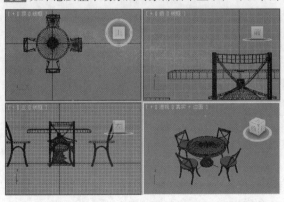

图1-290

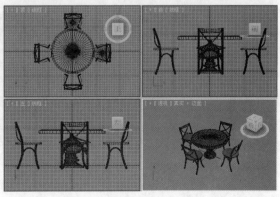

图1-291

03 如果想要餐桌居中最大化显示，可以在任意视图中选中餐桌，然后单击"所有视图最大化显示选定对象"按钮⊞（也可以按快捷键Z），效果如图1-292所示。

04 如果想要在单个视图中最大化显示场景中的对象，可以单击"最大化视图切换"按钮⊡（或按Alt+W组合键），效果如图1-293所示。

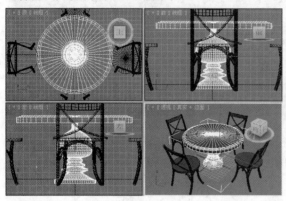

图1-292

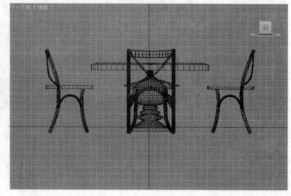

图1-293

提示

有时按Alt+W组合键不能最大化显示当前视图，遇到这种情况可能是由两种原因造成的。

第1种：3ds Max出现程序错误。遇到这种情况可重启3ds Max。

第2种：可能是由于某个程序占用了3ds Max的Alt+W组合键，如腾讯QQ的"语音输入"快捷键就是Alt+W，如图1-294所示。这时可以将这个快捷键修改为其他快捷键，或直接不用这个快捷键，如图1-295所示。

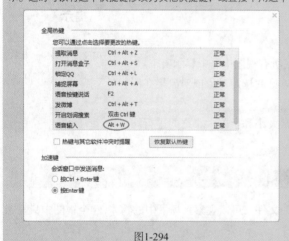

图1-294

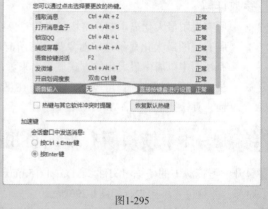

图1-295

1.9.2 透视图和正交视图可用控件

功能介绍

透视图和正交视图（正交视图包括顶视图、前视图和左视图）可用控件包括"缩放"工具🔍、"缩放所有视图"工具⊞、"所有视图最大化显示"工具⊞，"所有视图最大化显示选定对象"工具⊞（适用于所有视图）、"视野"工具▶，"缩放区域"工具🔍、"平移视图"工具✋、"环绕"工具⟳、"选定的环绕"工具⟳、"环绕子对象"工具⟳和"最大化视口切换"工具⊡（适用于所有视图）。

参数详解

❖ 缩放🔍：使用该工具可以在透视图或正交视图中通过拖曳鼠标来调整对象的显示比例。

❖ 缩放所有视图⊞：使用该工具可以同时调整透视图和所有正交视图中的对象的显示比例。

❖ 视野 ▷：使用该工具可以调整视图中可见对象的数量和透视张角量。视野的效果与更改摄影机的镜头相关，视野越大，观察到的对象越多（与广角镜头相关），而透视会扭曲。视野越小，观察到的对象越少（与长焦镜头相关），而透视会展平。

❖ 缩放区域 ▣：可以放大选定的矩形区域，该工具适用于正交视图、透视和三向投影视图，但是不能用于摄影机视图。

❖ 平移视图 ✋：使用该工具可以将选定视图平移到任何位置。

---- 提示 ----

按住Ctrl键可以随意移动平移视图，按住Shift键可以在垂直方向和水平方向平移视图。

❖ 环绕 ▣：使用该工具可以将视口边缘附近的对象旋转到视图范围以外。

❖ 选定的环绕 ▣：使用该工具可以让视图围绕选定的对象进行旋转，同时选定的对象会保留在视口中相同的位置。

❖ 环绕子对象 ▣：使用该工具可以让视图围绕选定的子对象或对象进行旋转，同时可以使选定的子对象或对象保留在视口中相同的位置。

【练习1-16】使用透视图和正交视图可用控件

01 继续使用上一实例的场景。如果想要拉近或拉远视图中所显示的对象，可以单击"视野"按钮 ▷，然后按住鼠标左键进行拖曳，如图1-296所示。

02 如果想要观看视图中未能显示出来的对象（图1-297所示的椅子就没有完全显示出来），可以单击"平移视图"按钮 ✋，然后按住鼠标左键进行拖曳，如图1-298所示。

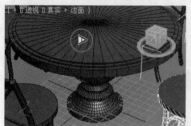
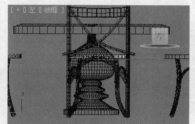
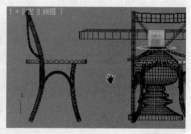

图1-296   图1-297   图1-298

1.9.3 摄影机视图可用控件

功能介绍

创建摄影机后，按C键可以切换到摄影机视图，该视图中的可用控件包括"推拉摄影机"工具 ⬆、"推拉目标"工具 ⬆、"推拉摄影机+目标"工具 ⬆、"透视"工具 ▽、"侧滚摄影机"工具 ↺、"所有视图最大化显示"工具 ▣/"所有视图最大化显示选定对象"工具 ▣（适用于所有视图）、"视野"工具 ▷、"平移摄影机"工具 ✋/"穿行"工具 ▪▪、"环游摄影机"工具 ◉/"摇移摄影机"工具 ➤ 和"最大化视口切换"工具 ▣（适用于所有视图），如图1-299所示。

图1-299

---- 提示 ----

在场景中创建摄影机后，按C键可以切换到摄影机视图，若想从摄影机视图切换回原来的视图，可以按相应视图名称的首字母。例如，要将摄影机视图切换到透视图，可按P键。

参数详解

❖ 推拉摄影机 ⬆/推拉目标 ⬆/推拉摄影机+目标 ⬆：这3个工具主要用来移动摄影机或其目标，同时也可以移向或移离摄影机所指的方向。

❖ 透视 ▽：使用该工具可以增加透视张角量，同时也可以保持场景的构图。

❖ 侧滚摄影机◎：使用该工具可以围绕摄影机的视线来旋转"目标"摄影机，同时也可以围绕摄影机局部的z轴来旋转"自由"摄影机。

❖ 视野▷：使用该工具可以调整视图中可见对象的数量和透视张角量。视野的效果与更改摄影机的镜头相关，视野越大，观察到的对象就越多（与广角镜头相关），而透视会扭曲。视野越小，观察到的对象就越少（与长焦镜头相关），而透视会展平。

❖ 平移摄影机◎/穿行▣：这两个工具主要用来平移和穿行摄影机视图。

提示

按住Ctrl键可以随意移动摄影机视图，按住Shift键可以将摄影机视图在垂直方向和水平方向进行移动。

❖ 环游摄影机◎/摇移摄影机▷：使用"环游摄影机"工具◎可以围绕目标来旋转摄影机，使用"摇移摄影机"工具▷可以围绕摄影机来旋转目标。

提示

当一个场景已经有了一台设置完成的摄影机，并且视图是处于摄影机视图时，直接调整摄影机的位置很难达到预想的效果，而使用摄影机视图控件来进行调整就方便多了。

【练习1-17】使用摄影机视图可用控件

▣ 打开学习资源中的"练习文件>第1章>1-17.max"文件，可以在4个视图中观察到摄影机的位置，如图1-300所示。

▣ 选择透视图，按C键切换到摄影机视图，如图1-301所示。

提示

摄影机视图中的黄色线框是安全框，也就是要渲染的区域，如图1-302所示。按Shift+F组合键可以开启或关闭安全框。

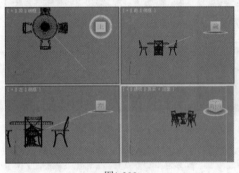

图1-300

图1-301

图1-302

▣ 如果想拉近或拉远摄影机镜头，可以单击"视野"按钮▷，然后按住鼠标左键进行拖曳，如图1-303所示。

▣ 如果想要一个倾斜的构图，可以单击"环绕摄影机"按钮◎，然后按住鼠标左键进行拖曳，如图1-304所示。

图1-303

图1-304

第 **2** 章

建模概述

从本章开始，将进入效果图制作的第1个阶段——建模。建模是效果图制作的基石，也是效果图的框架，可以说，模型的好坏直接决定了效果图的整体形象。本章将介绍建模的基本常识，包括建模的基本思路、建模的常用方法等。

※ 了解建模的含义
※ 掌握建模的基本思路

※ 掌握对象的编辑方式
※ 了解建模的常用方法

2.1 为什么要建模

使用3ds Max制作作品时，一般都遵循"建模→材质→灯光→渲染"这个基本流程。建模是一幅作品的基础，没有模型，材质和灯光就无从谈起，图2-1~图2-3所示是3幅非常优秀的效果图模型。

图2-1

图2-2

图2-3

2.2 建模思路解析

在学习建模之前，首先需要掌握建模的思路。在3ds Max中，建模的过程就相当于现实生活中的"雕刻"过程。下面以一个壁灯为例来讲解建模的思路，图2-4所示为壁灯的效果图，图2-5所示为壁灯的线框图。

在创建这个壁灯模型的过程中可以先将其分解为9个独立的部分来分别进行创建，如图2-6所示。

图2-4

图2-5

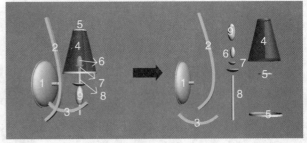
图2-6

在图2-6中，第2、3、5、6、9部分的创建非常简单，可以通过修改标准基本体（圆柱体、球体）和样条线来得到；而第1、4、7、8部分可以使用多边形建模方法来进行制作。

下面以第1部分的灯座来介绍其制作思路。灯座形状比较接近于半个扁的球体，因此可以采用以下5个步骤来完成，如图2-7所示。

第1步：创建一个球体。

第2步：删除球体的一半。　　　　　　　第4步：制作出灯座的边缘。

第3步：将半个球体"压扁"。　　　　　　第5步：制作灯座前面的凸起部分。

创建球体　　　　删除一个半球　　　　压扁半球　　　　创建边缘　　　　创建凸起部分

图2-7

提示

　　由此可见，多数模型的创建在最初阶段都需要以一个简单的对象作为基础，然后经过转换来进一步调整。这个简单的对象就是下面即将讲解到的"参数化对象"。

2.3 参数化对象与可编辑对象

　　3ds Max中的所有对象都是"参数化对象"与"可编辑对象"中的一种。两者不是独立存在的，"可编辑对象"在多数时候都可以通过转换"参数化对象"来得到。

2.3.1 参数化对象

　　"参数化对象"是指对象的几何形态由参数变量来控制，修改这些参数就可以修改对象的几何形态。相对于"可编辑对象"而言，"参数化对象"通常是被创建出来的。

【练习2-1】修改参数化对象

　　本例将通过创建3个不同形状的茶壶来讲解参数化对象的含义，图2-8所示是本例的渲染效果。

图2-8

01 在"创建"面板中单击"茶壶"按钮 茶壶 ，然后在场景中拖曳鼠标左键创建一个茶壶，如图2-9所示。

02 在"命令"面板中单击"修改"按钮 ，切换到"修改"面板，在"参数"卷展栏下可以观察到茶壶部件的一些参数选项，这里将"半径"设置为20mm，如图2-10所示。

图2-9

图2-10

03 用"选择并移动"工具 选择茶壶，然后按住Shift键在前视图中向右拖曳鼠标左键，在弹出的"克隆选项"对话框中设置"对象"为"复制"，"副本数"为2，最后单击"确定"按钮 确定 ，如图2-11所示。

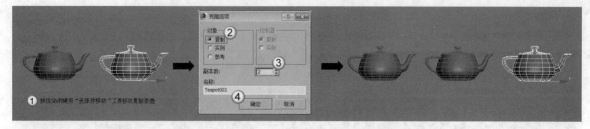

图2-11

04 选择中间的茶壶，在"参数"卷展栏下设置"分段"为20，关闭"壶把"和"壶盖"选项，茶壶就变成了图2-12所示的效果。

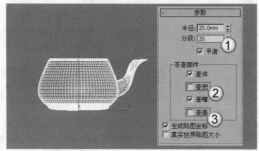

图2-12

05 选择最右边的茶壶，在"参数"卷展栏下将"半径"修改为10mm，关闭"壶把"和"壶盖"选项，茶壶就变成了图2-13所示的效果，3个茶壶的最终对比效果如图2-14所示。

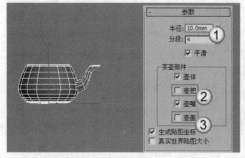

图2-13

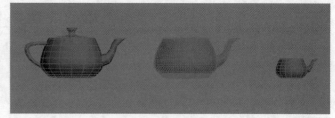

图2-14

提示

从图2-14中可以观察到，修改参数后，第2个茶壶的表面明显比第1个茶壶更光滑，并且没有了壶把和壶盖；第3个茶壶比前两个茶壶小了很多。这就是"参数化对象"的特点，可以通过调节参数来观察对象最直观的变化。

2.3.2 可编辑对象

在通常情况下，"可编辑对象"包括"可编辑样条线""可编辑网格""可编辑多边形""可编辑面片"和"NURBS对象"。"参数化对象"是被创建出来的，而"可编辑对象"通常是通过转换得到的，用来转换的对象就是"参数化对象"。

通过转换生成的"可编辑对象"没有"参数化对象"的参数那么灵活，但是"可编辑对象"可以对子对象（点、线、面等元素）进行更灵活的编辑和修改，并且每种类型的"可编辑对象"都有很多用于编辑的工具。

提示

注意，上面讲的是通常情况下的"可编辑对象"所包含的类型，而"NURBS对象"是一个例外。"NURBS对象"可以通过转换得到，还可以直接在"创建"面板中创建出来，此时创建出来的对象就是"参数化对象"，但是经过修改以后，这个对象就变成了"可编辑对象"。经过转换而成的"可编辑对象"就不再具有"参数化对象"的可调参数。如果想要对象既具有参数化的特征，又能够实现可编辑的目的，可以为"参数化对象"加载修改器而不进行转换。可用的修改器有"可编辑网格""可编辑面片""可编辑多边形"和"可编辑样条线"4种。

【练习2-2】通过改变球体形状创建苹果

本例将通过调整一个简单的球体来创建"苹果"，从而让用户加深对"可编辑对象"含义的了解，图2-15所示为本例的渲染效果。

图2-15

01 在"创建"面板中单击"球体"按钮 球体 ，然后在视图中拖曳鼠标创建一个球体，在"参数"卷展栏下设置"半径"为1000mm，如图2-16所示。

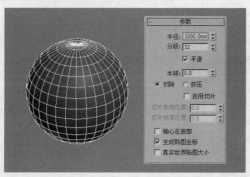

图2-16

提示

此时创建的球体属于"参数化对象"，展开"参数"卷展栏，可以观察到球体的"半径""分段""平滑"和"半球"等参数，这些参数都可以直接进行调整，但是不能调节球体的点、线、面等子对象。

02 为了能够对球体的形状进行调整，需要将球体转换为"可编辑对象"。在球体上单击鼠标右键，在弹出的菜单中选择"转换为>转换为可编辑多边形"命令，如图2-17所示。

图2-17

将"参数化对象"转换为"可编辑多边形"后，在"修改"面板中可以观察到之前的可调参数不见了，取而代之的是一些工具按钮，如图2-18所示。

转换为可编辑多边形后，可以使用对象的子物体级别来调整对象的外形，如图2-19所示。将球体转换为可编辑多边形后，后面的建模方法就是多边形建模了。

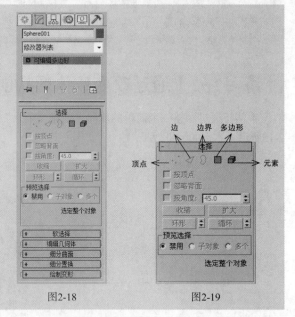

图2-18   图2-19

03 展开"选择"卷展栏，单击"顶点"按钮 ，进入"顶点"级别，这时对象上会出现很多可以调节的顶点，并且"修改"面板中的工具按钮也会发生相应的变化，使用这些工具可以调节对象的顶点，如图2-20所示。

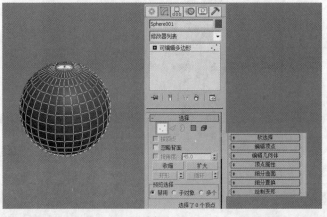

图2-20

04 下面使用软选择的相关工具来调整球体形状。展开"软选择"卷展栏，勾选"使用软选择"选项，设置"衰减"为1200mm，如图2-21所示。

05 用"选择并移动"工具 选择底部的一个顶点，在前视图中将其向下拖曳一段距离，如图2-22所示。

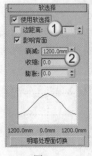

图2-21

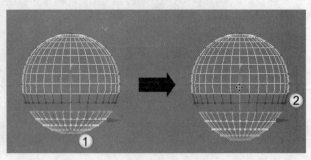

图2-22

<u>06</u> 在"软选择"卷展栏下将"衰减"数值修改为400mm，使用"选择并移动"工具 ⊕ 将球体底部的一个顶点向上拖曳到合适的位置，使其产生向上凹陷的效果，如图2-23所示。

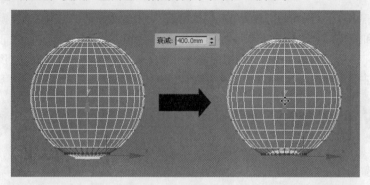

图2-23

<u>07</u> 选择顶部的一个顶点，使用"选择并移动"工具 ⊕ 将其向下拖曳到合适的位置，使其产生向下凹陷的效果，如图2-24所示。

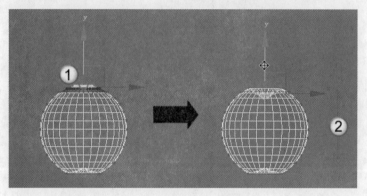

图2-24

<u>08</u> 选择苹果模型，在"修改器列表"中选择"网格平滑"修改器，在"细分量"卷展栏下设置"迭代次数"为2，如图2-25所示。

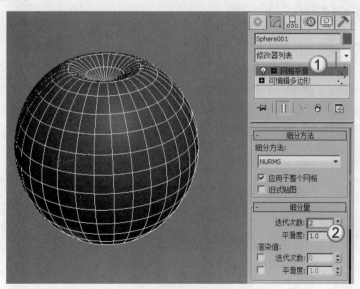

图2-25

2.4 建模的常用方法

建模的方法有很多种，大致可以分为内置几何体建模、复合对象建模、二维图形建模、网格建模、多边形建模、面片建模和NURBS建模7种。确切地说，它们不应该有固定的分类，因为它们之间都可以交互使用。

在效果图领域，内置几何体建模、二维图形建模（配合修改器一起使用）和多边形建模是最重要的建模方法，因此本书主要讲解这3种建模方法，其他建模方法只是略讲。

2.4.1 内置几何体建模

内置几何体模型是3ds Max中自带的一些模型，用户可以直接调用这些模型。例如，想创建一个台阶，可以先使用内置的长方体来创建，然后将其转换为"可编辑对象"，再对其进一步调节就行了。

图2-26是一个完全使用内置模型创建出来的台灯，创建的过程中使用到了管状体、球体、圆柱体和样条线等内置模型。使用基本几何体和扩展基本体来建模的优点在于快捷简单，只需要调节参数和摆放位置就可以完成模型的创建，但是这种建模方法只适合制作一些精度较低并且每个部分都很规则的物体。

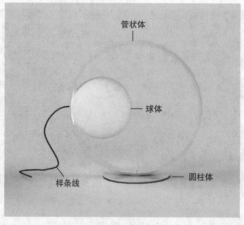

图2-26

2.4.2 复合对象建模

复合对象建模是一种特殊的建模方法，它包括"变形"工具 变形 、"散布"工具 散布 、"一致"工具 一致 、"连接"工具 连接 、"水滴网格"工具 水滴网格 、"图形合并"工具 图形合并 、"布尔"工具 布尔 、"地形"工具 地形 、"放样"工具 放样 、"网格化"工具 网格化 、ProBoolean工具 ProBoolean 和ProCuttler工具 ProCutter ，如图2-27所示。复合对象建模可以将两种或两种以上的模型对象合并成为一个对象，并且在合并的过程中可以将其记录成动画。

图2-27

以一个骰子为例，骰子的形状比较接近于一个切角长方体，在每个面上都有半球形的凹陷，如果使用"多边形"或者其他建模方法来制作这样的物体将会非常麻烦。但是，使用"复合对象"中的"布尔"工具 布尔 或ProBoolean工具 ProBoolean 来制作，就可以很方便地在切角长方体上"挖"出一个凹陷的半球形，如图2-28所示。

图2-28

2.4.3 二维图形建模

通常情况下，二维物体在三维世界中是不可见的，3ds Max也渲染不出来。这里所说的二维图形建模是指绘制出二维样条线，然后通过加载修改器将其转换为三维可渲染对象的过程。

使用二维图形建模可以快速地创建出可渲染的文字模型，如图2-29所示。第1个物体是二维线，后面的两个是为二维样条线加载了不同修改器后得到的三维物体效果。

二维图形除了可以用来创建文字模型外，还可以用来创建比较复杂的物体，如对称的坛子，可以先绘制出纵向截面的二维样条线，然后为二维样条线加载"车削"修改器将其变成三维物体，如图2-30所示。

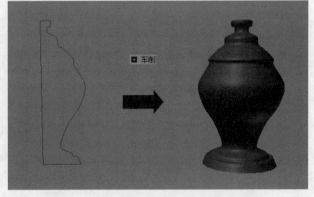

图2-29   图2-30

2.4.4 网格建模

网格建模方法就像"编辑网格"修改器一样，可以在3种次物体级别中编辑对象，其中包含"顶点""边""面""多边形"和"元素"5种可编辑对象。在3ds Max中，可以将大多数对象转换为可编辑网格对象，然后对其形状进行调整，图2-31所示是将一个药丸模型转换为可编辑网格对象后，其表面就变成了可编辑的三角面。

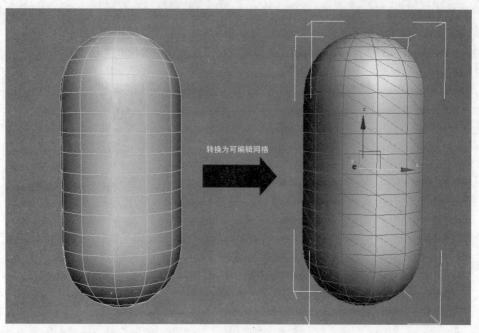

转换为可编辑网格

图2-31

2.4.5 多边形建模

多边形建模方法是最常用的建模方法（在后面章节中将重点讲解）。可编辑的多边形对象包括
"顶点""边""边界""多边形"和"元素"5个层级，也就是说，可以分别对"顶点""边""边
界""多边形"和"元素"进行调整，而每个层级都有很多可以使用的工具，这就为创建复杂模型提供了
很大的发挥空间。下面以一个休闲椅为例来分析多边形建模方法，如图2-32和图2-33所示。

图2-32

图2-33

图2-34是休闲椅在四视图中的显示效果，可以观察出休闲椅至少是由两个部分组成的（坐垫靠
背部分和椅腿部分）。坐垫靠背部分并不是规则的几何体，但其每一部分都是由基本几何体变形而
来的，从布线上可以看出构成物体的大多都是四边面，这是使用多边形建模方法创建出的模型的显
著特点。

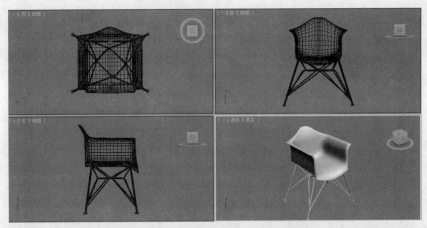

图2-34

技术专题：多边形建模与网格建模的区别

　　初次接触网格建模和多边形建模时可能会难以辨别这两种建模方式的区别。网格建模本来是3ds Max最基本的多边形加工方法，但在3ds Max 4之后被多边形建模取代了，之后网格建模逐渐被忽略，不过网格建模的稳定性要高于多边形建模；多边形建模是当前最流行的建模方法，而且建模技术很先进，有着比网格建模更多、更方便的修改功能。

　　其实这两种方法在建模思路上基本相同，不同点在于网格建模所编辑的对象是三角面，而多边形建模所编辑的对象是三边面、四边面或更多边的面，因此多边形建模具有更强的灵活性。因此，本书在后面将这两种建模方法安排在了同一个章节，并重点介绍多边形建模的方法，以便大家能快速掌握建模的方法。

2.4.6　面片建模

　　面片建模是基于子对象编辑的建模方法，面片对象是一种独立的模型类型，可以使用编辑贝兹曲线的方法来编辑曲面的形状，并且可以使用较少的控制点来控制很大的区域，因此常用于创建较大的平滑物体。

　　以一个面片为例，将其转换为可编辑面片后，选中一个顶点，然后随意调整这个顶点的位置，可以观察到凸起的部分是一个圆滑的部分，如图2-35所示。而同样形状的物体，转换成可编辑多边形后，调整顶点的位置，该顶点凸起的部分会非常尖锐，如图2-36所示。

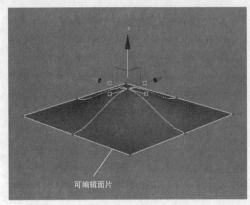

图2-35

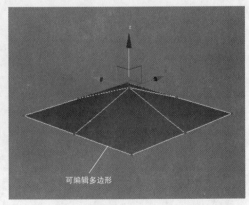

图2-36

提示

面片建模技术现在已经被淘汰，因此本书不再介绍该建模方法，同时也不再安排这方面的实例。

2.4.7 NURBS建模

NURBS是指Non-Uniform Rational B-Spline（非均匀有理B样条曲线）。NURBS建模适用于创建比较复杂的曲面。在场景中创建出NURBS曲线，然后进入"修改"面板，在"常规"卷展栏下单击"NURBS创建工具箱"按钮，可以打开"NURBS创建工具箱"，如图2-37所示。

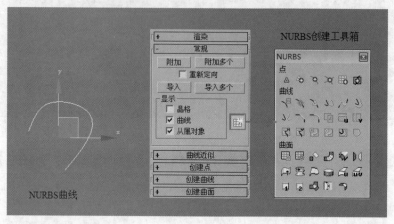

图2-37

提示

NURBS建模已成为设置和创建曲面模型的标准方法。这是因为这样很容易交互操作这些NURBS曲线，且创建NURBS曲线的算法效率很高，计算稳定性也很好，同时NURBS自身还配置了一套完整的造型工具，通过这些工具可以创建出不同类型的对象。同样，NURBS建模也是基于对子对象的编辑来创建对象的，所以掌握了多边形建模方法之后，使用NURBS建模方法就会更加轻松一些。

第 **3** 章

内置几何体建模

　　本章将介绍内置几何体建模的方法，这是最基础的建模方法，也是非常重要的建模功能之一。在效果图建模中，内置几何体的使用频率是非常高的，它们常用于建模的基础对象。本章将重点介绍标准基本体、扩展基本体和复合对象等常用几何体的使用方法。

※ 掌握内置几何体的建模思路
※ 掌握标准基本体的使用方法
※ 掌握扩展基本体的使用方法

※ 了解门、窗、楼梯的创建方法
※ 掌握复合对象的使用方法

3.1 内置几何体建模思路分析

建模是创作作品的开始，而基本体的创建和应用是一切建模的基础。创作者可以在创建基本体模型的基础上进行修改，从而得到想要的模型。"创建"面板中提供了很多内置几何体模型，如图3-1所示。

图3-1

图3-2~图3-7中的作品都是用内置几何体创建出来的，由于这些模型并不复杂，所以可以使用基本体快速制作出来，下面依次对各图进行分析。

图3-2

图3-3

图3-4

图3-5

图3-6

图3-7

图3-2：场景中的沙发可以使用切角长方体进行制作，沙发腿部分可以使用圆柱体进行制作。

图3-3：衣柜看起来很复杂，制作起来却很简单，可以用长方体拼接而成。

图3-4：这个吊灯全是用球体与样条线组成的。

图3-5：奖杯的制作使用到了多种基本体，如球体、圆环、圆柱体和圆锥体等。

图3-6：这个茶几表面使用到了切角圆柱体，而茶几的支撑部分则可以使用样条线创建出来。

图3-7：钟表的外框使用到了管状体，指针和刻度使用长方体制作即可，表盘则可以使用圆柱体进行制作。

3.2 创建标准基本体

标准基本体是3ds Max中自带的一些模型，用户可以直接创建出这些模型。在"创建"面板中单击"几何体"按钮○，然后在下拉列表中选择几何体类型为"标准基本体"。标准基本体包含10种对象类型，分别是长方体、圆锥体、球体、几何球体、圆柱体、管状体、圆环、四棱锥、茶壶和平面，如图3-8所示。

图3-8

3.2.1 长方体

功能介绍

长方体是建模中最常用的几何体，现实中与长方体接近的物体很多。可以直接使用长方体创建出很多模型，如方桌、墙体等，同时还可以将长方体用作多边形建模的基础物体，其参数设置面板如图3-9所示。

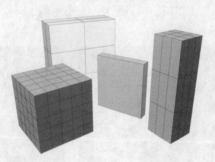

图3-9

参数详解

❖ 立方体：直接创建立方体模型。

❖ 长方体：通过确定长、宽、高来创建长方体模型。

❖ 长度/宽度/高度：这3个参数决定了长方体的外形，用来设置长方体的长度、宽度和高度。

❖ 长度分段/宽度分段/高度分段：这3个参数用来设置沿着对象每个轴的分段数量。

❖ 生成贴图坐标：自动产生贴图坐标。

❖ 真实世界贴图大小：不勾选此项时，贴图大小符合创建对象的尺寸；勾选此项后，贴图大小由绝对尺寸决定。

【练习3-1】用长方体制作电视柜

电视柜效果如图3-10所示。

图3-10

01 在"创建"面板中单击"几何体"按钮 ⬡，设置几何体类型为"标准基本体"，然后单击"长方体"按钮 长方体，如图3-11所示，最后在视图中拖曳鼠标创建一个长方体，如图3-12所示。

图3-11   图3-12

02 在"命令"面板中单击"修改"按钮 ，进入"修改"面板，然后在"参数"卷展栏下设置"长度"为500mm，"宽度"为350mm，"高度"为150mm，具体参数设置如图3-13所示。

03 切换到左视图，用"选择并移动"工具 选择长方体，然后按住Shift键在前视图中向右移动复制一个长方体，如图3-14所示。

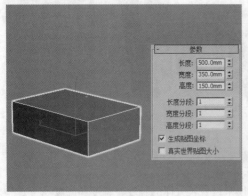
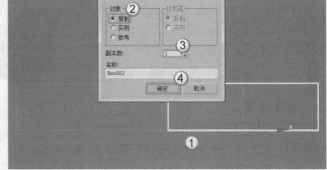

图3-13   图3-14

04 选择复制出来的长方体，在"修改"面板中修改"长度"为20mm，"高度"为400mm，保持"宽度"不变，如图3-15所示，然后调整好长方体的位置，如图3-16所示。

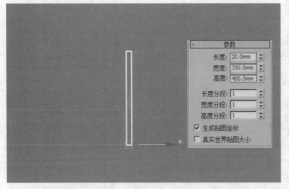

图3-15   图3-16

05 在左视图中将最先创建的长方体沿y轴向上复制一个，如图3-17所示，然后在"修改"面板中修改"长度"为550mm，"高度"为20mm，保持"宽度"不变，最后调整长方体的位置，如图3-18所示。

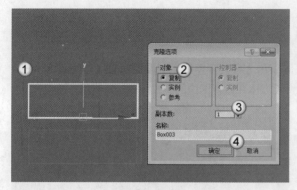

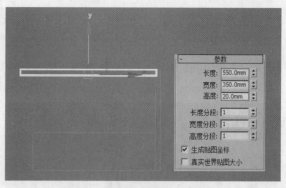

图3-17

图3-18

06 继续将第1个长方体沿y轴向下复制一个，如图3-19所示，然后在"修改"面板中修改"长度"为 520mm，"高度"为10mm，保持"宽度"不变，最后调整好长方体的位置，如图3-20所示。

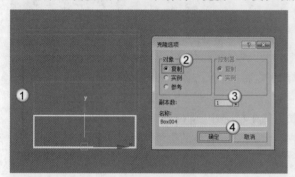

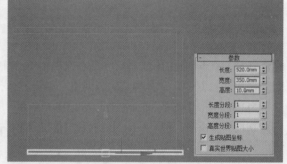

图3-19

图3-20

07 使用"长方体"工具 长方体 创建一个长方体，在"参数"卷展栏下设置"长度"为480mm，"宽度"为10mm，"高度"为130mm，如图3-21所示。

08 在透视图中选择所有长方体，然后单击"镜像"工具按钮 ，打开"镜像:世界坐标"对话框，设置"镜像轴"为y轴，"偏移"为1500mm，"克隆当前选择"为"复制"，如图3-22所示，镜像后的效果如图3-23所示。

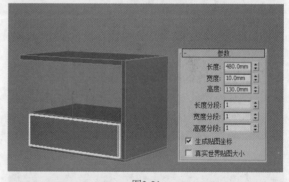

图3-21

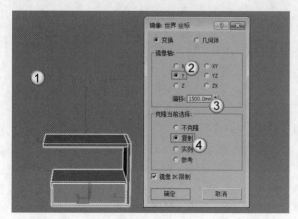

图3-22

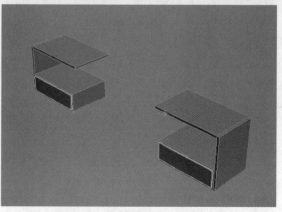

图3-23

[09] 继续使用"长方体"工具 长方体 创建一个长方体，在"参数"卷展栏下设置"长度"为1100mm，"宽度"为350mm，"高度"为20mm，如图3-24所示，长方体在左视图中的位置如图3-25所示。

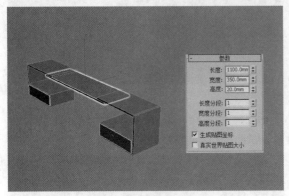
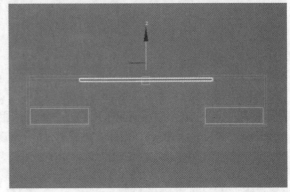

图3-24   图3-25

[10] 选择上一步创建的长方体，然后在左视图中沿y轴向下复制一个长方体，如图3-26所示。

[11] 使用"长方体"工具 长方体 创建一个长方体，在"参数"卷展栏下设置"长度"为20mm，"宽度"为350mm，"高度"为190mm，如图3-27所示，长方体在左视图中的位置如图3-28所示。

[12] 切换到左视图，将上一步创建的长方体沿x轴向左复制两个，长方体的位置如图3-29所示。

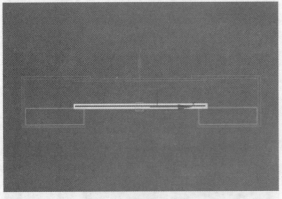
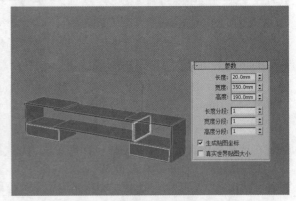

图3-26   图3-27

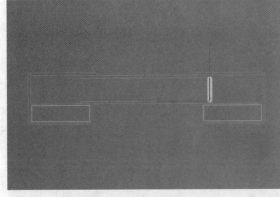
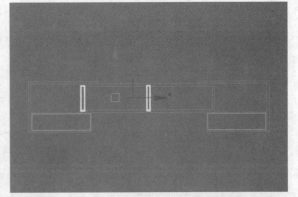

图3-28   图3-29

[13] 选择图3-30中的长方体，将其沿y轴向下复制一个，保持"长度"和"宽度"不变，修改"高度"为150mm，长方体的具体位置如图3-31所示。

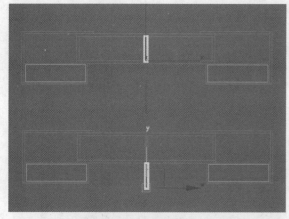

图3-30

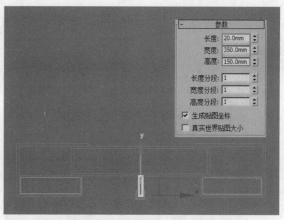

图3-31

14 将上一步中新复制的长方体沿y轴向下继续复制一个，保持"长度"和"宽度"不变，修改"高度"为10mm，长方体的具体位置如图3-32所示，最终效果如图3-33所示。

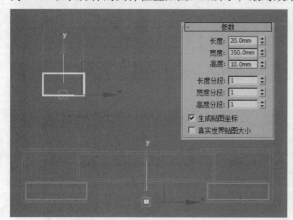

图3-32

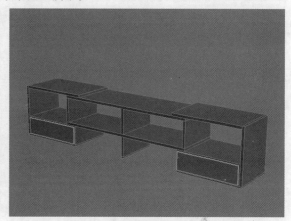

图3-33

【练习3-2】用长方体制作组合桌子

组合桌子效果如图3-34所示。

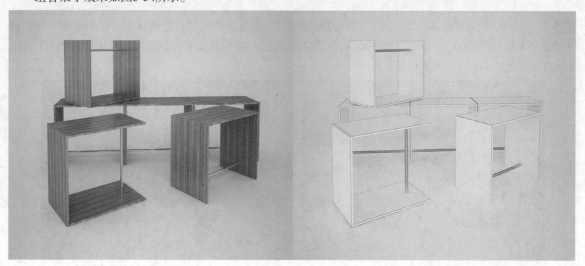

图3-34

01 在"创建"面板中单击"长方体"按钮 长方体 ，然后在视图中拖曳鼠标创建一个长方体，如图3-35所示。

02 在"命令"面板中单击"修改"按钮 ，进入"修改"面板，然后在"参数"卷展栏下设置"长度"为150mm，"宽度"为300mm，"高度"为7mm，具体参数设置及长方体效果如图3-36所示。

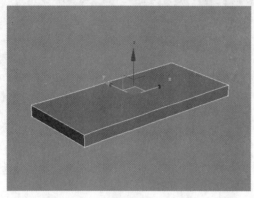

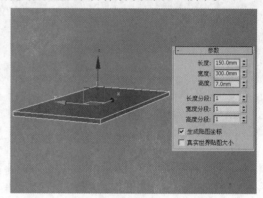

图3-35 图3-36

03 使用"长方体"工具 长方体 在场景中创建一个长方体，在"参数"卷展栏下设置"长度"为150mm，"宽度"为7mm，"高度"为300mm，具体参数设置及长方体位置如图3-37所示。

04 按W键选择"选择并移动"工具 ，按住Shift键在顶视图中向右移动复制一个长方体，如图3-38所示。

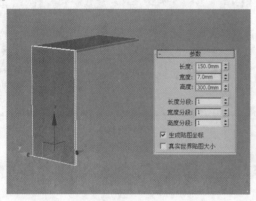

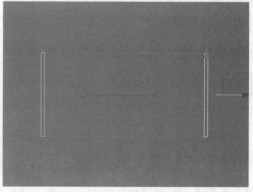

图3-37 图3-38

05 在"创建"面板中单击"圆柱体"按钮 圆柱体 ，在左视图中创建一个圆柱体，在"参数"卷展栏下设置"半径"为5mm，"高度"为290mm，"高度分段"为1，具体参数设置及圆柱体位置如图3-39所示，在透视图中的效果如图3-40所示。

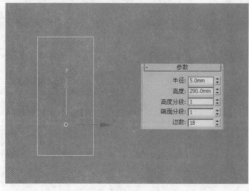

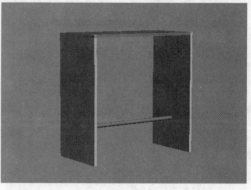

图3-39 图3-40

06 按Ctrl+A组合键全选场景中的模型，执行"组>组"菜单命令，为模型建立一个组，如图3-41所示。

07 按W键选择"选择并移动"工具👐，按住Shift键在前视图中向右移动复制两组模型，如图3-42所示。

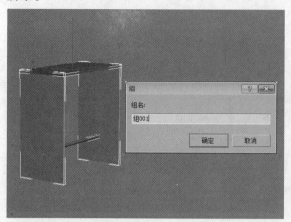

图3-41

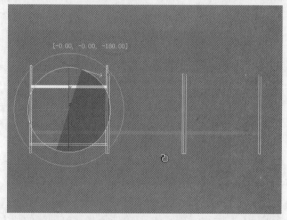

图3-42

提示

将对象编为一组后进行移动复制，可以大大提高工作效率。

08 按A键激活"角度捕捉切换"工具👐，然后按E键选择"选择并旋转"工具👐，在前视图中按住Shift键旋转复制（旋转-180度）一组桌子，如图3-43所示。

09 继续使用"选择并移动"工具👐和"选择并旋转"工具👐调整好复制的桌子的位置和角度，如图3-44所示。

10 使用"选择并旋转"工具👐继续旋转复制几组桌子，然后用"选择并移动"工具👐调整好各组桌子的位置，最终效果如图3-45所示。

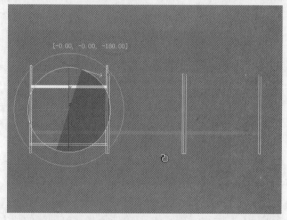

图3-43

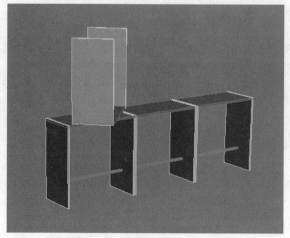

图3-44

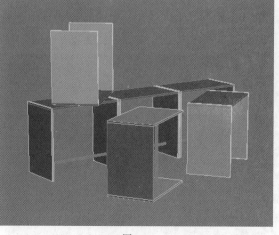

图3-45

【练习3-3】用长方体制作简约书架

简约书架效果如图3-46所示。

图3-46

01 使用"长方体"工具 长方体 在场景中创建一个长方体，在"参数"卷展栏下设置"长度"为400mm，"宽度"为35mm，"高度"为10mm，如图3-47所示。

02 继续使用"长方体"工具 长方体 在场景中创建一个长方体，在"参数"卷展栏下设置"长度"为35mm，"宽度"为200mm，"高度"为10mm，具体参数设置及模型位置如图3-48所示。

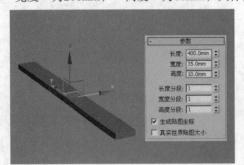

图3-47

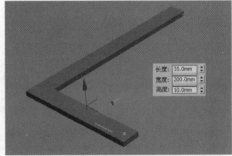

图3-48

03 用"选择并移动"工具 选择步骤01创建的长方体，按住Shift键在顶视图中向右移动复制一个长方体到图3-49所示的位置。

04 使用"长方体"工具 长方体 在场景中创建一个长方体，在"参数"卷展栏下设置"长度"为160mm，"宽度"为10mm，"高度"为10mm，具体参数设置及模型位置如图3-50所示。

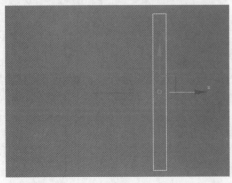

图3-49

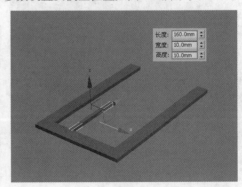

图3-50

05 用"选择并移动"工具➕选择上一步创建的长方体，按住Shift键在顶视图中向右移动复制两个长方体到图3-51所示的位置。

06 用"选择并移动"工具➕选择步骤03创建的长方体，按住Shift键在顶视图中向上移动复制一个长方体到图3-52所示的位置。

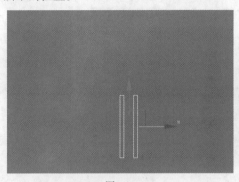

图3-51

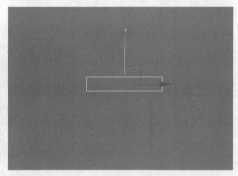

图3-52

07 按Ctrl+A组合键全选场景中的模型，执行"组>组"菜单命令，在弹出的"组"对话框中单击"确定"按钮 确定 ，如图3-53所示。

08 选择"组001"，然后在"选择并旋转"工具◐上单击鼠标右键，在弹出的"旋转变换输入"对话框中设置"绝对:世界"的X参数为-55，如图3-54所示。

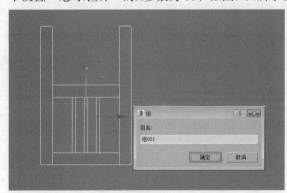

图3-53

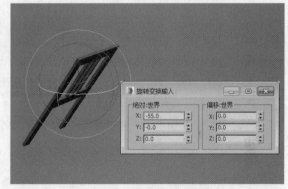

图3-54

09 选择"组001"，然后单击"镜像"工具▥，在弹出的"镜像:世界坐标"对话框中设置"镜像轴"为y轴，"偏移"为90mm，设置"克隆当前选择"为"复制"，最后单击"确定"按钮，如图3-55所示，最终效果如图3-56所示。

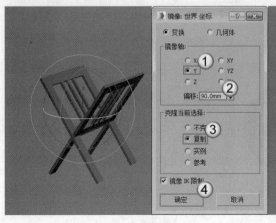

图3-55

图3-56

3.2.2 圆锥体

功能介绍

圆锥体在现实生活中经常看到，如冰激凌的外壳、吊坠等，其参数设置面板如图3-57所示。

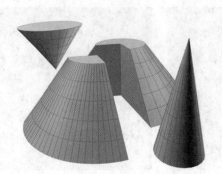

图3-57

参数详解

❖ 边：按照边来绘制圆锥体，通过移动鼠标可以更改中心位置。

❖ 中心：从中心开始绘制圆锥体。

❖ 半径1/半径2：设置圆锥体的第1个半径和第2个半径，两个半径的最小值都是0。

❖ 高度：设置沿着中心轴的维度。负值将在构造平面下面创建圆锥体。

❖ 高度分段：设置沿着圆锥体主轴的分段数量。

❖ 端面分段：设置围绕圆锥体顶部和底部中心的同心分段数量。

❖ 边数：设置圆锥体周围的边数。

❖ 平滑：混合圆锥体的面，从而在渲染视图中创建平滑的外观。

❖ 启用切片：控制是否开启"切片"功能。

❖ 切片起始/结束位置：设置从局部x轴的零点开始围绕局部z轴的度数。

提示

对于"切片起始位置"和"切片结束位置"这两个选项，正数值将按逆时针方向移动切片的末端，负数值将按顺时针方向移动切片的末端。

3.2.3 球体

功能介绍

球体也是现实生活中常见的物体。在3ds Max中，可以创建完整的球体，也可以创建半球体或球体的其他部分，其参数设置面板如图3-58所示。

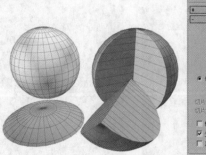

图3-58

参数详解

❖　半径：指定球体的半径。

❖　分段：设置球体多边形分段的数目。分段越多，球体越圆滑，反之则越粗糙，图3-59所示是"分段"值分别为8和32时的球体对比。

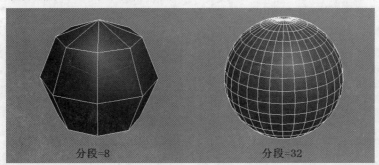

图3-59

❖　平滑：混合球体的面，从而在渲染视图中创建平滑的外观。

❖　半球：该值过大将从底部"切断"球体，以创建部分球体，取值范围为0~1。值为0可以生成完整的球体；值为0.5可以生成半球，如图3-60所示；值为1会使球体消失。

❖　切除：在半球断开时，通过将球体中的顶点数和面数"切除"来减少它们的数量。

❖　挤压：保持原始球体中的顶点数和面数，将几何体向着球体的顶部挤压为越来越小的体积。

❖　轴心在底部：在默认情况下，轴点位于球体中心的构造平面上，如图3-61所示。如果勾选"轴心在底部"选项，则会将球体沿着其局部z轴向上移动，使轴点位于球体底部，如图3-62所示。

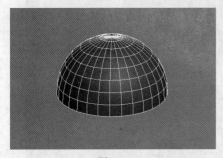
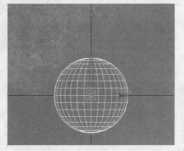
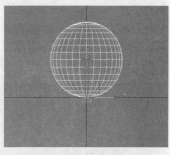

图3-60　　　　　　　　　　　　　　　图3-61　　　　　　　　　　　　　　　图3-62

【练习3-4】用球体制作吊灯

吊灯效果如图3-63所示。

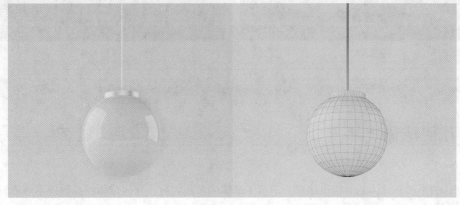

图3-63

01 在"创建"面板中单击"球体"按钮 球体 ，然后在视图中拖曳鼠标创建一个球体，如图3-64所示。

02 切换到"修改"面板，在"参数"卷展栏下设置"半径"为100mm，"分段"为32，如图3-65所示。

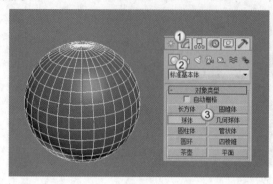

图3-64

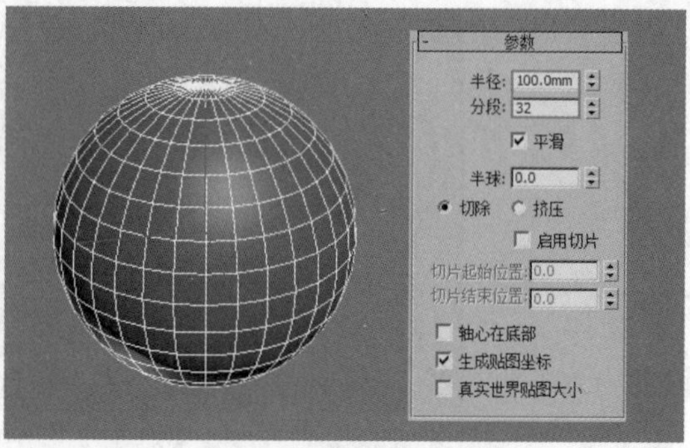

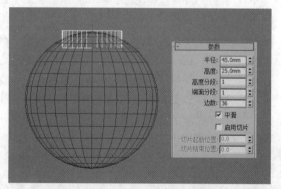

图3-65

03 在球体的正上方创建一个圆柱体，设置"半径"为45mm，"高度"为25mm，"高度分段"为1，"边数"为36，参数设置及圆柱体在前视图中的位置如图3-66所示。

04 切换到前视图，将圆柱体沿y轴向上复制一个，修改"半径"为2.5mm，"高度"为500mm，参数设置及圆柱体位置如图3-67所示，最终效果如图3-68所示。

图3-66

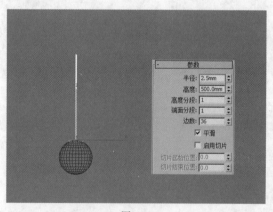

图3-67

图3-68

提示

因为吊线和灯座都是圆柱体，通过复制底座将其修改成吊线，可以节约创建吊线的时间。

3.2.4 几何球体

功能介绍

几何球体的形状与球体的形状很接近，学习了球体的参数之后，几何球体的参数便不难理解了，如图3-69所示。

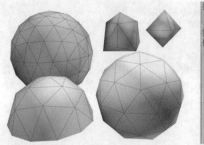

图3-69

参数详解

❖ 直径：按照边来绘制几何球体，通过移动鼠标可以更改中心位置。

❖ 中心：从中心开始绘制几何球体。

❖ 基点面类型：选择几何球体表面的基本组成单位类型，可供选择的有"四面体""八面体"和
"二十面体"，图3-70所示分别是这3种基点面的效果。

图3-70

❖ 平滑：勾选该选项后，创建出来的几何球体的表面是光滑的；如果关闭该选项，效果则相反，
如图3-71所示。

❖ 半球：若勾选该选项，创建出来的几何球体会是一个半球体，如图3-72所示。

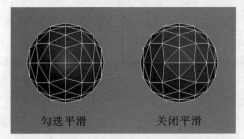

图3-71   图3-72

提示

几何球体与球体在创建出来之后可能很相似，但几何球体是由三角面构成的，而球体是由四角面构成的，如图3-73
所示。

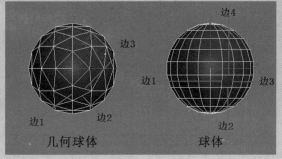

图3-73

3.2.5 圆柱体

功能介绍

圆柱体在现实中很常见，如玻璃杯和桌腿等，制作由圆柱体构成的物体时，可以先将圆柱体转换成可编辑多边形，然后对细节进行调整，其参数设置面板如图3-74所示。

参数详解

❖ 半径：设置圆柱体的半径。

❖ 高度：设置沿着中心轴的维度。负值将在构造平面下面创建圆柱体。

❖ 高度分段：设置沿着圆柱体主轴的分段数量。

❖ 端面分段：设置围绕圆柱体顶部和底部中心的同心分段数量。

❖ 边数：设置圆柱体周围的边数。

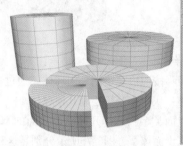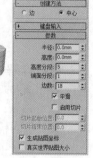

图3-74

【练习3-5】用圆柱体制作圆桌

圆桌效果如图3-75所示。

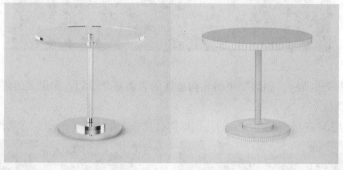

图3-75

01 先制作桌面。在"创建"面板中单击"圆柱体"按钮 ▔圆柱体▔ ，在场景中拖曳鼠标创建一个圆柱体，在"参数"卷展栏下设置"半径"为55mm，"高度"为2.5mm，"边数"为30mm，具体参数设置及模型效果如图3-76所示。

02 选择桌面模型，按住Shift键使用"选择并移动"工具 ⊕ 在前视图中向下移动复制一个圆柱体，在弹出的"克隆选项"对话框中设置"对象"为"复制"，如图3-77所示。

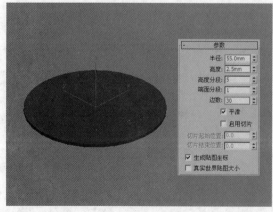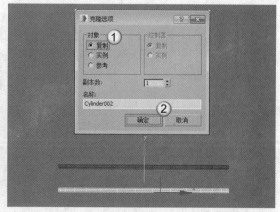

图3-76 　　　　　　　　　　　　　　图3-77

03 选择复制出来的圆柱体，在"参数"卷展栏下设置"半径"为3mm，"高度"为60mm，具体参数设置及模型效果如图3-78所示。

04 切换到前视图，选择复制出来的圆柱体，在"主工具栏"中单击"对齐"按钮，单击最先创建的圆柱体，如图3-79所示，在弹出的对话框中设置"对齐位置（屏幕）"为"Y位置"，"当前对象"为"最大"，"目标对象"为"最小"，具体参数设置及对齐效果如图3-80所示。

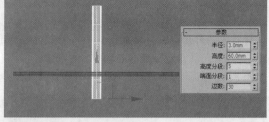

图3-78

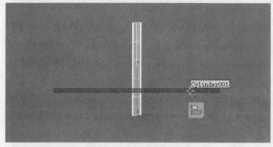

图3-79

图3-80

05 选择桌面模型，按住Shift键使用"选择并移动"工具在前视图中向下移动复制一个圆柱体，在弹出的"克隆选项"对话框中设置"对象"为"复制"，"副本数"为2，如图3-81所示。

06 选择中间的圆柱体，将"半径"修改为15mm，将最下面的圆柱体的"半径"修改为25mm，如图3-82所示。

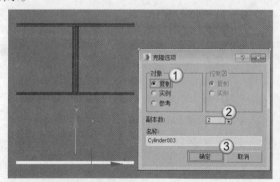

图3-81

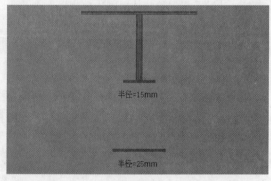

图3-82

07 采用步骤04的方法，用"对齐"工具在前视图中将圆柱体对齐，完成后的效果如图3-83所示，最终效果如图3-84所示。

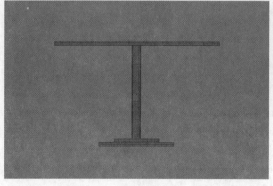

图3-83

图3-84

3.2.6 管状体

功能介绍

管状体的外形与圆柱体相似，不过管状体是空心的，因此管状体有两个半径，即外径（半径1）和内径（半径2），其参数设置面板如图3-85所示。

参数详解

❖ 半径1/半径2："半径1"是指管状体的外径，"半径2"是指管状体的内径，如图3-86所示。

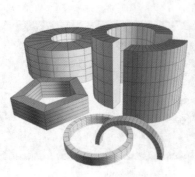  

图3-85　　　　　　　　　　　　　　　　图3-86

❖ 高度：设置沿着中心轴的维度。负值将在构造平面下面创建管状体。

❖ 高度分段：设置沿着管状体主轴的分段数量。

❖ 端面分段：设置围绕管状体顶部和底部的中心的同心分段数量。

❖ 边数：设置管状体周围边数。

【练习3-6】用管状体和球体制作简约台灯

简约台灯效果如图3-87所示。

图3-87

01 使用"管状体"工具 管状体 在场景中创建一个管状体，在"参数"卷展栏下设置"半径1"为149mm，"半径2"为150mm，"高度"为240mm，"高度分段"为1，"端面分段"为1和"边数"为36，具体参数设置及管状体效果如图3-88所示。

02 选择管状体，切换到"修改"面板，在"修改器列表"下加载一个FFD 2×2×2修改器，如图3-89所示。

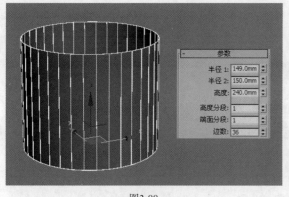

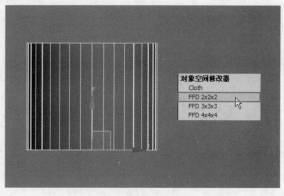

图3-88 　　　　　　　　　　　　　　　　　　　图3-89

提示

关于FFD修改器的作用及用法在后面的章节中会详细介绍。

`03` 单击FFD 2×2×2修改器前面的■图标，展开该修改器的次物体层级列表，选择"控制点"层级，如图3-90所示。

`04` 选择顶部的控制点，如图3-91所示，使用"选择并均匀缩放"工具⬛在顶视图中将控制点向内缩放成图3-92所示的形状。

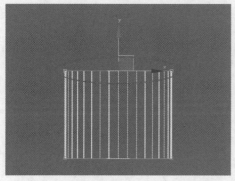

图3-90 　　　　　　　　　　图3-91 　　　　　　　　　　　　图3-92

提示

在调整完管状体顶部的形状以后，需要退出"控制点"层级以进行下一步的操作。在"修改"面板中选择FFD 2×2×2修改器的名称即可返回到顶层级，如图3-93所示。另外，还可以在视图中单击鼠标右键，在弹出的菜单中选择"顶层级"命令。

图3-93

`05` 选择"选择并移动"工具✥，按住Shift键在前视图中向下移动复制一个管状体，在弹出的对话框中设置"对象"为"复制"，"副本数"为1，如图3-94所示。

`06` 选择复制出来的管状体，然后在"修改"面板中单击"从堆栈中移除修改器"按钮⬛，移除FFD 2×2×2修改器，如图3-95所示，移除该修改器后的效果如图3-96所示。

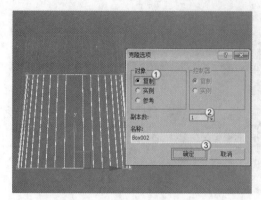
图3-94

图3-95

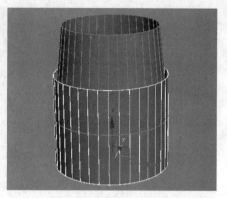
图3-96

提示

注意，如果想要删除某个修改器，不可以在选中某个修改器后按Delete键，那样删除的将会是物体本身而非单个的修改器。要删除某个修改器，需要先选择该修改器，然后单击"从堆栈中移除修改器"按钮 🖸。

07 选择复制出来的管状体，在"参数"卷展栏下将"半径1"修改为150mm，"半径2"修改为151mm，"高度"修改为4mm，然后调整好管状体的位置，具体参数设置及位置如图3-97所示。

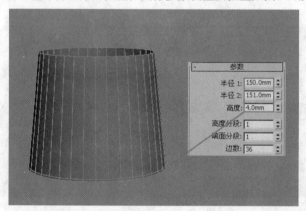
图3-97

技术专题：修改对象的颜色

这里介绍一下如何修改几何体对象在视图中的显示颜色。以图3-97中的管状体为例，原本复制出来的管状体颜色与原始管状体的颜色相同。为了将对象区分开，可以先选择复制出来的两个圆柱体，在"修改"面板左上部单击"颜色"图标 ■，打开"对象颜色"对话框，在这里可以选择预设的颜色，也可以自定义颜色，如图3-98所示，修改颜色后的效果如图3-99所示。

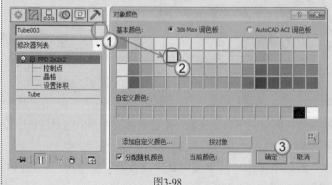
图3-98

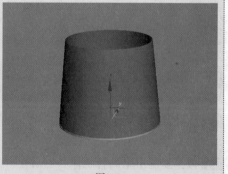
图3-99

08 按住Shift键用"选择并移动"工具 在前视图中向上移动复制一个管状体到图3-100所示的位置。

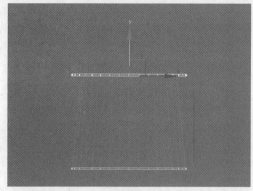

图3-100

> **提示**
>
> 在复制对象到某个位置时，一般都不可能一步到位，这就需要调整对象的位置。调整对象位置需要在各个视图中进行。

09 选择复制出来的管状体，在"参数"卷展栏下将"半径1"为修改为124mm，"半径2"修改为125mm，如图3-101所示。

10 使用"圆柱体"工具 圆柱体 在场景中创建一个圆柱体，在"参数"卷展栏下设置"半径"为7mm，"高度"为340mm，"高度分段"为1，具体参数设置及圆柱体位置如图3-102所示。

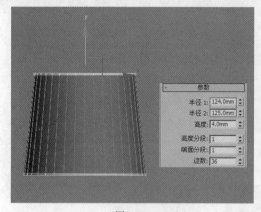

图3-101

图3-102

11 继续使用"圆柱体"工具 圆柱体 ，在上一步创建的圆柱体底部创建一个圆柱体，在"参数"卷展栏下设置"半径"为50mm，"高度"为20mm，"高度分段"为1，具体参数设置及其位置如图3-103所示。

12 按住Shift键用"选择并移动"工具 在前视图中向下移动复制一个圆柱体，在"参数"卷展栏下将"半径"修改为70mm，具体参数设置及圆柱体位置如图3-104所示。

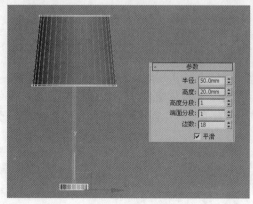

图3-103

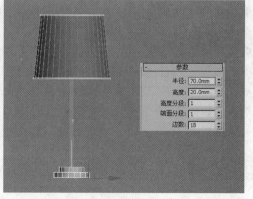

图3-104

13 使用"球体"工具 球体 在场景中创建一个球体，在"参数"卷展栏下设置"半径"为38mm，具体参数设置及球体位置如图3-105所示。

14 继续使用"球体"工具 球体 在球体的上方创建4个球体（"半径"值逐渐减小），最终效果如图3-106所示。

图3-105

图3-106

3.2.7 圆环

功能介绍

圆环可以用于创建环形或具有圆形横截面的环状物体，其参数设置面板如图3-107所示。

图3-107

参数详解

❖ 半径1：设置从环形的中心到横截面圆形的中心的距离，这是环形的半径。

❖ 半径2：设置横截面圆形的半径。

❖ 旋转：设置旋转的度数，顶点将围绕通过环形中心的圆形非均匀旋转。

❖ 扭曲：设置扭曲的度数，横截面将围绕通过环形中心的圆形逐渐旋转。

❖ 分段：设置围绕环形的分段数目。通过减小该数值，可以创建多边形环，而不是圆形。

❖ 边数：设置环形横截面圆形的边数。通过减小该数值，可以创建类似于棱锥的横截面，而不是圆形。

【练习3-7】用圆环创建木质饰品

木质饰品效果如图3-108所示。

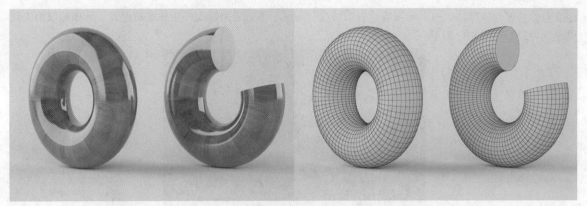

图3-108

01 在"创建"面板中单击"圆环"按钮 ▇圆环▇，然后在左视图中拖曳鼠标创建一个圆环，在"参数"卷展栏下设置"半径1"为20mm，"半径2"为10mm，"边数"为32，具体参数设置及模型效果如图3-109所示。

02 切换到前视图，按住Shift键使用"选择并移动"工具 ✛ 向右移动复制一个圆环，如图3-110所示。

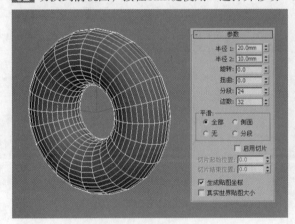

图3-109

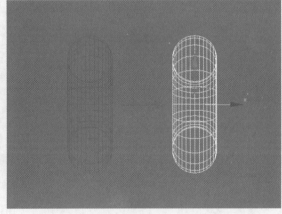

图3-110

03 选择复制出来的圆环，在"参数"卷展栏下将"扭曲"修改为-400，此时圆环的表面会变成扭曲状，如图3-111所示。

04 在"参数"卷展栏下将"旋转"修改为70，此时圆环的表面会产生旋转效果（从布线上可以观察到旋转效果），如图3-112所示。

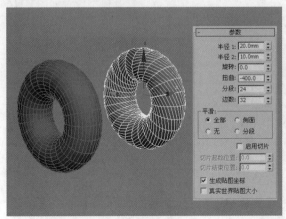

图3-111

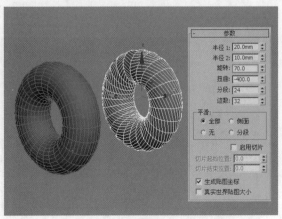

图3-112

05 若要切掉一段圆环，可以先勾选"启用切片"选项，然后适当修改"切片起始位置"选项的数值（这里设置为270），如图3-113所示。

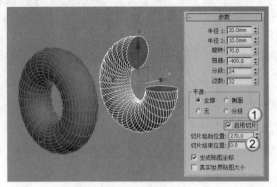

图3-113

【练习3-8】用管状体和圆环制作水杯

水杯效果如图3-114所示。

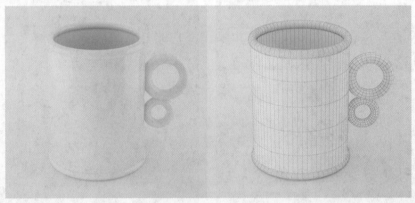

图3-114

01 在"创建"面板中单击"管状体"按钮 管状体 ，然后在场景中创建一个管状体，在"参数"卷展栏下设置"半径1"为12mm，"半径2"为11.5mm，"高度"为32mm，"高度分段"为1，"边数"为30，具体参数设置及模型效果如图3-115所示。

02 在"创建"面板中单击"圆环"按钮 圆环 ，然后在顶视图中创建一个圆环，在"参数"卷展栏下设置"半径1"为12mm，"半径2"为1mm，"分段"为52，具体参数设置及模型位置如图3-116所示。

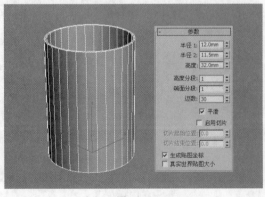

图3-115

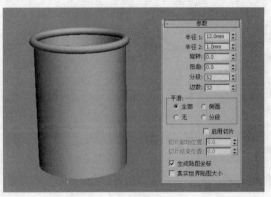

图3-116

03 使用"选择并移动"工具 选择圆环，然后按住Shift键在前视图中向下移动复制一个圆环到管状体的底部，如图3-117所示。

04 继续使用"圆环"工具 圆环 在左视图中创建一个圆环作为把手的上半部分，在"参数"卷展栏下设置"半径1"为6.5mm，"半径2"为1.8mm，"分段"为50，具体参数设置及模型位置如图3-118所示。

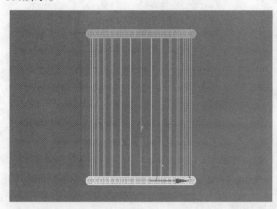
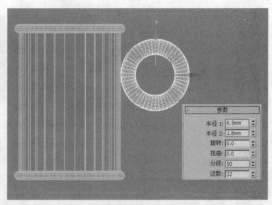

图3-117　　　　　　　　　　　　　　　　　图3-118

05 使用"选择并移动"工具 选择上一步创建的圆环，按住Shift键在左视图中向下移动复制一个圆环，如图3-119所示，在"参数"卷展栏下将"半径1"修改为3.5mm，将"半径2"修改为1mm，效果如图3-120所示。

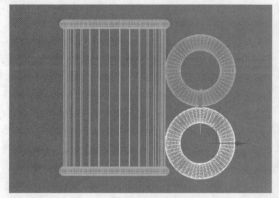

图3-119　　　　　　　　　　　　　　　　　图3-120

06 使用"圆柱体"工具 圆柱体 在杯子底部创建一个圆柱体，在"参数"卷展栏下设置"半径"为12mm，"高度"为1.5mm，"高度分段"为1，"边数"为30，具体参数设置及模型位置如图3-121所示，最终效果如图3-122所示。

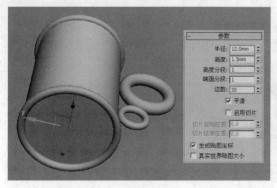

图3-121　　　　　　　　　　　　　　　　　图3-122

3.2.8 四棱锥

功能介绍

四棱锥的底面是正方形或矩形，侧面是三角形，其参数设置面板如图3-123所示。

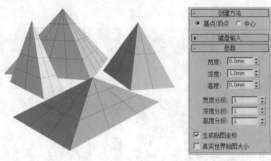

图3-123

参数详解

❖ 宽度/深度/高度：设置四棱锥对应面的维度。

❖ 宽度分段/深度分段/高度分段：设置四棱锥对应面的分段数量。

3.2.9 茶壶

功能介绍

茶壶在室内场景中是经常使用到的一个物体，使用"茶壶"工具 茶壶 可以方便快捷地创建出一个精度较低的茶壶，其参数设置面板如图3-124所示。

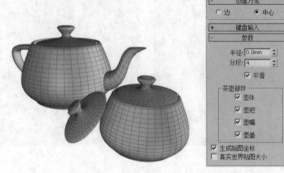

图3-124

参数详解

❖ 半径：设置茶壶的半径。

❖ 分段：设置茶壶或其单独部件的分段数。

❖ 平滑：混合茶壶的面，从而在渲染视图中创建平滑的外观。

❖ 茶壶部件：选择要创建的茶壶的部件，包含"壶体""壶把""壶嘴"和"壶盖"4个部件，图3-125所示是一个完整的茶壶与缺少相应部件的茶壶。

完整的茶壶　　　没有壶体　　　没有壶把　　　没有壶嘴　　　没有壶盖

图3-125

3.2.10 平面

功能介绍

平面在建模过程中使用的频率非常高，如墙面和地面等，其参数设置面板如图3-126所示。

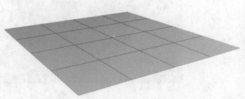

参数详解

❖ 长度/宽度：设置平面对象的长度和宽度。

❖ 长度分段/宽度分段：设置沿着对象每个轴的分段数量。

图3-126

技术专题：为平面添加厚度

在默认情况下创建出来的平面是没有厚度的，如果要让平面产生厚度，需要为平面加载"壳"修改器，再适当调整"内部量"和"外部量"的数值即可，如图3-127所示。关于修改器的用法将在后面的章节中进行讲解。

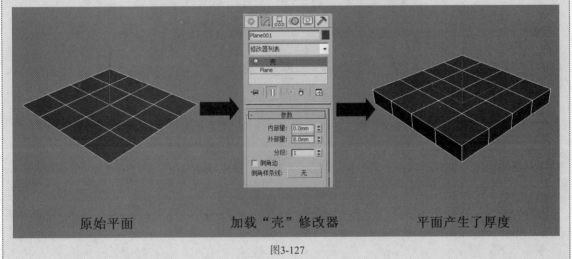

原始平面　　　　加载"壳"修改器　　　　平面产生了厚度

图3-127

【练习3-9】用标准基本体制作积木

积木效果如图3-128所示。

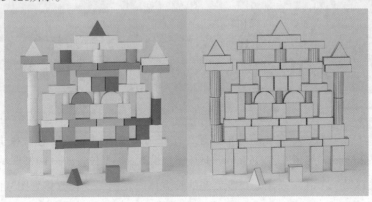

图3-128

01 使用"圆柱体"工具 圆柱体 在顶视图中创建一个圆柱体，在"参数"卷展栏下设置"半径"为60mm，"高度"为43mm，"高度分段"为1，"边数"为3，具体参数设置及模型效果如图3-129所示。

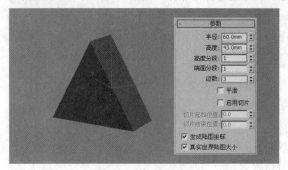

图3-129

—— 提示 ——

这个实例是一个专门针对"标准基本体"相关工具的综合练习实例。

02 选择上一步创建的圆柱体，将其复制两个到图3-130所示的位置。

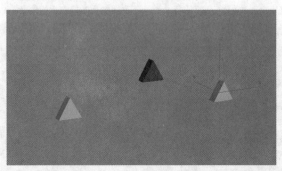

图3-130

技术专题：修改对象的颜色

这里介绍一下如何修改几何体对象在视图中的显示颜色。以图3-130中的3个圆柱体为例，原本复制出来的圆柱体颜色与原始圆柱体的颜色相同，如图3-131所示。为了将对象区分开，可以先选择复制出来的两个圆柱体，然后在"修改"面板左上部单击"颜色"图标 ，打开"对象颜色"对话框，在这里可以选择预设的颜色，也可以自定义颜色，如图3-132所示。

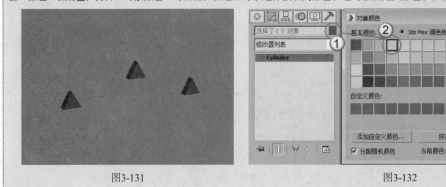

图3-131   图3-132

03 使用"长方体"工具 长方体 在场景中创建一个长方体，在"参数"卷展栏下设置"长度"为40mm，"宽度"为260mm，"高度"为60mm，具体参数设置及模型位置如图3-133所示。

04 使用"选择并移动"工具 选择上一步创建的长方体，复制两个长方体到图3-134所示的位置。

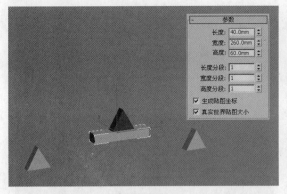

图3-133

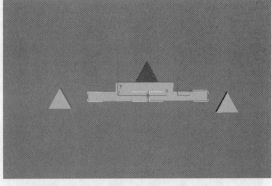

图3-134

05 使用"长方体"工具 长方体 在场景中创建一个长方体，在"参数"卷展栏下设置"长度"为43mm，"宽度"为165mm，"高度"为60mm，具体参数设置及模型位置如图3-135所示。

06 使用"选择并移动"工具✛选择上一步创建的长方体，复制3个长方体到图3-136所示的位置。

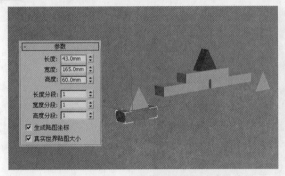

图3-135

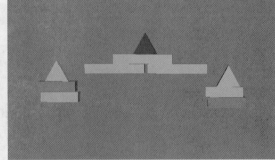

图3-136

07 使用"圆柱体"工具 圆柱体 在场景中创建一个圆柱体，在"参数"卷展栏下设置"半径"为35mm，"高度"为80mm，"高度分度"为1，然后复制两个圆柱体，具体参数设置及模型位置如图3-137所示。

08 将步骤03中创建的长方体复制3个到图3-138所示的位置。

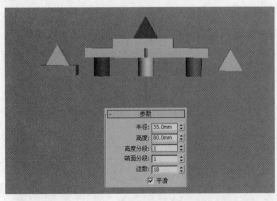

图3-137

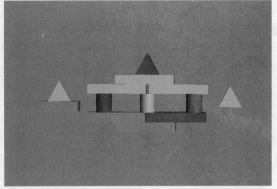

图3-138

09 使用"长方体"工具 长方体 在场景中创建一个长方体，在"参数"卷展栏下设置"长度"为90mm，"宽度"为80mm，"高度"为55mm，然后复制4个长方体，具体参数设置及模型位置如图3-139所示。

10 使用"圆柱体"工具 圆柱体 在场景中创建一个圆柱体，在"参数"卷展栏下设置"半径"为32mm，"高度"为160mm，"高度分段"为1，然后复制3个圆柱体，具体参数设置及模型位置如图3-140所示。

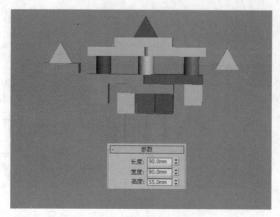

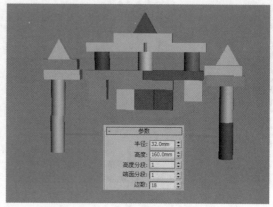

图3-139   图3-140

11 继续使用"圆柱体"工具 圆柱体 在场景中创建一个圆柱体，在"参数"卷展栏下设置"半径"为22mm，"高度"为75mm，"高度分段"为1，然后复制两个圆柱体，具体参数设置及模型位置如图3-141所示。

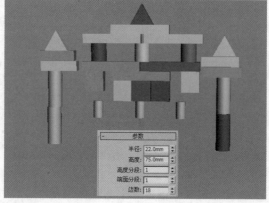

图3-141

12 使用"圆柱体"工具 圆柱体 在前视图中创建一个圆柱体，在"参数"卷展栏下设置"半径"为65mm，"高度"为42mm，"高度分段"为1，勾选"启用切片"选项，并设置"切片起始位置"为180，然后复制一个圆柱体，具体参数设置及模型位置如图3-142所示。

13 将前面制作的几何体复制一些到下部，完成后的积木效果如图3-143所示。

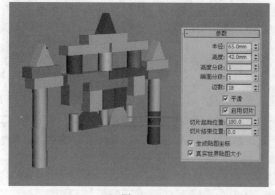

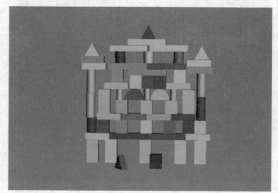

图3-142   图3-143

14 使用"平面"工具 平面 在积木底部创建一个平面，在"参数"卷展栏下设置"长度"为1200mm，"宽度"为1500mm，"长度分段"为1，"宽度分段"为1，具体参数设置及模型位置如图3-144所示，最终效果如图3-145所示。

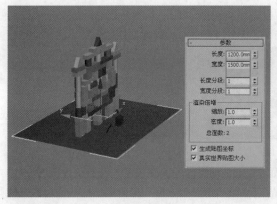

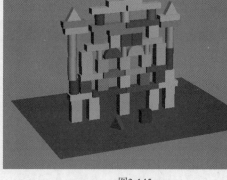

图3-144 图3-145

3.3 创建扩展基本体

　　"扩展基本体"是基于"标准基本体"的一种扩展物体，共有13种，分别是异面体、环形结、切角长方体、切角圆柱体、油罐、胶囊、纺锤、L-Ext、球棱柱、C-Ext、环形波、软管和棱柱，如图3-146所示。

　　有了这些扩展基本体，就可以快速地创建出一些简单的模型，如使用"软管"工具 [软管] 制作冷饮吸管，用"油罐"工具 [油罐] 制作货车油罐，用"胶囊"工具 [胶囊] 制作胶囊药物等，图3-147所示是所有的扩展基本体。注意，并不是所有的扩展基本体都很实用，本节只讲解在实际工作中比较常用的一些扩展基本体。

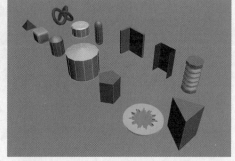

图3-146 图3-147

3.3.1 异面体

功能介绍

　　异面体是一种很典型的扩展基本体，可以用它来创建四面体、立方体和星形等，其参数设置面板如图3-148所示。

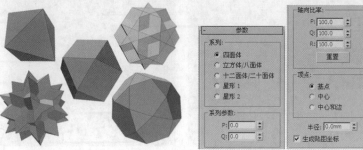

图3-148

参数详解

❖ 系列：在这个选项组下可以选择异面体的类型，图3-149所示是5种异面体效果。

图3-149

❖ 系列参数：P、Q两个选项主要用来切换多面体顶点与面之间的关联关系，其数值范围为 0~1。

❖ 轴向比率：多面体可以拥有多达3种多面体的面，如三角形、方形和五角形。这些面可以是规则的，也可以是不规则的。如果多面体只有一种或两种面，则只有一个或两个轴向比率参数处于活动状态，不活动的参数不起作用。P、Q、R控制多面体一个面反射的轴。如果调整了参数，单击"重置"按钮 [重置] 可以将P、Q、R的数值恢复到默认值100。

❖ 顶点：这个选项组中的参数决定多面体每个面的内部几何体。"中心"和"中心和边"选项会增加对象中的顶点数，从而增加面数。

❖ 半径：设置任何多面体的半径。

【练习3-10】用异面体制作风铃

风铃效果如图3-150所示。

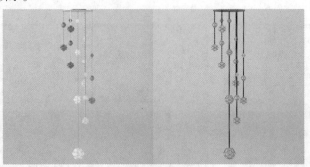

图3-150

01 设置几何体类型为"扩展基本体"，使用"切角圆柱体"工具 [切角圆柱体] 在场景中创建一个切角圆柱体，然后在"参数"卷展栏下设置"半径"为45mm，"高度"为1mm，"圆角"为0.3mm，"高度分段"为1，"边数"为30，具体参数设置及模型效果如图3-151所示。

02 使用"选择并移动"工具 ✛ 选择上一步创建的切角圆柱体，将其移动复制一个到上方，然后在"参数"卷展栏下将"半径"修改为12mm，"圆角"修改为0.2mm，具体参数设置及模型位置如图3-152所示。

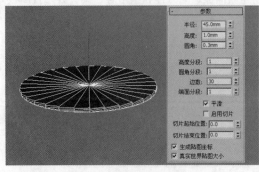

图3-151

图3-152

03 设置几何体类型为"标准基本体"，使用"圆柱体"工具 圆柱体 在场景中创建一个圆柱体，然后在"参数"卷展栏下设置"半径"为1.5mm，"高度"为80mm，"高度分段"为1，"边数"为30，具体参数设置及模型位置如图3-153所示。

04 继续使用"圆柱体"工具 圆柱体 在比较大的切角圆柱体边缘创建一些高度不一的圆柱体作为吊线，完成后的效果如图3-154所示。

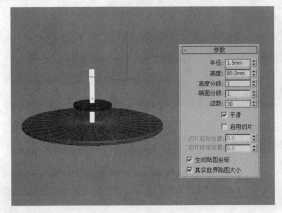

图3-153

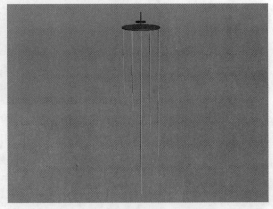

图3-154

05 设置几何体类型为"扩展基本体"，使用"异面体"工具 异面体 在场景中创建4个异面体，具体参数设置如图3-155所示。

06 将创建的异面体复制一些到吊线上，最终效果如图3-156所示。

图3-155

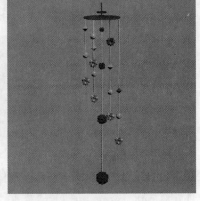

图3-156

3.3.2 切角长方体

功能介绍

切角长方体是长方体的扩展物体，可以快速创建出带圆角效果的长方体，其参数设置面板如图3-157所示。

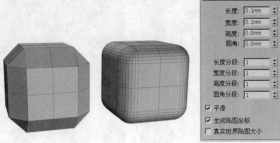

图3-157

参数详解

❖ 长度/宽度/高度：用来设置切角长方体的长度、宽度和高度。

❖ 圆角：切开倒角长方体的边，以创建圆角效果，图3-158所示是长度、宽度和高度相等，"圆角"值分别为1mm、3mm和6mm时的切角长方体效果。

图3-158

❖ 长度分段/宽度分段/高度分段：设置沿着相应轴的分段数量。

❖ 圆角分段：设置切角长方体圆角边的分段数量。

【练习3-11】用切角长方体制作餐桌椅

餐桌椅效果如图3-159所示。

图3-159

01 设置几何体类型为"扩展基本体"，使用"切角长方体"工具 切角长方体 在场景中创建一个切角长方体，然后在"参数"卷展栏下设置 "长度"为1200mm，"宽度"为40mm，"高度"为1200mm，"圆角"为0.4mm，"圆角分段"为3，具体参数设置及模型效果如图3-160所示。

02 按A键激活"角度捕捉切换"工具 ，然后按E键选择"选择并旋转"工具 ，接着按住Shift键在前视图中沿z轴旋转90度，在弹出的"克隆选项"对话框中设置"对象"为"实例"，最后单击"确定"按钮 确定 ，如图3-161所示。

图3-160

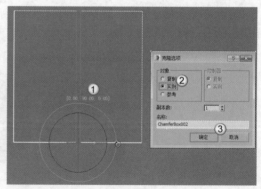

图3-161

03 使用"切角长方体"工具 切角长方体 在场景中创建一个切角长方体，在"参数"卷展栏下设置 "长度"为1200mm，"宽度"为1200mm，"高度"为40mm，"圆角"为0.4mm，"圆角分段"为3，具体参数设置及模型位置如图3-162所示。

04 继续使用"切角长方体"工具 切角长方体 在场景中创建一个切角长方体，在"参数"卷展栏下设置"长度"为850mm，"宽度"为850mm，"高度"为700mm，"圆角"为10mm，"圆角分段"为3，具体参数设置及模型位置如图3-163所示。

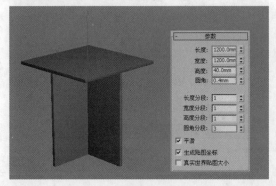

图3-162

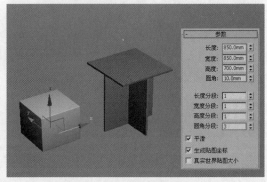

图3-163

05 使用"切角长方体"工具 切角长方体 在场景中创建一个切角长方体，在"参数"卷展栏下设置 "长度"为80mm，"宽度"为850mm，"高度"为500mm，"圆角"为8mm，"圆角分段"为2，具体参数设置及模型位置如图3-164所示。

06 使用"选择并旋转"工具 选择上一步创建的切角长方体，按住Shift键在前视图中沿z轴旋转90°，在弹出的"克隆选项"对话框中设置"对象"为"复制"，最后单击"确定"按钮 确定 ，如图3-165所示。

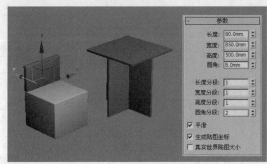

图3-164

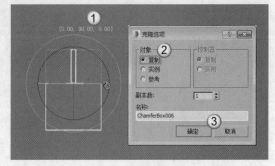

图3-165

07 使用"选择并移动"工具 选择上一步复制出来的切角长方体，将其调整到图3-166所示的位置。

08 选择椅子的所有部件，执行"组>组"菜单命令，在弹出的"组"对话框中单击"确定"按钮 确定 ，如图3-167所示。

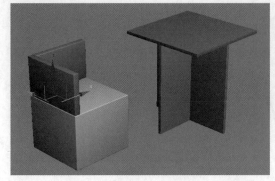

图3-166

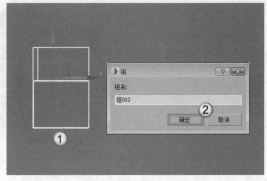

图3-167

09 选择"组002"，按住Shift键使用"选择并移动"工具 ✛ 移动复制3组椅子，如图3-168所示。

10 使用"选择并移动"工具 ✛ 和"选择并旋转"工具 ◌ 调整好椅子的位置和角度，最终效果如图3-169所示的位置。

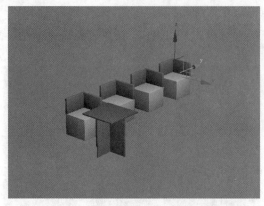

图3-168   图3-169

提示

为什么椅子上有黑色的色斑？这是由于创建模型时启用了"平滑"选项造成的，如图3-170所示。解决这种问题有以下两种方法。

第1种：关闭模型的"平滑"选项，模型会恢复正常，如图3-171所示。

第2种：为模型加载"平滑"修改器，模型也会恢复正常，如图3-172所示。

 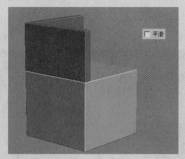 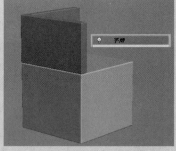

图3-170   图3-171   图3-172

3.3.3 切角圆柱体

功能介绍

切角圆柱体是圆柱体的扩展物体，可以快速创建出带圆角效果的圆柱体，其参数设置面板如图3-173所示。

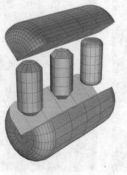

图3-173

参数详解

❖ 半径：设置切角圆柱体的半径。

❖ 高度：设置沿着中心轴的维度。负值将在构造平面下面创建切角圆柱体。

❖ 圆角：斜切切角圆柱体的顶部和底部封口边。

❖ 高度分段：设置沿着相应轴的分段数量。

❖ 圆角分段：设置切角圆柱体圆角边的分段数量。

❖ 边数：设置切角圆柱体周围的边数。

❖ 端面分段：设置沿着切角圆柱体顶部和底部的中心的同心分段数量。

【练习3-12】用切角圆柱体制作茶几

简约茶几效果如图3-174所示。

图3-174

01 首先创建桌面模型。使用"切角圆柱体"工具 切角圆柱体 在场景中创建一个切角圆柱体，在"参数"卷展栏下设置"半径"为50mm，"高度"为20mm，"圆角"为1mm，"高度分段"为1，"圆角分段"为4，"边数"为24，"端面分段"为1，具体参数设置及模型效果如图3-175所示。

02 创建支架模型。设置几何体类型为"标准基本体"，然后使用"管状体"工具 管状体 在桌面的上边缘创建一个管状体，在"参数"卷展栏下设置"半径1"为50.5mm，"半径2"为48mm，"高度"为1.6mm，"高度分段"为1，"端面分段"为1，"边数"为36，勾选"启用切片"选项，设置"切片起始位置"为-200，"切片结束位置"为53，具体参数设置及模型位置如图3-176所示。

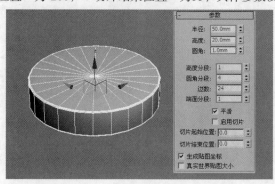

图3-175

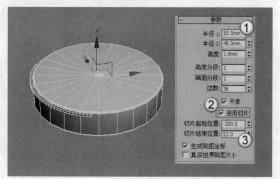

图3-176

03 使用"切角长方体"工具 切角长方体 在管状体末端创建一个切角长方体，在"参数"卷展栏下设置"长度"为2mm，"宽度"为2mm，"高度"为30mm，"圆角"为0.2mm，"圆角分段"为3，具体参数设置及模型位置如图3-177所示。

04 使用"选择并移动"工具 ❖ 选择上一步创建的切角长方体，按住Shift键的同时移动复制一个切角长方体到图3-178所示的位置。

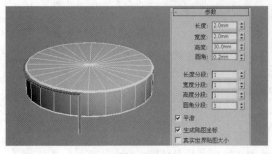

图3-177　　　　　　　　　　　　　　　　　　　　　　图3-178

提示

在复制对象到某个位置时，一般都不可能一步到位，这就需要调整对象的位置。调整对象位置需要在各个视图中进行。

---

05 使用"选择并移动"工具❖选择管状体，按住Shift键在左视图中向下移动复制一个管状体到图3-179所示的位置。

06 选择复制出来的管状体，在"参数"卷展栏下将"切片起始位置"修改为56，"切片结束位置"修改为-202，如图3-180所示，最终效果如图3-181所示。

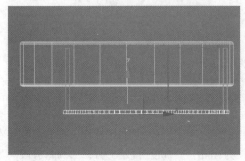  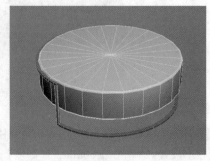

图3-179　　　　　　　　　　　图3-180　　　　　　　　　　　图3-181

3.3.4　环形结

功能介绍

这是扩展基本体中最复杂的建模工具，可控制的参数很多，组合产生的效果也比较多。环形结可转化为NURBS表面对象。环形结的参数设置面板如图3-182所示。

图3-182

参数详解

1. 基础曲线选项组

❖　结：选择该选项，环形将基于其他各种参数自身交织。

❖　圆：选择该选项，基础曲线将是圆形的，如果在其默认设置中保留"扭曲"和"偏心率"这两个参数，则会产生标准环形。

❖　半径：控制曲线半径的大小。

❖ 分段：确定在曲线路径上片段的划分数目。

❖ P/Q：选择"结"方式时，这两项参数才能被激活。用于控制曲线路径蜿蜒缠绕的圈数。

❖ 扭曲数/扭曲高度：选择"圆"方式时，这两项参数才能被激活。用于控制在曲线路径上产生的弯曲数目和弯曲的高度。

2. 横截面选项组

❖ 半径：设置截面图形的半径大小。

❖ 边数：设置截面图形的边数，确定它的圆滑度。

❖ 偏心率：设置截面压扁的程度。

❖ 扭曲：设置截面沿路径扭曲旋转的程度，当有偏心率或弯曲设置时，它就会显示出效果，如螺旋状的扭曲。

❖ 块：设置环形结中的凸出数量。

❖ 块高度：设置凸出块隆起的高度。

❖ 块偏移：在路径上移动凸出块的位置。

3. 平滑选项组

❖ 全部：对整个造型进行平滑处理。

❖ 侧面：只对纵向（路径方向）的面进行平滑处理。

❖ 无：不进行表面平滑处理。

4. 贴图坐标选项组

❖ 生成贴图坐标：基于环形结的几何体指定贴图坐标，默认设置为启用。

❖ 偏移 U/V：沿着U向和V向偏移贴图坐标。

❖ 平铺 U/V：沿着U向和V向平铺贴图坐标。

3.3.5 油罐

功能介绍

使用该工具可以创建带有球状凸出顶部的圆柱体，其参数面板如图3-183所示。

参数详解

❖ 半径：用来设置油罐的半径。

❖ 高度：设置油罐中心轴的高度。

❖ 封口高度：设置凸面封口的高度。

❖ 总体/中心：决定"高度"值指定的内容。"总体"指定对象的总体高度；"中心"指定圆柱体中部的高度，不包括其圆顶封口。

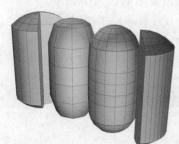

❖ 混合：大于0时将在封口的边缘创建倒角。

❖ 边数：设置油罐周围的边数。

❖ 高度分段：设置沿着油罐主轴的分段数量。

图3-183

❖ 平滑：启用该选项时，油罐表面会变得平滑，反之则有明显的转折效果。

❖ 启用切片：控制是否启用"切片"功能。

❖ 切片起始/结束位置：设置从局部*x*轴的零点开始围绕局部*z*轴的度数。

3.3.6 胶囊

功能介绍

使用"胶囊"工具 [胶囊] 可以创建出半球状带有封口的圆柱体，其参数设置面板如图3-184所示。

参数详解

❖ 半径：用来设置胶囊的半径。

❖ 高度：设置胶囊中心轴的高度。

❖ 总体/中心：决定"高度"值指定的内容。"总体"指定对象的总体高度；"中心"指定圆柱体中部的高度，不包括其圆顶封口。

❖ 边数：设置胶囊周围的边数。

❖ 高度分段：设置沿着胶囊主轴的分段数量。

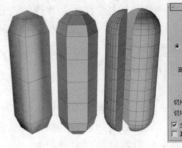

图3-184

❖ 平滑：启用该选项时，胶囊表现会变得平滑，反之则有明显的转折效果。

❖ 启用切片：控制是否启用"切片"功能。

❖ 切片起始/结束位置：设置从局部x轴的零点开始围绕局部z轴的度数。

3.3.7　纺锤

功能介绍

该工具可以制作两端带有圆锥尖顶的柱体，其参数设置面板如图3-185所示。

参数详解

❖ 半径：用来设置底面的半径大小。

❖ 高度：确定纺锤体柱体的高度。

❖ 封口高度：确定纺锤体两端的圆锥的高度。最小值是 0.1，最大值是"高度"的一半。

❖ 总体：以纺锤体的全部来计算高度。

❖ 中心：以纺锤体的柱状部分来计算高度，不计算两端圆锥的高度。

❖ 混合：当参数设置大于 0 时，将在纺锤主体与顶盖的结合处创建圆角。

图3-185

❖ 边数：设置圆周上的片段数。值越高，纺锤体越平滑。

❖ 端面分段：设置圆锥顶盖的片段数。

❖ 高度分段：设置柱体高度方向上的片段数。

3.3.8　L-Ext/C-Ext

功能介绍

使用L-Ext工具 L-Ext 可以创建并挤出L形的对象，其参数设置面板如图3-186所示；使用C-Ext工具 C-Ext 可以创建并挤出C形的对象，其参数设置面板如图3-187所示。

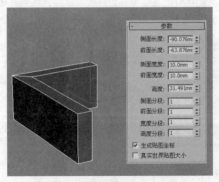

图3-186

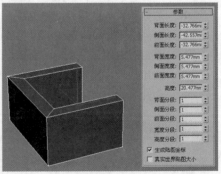

图3-187

3.3.9 球棱柱

功能介绍

使用该工具可以创建带圆角效果的棱柱，其参数面板如图3-188所示。

参数详解

❖ 边数：设置棱柱的边数，即几棱柱。
❖ 半径：设置底面圆形的半径。
❖ 圆角：设置棱上圆角的大小。
❖ 高度：设置球棱柱的高度。
❖ 侧面分段/高度分段/圆角分段：分别设置侧面、高度和圆角上的片段数。

图3-188

3.3.10 环形波

功能介绍

使用该功能可以创建一个不规则边缘的特殊圆形，可以通过设置动画来控制环形波的变形，以应用于不同类型的特效动画中，如爆炸动画中的冲击波特效，其参数设置面板如图3-189所示。因为该几何体多用于动画，所以不再进行具体介绍。

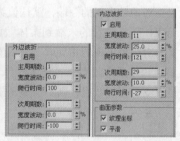

图3-189

3.3.11 软管

功能介绍

软管是一种能连接两个对象的弹性物体，有点类似于弹簧，但它不具备动力学属性，如图3-190所示，其参数设置面板如图3-191所示。下面对各个参数选项组分别进行讲解。

参数详解

1. 端点方法选项组

❖ 自由软管：如果只是将软管作为一个简单的对象，而不绑定到其他对象，则需要勾选该选项。
❖ 绑定到对象轴：如果要把软管绑定到对象，该选项必须勾选。

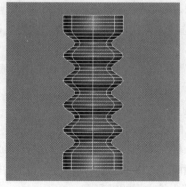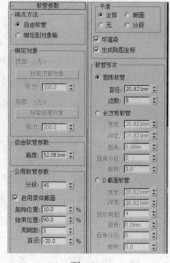

图3-190　　　　　　　　　　图3-191

135

2. 绑定对象选项组

❖ 顶部<无>：显示顶部绑定对象的名称。

❖ 拾取顶部对象 拾取顶部对象 ：使用该按钮可以拾取顶部对象。

❖ 张力：当软管靠近底部对象时，该选项主要用来设置顶部对象附近软管曲线的张力大小。若减小张力，顶部对象附近将产生弯曲效果；若增大张力，远离顶部对象的地方将产生弯曲效果。

❖ 底部<无>：显示底部绑定对象的名称。

❖ 拾取底部对象 拾取底部对象 ：使用该按钮可以拾取底部对象。

❖ 张力：当软管靠近顶部对象时，该选项主要用来设置底部对象附近软管曲线的张力大小。若减小张力，底部对象附近将产生弯曲效果；若增大张力，远离底部对象的地方将产生弯曲效果。

3. 自由软管参数选项组

❖ 高度：用于设置软管未绑定时的垂直高度或长度（当选择"自由软管"选项时，该选项才可用）。

4. 公用软管参数选项组

❖ 分段：设置软管长度的总分段数。当软管弯曲时，增大该值可以使曲线更加平滑。

❖ 启用柔体截面：启用该选项时，"起始位置""结束位置""周期数"和"直径"4个参数才可用，可以用来设置软管的中心柔体截面；若关闭该选项，软管的直径和长度会保持一致。

❖ 起始位置：软管的始端到柔体截面开始处所占软管长度的百分比。在默认情况下，软管的始端是指对象轴出现的一端，默认值为10%。

❖ 结束位置：软管的末端到柔体截面结束处所占软管长度的百分比。在默认情况下，软管的末端是指对象轴出现的相反端，默认值为90%。

❖ 周期数：柔体截面中的起伏数目。可见周期的数目受限于分段的数目。如果分段值不够大，不足以支持周期数目，则不会显示出所有的周期，其默认值为5。

❖ 直径：周期外部的相对宽度。如果设置为负值，则比总的软管直径要小；如果设置为正值，则比总的软管直径要大。

❖ 平滑：定义要进行平滑处理的几何体，其默认设置为"全部"。

◇ 全部：对整个软管都进行平滑处理。

◇ 侧面：沿软管的轴向进行平滑处理。

◇ 无：不进行平滑处理。

◇ 分段：仅对软管的内截面进行平滑处理。

❖ 可渲染：如果启用该选项，则使用指定的设置对软管进行渲染；如果关闭该选项，则不对软管进行渲染。

❖ 生成贴图坐标：设置所需的坐标，以对软管应用贴图材质，其默认设置为启用。

5. 软管形状参数选项组

❖ 圆形软管：设置软管为圆形的横截面。

◇ 直径：软管端点处的最大宽度。

◇ 边数：软管边的数目，其默认值为8。设置"边数"为3表示三角形的横截面；设置"边数"为4表示正方形的横截面；设置"边数"为5表示五边形的横截面。

❖ 长方形软管：设置软管为长方形的横截面。

◇ 宽度：指定软管的宽度。

◇ 深度：指定软管的高度。

◇ 圆角：设置横截面的倒角数值。若要使圆角可见，"圆角分段"数值必须设置为1或更大。

◇ 圆角分段：设置每个圆角上的分段数目。

◇ 旋转：指定软管沿其长轴的方向，其默认值为0。

❖ D截面软管：与"长方形软管"类似，但有一条边呈圆形，以形成D形状的横截面。

◇ 宽度：指定软管的宽度。

◇ 深度：指定软管的高度。

◇ 圆形侧面：圆边上的分段数目。该值越大，边越平滑，其默认值为4。

◇ 圆角：指定将横截面上圆边的两个角倒为圆角的数值。要使圆角可见，"圆角分段"数值必须设置为1或更大。

◇ 圆角分段：指定每个圆角上的分段数目。

◇ 旋转：指定软管沿其长轴的方向，其默认值为0。

3.3.12 棱柱

功能介绍

该工具可以制作底面为等腰三角形或不等边三角形的三棱柱，其参数设置面板如图3-192所示。

参数详解

❖ 二等边：用于创建等腰三棱柱，配合Ctrl键可以创建底面为等边三角形的棱柱。

❖ 基点/顶点：用于创建底面是不等边三角形的棱柱。

❖ 侧面1长度/侧面2长度/侧面3长度：分别设置底面三角形3条边的长度。

❖ 高度：设置棱柱的高度。

❖ 侧面1分段/侧面2分段/侧面3分段：分别设置各条边的片段数。

❖ 高度分段：设置沿棱柱高度方向的片段数。

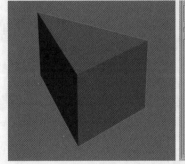

图3-192

3.4 创建门/窗/楼梯对象

在3ds Max中，不但可以轻松创建出诸如长方体、圆柱体和球体之类的基本体，还可以通过调整简单的参数创建出门、窗户和楼梯模型，如图3-193所示。

图3-193

> **提示**
>
> 注意，虽然可以直接使用3ds Max创建出简单的门、窗户和楼梯模型，但是在实际工作中，这些模型往往过于简单，不能达到要求。因此，在大多数情况下，门、窗户和楼梯模型都使用多边形建模来进行制作。

3.4.1 门

功能介绍

3ds Max 2016提供了3种内置的门模型，包括"枢轴门""推拉门"和"折叠门"，如图3-194所示。"枢轴门"是在一侧装有铰链的门；"推拉门"有一半是固定的，另一半可以推拉；"折叠门"的铰链装在中间以及侧端，就像壁橱门一样。

这3种门的参数大部分都是相同的，下面先对相同的参数部分进行讲解，图3-195所示是"枢轴门"的参数设置面板。所有的门都有高度、宽度和深度，在创建之前可以先选择创建的顺序，如"宽度/深度/高度"或"宽度/高度/深度"。

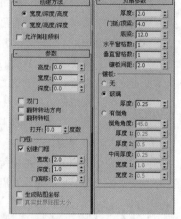

图3-194　　　　　　　　　图3-195

参数详解

❖ 宽度/深度/高度：首先创建门的宽度，然后创建门的深度，接着创建门的高度。

❖ 宽度/高度/深度：首先创建门的宽度，然后创建门的高度，接着创建门的深度。

❖ 允许侧柱倾斜：允许创建倾斜门。

❖ 高度/宽度/深度：设置门的总体高度/宽度/深度。

❖ 打开：使用枢轴门时，指定以角度为单位的门打开的程度；使用推拉和折叠门时，指定门打开的百分比。

❖ 门框：用于控制是否创建门框和设置门框的宽度和深度。

　　◇ 创建门框：控制是否创建门框。

　　◇ 宽度：设置门框与墙平行方向的宽度（启用"创建门框"选项时才可用）。

　　◇ 深度：设置门框从墙投影的深度（启用"创建门框"选项时才可用）。

　　◇ 门偏移：设置门相对于门框的位置，该值可以为正，也可以为负（启用"创建门框"选项时才可用）。

❖ 生成贴图坐标：为门指定贴图坐标。

❖ 真实世界贴图大小：控制应用于对象的纹理贴图材质所使用的缩放方法。

❖ 厚度：设置门的厚度。

❖ 门挺/顶梁：设置顶部和两侧的面板框的宽度。

❖ 底梁：设置门脚处的面板框的宽度。

❖ 水平窗格数：设置面板沿水平轴划分的数量。

❖ 垂直窗格数：设置面板沿垂直轴划分的数量。

❖ 镶板间距：设置面板之间的间隔宽度。

❖ 镶板：指定在门中创建面板的方式。

　　◇ 无：不创建面板。

　　◇ 玻璃：创建不带倒角的玻璃面板。

　　◇ 厚度：设置玻璃面板的厚度。

　　◇ 有倒角：勾选该选项可以创建具有倒角的面板。

　　◇ 倒角角度：指定门的外部平面和面板平面之间的倒角角度。

　　◇ 厚度1：设置面板的外部厚度。

　　◇ 厚度2：设置倒角从起始处的厚度。

◇ 中间厚度：设置面板内的面部分的厚度。

◇ 宽度1：设置倒角从起始处的宽度。

◇ 宽度2：设置面板内的面部分的宽度。

1.枢轴门

"枢轴门"只在一侧用铰链进行连接，也可以制作成双门，双门具有两个门元素，每个元素在其外边缘处用铰链进行连接，如图3-196所示。"枢轴门"包含3个特定的参数，如图3-197所示。

参数详解

❖ 双门：制作一个双门。

❖ 翻转转动方向：更改门转动的方向。

❖ 翻转转枢：在与门面相对的位置上放置门转枢（该选项不能用于双门）。

图3-196　　　　　　　　　　图3-197

2.推拉门

"推拉门"可以左右滑动，就像火车在铁轨上前后移动一样。推拉门有两个门元素，一个保持固定，另一个可以左右滑动，如图3-198所示。"推拉门"包含两个特定的参数，如图3-199所示。

参数详解

❖ 前后翻转：指定哪个门位于最前面。

❖ 侧翻：指定哪个门保持固定。

图3-198　　　　　　　　　　图3-199

3.折叠门

"折叠门"就是可以折叠起来的门，在门的中间和侧面有一个转枢装置，如果是双门的话，就有4个转枢装置，如图3-200所示。"折叠门"包含3个特定的参数，如图3-201所示。

参数详解

❖ 双门：勾选该选项可以创建双门。

❖ 翻转转动方向：翻转门的转动方向。

❖ 翻转转枢：翻转侧面的转枢装置（该选项不能用于双门）。

图3-200　　　　　　　　　　图3-201

3.4.2　窗

功能介绍

3ds Max 2016中提供了6种内置的窗户模型，使用这些内置的窗户模型可以快速地创建出所需要的窗户，如图3-202所示。

图3-202

工具详解

- ❖ 遮篷式窗：这种窗户有一扇通过铰链与其顶部相连，如图3-203所示。
- ❖ 平开窗：这种窗户的一侧有一个固定的窗框，可以向内或向外转动，如图3-204所示。
- ❖ 固定窗：这种窗户是固定的，不能打开，如图3-205所示。

| 图3-203 | 图3-204 | 图3-205 |

- ❖ 旋开窗：这种窗户可以在垂直中轴或水平中轴上进行旋转，如图3-206所示。
- ❖ 伸出式窗：这种窗户有3扇窗框，其中两扇窗框打开时就像反向的遮篷，如图3-207所示。
- ❖ 推拉窗：推拉窗有两扇窗框，其中一扇窗框可以沿着垂直或水平方向滑动，如图3-208所示。

由于窗户的参数比较简单，因此只讲解这6种窗户的公共参数，如图3-209所示。

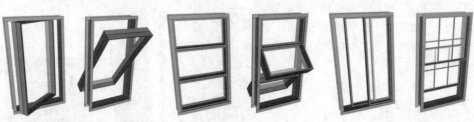

| 图3-206 | 图3-207 | 图3-208 | 图3-209 |

参数详解

- ❖ 高度：设置窗户的总体高度。
- ❖ 宽度：设置窗户的总体宽度。
- ❖ 深度：设置窗户的总体深度。
- ❖ 窗框：控制窗框的宽度和深度。
  - ◇ 水平宽度：设置窗口框架在水平方向的宽度（顶部和底部）。
  - ◇ 垂直宽度：设置窗口框架在垂直方向的宽度（两侧）。
  - ◇ 厚度：设置框架的厚度。

- ❖ 玻璃：用来指定玻璃的厚度等参数。
  - ◇ 厚度：指定玻璃的厚度。
- ❖ 窗格：用于设置窗格的宽度与窗格数量。
  - ◇ 宽度：设置窗框中窗格的宽度（深度）。
  - ◇ 窗格数：设置窗中的窗格数。
- ❖ 开窗：设置窗户的打开程度。
  - ◇ 打开：指定窗打开的百分比。

3.4.3 楼梯

功能介绍

楼梯在室内外场景中是很常见的一种物体，按梯段组合形式来分可分为直梯、折梯、旋转梯、弧形梯、U形梯和直圆梯6种。3ds Max 2016提供了4种内置的参数化楼梯模型，分别是"直线楼梯""L型楼梯""U型楼梯"和"螺旋楼梯"，如图3-210所示。这4种楼梯的参数比较简单，并且每种楼梯都包括"开放式""封闭式"和"落地式"3种类型，完全可以满足室内外的模型需求。

以上4种楼梯都包括"参数"卷展栏、"支撑梁"卷展栏、"栏杆"卷展栏和"侧弦"卷展栏，而

"螺旋楼梯"还包括"中柱"卷展栏，如图3-211所示。

在这4种楼梯中，"L型楼梯"是最常见的一种，下面就以
"L型楼梯"为例来讲解楼梯的参数，如图3-212所示。

参数详解

1. 参数卷展栏

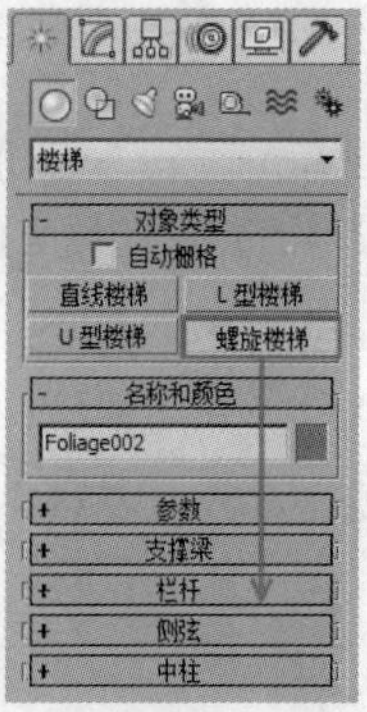

❖ 类型：该选项组中的参数主要用来设置楼梯的类型。
  ◇ 开放式：创建一个开放式的梯级竖板楼梯。
  ◇ 封闭式：创建一个封闭式的梯级竖板楼梯。
  ◇ 落地式：创建一个带有封闭式梯级竖板和两侧具有封闭
    式侧弦的楼梯。

图3-210　　　　　　图3-211

❖ 生成几何体：该选项组中的参数主要用来设置需要生成的楼梯零
  部件。
  ◇ 侧弦：沿楼梯梯级的端点创建侧弦。
  ◇ 支撑梁：在梯级下创建一个倾斜的切口梁，该梁支撑着台阶。
  ◇ 扶手：创建左扶手和右扶手。
  ◇ 扶手路径：创建左扶手路径和右扶手路径。

❖ 布局：该选项组中的参数主要用来设置楼梯的布局效果。
  ◇ 长度1：设置第1段楼梯的长度。
  ◇ 长度2：设置第2段楼梯的长度。
  ◇ 宽度：设置楼梯的宽度，包括台阶和平台。
  ◇ 角度：设置平台与第2段楼梯之间的角度，范围为-90~90。
  ◇ 偏移：设置平台与第2段楼梯之间的距离。

❖ 梯级：该选项组中的参数主要用来调整楼梯的梯级形状。
  ◇ 总高：设置楼梯级的高度。
  ◇ 竖板高：设置梯级竖板的高度。
  ◇ 竖板数：设置梯级竖板的数量（梯级竖板总是比台阶多一个，
    隐式梯级竖板位于上板和楼梯顶部的台阶之间）。

图3-212

--- 提示 ---

当调整这3个选项中的其中两个选项时，必须锁定剩下的一个选项，要锁定该选项，可以单击选项前面的■按钮。

❖ 台阶：该选项组中的参数主要用来调整台阶的形状。
  ◇ 厚度：设置台阶的厚度。
  ◇ 深度：设置台阶的深度。
❖ 生成贴图坐标：为楼梯对象应用贴图坐标。
❖ 真实世界贴图大小：控制应用于对象的纹理贴图材质所使用的缩放方法。

2. 支撑梁卷展栏

❖ 深度：设置支撑梁离地面的深度。
❖ 宽度：设置支撑梁的宽度。
❖ 支撑梁间距■：设置支撑梁的间距。单击该按钮会弹出"支撑梁间距"对话框，在该对话框中
  可设置支撑梁的一些参数。
❖ 从地面开始：控制支撑梁是从地面开始，还是与第1个梯级竖板的开始平齐，或是否将支撑梁延
  伸到地面以下。

3. 栏杆卷展栏

❖ 高度：设置栏杆离台阶的高度。

❖ 偏移：设置栏杆离台阶端点的偏移量。

❖ 分段：设置栏杆中的分段数目。值越高，栏杆越平滑。

❖ 半径：设置栏杆的厚度。

4. 侧弦卷展栏

❖ 深度：设置侧弦离地板的深度。

❖ 宽度：设置侧弦的宽度。

❖ 偏移：设置地板与侧弦的垂直距离。

❖ 从地面开始：控制侧弦是从地面开始，还是与第1个梯级竖板的开始平齐，或是否将侧弦延伸到地面以下。

【练习3-13】创建螺旋楼梯

螺旋楼梯效果如图3-213所示。

图3-213

01 设置几何体类型为"楼梯"，然后使用"螺旋楼梯"工具 螺旋楼梯 在场景中拖曳鼠标，随意创建一个螺旋楼梯，如图3-214所示。

02 切换到"修改"面板，展开"参数"卷展栏，在"生成几何体"卷展栏下勾选"侧弦"和"中柱"选项，然后勾选"扶手"的"内表面"和"外表面"选项；在"布局"选项组下设置"半径"为1200mm，"旋转"为1，"宽度"为1000mm；在"梯级"选项组下设置"总高"为3600mm，"竖板高"为300mm；在"台阶"选项组下设置"厚度"为160mm，具体参数设置如图3-215所示，楼梯效果如图3-216所示。

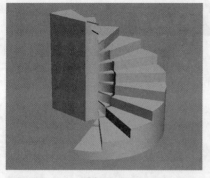
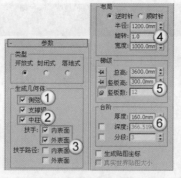
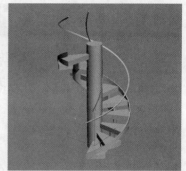

图3-214 图3-215 图3-216

03 展开"支撑梁"卷展栏，在"参数"选项组下设置"深度"为200mm，"宽度"为700mm，具体参数设置及模型效果如图3-217所示。

04 展开"栏杆"卷展栏，在"参数"选项组下设置"高度"为100mm，"偏移"为50mm，"半径"为25mm，具体参数设置及模型效果如图3-218所示。

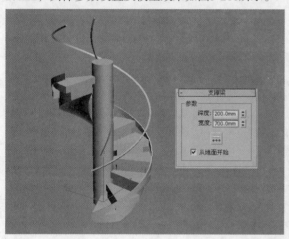
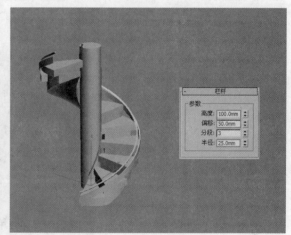

图3-217 图3-218

05 展开"侧弦"卷展栏，在"参数"选项组下设置"深度"为600mm，"宽度"为50mm，"偏移"为25mm，具体参数设置及模型效果如图3-219所示。

06 展开"中柱"卷展栏，在"参数"选项组下设置"半径"为250mm，具体参数设置及最终效果如图3-220所示。

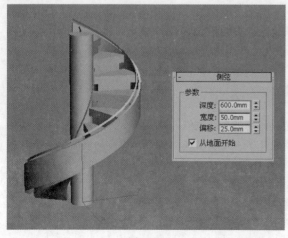
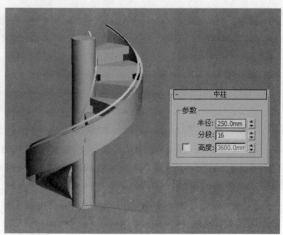

图3-219 图3-220

3.5 创建AEC扩展对象

"AEC扩展"对象专门用在建筑、工程和构造等领域，使用"AEC扩展"对象可以提高创建场景的效率。"AEC扩展"对象包括"植物""栏杆"和"墙"3种类型，如图3-221所示。

图3-221

3.5.1 植物

功能介绍

使用"植物"工具 植物 可以快速地创建出3ds Max预设的植物模型。植物的创建方法很简单，将几何体类型切换为"AEC扩展"，单击"植物"按钮 植物 ，在"收藏的植物"卷展栏下选择树种，在视图中拖曳鼠标就可以创建出相应的树木，如图3-222所示。

植物的参数设置面板如图3-223所示。

参数详解

❖ 高度：控制植物的近似高度，这个高度不一定是实际高度，它只是一个近似值。

❖ 密度：控制植物叶子和花朵的数量。值为1时表示植物具有完整的叶子和花朵；值为5时表示植物具有1/2的叶子和花朵；值为0时表示植物没有叶子和花朵。

❖ 修剪：只适用于具有树枝的植物，可以用

图3-222

图3-223

来删除与构造平面平行的不可见平面下的树枝。值为0时表示不进行修剪，值为1时表示尽可能修剪植物上的所有树枝。

提示

3ds Max是否修剪植物取决于植物的种类，如果是树干，则永不进行修剪。

❖ 新建 新建：显示当前植物的随机变体，其旁边是种子的显示数值。

❖ 显示：该选项组中的参数主要用来控制植物的叶子、果实、花、树干、树枝和根的显示情况。勾选相应选项后，相应的对象就会在视图中显示出来。

❖ 视口树冠模式：该选项用来设置树冠在视图中的显示模式。

◇ 未选择对象时：未选择植物时以树冠模式显示植物。

◇ 始终：始终以树冠模式显示植物。

◇ 从不：从不以树冠模式显示植物，但是会显示植物的所有特性。

提示

植物的树冠是覆盖植物最远端（如叶子、树枝和树干的最远端）的一个壳。

- ❖ 详细程度等级：该选项组用来设置植物的渲染精度级别。
  - ◇ 低：这种级别用来渲染植物的树冠。
  - ◇ 中：这种级别用来渲染减少了面的植物。
  - ◇ 高：以最高的细节级别渲染植物的所有面。

提示

减少面数的方式因植物而异，但通常的做法是删除植物中较小的元素（如树枝和树干中的面数）。

【练习3-14】用植物制作垂柳

池塘垂柳效果如图3-224所示。

图3-224

01 设置几何体类型为"AEC扩展"，单击"植物"按钮 植物 ，在"收藏的植物"卷展栏下选择"垂柳"树种，然后在视图中拖曳鼠标创建一棵垂柳，如图3-225所示。

02 选择上一步创建的垂柳，在"参数"卷展栏下设置"高度"为480mm，"密度"为0.8，"修剪"为0.1，设置"视口树冠模式"为"从不"，具体参数设置如图3-226所示。

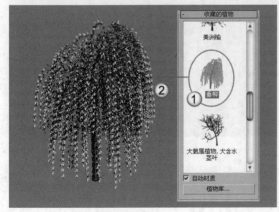

图3-225

图3-226

── 提示 ────────────────────────────

在修改完参数后，
如果植物的外形并不
是所需要的，可以在
"参数"卷展栏下单击
"新建"按钮 新建 修改
"种子"数值，这样可
以随机产生不同的树木
形状，如图3-227和图
3-228所示。

图3-227

图3-228

03 单击界面左上角的"应用程序"图标 ，执行"导入>合并"菜单命令，在弹出的"合并文件"对话框中选择学习资源中的"练习文件>第3章>3-14.max"文件，然后在弹出的"合并"对话框中单击"全部"按钮 全部(A) ，再单击"确定"按钮 确定 ，如图3-229所示，最后调整好垂柳的位置，如图3-230所示。

图3-229

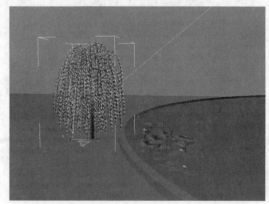

图3-230

04 使用"选择并移动"工具 选择垂柳模型，按住Shift键移动复制4棵垂柳到图3-231所示的位置，调整好每棵垂柳的位置，最终效果如图3-232所示。

图3-231

图3-232

3.5.2 栏杆

功能介绍

"栏杆"对象的组件包括"栏杆""立柱"和"栅栏"。3ds Max提供了两种创建栏杆的方法，第1种

146

是创建有拐角的栏杆，第2
种是通过拾取路径来创建异
形栏杆，如图3-233所示。栏
杆的参数包含"栏杆""立
柱"和"栅栏"3个卷展
栏，如图3-234所示。

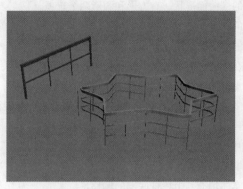

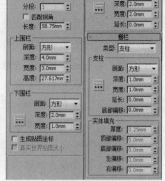

图3-233   图3-234

参数详解

1. 栏杆卷展栏

❖ 拾取栏杆路径 拾取栏杆路径 ：单击该按钮可以拾取视图中的样条线来作为栏杆路径。

❖ 分段：设置栏杆对象的分段数（只有在使用"拾取栏杆路径"工具 拾取栏杆路径 时才能使用该选项）。

❖ 匹配拐角：在栏杆中放置拐角，以匹配栏杆路径的拐角。

❖ 长度：设置栏杆的长度。

❖ 上围栏：该选项组主要用来调整上围栏的相关参数。

    ◇ 剖面：指定上栏杆的横截面形状。

    ◇ 深度：设置上栏杆的深度。

    ◇ 宽度：设置上栏杆的宽度。

    ◇ 高度：设置上栏杆的高度。

❖ 下围栏：该选项组主要用来调整下围栏的相关参数。

    ◇ 剖面：指定下栏杆的横截面形状。

    ◇ 深度：设置下栏杆的深度。

    ◇ 宽度：设置下栏杆的宽度。

    ◇ 下围栏间距▦：设置下围栏的间距。单击该按钮后会弹出一个对话框，在该对话框中可设置下栏杆间距的一些参数。

❖ 生成贴图坐标：为栏杆对象分配贴图坐标。

❖ 真实世界贴图大小：控制应用于对象的纹理贴图材质所使用的缩放方法。

2. 立柱卷展栏

❖ 剖面：指定立柱的横截面形状。

❖ 深度：设置立柱的深度。

❖ 宽度：设置立柱的宽度。

❖ 延长：设置立柱在上栏杆底部的延长量。

❖ 立柱间距▦：设置立柱的间距。单击该按钮后会弹出一个对话框，在该对话框中可设置立柱间距的一些参数。

> **提示**
>
> 如果将"剖面"设置为"无"，则"立柱"卷展栏中的其他参数将不可用。

3. 栅栏卷展栏

❖ 类型：指定立柱之间的栅栏类型，有"无""支柱"和"实体填充"3个选项。

❖ 支柱：该选项组中的参数只有当栅栏类型设置为"支柱"时才可用。

◇ 剖面：设置支柱的横截面形状，有方形和圆形两个选项。

◇ 深度：设置支柱的深度。

◇ 宽度：设置支柱的宽度。

◇ 延长：设置支柱在上栏杆底部的延长量。

◇ 底部偏移：设置支柱与栏杆底部的偏移量。

◇ 支柱间距 ⬚⬚⬚：设置支柱的间距。单击该按钮后会弹出一个对话框，在该对话框中可设置支柱间距的一些参数。

❖ 实体填充：该选项组中的参数只有当栅栏类型设置为"实体填充"时才可用。

◇ 厚度：设置实体填充的厚度。

◇ 顶部偏移：设置实体填充与上栏杆底部的偏移量。

◇ 底部偏移：设置实体填充与栏杆底部的偏移量。

◇ 左偏移：设置实体填充与相邻左侧立柱之间的偏移量。

◇ 右偏移：设置实体填充与相邻右侧立柱之间的偏移量。

3.5.3 墙

功能介绍

墙对象由3个子对象构成，这些对象类型可以在"修改"面板中进行修改。编辑墙的方法和编辑样条线类似，可以分别对墙本身，以及顶点、分段和轮廓进行调整。

创建墙模型的方法比较简单，将几何体类型设置为"AEC扩展"，单击"墙"按钮 ▭墙▭，在视图中拖曳鼠标就可以创建出墙体，如图3-235所示。

单击"墙"按钮 ▭墙▭ 后，会弹出墙的两个创建参数卷展栏，分别是"键盘输入"卷展栏和"参数"卷展栏，如图3-236所示。

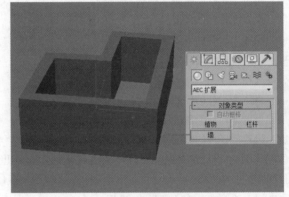

图3-235　　　　　　　　　　　　图3-236

参数详解

1. 键盘输入卷展栏

❖ X/Y/Z：设置墙分段在活动构造平面中的起点的X/Y/Z轴坐标值。

❖ 添加点 添加点：根据输入的X/Y/Z轴坐标值来添加点。

❖ 关闭 关闭：单击该按钮可以结束墙对象的创建，并在最后1个分段端点与第1个分段起点之间创建出分段，以形成闭合的墙体。

❖ 完成 完成：单击该按钮可以结束墙对象的创建，使端点处于断开状态。

❖ 拾取样条线 拾取样条线：单击该按钮可以拾取场景中的样条线，并将其作为墙对象的路径。

2. 参数卷展栏

❖ 宽度：设置墙的厚度，其范围为0.01~100mm，默认设置为5mm。

❖ 高度：设置墙的高度，其范围为0.01~100mm，默认设置为96mm。

❖ 对齐：指定门的对齐方式，共有以下3种。

◇ 左：根据墙基线（墙的前边与后边之间的线，即墙的厚度）的左侧边进行对齐。如果启用"栅格捕捉"功能，则墙基线的左侧边将捕捉到栅格线。

◇ 居中：根据墙基线的中心进行对齐。如果启用"栅格捕捉"功能，则墙基线的中心将捕捉到栅格线。

◇ 右：根据墙基线的右侧边进行对齐。如果启用"栅格捕捉"功能，则墙基线的右侧边将捕捉到栅格线。

❖ 生成贴图坐标：为墙对象应用贴图坐标。

❖ 真实世界贴图大小：控制应用于对象的纹理贴图材质所使用的缩放方法。

3.6 创建复合对象

使用3ds Max内置的模型可以创建出很多优秀的模型，但是，在很多时候还会使用复合对象，因为使用复合对象来创建模型可以大大节省建模时间。

复合对象建模工具包括12种，分别是"变形"工具 变形 、"散布"工具 散布 、"一致"工具 一致 、"连接"工具 连接 、"水滴网格"工具 水滴网格 、"图形合并"工具 图形合并 、"布尔"工具 布尔 、"地形"工具 地形 、"放样"工具 放样 、"网格化"工具 网格化 、ProBoolean工具 ProBoolean 和ProCutter工具 ProCutter ，如图3-237所示。在这12种工具中，将重点介绍"散布"工具 散布 、"图形合并"工具 图形合并 、"布尔"工具 布尔 、"放样"工具 放样 和ProBoolean工具 ProBoolean 的用法。

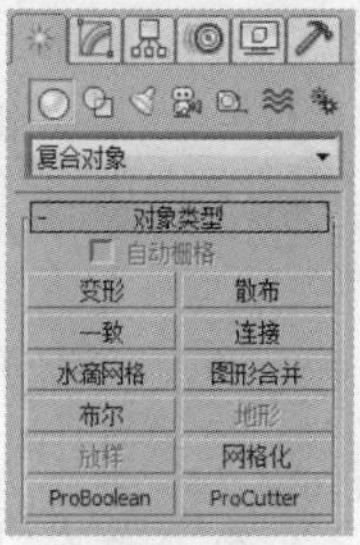

图3-237

3.6.1 散布

功能介绍

"散布"是复合对象的一种形式，将所选源对象散布为阵列，或散布到分布对象的表面，如图3-238所示。

这里只讲解"拾取分布对象"卷展栏下的参数，如图3-239所示。

— 提示 —

注意，源对象必须是网格对象或是可以转换为网格对象的对象。如果当前所选的对象无效，则"散布"工具不可用。

图3-238

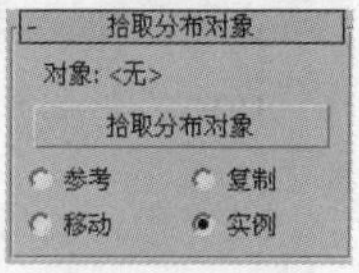

图3-239

参数详解

❖ 对象<无>：显示使用"拾取分布对象"工具 拾取分布对象 选择的分布对象的名称。

❖ 拾取分布对象 拾取分布对象 ：单击该按钮，然后在场景中单击一个对象，可以将其指定为分布对象。

❖ 参考/复制/移动/实例：用于指定将分布对象转换为散布对象的方式。它可以作为参考、副本（复制）、实例或移动的对象（如果不保留原始图形）进行转换。

3.6.2 图形合并

功能介绍

使用"图形合并"工具 图形合并 可以将一个或多个图形嵌入其他对象的网格中或从网格中移除，其参数设置面板如图3-240所示。

参数详解

1. 拾取操作对象卷展栏

❖ 拾取图形 拾取图形 ：单击该按钮，然后单击要嵌入网格对象中的图形，图形就可以沿图形局部的*z*轴负方向投射到网格对象上。

❖ 参考/复制/移动/实例：指定如何将图形传输到复合对象中。

❖ 操作对象：在复合对象中列出所有操作对象。

❖ 删除图形 删除图形 ：从复合对象中删除选中图形。

❖ 提取操作对象 提取操作对象 ：提取选中操作对象的副本或实例。在"操作对象"列表中选择操作对象时，该按钮才可用。

❖ 实例/复制：指定如何提取操作对象。

❖ 操作：该组选项中的参数决定如何将图形应用于网格中。

◇ 饼切：切去网格对象曲面外部的图形。

◇ 合并：将图形与网格对象曲面合并。

◇ 反转：反转"饼切"或"合并"效果。

❖ 输出子网格选择：该组选项中的参数提供了指定将哪个选择级别传送到"堆栈"中。

图3-240

2. 显示/更新卷展栏

❖ 显示：确定是否显示图形操作对象。

◇ 结果：显示操作结果。

◇ 操作对象：显示操作对象。

❖ 更新：该选项组中的参数用来指定何时更新显示结果。

◇ 始终：始终更新显示。

◇ 渲染时：仅在场景渲染时更新显示。

◇ 手动：仅在单击"更新"按钮后更新显示。

◇ 更新 更新 ：当选中除"始终"选项之外的任一选项时，该按钮才可用。

【练习3-15】用图形合并制作创意钟表

创意钟表效果如图3-241所示。

图3-241

01 打开学习资源中的"练习文件>第3章>3-15.max"文件，这是一个蝴蝶图形，如图3-242所示。

02 在"创建"面板中单击"圆柱体"按钮 圆柱体 ，在前视图创建一个圆柱体，然后在"参数"卷展栏下设置"半径"为100mm，"高度"为100mm，"高度分段"为1，"边数"为30，具体参数设置及模型效果如图3-243所示。

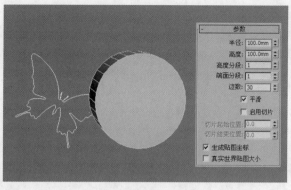

图3-242   图3-243

<u>03</u> 使用"选择并移动"工具✛在各个视图中调整好蝴蝶图形的位置，如图3-244所示。

<u>04</u> 选择圆柱体，设置几何体类型为"复合对象"，单击"图形合并"按钮 图形合并 ，在"拾取操作对象"卷展栏下单击"拾取图形"按钮 拾取图形 ，接着在视图中单击蝴蝶图形，此时在圆柱体的相应位置上会出现蝴蝶的部分映射图形，如图3-245所示。

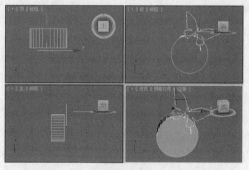
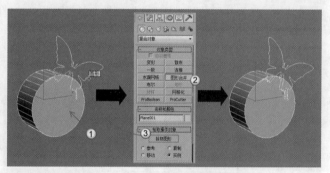

图3-244   图3-245

<u>05</u> 选择圆柱体，单击鼠标右键，在弹出的菜单中选择"转换为>转换为可编辑多边形"命令，如图3-246所示。

<u>06</u> 进入"修改"面板，在"选择"卷展栏下单击"多边形"按钮▣，进入"多边形"级别，选择图3-247所示的多边形，接着按Ctrl+I组合键反选多边形，最后按Delete键删除选择的多边形，操作完成后再次单击"多边形"按钮▣，退出"多边形"级别，效果如图3-248所示。

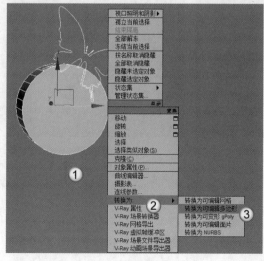
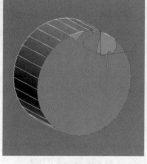

图3-246   图3-247   图3-248

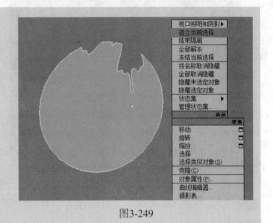
07 选择蝴蝶图形，单击鼠标右键，在弹出的菜单中选择"转换为>转换为可编辑多边形"命令，接着使用"选择并移动"工具⊕将蝴蝶拖曳到图3-250所示的位置。

08 使用"选择并移动"工具⊕选择蝴蝶，然后按住Shift键移动复制两只蝴蝶，用"选择并均匀缩放"工具 调整其大小，如图3-251所示。

09 使用"圆柱体"工具 圆柱体 在场景中创建两个圆柱体，具体参数设置如图3-252所示。

图3-250

图3-251

图3-252

10 使用"球体"工具 球体 在场景中创建一个圆柱体，在"参数"卷展栏下设置"半径"为3mm，具体参数设置及模型位置如图3-253所示。

11 使用"选择并移动"工具⊕将两个圆柱体摆放到表盘上，然后用"选择并旋转"工具○调整好角度，最终效果如图3-254所示。

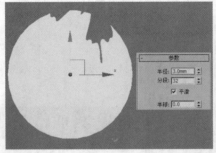

图3-253

图3-254

3.6.3 布尔

功能介绍

"布尔"运算是效果图制作中比较常用的一种复合建模方法，可以通过对两个或两个以上的对象进行并集、差集和交集运算，从而得到新的物体形态。

"布尔"运算的使用方法比较简单，下面以图3-255中球体模型和立方体模型为例来讲解其使用方法与参数的运算结果。使用方法是先在视图中选中对象A（球体），然后在"创建"面板中设置对象类型为"复合对象"，接着单击"布尔"按钮 布尔 ，再单击"拾取操作对象B"按钮 拾取操作对象 B ，并在视图中选择对象B（立方体），最后选择想要的运算方式得到最终运算结果，如图3-255所示。

"布尔"运算的参数设置面板如图3-256所示。

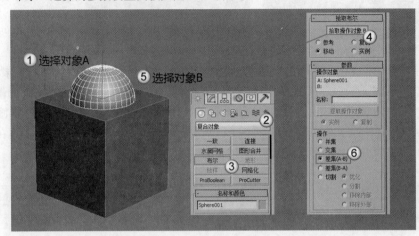 

图3-255   图3-256

参数详解

❖ 拾取操作对象B 拾取操作对象 B ：单击该按钮可以在场景中选择另一个运算物体来完成"布尔"运算。以下4个选项用来控制运算对象B的方式，必须在拾取运算对象B之前确定采用哪种方式。

   ◇ 参考：将原始对象的参考复制品作为运算对象B，若以后改变原始对象，同时也会改变布尔物体中的运算对象B，但是改变运算对象B时，不会改变原始对象。

   ◇ 复制：复制一个原始对象作为运算对象B，而不改变原始对象（当原始对象还要用在其他地方时采用这种方式）。

   ◇ 移动：将原始对象直接作为运算对象B，而原始对象本身不再存在（当原始对象无其他用途时采用这种方式）。

   ◇ 实例：将原始对象的关联复制品作为运算对象B，若以后对两者的任意一个对象进行修改，则都会影响另一个。

❖ 操作对象：主要用来显示当前运算对象的名称。

❖ 操作：指定采用何种方式来进行"布尔"运算。

   ◇ 并集：将两个对象合并，相交的部分将被删除，运算完成后两个物体将合并为一个物体，如图3-257所示。

   ◇ 交集：将两个对象相交的部分保留下来，删除不相交的部分，如图3-258所示。

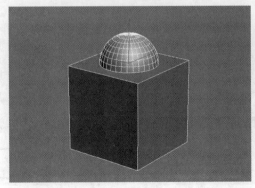 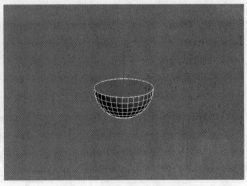

图3-257   图3-258

- ◇ 差集（A-B）：在A物体中减去与B物体重合的部分，如图3-259所示。
- ◇ 差集（B-A）：在B物体中减去与A物体重合的部分，如图3-260所示。

 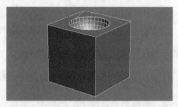

图3-259   图3-260

- ◇ 切割：用B物体切除A物体，但不在A物体上添加B物体的任何部分，共有"优化""分割""移除内部"和"移除外部"4个选项可供选择。"优化"是在A物体上沿着B物体与A物体相交的面来增加顶点和边数，以细化A物体的表面；"分割"是在B物体切割A物体部分的边缘，并且增加了一排顶点，利用这种方法可以根据其他物体的外形将一个物体分成两部分；"移除内部"是删除A物体在B物体内部的所有片段面；"移除外部"是删除A物体在B物体外部的所有片段面。

提示

　　物体在进行"布尔"运算后随时都可以对两个运算对象进行修改，"布尔"运算的方式和效果也可以进行编辑修改，并且"布尔"运算的修改过程可以记录为动画，表现出神奇的切割效果。

【练习3-16】用布尔运算制作垃圾桶

垃圾桶效果如图3-261所示。

图3-261

01 使用"切角圆柱体"工具 切角圆柱体 在视图中创建一个切角圆柱体，设置"半径"为200mm，"高度"为600mm，"圆角"为10mm，"圆角分段"为3，"边数"为24，如图3-262所示。

02 使用"切角长方体"工具 切角长方体 在视图中创建一个切角长方体，设置"长度"为200mm，"宽度"为120mm，"高度"为120mm，"圆角"为5mm，"圆角分段"为3，如图3-263所示，然后将其移动到切角圆柱体上，在前视图中的位置如图3-264所示。

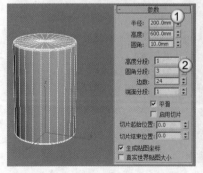 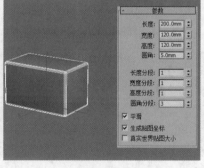 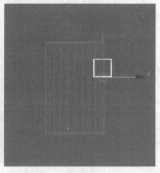

图3-262   图3-263   图3-264

03 选择切角圆柱体，在"创建"面板中选择几何体类型为"复合对象"，然后单击"布尔"按钮 ██ 布尔 ，再单击"拾取操作对象B"按钮 拾取操作对象B ，最后拾取切角长方体进行布尔运算，如图3-265所示，运算结果如图3-266所示。

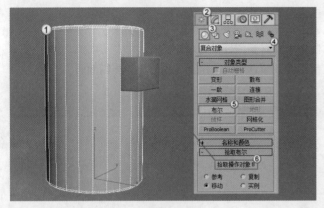
图3-265

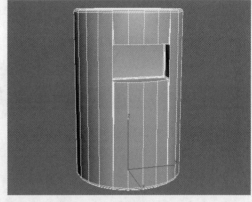
图3-266

> **提示**
> 图3-266所示的结果是默认的"差集A-B"效果，此时模型没有镂空，而且不符合垃圾桶的实际形象。

04 切换到"修改"面板，在"参数"卷展栏下设置"操作"方式为"切割"，然后选择"移除内部"选项，此时圆柱体就镂空了，而且符合垃圾桶的实际形象，如图3-267所示。

05 选择垃圾桶模型，在"修改器列表"中选择"壳"修改器，然后在"参数"卷展栏下设置"内部量"和"外部量"都为5mm，为垃圾桶添加一定的厚度，如图3-268所示。

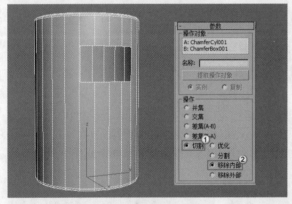
图3-267

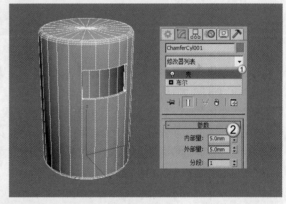
图3-268

3.6.4 放样

功能介绍

"放样"是将一个二维图形作为沿某个路径的剖面，从而生成复杂的三维对象。"放样"是一种特殊的建模方法，能快速地创建出多种模型，其参数设置面板如图3-269所示。

参数详解

❖ 获取路径 获取路径 ：将路径指定给选定图形或更改当前指定的路径。
❖ 获取图形 获取图形 ：将图形指定给选定路径或更改当前指定的图形。
❖ 移动/复制/实例：用于指定路径或图形转换为放样对象的方式。

图3-269

❖ 缩放 缩放 ：使用"缩放"变形可以从单个图形中放样对象，该图形在其沿着路径移动时只改变其缩放。

❖ 扭曲 扭曲 ：使用"扭曲"变形可以沿着对象的长度创建盘旋或扭曲的对象，扭曲将沿着路径指定旋转量。

❖ 倾斜 倾斜 ：使用"倾斜"变形可以围绕局部x轴和y轴旋转图形。

❖ 倒角 倒角 ：使用"倒角"变形可以制作出具有倒角效果的对象。

❖ 拟合 拟合 ：使用"拟合"变形可以使用两条拟合曲线来定义对象的顶部和侧剖面。

【练习3-17】用放样制作旋转花瓶

旋转花瓶效果如图3-270所示。

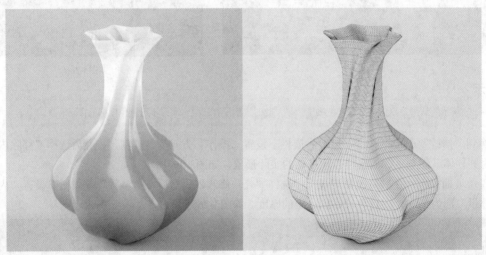

图3-270

01 在"创建"面板中单击"图形"按钮🔲，设置图形类型为"样条线"，然后单击"星形"按钮 星形 ，如图3-271所示。

02 在视图中绘制一个星形，在"参数"卷展栏下设置"半径1"为50mm，"半径2"为34mm，"点"为6，"圆角半径1"为7mm，"圆角半径2"为8mm，具体参数设置及图形效果如图3-272所示。

03 在"图形"面板中单击"线"按钮 线 ，在前视图中按住Shift键绘制一条样条线作为放样路径（控制花瓶的高度），如图3-273所示。

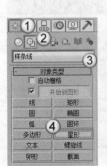

图3-271

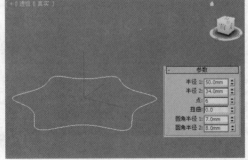

图3-272

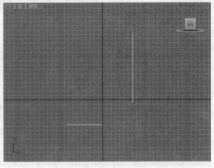

图3-273

04 选择星形，设置几何体类型为"复合对象"，单击"放样"按钮 放样 ，在"创建方法"卷展栏下单击"获取路径"按钮 获取路径 ，在视图中拾取之前绘制的样条线路径，如图3-274所示，放样效果如图3-275所示。

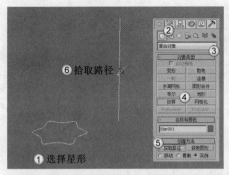
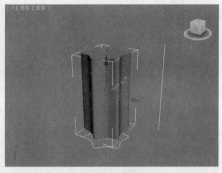

图3-274   图3-275

05 进入"修改"面板，在"变形"卷展栏卷展栏下单击"缩放"按钮 缩放 ，打开"缩放变形"对话框，将缩放曲线调节成图3-276所示的形状，模型效果如图3-277所示。

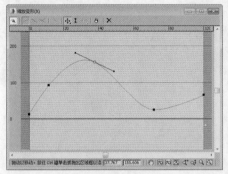

图3-276   图3-277

技术专题：调节曲线的形状

在"缩放变形"对话框中的工具栏上有一个"移动控制点"工具 和一个"插入角点"工具 ，用这两个工具可以调节出曲线的形状。但要注意，在调节角点前，需要在角点上单击鼠标右键，在弹出的菜单中选择"Bezier-平滑"命令，这样调节出来的曲线才是平滑的，如图3-278所示。

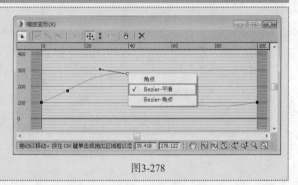

图3-278

06 在"变形"卷展栏下单击"扭曲"按钮 扭曲 ，在弹出的"扭曲变形"对话框中将曲线调节成图3-279所示的形状，最终效果如图3-280所示。

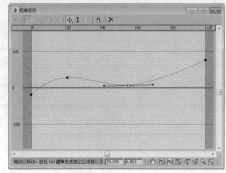

图3-279   图3-280

3.6.5 ProBoolean

功能介绍

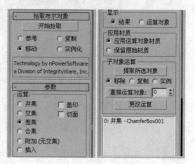

图3-281

ProBoolean复合对象与前面的"布尔"复合对象很接近，但是与传统的"布尔"复合对象相比，ProBoolean复合对象更具优势。因为ProBoolean运算之后生成的三角面较少，网格布线更均匀，生成的顶点和面相对较少，并且操作更容易、更快捷，其参数设置面板如图3-281所示。

—— 提示 ——————————————————————

关于ProBoolean工具的参数含义就不再介绍了，用户可参考前面的"布尔"工具的参数介绍。

第 **4** 章

样条线建模

本章将介绍样条线建模的方法，其核心就是通过二维样条线来生成三维模型，所以创建样条线对建立三维模型来说至关重要。在效果图制作中，样条线常用于制作线性模型或者作为模型的基础部分。本章将重点介绍线、文本和螺旋形等常用样条线的使用方法，同时，会重点介绍样条线的编辑方法。

※ 掌握线、文本和螺旋形的创建方法　　　※ 了解扩展样条线的使用方法
※ 掌握使用样条线创建三维模型的方法　　※ 掌握样条线的编辑方法

4.1 样条线

二维图形由一条或多条样条线组成，而样条线又由顶点和线段组成，所以只要调整顶点的参数及样条线的参数就可以生成复杂的二维图形，利用这些二维图形又可以生成三维模型，图4-1~图4-3所示是一些优秀的样条线作品。

图4-1   图4-2   图4-3

在"创建"面板中单击"图形"按钮，然后设置图形类型为"样条线"，这里有12种样条线，分别是线、矩形、圆、椭圆、弧、圆环、多边形、星形、文本、螺旋线、卵形和截面，如图4-4所示。

图4-4

提示

样条线的应用非常广泛，其建模速度相当快。例如，在3ds Max 2016中制作三维文字时，可以直接使用"文本"工具 文本 输入文本，然后将其转换为三维模型。另外，还可以导入AI矢量图形来生成三维物体。选择相应的样条线工具后，在视图中拖曳鼠标就可以绘制出相应的样条线，如图4-5所示。

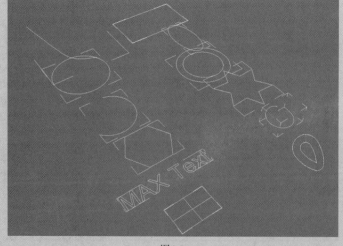

图4-5

4.1.1 线

功能介绍

线是建模中是最常用的一种样条线，其使用方法非常灵活，形状也不受约束，可以封闭也可以不封闭，拐角处可以是尖锐的，也可以是圆滑的。线的顶点有3种类型，分别是"角点""平滑"和Bezier。

线的参数包括4个卷展栏，分别是"渲染"卷展栏、"插值"卷展栏、"创建方法"卷展栏和"键盘输入"卷展栏，如图4-6所示。

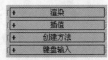

图4-6

1.渲染卷展栏

展开"渲染"卷展栏，如图4-7所示。

参数详解

❖ 在渲染中启用：勾选该选项才能渲染出样条线；若不勾选，将不能渲染出样条线。

❖ 在视口中启用：勾选该选项后，样条线会以网格的形式显示在视图中。

❖ 使用视口设置：该选项只有在开启"在视口中启用"选项时才可用，主要用于设置不同的渲染参数。

❖ 生成贴图坐标：控制是否应用贴图坐标。

❖ 真实世界贴图大小：控制应用于对象的纹理贴图材质所使用的缩放方法。

❖ 视口/渲染：当勾选"在视口中启用"选项时，样条线将显示在视图中；当同时勾选"在视口中启用"和"渲染"选项时，样条线在视图和渲染中都可以显示出来。

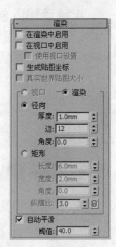

图4-7

◇ 径向：将3D网格显示为圆柱形对象，其参数包含"厚度""边"和"角度"。"厚度"选项用于指定视图或渲染样条线网格的直径，其默认值为1，范围为0~100；"边"选项用于在视图或渲染器中为样条线网格设置边数或面数（例如，值为4表示一个方形横截面）；"角度"选项用于调整视图或渲染器中的横截面的旋转位置。

◇ 矩形：将3D网格显示为矩形对象，其参数包含"长度""宽度""角度"和"纵横比"。"长度"选项用于设置沿局部y轴的横截面大小；"宽度"选项用于设置沿局部x轴的横截面大小；"角度"选项用于调整视图或渲染器中的横截面的旋转位置；"纵横比"选项用于设置矩形横截面的纵横比。

❖ 自动平滑：启用该选项可以激活下面的"阈值"选项，调整"阈值"数值可以自动平滑样条线。

2.插值卷展栏

展开"插值"卷展栏，如图4-8所示。

参数详解

❖ 步数：手动设置每条样条线的步数。

❖ 优化：启用该选项后，可以从样条线的直线线段中删除不需要的步数。

❖ 自适应：启用该选项后，系统会自适应设置每条样条线的步数，以生成平滑的曲线。

图4-8

3.创建方法卷展栏

展开"创建方法"卷展栏，如图4-9所示。

图4-9

参数详解

❖ 初始类型：指定创建第1个顶点的类型，共有以下两个选项。

　　◇ 角点：通过顶点产生一个没有弧度的尖角。

　　◇ 平滑：通过顶点产生一条平滑的、不可调整的曲线。

❖ 拖动类型：当拖曳顶点位置时，设置所创建顶点的类型。

　　◇ 角点：通过顶点产生一个没有弧度的尖角。

　　◇ 平滑：通过顶点产生一条平滑、不可调整的曲线。

　　◇ Bezier：通过顶点产生一条平滑、可以调整的曲线。

4.键盘输入卷展栏

展开"键盘输入"卷展栏，如图4-10所示。该卷展栏下的参数可以通过键盘输入来完成样条线的绘制。

图4-10

【练习4-1】用线制作简约办公椅

简约办公椅子效果如图4-11所示。

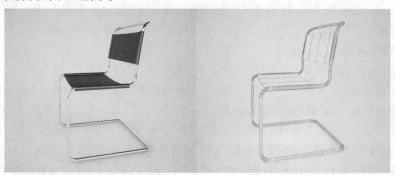

图4-11

01 使用"线"工具 ___线___ 在视图中绘制出图4-12所示的样条线。

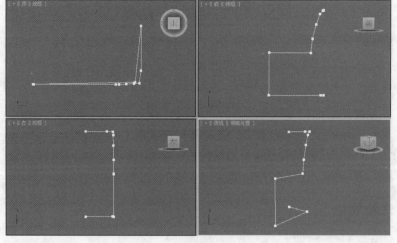

图4-12

02 在"选择"卷展栏下单击"顶点"按钮 ，进入"顶点"级别，选择图4-13所示的顶点，单击鼠标右键，在弹出的菜单中选择"平滑"命令，如图4-14所示。

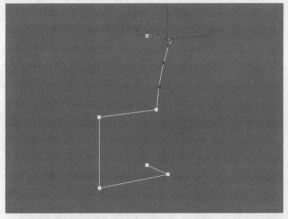

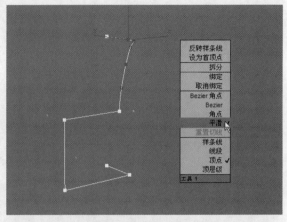

图4-13   图4-14

技术专题：调节样条线的形状

如果绘制出来的样条线不是很平滑，就需要对其进行调节（需要尖角的角点时就不需要调节），样条线形状主要是在"顶点"级别下进行调节。下面以图4-15中的矩形为例来详细介绍一下如何将硬角点调节为平面的角点。

进入"修改"面板，然后在"选择"卷展栏下单击"顶点"按钮 ，进入"顶点"级别，如图4-16所示。

选择需要调节的顶点，然后单击鼠标右键，在弹出的菜单中可以观察到除了"角点"选项以外，还有另外3个选项，分别是"Bezier角点"、Bezier和"平滑"选项，如图4-17所示。

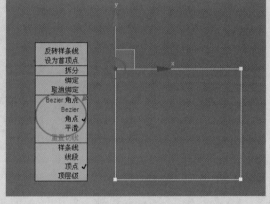

图4-15   图4-16   图4-17

平滑：如果选择该选项，则选择的顶点会自动平滑，但是不能继续调节角点的形状，如图4-18所示。

Bezier角点：如果选择该选项，则原始角点的形状保持不变，但会出现控制柄（两条滑竿）和两个可供调节方向的锚点，如图4-19所示。通过这两个锚点，可以用"选择并移动"工具 、"选择并旋转"工具 和"选择并均匀缩放"工具 等对锚点进行移动、旋转和缩放等操作，从而改变角点的形状，如图4-20所示。

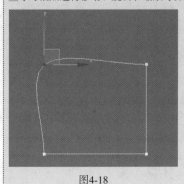

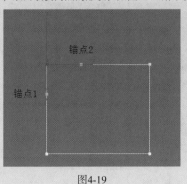

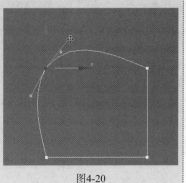

图4-18   图4-19   图4-20

Bezier：如果选择该选项，则会改变原始角点的形状，同时也会出现控制柄和两个可供调节方向的锚点，如图4-21所示。同样通过这两个锚点，可以用"选择并移动"工具 ⊕、"选择并旋转"工具 ⊙ 和"选择并均匀缩放"工具 ⊡ 等对锚点进行移动、旋转和缩放等操作，从而改变角点的形状，如图4-22所示。

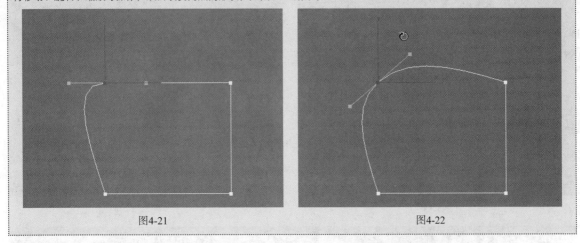

图4-21   图4-22

03 选择图4-23所示的顶点，展开"几何体"卷展栏，在"圆角"按钮 ▭圆角▭ 后面的输入框中输入220mm，然后按Enter键确认圆角操作，如图4-24所示。

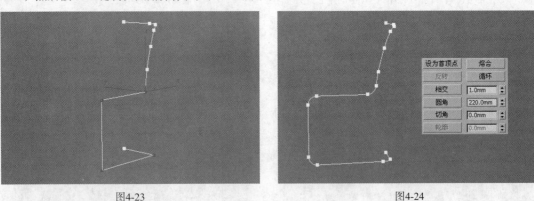

图4-23   图4-24

--- **提示** ---

由于本例绘制的样条线没有准确的数值，因此将样条线的选定顶点圆角设置为220mm不一定能得到想要的圆角效果。基于此，用户需要根据实际情况来自行设定圆角数值。

04 返回到顶层级，在"主工具栏"中单击"镜像"按钮 ▦，打开"镜像:世界坐标"对话框，设置"镜像轴"为y轴，"克隆当前选择"为"复制"，如图4-25所示，效果如图4-26所示。

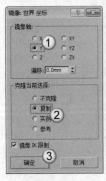

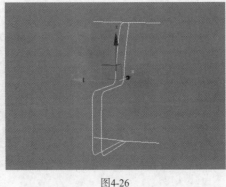

--- **提示** ---

在"顶点"级别下，如果要返回顶层级，可以在视图中单击鼠标右键，然后在弹出的菜单中选择"顶层级"命令。

图4-25   图4-26

05 使用"选择并移动"工具 在视图中调整好镜像样条线的位置，如图4-27所示。

06 选择样条线，在"渲染"卷展栏下勾选"在渲染中启用"和"在视口中启用"选项，设置"径向"的"厚度"为80mm，如图4-28所示。

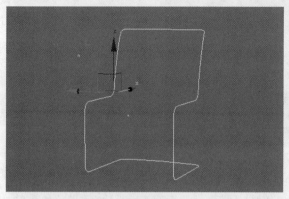

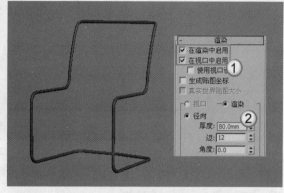

图4-27 　　　　　　　　　　　　　　　　　　　　图4-28

技术专题：附加样条线与焊接顶点

这里可能会遇到一个问题，选择两条样条线无法设置"渲染"参数。这是因为这两条样条线是分开的（即两条样条线），只能分别对其进行设置。因此，在设置"渲染"参数之前需要将两条样条线附加成一个整体，然后对顶点进行焊接。具体操作流程如下。

第1步：附加样条线。选择其中一条样条线，在"几何体"卷展栏下单击"附加"按钮 附加 ，在视图中单击另外一条样条线，如图4-29所示，这样就可以将两条样条线附加成一个整体，如图4-30所示。

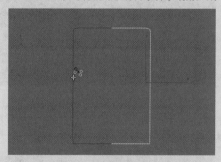

图4-29 　　　　　　　　　　　　　　　　　　　　图4-30

第2步：焊接顶点。进入"顶点"级别，在左视图中选择顶部的两个顶点（在视觉上看似一个顶点，但实际上是两个顶点。在"选择"卷展栏下可以观察到选择的顶点数目），如图4-31所示，然后在"几何体"卷展栏下"焊接"按钮 焊接 后面的输入框中输入10mm，单击"焊接"按钮 焊接 确认焊接操作，如图4-32所示。焊接完成后再对顶部的两个顶点进行焊接。

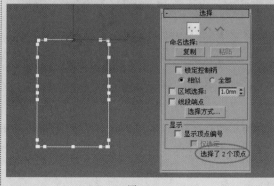

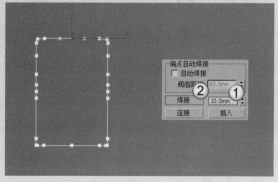

图4-31 　　　　　　　　　　　　　　　　　　　　图4-32

07 使用"圆"工具 [圆] 在左视图中绘制圆形，在"参数"卷展栏下设置"半径"为45mm，如图4-33所示。

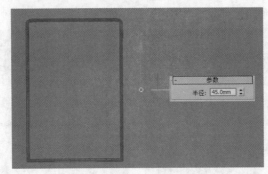

图4-33

08 选择圆形，在"渲染"卷展栏下勾选"在渲染中启用"和"在视口中启用"选项，勾选"矩形"选项，然后设置"长度"为1300mm，"宽度"为20mm，如图4-34所示，最后调整好圆形的位置，如图4-35所示。

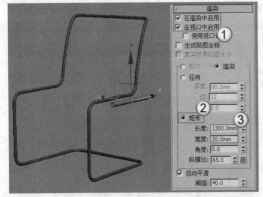

图4-34

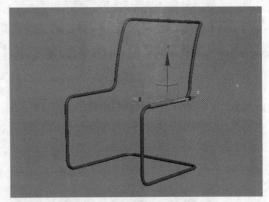

图4-35

09 按住Shift键使用"选择并移动"工具 移动复制一个圆形到另外一个扶手处，如图4-36所示。

10 采用相同的方法制作出另外两个圆形，如图4-37所示。

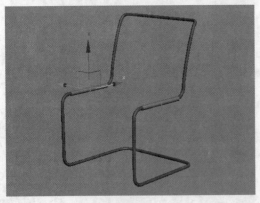

图4-36

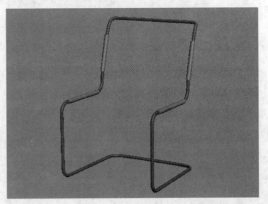

图4-37

11 使用"线"工具 [线] 在左视图中绘制一条图4-38所示的样条线，在"渲染"卷展栏下勾选"在渲染中启用"和"在视口中启用"选项，勾选"矩形"选项，然后设置"长度"为20mm，"宽度"为1300mm，如图4-39所示。

12 采用相同的方法制作出靠背部分，最终效果如图4-40所示。

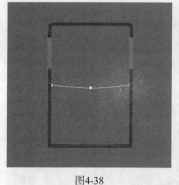

图4-38　　　　　　　　　　　　图4-39　　　　　　　　　　　　图4-40

【练习4-2】用线制作台历

台历效果如图4-41所示。

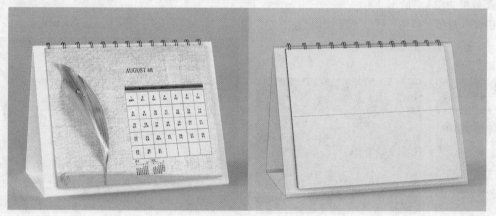

图4-41

01 制作主体模型。切换到左视图，在"创建"面板中单击"图形"按钮，设置图形类型为"样条线"，然后单击"线"按钮 线 ，如图4-42所示，最后绘制出图4-43所示的样条线。

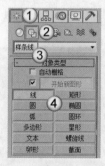

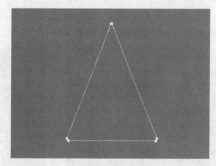

图4-42　　　　　　　　　　　　图4-43

提示

绘制好图形后，单击鼠标右键即可完成绘制。

---

02 切换到"修改"面板，在"选择"卷展栏下单击"样条线"按钮 ，进入"样条线"级别，选择整条样条线，如图4-44所示。

03 展开"几何体"卷展栏，在"轮廓"按钮 轮廓 后面输入2mm，然后单击"轮廓"按钮 轮廓 或按Enter键进行廓边操作，如图4-45所示。

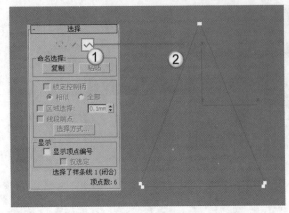

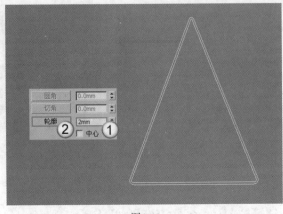

图4-44   图4-45

04 在"修改器列表"下选择"挤出"修改器,在"参数"卷展栏下设置"数量"为180mm,如图4-46所示,模型效果如图4-47所示。

05 创建纸张模型。使用"线"工具 ▬▬线▬▬ 在左视图中绘制一些独立的样条线,如图4-48所示。

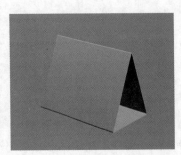

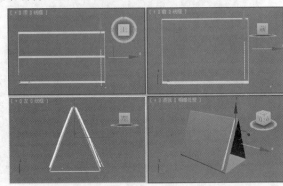

图4-46   图4-47   图4-48

06 为每条样条线设置0.5mm的"轮廓",为每条样条线加载"挤出"修改器,在"参数"卷展栏下设置"数量"为160mm,效果如图4-49所示。

07 制作圆扣模型。在"创建"面板中单击"圆"按钮▬▬圆▬▬,在左视图中绘制一个圆形,在"参数"卷展栏下设置"半径"为5.5mm,圆形位置如图4-50所示。

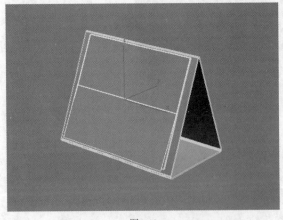

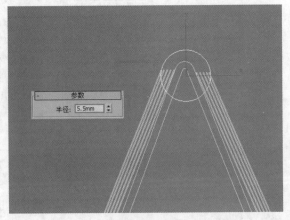

图4-49   图4-50

08 选择圆形,切换到"修改"面板,在"渲染"卷展栏下勾选"在渲染中启用"和"在视口中启用"选项,然后设置"径向"的"厚度"为0.5mm,具体参数设置如图4-51所示,模型效果如图4-52所示。

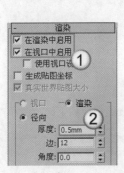

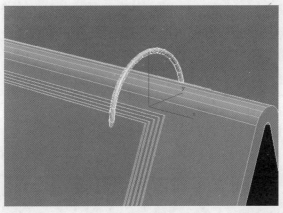

图4-51 图4-52

09 使用"选择并移动"工具⊕在前视图中移动复制一些圆扣，如图4-53所示，最终效果如图4-54所示。

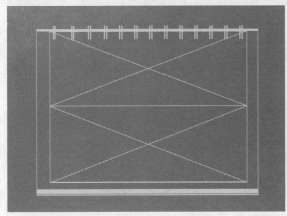

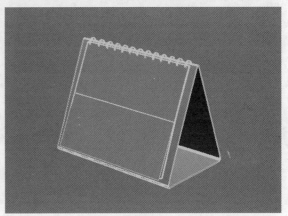

图4-53 图4-54

4.1.2 文本

功能介绍

使用文本样条线可以很方便地在视图中创建出文字模型，并且可以更改字体类型和字体大小。文本的参数设置面板如图4-55所示（"渲染"和"插值"两个卷展栏中的参数与"线"工具的参数相同）。

参数详解

❖ 斜体 I：单击该按钮可以将文本切换为斜体文本，如图4-56所示。

❖ 下划线 U：单击该按钮可以将文本切换为下划线文本，如图4-57所示。

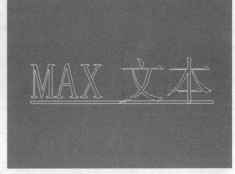

图4-55 图4-56 图4-57

- ❖ 左对齐▤：单击该按钮可以将文本对齐到边界框的左侧。
- ❖ 居中▤：单击该按钮可以将文本对齐到边界框的中心。
- ❖ 右对齐▤：单击该按钮可以将文本对齐到边界框的右侧。
- ❖ 对正▤：分隔所有文本行以填充边界框的范围。
- ❖ 大小：设置文本高度，其默认值为100mm。
- ❖ 字间距：设置文字间的间距。
- ❖ 行间距：调整文字行与行之间的距离（只对多行文本起作用）。
- ❖ 文本：在此可以输入文本，若要输入多行文本，可以按Enter键切换到下一行。

【练习4-3】用文本制作数字灯箱

数字灯箱效果如图4-58所示。

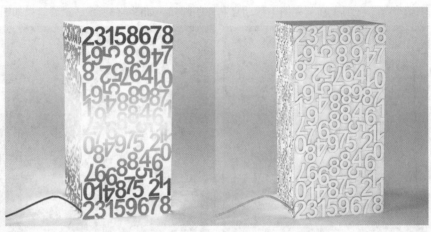

图4-58

01 使用"长方体"工具 长方体 创建一个长方体，在"参数"卷展栏下设置"长度"为19.685mm，"宽度"为19.685mm，"高度"为39.37mm，具体参数设置及模型效果如图4-59所示。

02 使用"文本"工具 文本 在前视图中创建一个文本，在"参数"卷展栏设置"字体"为Arial Black，"大小"为5.906mm，在"文本"输入框中输入数字1，具体设置及文本效果如图4-60所示。

03 使用"文本"工具 文本 在前视图中创建出其他的文本2、3、4、5、6、7、9、8、0，完成后的效果如图4-61所示。

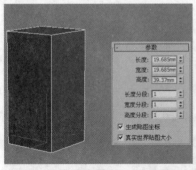

图4-59   图4-60   图4-61

提示

步骤03其实可以采用更简单的方法来制作。用"选择并移动"工具✥将数字1复制9份，在"文本"输入框中将数字改为其他数字即可，这样可以节省很多操作时间。

04 选择所有的文本，在"修改器列表"中为文本加载"挤出"修改器，然后在"参数"卷展栏下设置"数量"为0.197mm，具体参数设置及模型效果如图4-62所示。

05 使用"选择并移动"工具 ✛ 和"选择并旋转"工具 ↻ 调整好文本的位置和角度，完成后的效果如图4-63所示。

06 使用"选择并移动"工具 ✛ 将文本移动复制到长方体的面上，直到铺满整个面，如图4-64所示。

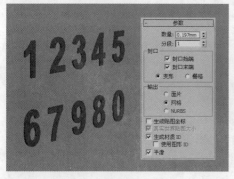

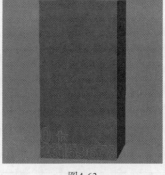

| 图4-62 | 图4-63 | 图4-64 |

07 选择所有的文本，执行"组>组"菜单命令，在弹出的"组"对话框中单击"确定"按钮 确定 ，如图4-65所示。

08 选择"组001"，按A键激活"角度捕捉切换"工具 ⚟，按E键选择"选择并旋转"工具 ↻，然后按住Shift键在前视图中沿z轴旋转90°复制一份文本，如图4-66所示，最后用"选择并移动"工具 ✛ 将复制出来的文本放在图4-67所示的位置。

| 图4-65 | 图4-66 | 图4-67 |

09 使用"选择并移动"工具 ✛ 继续移动复制两份文本到另外两个侧面上，如图4-68所示。

10 使用"线"工具 线 在前视图中绘制一条图4-69所示的样条线。

11 选择样条线，在"渲染"卷展栏下勾选"在渲染中启用"和"在视口中启用"选项，设置"径向"的"厚度"为0.394mm，具体参数设置如图4-70所示，最终效果如图4-71所示。

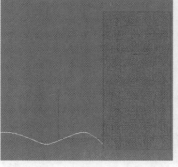

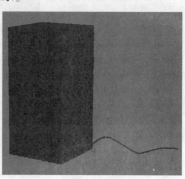

| 图4-68 | 图4-69 | 图4-70 | 图4-71 |

4.1.3 螺旋线

功能介绍

使用"螺旋线"工具 螺旋线 可创建开口平面或螺旋线，其参数设置面板如图4-72所示。

参数详解

❖ 边：以螺旋线的边为基点开始创建。

❖ 中心：以螺旋线的中心为基点开始创建。

❖ 半径1/半径2：设置螺旋线起点和终点半径。

❖ 高度：设置螺旋线的高度。

❖ 圈数：设置螺旋线起点和终点之间的圈数。

❖ 偏移：强制在螺旋线的一端累积圈数。高度为0时，偏移的影响不可见。

❖ 顺时针/逆时针：设置螺旋线的旋转是顺时针还是逆时针。

图4-72

提示

螺旋线的"渲染"参数和"键盘输入"参数与"线"工具中的相同，此处不再介绍。

【练习4-4】用螺旋线制作现代沙发

现代沙发效果如图4-73所示。

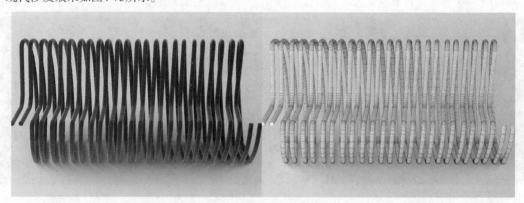

图4-73

01 使用"螺旋线"工具 螺旋线 在左视图中拖曳鼠标创建一条螺旋线，在"参数"卷展栏下设置 "半径1"和"半径2"为500mm， "高度"为2000mm， "圈数"为12，具体参数设置及螺旋线效果如图4-74所示。

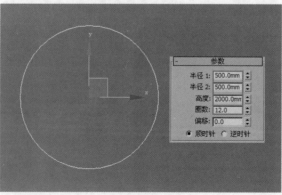

图4-74

━ 提示 ━

在左视图中创建的螺旋线观察不到效果，要在其他3个视图中才能观察到，图4-75所示是在透视图中的效果。

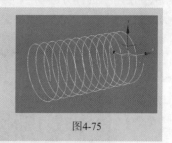

图4-75

02 选择螺旋线，然后单击鼠标右键，在弹出的菜单中选择"转换为>转换为可编辑样条线"命令，如图4-76所示。

03 切换到"修改"面板，在"选择"卷展栏下单击"顶点"按钮■，进入"顶点"级别，然后在左视图中选择图4-77所示的顶点，按Delete键删除所选顶点，效果如图4-78所示。

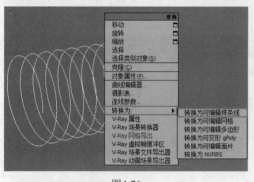

图4-76

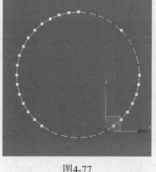

图4-77

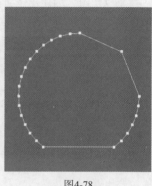

图4-78

━ 提示 ━

如果用户删除顶点后的效果与图4-78对应不起来，可能是选择方式不正确的原因。选择方式一般分为"点选"和"框选"两种，下面详细介绍一下这两种方法的区别（这两种选择方法的使用要视情况而定）。

点选：顾名思义，点选就是单击鼠标左键进行选择，一次只能选择一个顶点，图4-79中所选顶点就是采用点选方式进行选择的，按Delete键删除顶点后得到图4-80所示的效果。很明显点选得到的效果不能达到要求，也就是说用户很可能因采用了点选方式造成了错误。

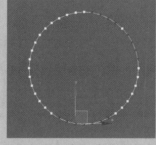

图4-79

图4-80

框选：这种选择方式主要用来选择处于一个区域内的对象（步骤03就是框选）。例如，框选图4-81所示的顶点，那么处于选框区域内的所有顶点都将被选中，如图4-82所示。

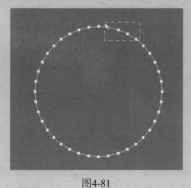

图4-81

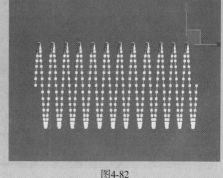

图4-82

04 使用"选择并移动"工具 ✣ 在左视图中框选图4-83所示的一组顶点，将其拖曳到图4-84所示的位置。

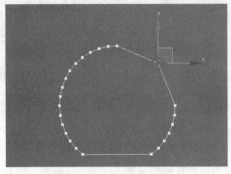 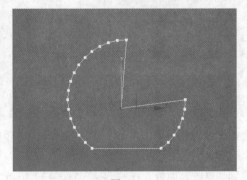

图4-83　　　　　　　　　　　　　　　　图4-84

05 继续使用"选择并移动"工具 ✣ 在左视图中框选图4-85所示的两组顶点，将其向下拖曳到图4-86所示的位置，然后分别将各组顶点向内收拢，如图4-87所示。

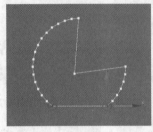 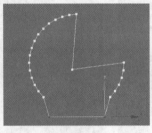 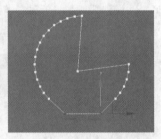

图4-85　　　　　　　　　　图4-86　　　　　　　　　　图4-87

06 在左视图中框选图4-88所示的一组顶点，展开"几何体"卷展栏，在"圆角"按钮 圆角 后面的输入框中输入120mm，最后按Enter键确认操作，效果如图4-89所示。

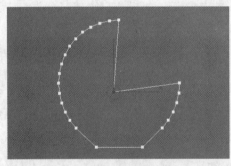 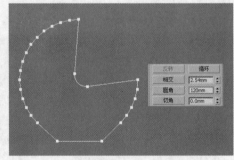

图4-88　　　　　　　　　　　　　　　　图4-89

07 继续在左视图中框选图4-90所示的4组顶点，然后展开"几何体"卷展栏，在"圆角"按钮 圆角 后面的输入框中输入50mm，最后按Enter键确认操作，效果如图4-91所示。

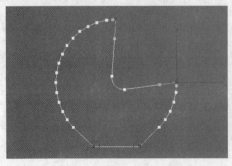 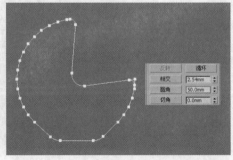

图4-90　　　　　　　　　　　　　　　　图4-91

08 在"选择"卷展栏下单击"顶点"按钮 ，退出"顶点"级别，然后在"渲染"卷展栏下勾选"在渲染中启用"和"在视口中启用"选项，设置"径向"的"厚度"为40mm，具体参数设置及模型效果如图4-92所示。

09 使用"选择并移动"工具 选择模型，按住Shift键在前视图中向左或向右移动复制一个模型，如图4-93所示，最终效果如图4-94所示。

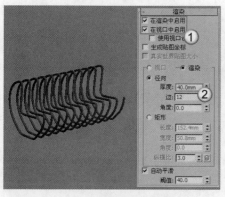

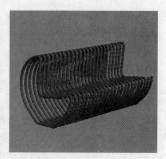

图4-92　　　　　　　　　　　　　图4-93　　　　　　　　　　　　　图4-94

4.1.4 其他样条线

除了以上3种样条线以外，还有9种样条线，分别是矩形、圆、椭圆、弧、圆环、多边形、星形、卵形和截面，如图4-95所示。这9种样条线都很简单，其参数也很容易理解，在此就不再进行介绍。

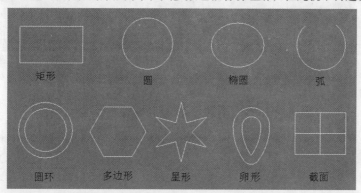

图4-95

4.2 扩展样条线

设置图形类型为"扩展样条线"，这里共有5种类型的扩展样条线，分别是"墙矩形""通道""角度""T形"和"宽法兰"，如图4-96所示。这5种扩展样条线在前视图中的显示效果如图4-97所示。

图4-96　　　　　　　　　　　　　图4-97

4.2.1 墙矩形

功能介绍

该工具可以创建两个嵌套的矩形，并且内外矩形的边保持相同间距。适合创建窗框、方管截面等图形，配合Ctrl键可以创建嵌套的正方形，如图4-98所示。

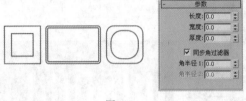

图4-98

参数详解

❖ 长度：设置墙矩形的外围矩形的长度。

❖ 宽度：设置墙矩形的外围矩形的宽度。

❖ 厚度：墙矩形的厚度，即内外矩形的间距。

❖ 同步角过滤器：勾选此选项时，墙矩形的内外矩形圆角保持平行，同时下面的"角半径2"失效。

❖ 角半径1/角半径2：设置墙矩形内外矩形的圆角值。

4.2.2 通道

功能介绍

该工具可以创建C型槽轮廓图形，配合Ctrl键可以创建边界框为正方形的C型槽，并可以在槽底和槽壁的转角处设置圆角，如图4-99所示。

图4-99

参数详解

❖ 长度：设置C型槽边界长方形的长度。

❖ 宽度：设置C型槽边界长方形的宽度。

❖ 厚度：设置槽的厚度。

❖ 同步角过滤器：勾选此选项时，C型槽外侧和内侧的圆角保持平行，同时下面的"角半径2"失效。

❖ 角半径1/角半径2：分别设置C型槽外侧和内侧的圆角值。

4.2.3 角度

功能介绍

该工具可以创建角线图形，配合Ctrl键可以创建边界框为正方形的角线，并可以设置圆角，常用于创建角钢、包角的截面图形，如图4-100所示。

图4-100

参数详解

❖ 长度：设置角线边界长方形的长度。

❖ 宽度：设置角线边界长方形的宽度。

❖ 厚度：设置角线的厚度。

❖ 同步角过滤器：勾选此选项时，角线拐角处外侧和内侧的圆角保持平行，同时下面的"角半径2"失效。

❖ 角半径1/角半径2：分别设置角线拐角处外侧和内侧的圆角值。

❖ 边半径：设置角线两个顶端内侧的圆角值。

4.2.4 T形

功能介绍

该工具可用于创建一个闭合的T形样条线，配合Ctrl键可以创建边界框为正方形的T形，如图4-101所示。

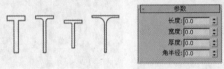

图4-101

参数详解

❖ 长度：设置T形边界长方形的长度。

❖ 宽度：设置T形边界长方形的宽度。

❖ 厚度：设置T形的厚度。

❖ 角半径：给T形的腰和翼交接处设置圆角。

4.2.5 宽法兰

功能介绍

该工具用于创建一个工字形图案，配合Ctrl键可以创建边界框为正方形的工字形图案，如图4-102所示。

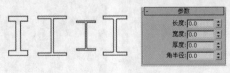

图4-102

参数详解

❖ 长度：设置宽法兰边界长方形的长度。

❖ 宽度：设置宽法兰边界长方形的宽度。

❖ 厚度：设置厚度。

❖ 角半径：为宽法兰的4个凹角设置圆角半径。

提示

扩展样条线的创建方法和参数设置比较简单，与样条线的使用方法基本相同，因此在这里就不再多加讲解。

177

【练习4-5】用扩展样条线制作置物架

置物架效果如图4-103所示。

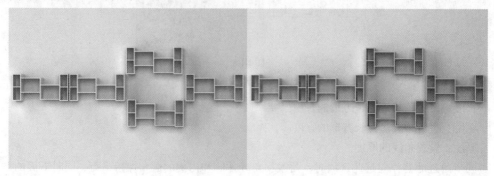

图4-103

01 设置图形类型为"扩展样条线",使用"墙矩形"工具 墙矩形 在前视图中创建一个墙矩形,在"参数"卷展栏下设置"长度"为900mm,"宽度"为300mm,"厚度"为25mm,具体参数设置及图形效果如图4-104所示。

02 选择墙矩形,在"修改器列表"中为墙矩形加载"挤出"修改器,然后在"参数"卷展栏下设置"数量"为500mm,具体参数设置及模型效果如图4-105所示。

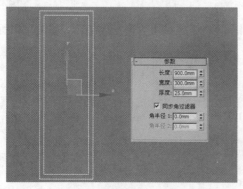

图4-104

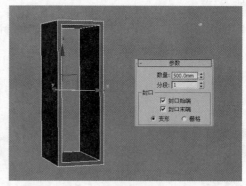

图4-105

03 使用"长方体"工具 长方体 在场景中创建一个长方体,在"参数"卷展栏下设置"长度"为500mm,"宽度"为300mm,"高度"为25mm,具体参数设置及模型位置如图4-106所示。

04 使用"选择并移动"工具 选择墙矩形,按住Shift键在前视图中向右移动复制一个墙矩形,在"参数"卷展栏下将"长度"为修改为500mm,"宽度"修改为700mm,具体参数设置及模型效果如图4-107所示。

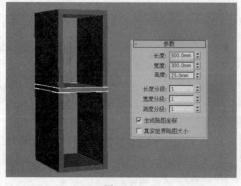

图4-106

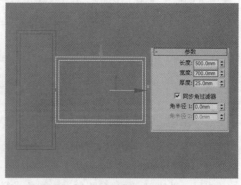

图4-107

05 按Ctrl+A组合键全选场景中的对象，然后用"选择并移动"工具✛向右移动复制一组模型，如图4-108所示。

06 使用"选择并移动"工具✛调整好复制的墙矩形的位置，如图4-109所示。

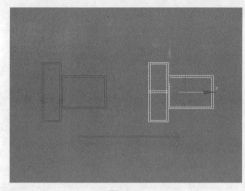
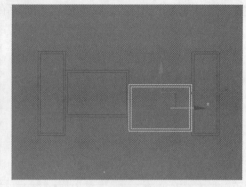

图4-108　　　　　　　　　　　　　　　　图4-109

07 按Ctrl+A组合键全选场景中的对象，执行"组>组"菜单命令，在弹出的"组"对话框中单击"确定"按钮 　确定　，如图4-110所示。

08 使用"选择并移动"工具✛选择"组001"，按住Shift键移动复制4组模型，如图4-111所示。

09 使用"选择并移动"工具✛调整好各组模型的位置，最终效果如图4-112所示。

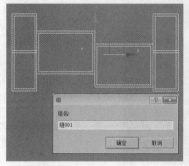

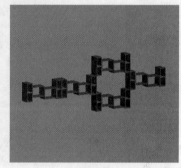

图4-110　　　　　　　　　　图4-111　　　　　　　　　　图4-112

【练习4-6】用扩展样条线创建迷宫

迷宫效果如图4-113所示。

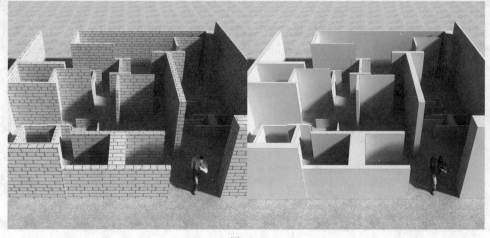

图4-113

01 设置图形类型为"扩展样条线"，使用"墙矩形"工具 ▂墙矩形▂ 在顶视图中创建一个墙矩形，如图4-114所示。

02 继续使用"通道"工具 ▂通道▂、"角度"工具 ▂角度▂、"T形"工具 ▂T形▂ 和"宽法兰"工具 ▂宽法兰▂ 在视图中创建出相应的扩展样条线，完成后的效果如图4-115所示。

图4-114

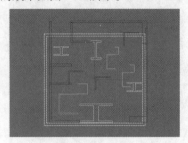
图4-115

─── 提示 ───────────────────────────────────

　　注意，在一般情况下都不能一次性绘制出合适的扩展样条线，因此在绘制完成后，需要使用"选择并移动"工具✛和"选择并均匀缩放"工具▣调整好其位置与大小比例。

03 选择所有的样条线，在"修改器列表"中为样条线加载"挤出"修改器，然后在"参数"卷展栏下设置"数量"为100mm，如图4-116所示，模型效果如图4-117所示。

图4-116

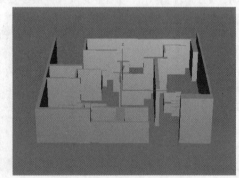
图4-117

─── 提示 ───────────────────────────────────

　　由于每个人绘制的扩展样条线的比例大小都不一致，且本例没有给出相应的创建参数，因此如果设置"挤出"修改器的"数量"为100mm很难得到与图4-117相似的模型效果，则可以调整数值，也就是说，"挤出"修改器的"数量"值要根据扩展样条线的大小比例自行调整。

04 单击界面左上角的"应用程序"图标▣，执行"导入>合并"菜单命令，在弹出的"合并文件"对话框中选择学习资源中的"练习文件>第4章>4-6.max"文件，然后调整好人物模型的大小比例与位置，最终效果如图4-118所示。

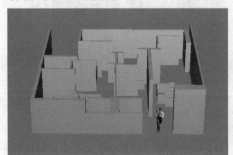
图4-118

─── 提示 ───────────────────────────────────

　　实际上"扩展样条线"就是"样条线"的补充，帮助用户在建模时节省时间，但是只有在特殊情况下才使用扩展样条线来建模，而且还要配合其他修改器一起来完成。

4.3 编辑样条线

虽然3ds Max 2016提供了很多种二维图形，但是也不能完全满足创建复杂模型的需求，因此就需要对样条线的形状进行修改。另外，由于绘制出来的样条线都是参数化对象，只能对参数进行调整，所以就需要将样条线转换为可编辑样条线。

4.3.1 转换为可编辑样条线

将样条线转换为可编辑样条线的方法有以下两种。

第1种：选择样条线，单击鼠标右键，在弹出的菜单中选择"转换为>转换为可编辑样条线"命令，如图4-119所示。

图4-119

提示

在将样条线转换为可编辑样条线前，样条线具有创建参数（"参数"卷展栏），如图4-120所示。转换为可编辑样条线以后，"修改"面板的修改器堆栈中的Text就变成了"可编辑样条线"选项，并且没有了"参数"卷展栏，但增加了"选择""软选择"和"几何体"3个卷展栏，如图4-121所示。

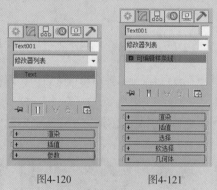

图4-120   图4-121

第2种：选择样条线，在"修改器列表"中为其加载一个"编辑样条线"修改器，如图4-122所示。

图4-122

两种转换方法有一定的区别。与第1种方法相比，第2种方法的修改器堆栈中不只包含"编辑样条线"选项，同时还保留了原始的样条线（也包含"参数"卷展栏）。当选择"编辑样条线"选项时，其卷展栏包含"选择""软选择"和"几何体"卷展栏，如图4-123所示；当选择Text选项时，其卷展栏包括"渲染""插值"和"参数"卷展栏，如图4-124所示。

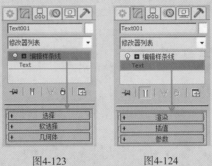

图4-123　　　　　　　图4-124

4.3.2 调节可编辑样条线

功能介绍

将样条线转换为可编辑样条线后，可编辑样条线就包含5个卷展栏，分别是"渲染""插值""选择""软选择"和"几何体"卷展栏，如图4-125所示。下面介绍"选择""软选择"和"几何体"卷展栏。

1.选择卷展栏

"选择"卷展栏主要用来切换可编辑样条线的操作级别，如图4-126所示。

图4-125　　　　　　图4-126

参数详解

❖ 顶点▨：用于访问"顶点"子对象级别，在该级别下可以对样条线的顶点进行调节，如图4-127所示。

❖ 线段▨：用于访问"线段"子对象级别，在该级别下可以对样条线的线段进行调节，如图4-128所示。

❖ 样条线▨：用于访问"样条线"子对象级别，在该级别下可以对整条样条线进行调节，如图4-129所示。

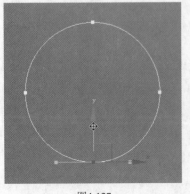
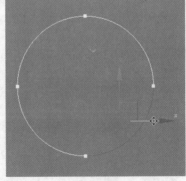
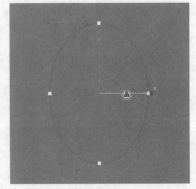

图4-127　　　　　　　　　　图4-128　　　　　　　　　　图4-129

❖ 命名选择：该选项组用于复制和粘贴命名选择集。

◇ 复制 复制 ：将命名选择集放置到复制缓冲区。

◇ 粘贴 粘贴 ：从复制缓冲区中粘贴命名选择集。

❖ 锁定控制柄：关闭该选项时，即使选择了多个顶点，用户每次也只能变换一个顶点的切线控制柄；勾选该选项时，可以同时变换多个Bezier和Bezier角点控制柄。

❖ 相似：拖曳传入向量的控制柄时，所选顶点的所有传入向量将同时移动。同样，移动某个顶点上的传出切线控制柄将移动所有所选顶点的传出切线控制柄。

❖ 全部：当处理单个Bezier角点顶点并且想要移动两个控制柄时，可以使用该选项。

❖ 区域选择：该选项允许自动选择所单击顶点的特定半径中的所有顶点。

❖ 线段端点：勾选该选项后，可以通过单击线段来选择顶点。

❖ 选择方式 选择方式... ：单击该按钮可以打开"选择方式"对话框，如图4-130所示。在该对话框中可以选择所选样条线或线段上的顶点。

图4-130

❖ 显示：该选项组用于设置顶点编号的显示方式。

◇ 显示顶点编号：启用该选项后，3ds Max将在任何子对象级别的所选样条线的顶点旁边显示顶点编号，如图4-131所示。

◇ 仅选择：启用该选项后（要启用"显示顶点编号"选项时，该选项才可用），仅在所选顶点旁边显示顶点编号，如图4-132所示。

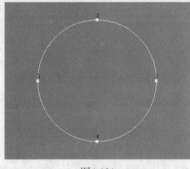
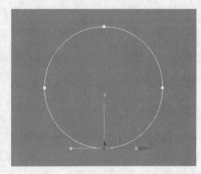

图4-131　　　　　　　　　　　　　　　　图4-132

2.软选择卷展栏

"软选择"卷展栏控件允许部分地选择相邻的子对象，如图4-133所示。在对子对象选择进行变换时，在场中被部分选定的子对象就会以平滑的方式进行绘制。

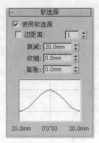

图4-133

参数详解

❖ 使用软选择：启用该选项后，3ds Max会将样条线曲线变形应用到所变换的周围未选定的子对象。要产生效果，应在变换或修改选择之前启用该复选框。

❖ 边距离：启用该选项后，可以将软选择限制到指定的边数。

❖ 衰减：用以定义影响区域的距离，它是用当前单位表示的从中心到球体的边的距离。使用越高的"衰减"数值，就可以实现更平缓的斜坡。

❖ 收缩：用于沿着垂直轴提高并降低曲线的顶点。数值为负数时，将生成凹陷，而不是点；数值为0时，收缩将跨越该轴生成平滑变换。

❖ 膨胀：用于沿着垂直轴展开或收缩曲线。受"收缩"选项的限制，"膨胀"选项设置膨胀的固定起点。"收缩"值为0mm并且"膨胀"值为1mm时，将会产生最为平滑的凸起。

❖ 软选择曲线图：以图形的方式显示软选择是如何进行工作的。

3.几何体卷展栏

"几何体"卷展栏下是一些编辑样条线对象和子对象的相关参数与工具，如图4-134所示。

图4-134

参数详解

❖ 新顶点类型：该选项组用于选择新顶点的类型。

　　◇ 线性：新顶点具有线性切线。

　　◇ Bezier：新顶点具有Bezier切线。

　　◇ 平滑：新顶点具有平滑切线。

　　◇ Bezier角点：新顶点具有Bezier角点切线。

❖ 创建线 创建线：向所选对象添加更多样条线。这些线是独立的样条线子对象。

❖ 断开 断开：在选定的一个或多个顶点拆分样条线。选择一个或多个顶点，然后单击"断开"按钮 断开 可以创建拆分效果。

❖ 附加 附加：将其他样条线附加到所选样条线。

❖ 附加多个 附加多个：单击该按钮可以打开"附加多个"对话框，该对话框包含场景中所有其他图形的列表。

❖ 重定向：启用该选项后，将重新定向附加的样条线，使每个样条线的创建局部坐标系与所选样条线的创建局部坐标系对齐。

❖ 横截面 横截面：在横截面形状外面创建样条线框架。

❖ 优化 优化：这是最重要的工具之一，可以在样条线上添加顶点，且不更改样条线的曲率值。

❖ 连接：启用该选项时，通过连接新顶点可以创建一个新的样条线子对象。使用"优化"工具 优化 添加顶点后，"连接"选项会为每个新顶点创建一个单独的副本，然后将所有副本与一个新样条线相连。

　　◇ 线性：启用该选项后，通过使用"角点"顶点可以使新样条线中的所有线段成为线性。

- ◇ 绑定首点：启用该选项后，可以使在优化操作中创建的第一个顶点绑定到所选线段的中心。
- ◇ 闭合：如果启用该选项，将连接新样条线中的第一个和最后一个顶点，以创建一个闭合的样条线；如果关闭该选项，"连接"选项将始终创建一个开口样条线。
- ◇ 绑定末点：启用该选项后，可以使在优化操作中创建的最后一个顶点绑定到所选线段的中心。
- ❖ 连接复制：该选项组在"线段"级别下使用，用于控制是否开启连接复制功能。
  - ◇ 连接：启用该选项后，按住Shift键复制线段的操作将创建一个新的样条线子对象，以及将新线段的顶点连接到原始线段顶点的其他样条线。
  - ◇ 阈值距离：确定启用"连接"选项时将使用的距离软选择。数值越高，创建的样条线就越多。
- ❖ 端点自动焊接：该选项组用于自动焊接样条线的端点。
  - ◇ 自动焊接：启用该选项后，会自动焊接在与同一样条线的另一个端点的阈值距离内放置和移动的端点顶点。
  - ◇ 阈值距离：用于控制在自动焊接顶点之前，顶点可以与另一个顶点接近的程度。
- ❖ 焊接 ▢焊接▢：这是最重要的工具之一，可以将两个端点顶点或同一样条线中的两个相邻顶点转化为一个顶点。
- ❖ 连接 ▢连接▢：连接两个端点顶点以生成一个线性线段。
- ❖ 插入 ▢插入▢：插入一个或多个顶点，以创建其他线段。
- ❖ 设为首顶点 ▢设为首顶点▢：指定所选样条线中的哪个顶点为第一个顶点。
- ❖ 熔合 ▢熔合▢：将所有选定顶点移至它们的平均中心位置。
- ❖ 反转 ▢反转▢：该工具在"样条线"级别下使用，用于反转所选样条线的方向。
- ❖ 循环 ▢循环▢：选择顶点以后，单击该按钮可以循环选择同一条样条线上的顶点。
- ❖ 相交 ▢相交▢：在属于同一个样条线对象的两个样条线的相交处添加顶点。
- ❖ 圆角 ▢圆角▢：在线段会合的地方设置圆角，以添加新的控制点。
- ❖ 切角 ▢切角▢：用于设置形状角部的倒角。
- ❖ 轮廓 ▢轮廓▢：这是最重要的工具之一，在"样条线"级别下使用，用于创建样条线的副本。
- ❖ 中心：如果关闭该选项，原始样条线将保持静止，而仅一侧的轮廓偏移到"轮廓"工具指定的距离；如果启用该选项，原始样条线和轮廓将从一个不可见的中心线向外移动由"轮廓"工具指定的距离。
- ❖ 布尔：对两个样条线进行2D布尔运算。
  - ◇ 并集▢：将两个重叠样条线组合成一个样条线。在该样条线中，重叠的部分会被删除，而保留两个样条线不重叠的部分，构成一个样条线。
  - ◇ 差集▢：从第1个样条线中减去与第2个样条线重叠的部分，并删除第2个样条线中剩余的部分。
  - ◇ 交集▢：仅保留两个样条线的重叠部分，并且会删除两者的不重叠部分。
- ❖ 镜像：对样条线进行相应的镜像操作。
  - ◇ 水平镜像▢：沿水平方向镜像样条线。
  - ◇ 垂直镜像▢：沿垂直方向镜像样条线。
  - ◇ 双向镜像▢：沿对角线方向镜像样条线。
  - ◇ 复制：启用该选项后，可以在镜像样条线时复制（而不是移动）样条线。
  - ◇ 以轴为中心：启用该选项后，可以以样条线对象的轴点为中心镜像样条线。
- ❖ 修剪 ▢修剪▢：清理形状中的重叠部分，使端点接合在一个点上。
- ❖ 延伸 ▢延伸▢：清理形状中的开口部分，使端点接合在一个点上。
- ❖ 无限边界：为了计算相交，启用该选项可以将开口样条线视为无穷长。
- ❖ 切线：使用该选项组中的工具可以将一个顶点的控制柄复制并粘贴到另一个顶点。
  - ◇ 复制 ▢复制▢：激活该按钮，然后选择一个控制柄，可以将所选控制柄切线复制到缓冲区。

◇ 粘贴 粘贴 ：激活该按钮，然后单击一个控制柄，可以将控制柄切线粘贴到所选顶点。

◇ 粘贴长度：如果启用该选项，则可以复制控制柄的长度；如果关闭该选项，则只考虑控制柄角度，而不改变控制柄长度。

❖ 隐藏 隐藏 ：隐藏所选顶点和任何相连的线段。

❖ 全部取消隐藏 全部取消隐藏 ：显示任何隐藏的子对象。

❖ 绑定 绑定 ：允许创建绑定顶点。

❖ 取消绑定 取消绑定 ：允许断开绑定顶点与所附加线段的连接。

❖ 删除 删除 ：在"顶点"级别下，可以删除所选的一个或多个顶点，以及与每个要删除的顶点相连的那条线段；在"线段"级别下，可以删除当前形状中任何选定的线段。

❖ 关闭 关闭 ：通过将所选样条线的端点顶点与新线段相连，以关闭该样条线。

❖ 拆分 拆分 ：通过添加由指定的顶点数来细分所选线段。

❖ 分离 分离 ：允许选择不同样条线中的几个线段，然后拆分（或复制）它们，以构成一个新图形。

◇ 同一图形：启用该选项后，将关闭"重定向"功能，并且"分离"操作将使分离的线段保留为形状的一部分（而不是生成一个新形状）。如果还启用了"复制"选项，则可以结束在同一位置进行的线段的分离副本。

◇ 重定向：移动和旋转新的分离对象，以便对局部坐标系进行定位，并使其与当前活动栅格的原点对齐。

◇ 复制：复制分离线段，而不是移动它。

❖ 炸开 炸开 ：通过将每个线段转化为一个独立的样条线或对象，来分裂任何所选样条线。

◇ 到：设置炸开样条线的方式，包含"样条线"和"对象"两种。

❖ 显示：控制是否开启"显示选定线段"功能。

◇ 显示选定线段：启用该选项后，与所选顶点子对象相连的任何线段将高亮显示为红色。

4.3.3 将二维样条线转换成三维模型

将二维样条线转换成三维模型的方法有很多，常用的方法是为模型加载"挤出""倒角"或"车削"修改器，图4-135所示是为一个样条线加载"车削"修改器后得到的三维模型效果。

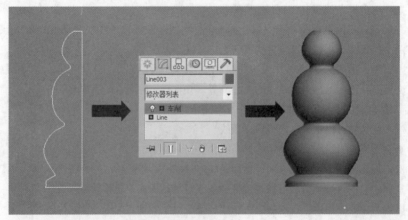

图4-135

【练习4-7】用样条线制作雕花台灯

雕花台灯效果如图4-136所示。

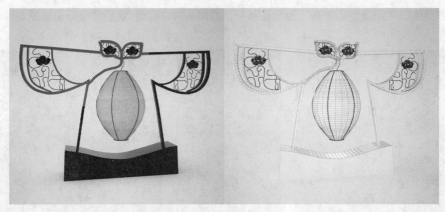

图4-136

01 使用"线"工具 ▮▮▮线▮▮▮ 在前视图中绘制出图4-137所示的样条线，然后继续绘制出图4-138所示的样条线。

02 分别选择两条样条线，在"渲染"卷展栏下勾选"在渲染中启用"和"在视口中启用"选项，勾选"矩形"选项，然后设置"长度"为60mm，"宽度"为40mm，具体参数设置如图4-139所示。

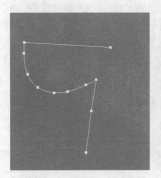
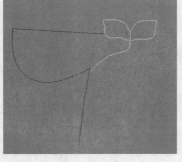
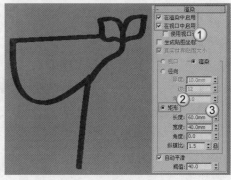

图4-137   图4-138   图4-139

03 使用"线"工具 ▮▮线▮▮ 在前视图中绘制出图4-140所示的样条线，在"渲染"卷展栏下勾选"在渲染中启用"和"在视口中启用"选项，设置"径向"的"厚度"为8mm，具体参数设置如图4-141所示。

04 采用相同的方法制作出其他的雕花，完成后的效果如图4-142所示。

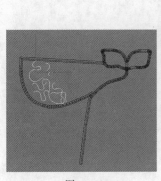
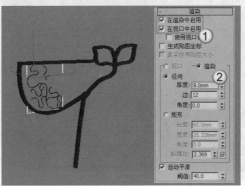
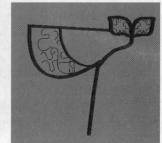

图4-140   图4-141   图4-142

05 选择除了叶片雕花外的所有的模型，执行"组>组"菜单命令，为其建立一个组，如图4-143所示。

06 选择"组001"，在"主工具栏"中单击"镜像"按钮▮，打开"镜像:世界坐标"对话框，然后设置"镜像轴"为X、"克隆当前选择"为"复制",如图4-144所示,最后调整好镜像模型的位置,如图4-145所示。

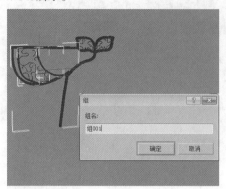  

图4-143　　　　　　　　　　　　　图4-144　　　　　　　　　　　　　图4-145

07 使用"线"工具　线　在前视图中绘制出图4-146所示的样条线。

08 在"修改器列表"中为样条线加载一个"车削"修改器,在"参数"卷展栏下设置"方向"为Y,"对齐"方式为"最小",如图4-147所示,效果如图4-148所示。

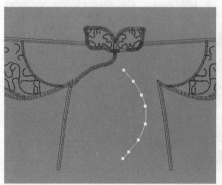 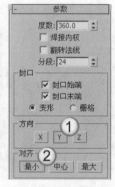 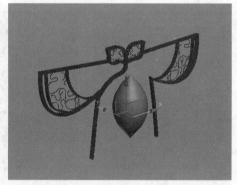

图4-146　　　　　　　　　　　　　图4-147　　　　　　　　　　　　　图4-148

09 选择"车削"修改器的"轴"层级,使用"选择并移动"工具 在前视图中向左移动轴,如图4-149所示。

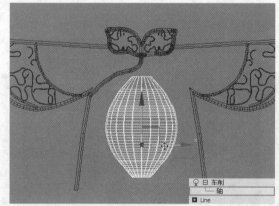

图4-149

提示

"车削"修改器相当重要。关于该修改器的作用与用法在本书后面的章节中会详细介绍。

---

10 使用"线"工具　线　在前视图中绘制出图4-150所示的样条线,在"渲染"卷展栏下勾选"在

渲染中启用"和"在视口中启用"选项，设置"径向"的"厚度"为7mm，具体参数设置如图4-151所示。

11 继续使用"线"工具 ____线____ 制作出灯罩上的其他挂线，完成后的效果如图4-152所示。

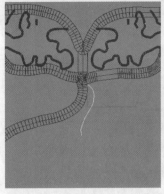  

图4-150　　　　　　　　　　图4-151　　　　　　　　　　图4-152

12 使用"线"工具 ____线____ 在前视图中绘制出图4-153所示的样条线。

13 为样条线加载一个"挤出"修改器，在"参数"卷展栏下设置"数量"为400mm，具体参数设置如图4-154所示，最终效果如图4-155所示。

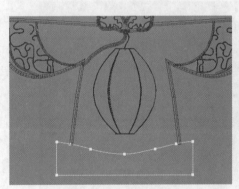  

图4-153　　　　　　　　　　图4-154　　　　　　　　　　图4-155

提示

　　由于每个人绘制的扩展样条线的比例大小都不一致，且本例没有给出相应的创建参数，因此如果设置"挤出"修改器的"数量"为400mm很难得到与图4-155相似的模型效果，则可以调整数值，即"挤出"修改器的"数量"值要根据扩展样条线的大小比例自行调整。

【练习4-8】用样条线制作窗帘

　　窗帘效果如图4-156所示。

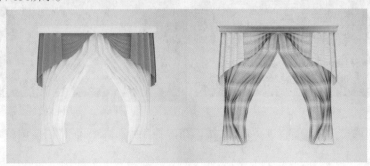

图4-156

01 使用"线"工具 线 在顶视图中绘制两条图4-157所示的样条线，在前视图中绘制出一条图4-158所示的样条线。

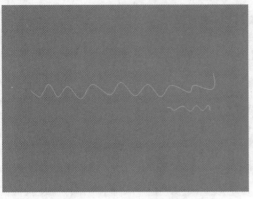

图4-157 　　　　　　　　　　　　　　　　　　　　　　　图4-158

02 选择上一步绘制的直线，设置几何体类型为"复合对象"，单击"放样"按钮 放样 ，在"创建方法"卷展栏下单击"获取图形"按钮 获取图形 ，最后在视图中拾取顶部的样条线，如图4-159所示，效果如图4-160所示。

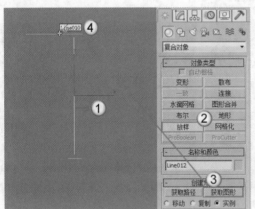

图4-159 　　　　　　　　　　　　　　　　　　　　　　　图4-160

03 在"创建方法"卷展栏下设置"路径"为100，然后单击"获取图形"按钮 获取图形 ，在视图中拾取底部的样条线，如图4-161所示，效果如图4-162所示。

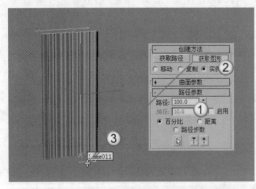

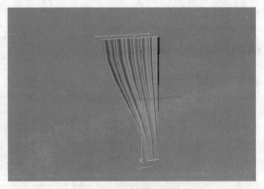

图4-161 　　　　　　　　　　　　　　　　　　　　　　　图4-162

04 为窗帘模型加载一个FFD 4×4×4修改器，在"控制点"层级下将模型调整成图4-163所示的形状。

05 采用相同的方法继续制作一个图4-164所示的窗帘模型。

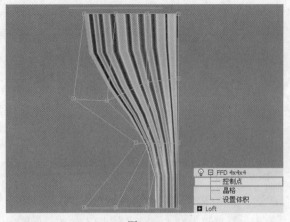

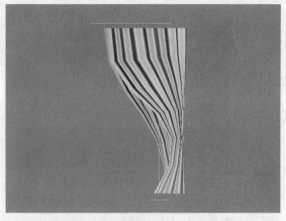

图4-163　　　　　　　　　　　　　　　　　　图4-164

06 使用"线"工具 ▢线▢ 在视图中绘制一条图4-165所示的样条线，为其加载一个"挤出"修改器，然后在"参数"卷展栏下设置"数量"为140mm，"分段"为5，如图4-166所示。

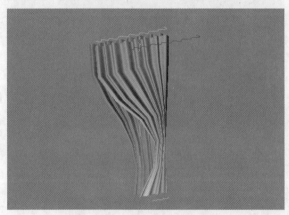

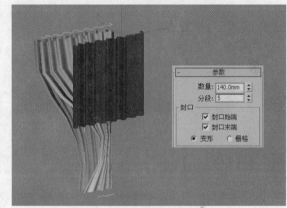

图4-165　　　　　　　　　　　　　　　　　　图4-166

07 为窗帘模型加载一个FFD 3×3×3修改器，在"控制点"层级下将其调整成图4-167所示的效果。

08 选择所有的窗帘模型，在"主工具栏"中单击"镜像"按钮▦，打开"镜像:世界坐标"对话框，然后设置"镜像轴"为X，"克隆当前选择"为"复制"，如图4-168所示，最后调整好镜像模型的位置，如图4-169所示。

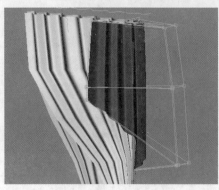

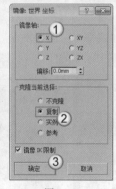

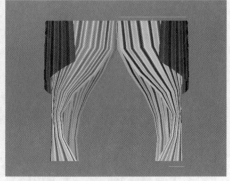

图4-167　　　　　　　　　　图4-168　　　　　　　　　　图4-169

09 使用"线"工具 ▢线▢ 在左视图中绘制出一条图4-170所示的样条线，然后为其加载一个"挤出"修改器，在"参数"卷展栏下设置"数量"为260mm，"分段"为30，如图4-171所示。

图4-170

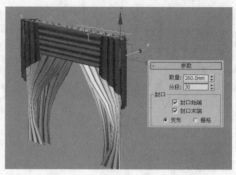

图4-171

10 选择挤出的模型并为其加载一个FFD（长方体）修改器，在"FFD参数"卷展栏下单击"设置点数"按钮 ，然后在弹出的"设置FFD尺寸"对话框中设置点数为5×5×5，如图4-172所示，最后在"控制点"层级下将模型调整成图4-173所示的效果。

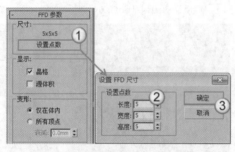

图4-172

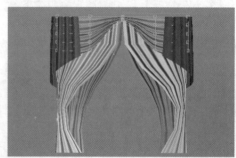

图4-173

11 使用"线"工具 线 在顶视图中绘制一条图4-174所示的样条线，在左视图中绘制一条图4-175所示的样条线。

图4-174

图4-175

12 选择在顶视图中绘制的样条线，为其加载一个"倒角剖面"修改器，然后在"参数"卷展栏下单击"拾取剖面"按钮 拾取剖面 ，拾取在左视图中绘制的样条线，如图4-176所示，最终效果如图4-177所示。

图4-176

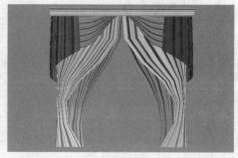

图4-177

【练习4-9】用样条线制作水晶灯

水晶灯效果如图4-178所示。

图4-178

01 使用"线"工具 在前视图中绘制一条图4-179所示的样条线。

02 选择样条线，在"渲染"卷展栏下勾选"在渲染中启用"和"在视口中启用"选项，勾选"矩形"选项，设置"长度"为7mm，"宽度"为4mm，如图4-180所示。

03 选择模型，在"创建"面板中单击"层次"按钮 切换到"层次"面板，然后在"调整轴"卷展栏下单击"仅影响轴"按钮 ，在前视图中将轴心点拖曳到图4-181所示的位置，最后单击"仅影响轴"按钮 ，退出"仅影响轴"模式。

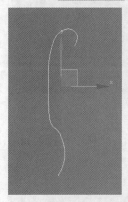
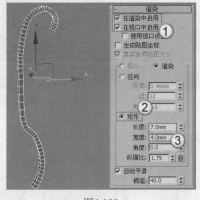
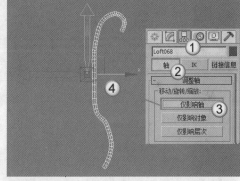

图4-179 图4-180 图4-181

技术专题："仅影响轴"技术解析

"仅影响轴"技术是非常重要的轴心点调整技术。利用该技术调整好轴点的中心以后，就可以围绕这个中心点旋转复制出具有一定规律的对象。例如，在图4-182中有两个球体（这两个球体是在顶视图中的显示效果），如果要围绕红色球体旋转复制3个紫色球体（以90度为基数进行复制），那么就必须先调整紫色球体的轴点中心。具体操作过程如下。

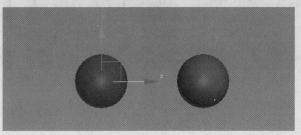

图4-182

第1步：选择紫色球体，在"创建"面板中单击"层次"按钮，切换到"层次"面板，然后在"调整轴"卷展栏下单击"仅影响轴"按钮 仅影响轴 ，此时可以观察到紫色球体的轴点中心位置，如图4-183所示，然后用"选择并移动"工具 将紫色球体的轴心点拖曳到红色球体的轴点中心位置，如图4-184所示。

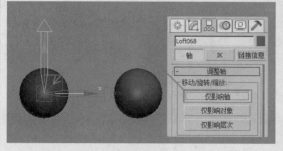

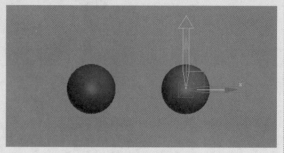

图4-183　　　　　　　　　　　　　　　　　　　图4-184

第2步：再次单击"仅影响轴"按钮 仅影响轴 ，退出"仅影响轴"模式，按住Shift键使用"选择并旋转"工具 将紫色球体旋转复制3个（设置旋转角度为90度），如图4-185所示，这样就得到了一组以红色球体为中心的3个紫色球体，效果如图4-186所示。

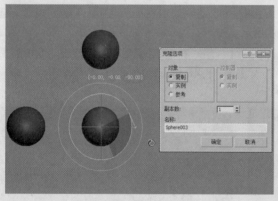

图4-185

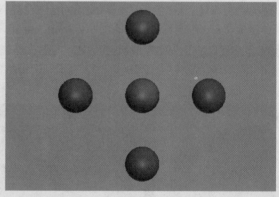

图4-186

04 选择模型，按住Shift键使用"选择并旋转"工具 旋转复制3个模型，如图4-187所示，效果如图4-188所示。

05 使用"线"工具 线 在前视图中绘制一条图4-189所示的样条线。

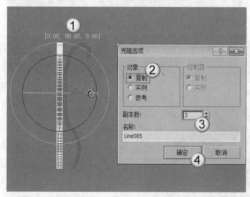

图4-187

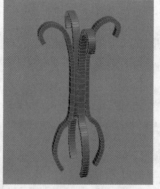

图4-188

图4-189

06 选择样条线，在"修改器列表"中为其加载一个"车削"修改器，然后在"参数"卷展栏下设置"方向"为Y，"对齐"方式为"最小"，如图4-190所示。

07 使用"线"工具 线 在前视图中绘制一条图4-191所示的样条线，在"渲染"卷展栏下勾选"在渲染中启用"和"在视口中启用"选项，勾选"矩形"选项，最后设置"长度"为6mm，"宽度"为4mm，如图4-192所示。

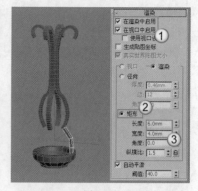

| 图4-190 | 图4-191 | 图4-192 |

08 采用步骤03~步骤04的方法旋转复制3个模型，完成后的效果如图4-193所示。

09 使用"线"工具 线 在前视图中绘制一条图4-194所示的样条线。

10 选择样条线，在"渲染"卷展栏下勾选"在渲染中启用"和"在视口中启用"选项，勾选"矩形"选项，设置"长度"为10mm，"宽度"为4mm，具体参数设置及模型效果如图4-195所示。

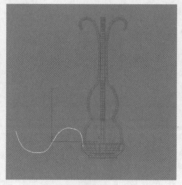

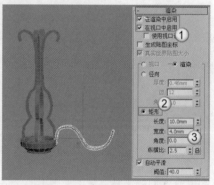

| 图4-193 | 图4-194 | 图4-195 |

11 继续使用"线"工具 线 在前视图中绘制一条图4-196所示的样条线。

12 在"修改器列表"中为样条线加载一个"车削"修改器，在"参数"卷展栏下设置"方向"为Y，"对齐"方式为"最小"，具体参数设置及模型效果如图4-197所示。

13 再次使用"线"工具 线 在前视图中绘制一条图4-198所示的样条线。

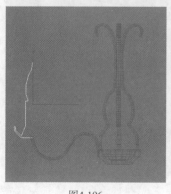

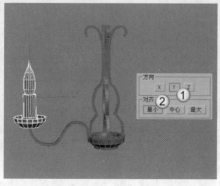

| 图4-196 | 图4-197 | 图4-198 |

14 使用"异面体"工具 异面体 在场景中创建一个大小合适的异面体，在"参数"卷展栏下设置"系列"为"十二面体/二十面体"，如图4-199所示。

15 在"主工具栏"中的空白区域单击鼠标右键，在弹出的菜单中选择"附加"命令，调出"附加"工具栏，如图4-200所示。

16 选择异面体，在"附加"工具栏中单击"间隔工具"按钮，打开"间隔工具"对话框，如图4-201所示。

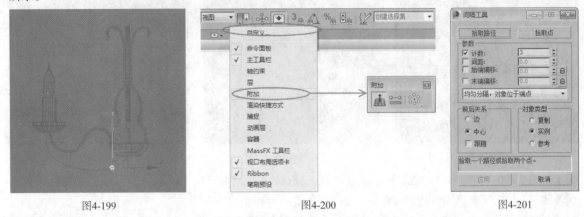

图4-199　　　　　　　　　　　图4-200　　　　　　　　　　　图4-201

提示

在默认情况下，"间隔工具"不会显示在"附加"工具栏上，它一般处于隐藏状态，需要按住鼠标左键单击"阵列"工具不放，在弹出的工具列表中选择，如图4-202所示。

图4-202

---

17 在"间隔工具"对话框中单击"拾取路径"按钮，然后在视图中拾取样条线，在"参数"选项组下设置"计数"为20，最后单击"应用"按钮和"关闭"按钮，具体操作流程及效果如图4-203所示。

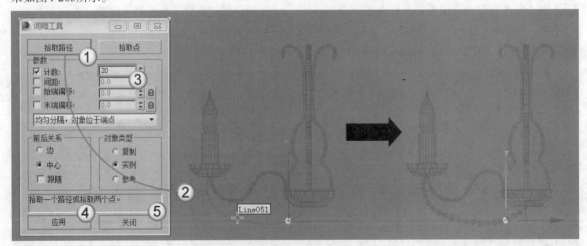

图4-203

18 使用复制功能制作出其他的异面体装饰物，完成后的效果如图4-204所示。

19 使用"异面体"工具在场景中创建两个大小合适的异面体，在"参数"卷展栏下设置"系列"为"十二面体/二十面体",如图4-205所示。

20 选择下面的异面体,然后单击鼠标右键,在弹出的菜单中选择"转换为>转换为可编辑多边形"命令,如图4-206所示。

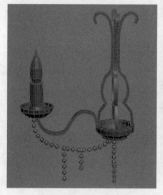
图4-204

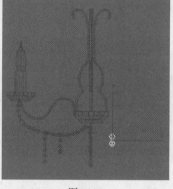
图4-205

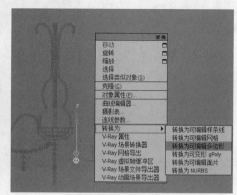
图4-206

提示

将异面体转换为可编辑多边形以后,对该物体的操作基本就属于多边形建模的范畴了。关于多边形建模技法在后面的章节中会详细介绍。

21 在"选择"卷展栏下单击"点"按钮■,进入"顶点"级别,选择所有的顶点,用"选择并缩放"工具■将其向内缩放压扁,如图4-207所示,继续选择顶部的3个顶点,用"选择并移动"工具■将其向上拖曳到图4-208所示的位置。

图4-207

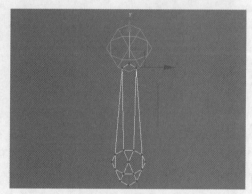
图4-208

22 利用复制功能将制作好的吊坠复制到相应的位置,完成后的效果如图4-209所示。

23 选择图4-210所示的模型,为其创建一个组。

图4-209

图4-210

24 选择模型组，然后采用步骤03~步骤04的方法旋转复制3组模型，最终效果如图4-211所示。

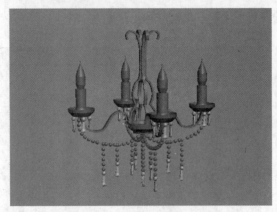

图4-211

【练习4-10】根据CAD图纸制作户型图

户型图效果如图4-212所示。

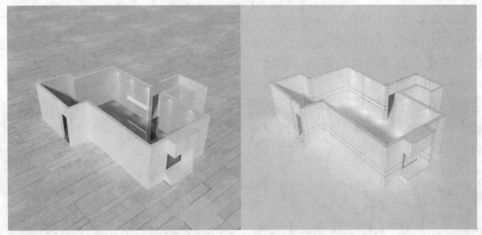

图4-212

01 单击界面左上角的"应用程序"图标 <!-- icon -->，执行"导入>导入"菜单命令，在弹出的"选择要导入的文件"对话框中选择学习资源中的"练习文件>第4章>4-10.dwg"文件，导入CAD文件后的效果如图4-213所示。

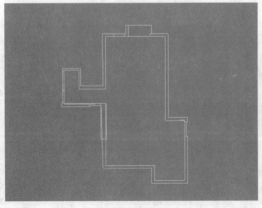

图4-213

提示

在实际工作中，客户一般都会提供一个CAD图纸文件（即.dwg文件），然后要求建模师根据图纸中的尺寸创建出模型。

02 选择所有的线，单击鼠标右键，在弹出的菜单中选择"冻结当前选择"命令，如图4-214所示。

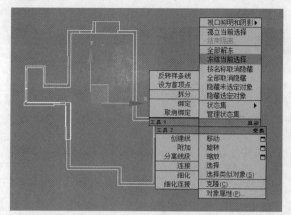

图4-214

提示

冻结后，在绘制线或进行其他操作时，就不用担心
操作失误选择到参考线。

03 在"主工具栏"中的"捕捉开关"按钮 上单击鼠标右键，在弹出的"栅格和捕捉设置"对话框中单击"捕捉"选项卡，勾选"顶点"选项，如图4-215所示，然后单击"选项"选项卡，勾选"捕捉到冻结对象"和"启用轴约束"选项，如图4-216所示。

04 按S键激活"捕捉开关" ，然后使用"线"工具 线 根据CAD图纸中的线在顶视图中绘制出图4-217所示的样条线。

图4-215

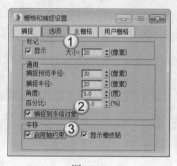

图4-216

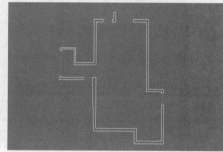

图4-217

提示

在参照CAD图纸绘制样条线时，很多情况下，绘制的样条线很可能超出了3ds Max视图中的显示范围，此时可以按一下I键，视图会自动沿绘制的方向进行合适的调整。

05 选择所有的样条线，在"修改器列表"中为其加载一个"挤出"修改器，在"参数"卷展栏下设置"数量"为2800mm，具体参数设置及模型效果如图4-218所示。

06 使用"矩形"工具 矩形 和"线"工具 线 根据CAD图纸中的线在顶视图中绘制出图4-219所示的图形（黑色的图形）。

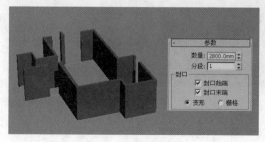

图4-218

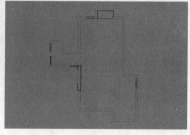

图4-219

07 选择上一步绘制的样条线，在"修改器列表"中为其加载一个"挤出"修改器，在"参数"卷展栏下设置"数量"为500mm，具体参数设置及模型效果如图4-220所示。

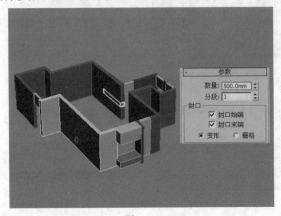

图4-220

08 继续使用"线"工具 <u>线</u> 根据CAD图纸中的线在顶视图中绘制出图4-221所示的样条线。由于样条线太多，这里再提供一张孤立选择模式的样条线图，如图4-222所示。

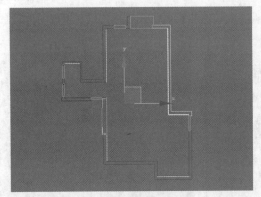

图4-221

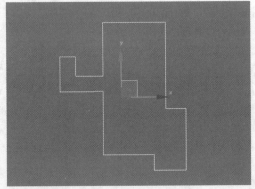

图4-222

09 在"修改器列表"中为样条线加载一个"挤出"修改器，在"参数"卷展栏下设置"数量"为100mm，最终效果如图4-223所示。

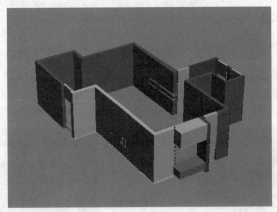

图4-223

第 5 章

修改器建模

　　在前面介绍了基础的建模方法，后面将要学习一些更高级的建模方法，在学习之前先了解一下3ds Max的修改器。不管是网格建模、NURBS建模，还是多边形建模，都会涉及修改器的使用，因为只有通过修改器才能对模型进行更精细的处理，得到更加精致的模型。修改器位于3ds Max的修改面板中，是修改面板最核心的组成部分。

※ 了解修改器的基础知识　　　　　　　　※ 掌握常用修改器参数的意义

※ 熟悉修改器的种类　　　　　　　　　　※ 掌握常用修改器的使用方法

5.1 修改器的基础知识

"修改"面板是3ds Max很重要的一个组成部分，而修改器堆栈则是"修改"面板的"灵魂"。所谓"修改器"，就是可以对模型进行编辑，改变其几何形状及属性的命令。

修改器对于创建一些特殊形状的模型具有非常强大的优势，因此在使用多边形建模等建模方法很难达到模型要求时，不妨采用修改器进行制作，图5-1~图5-3所示是使用修改器配合各种建模方法制作的一些优秀模型。

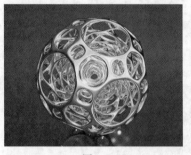

图5-1

图5-2

图5-3

—— 提示 ——

修改器可以在"修改"面板中的"修改器列表"中进行加载，也可以在"菜单栏"中的"修改器"菜单下进行加载，这两个地方的修改器完全一样。

5.1.1 修改器堆栈

进入"修改"面板，可以观察到修改器堆栈中的工具，如图5-4所示。

图5-4

修改器堆栈工具介绍

❖ 锁定堆栈 ：激活该按钮可以将堆栈和"修改"面板的所有控件锁定到选定对象的堆栈中。即使在选择了视图中的另一个对象之后，也可以继续对锁定堆栈的对象进行编辑。

❖ 显示最终结果启用/禁用切换 ：激活该按钮后，会在选定的对象上显示整个堆栈的效果。

❖ 使唯一 ：激活该按钮可以将关联的对象修改成独立对象，这样可以对选择集中的对象单独进行操作（只有场景中有选择集的时候该按钮才可用）。

❖ 从堆栈中移除修改器 ：若堆栈中存在修改器，单击该按钮可以删除当前的修改器，并清除由该修改器引发的所有更改。

—— 提示 ——

如果想要删除某个修改器，不可以在选中某个修改器后按Delete键，那样删除的将会是物体本身而非单个的修改器。要删除某个修改器，需要先选择该修改器，然后单击"从堆栈中移除修改器"按钮 。

❖ 配置修改器集 ：单击该按钮将弹出一个子菜单，这个菜单中的命令主要用于设置在"修改"面板中怎样显示和选择修改器，如图5-5所示。

图5-5

5.1.2　为对象加载修改器

为对象加载修改器的方法非常简单。选择一个对象后，进入"修改"面板，单击"修改器列表"后面的▼按钮，在弹出的下拉列表中就可以选择相应的修改器，如图5-6所示。

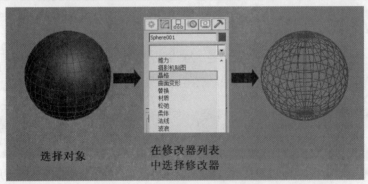

选择对象　　　在修改器列表
　　　　　　　中选择修改器

图5-6

5.1.3　修改器的排序

修改器的排列顺序非常重要，先加入的修改器位于修改器堆栈的下方，后加入的修改器则在修改器堆栈的顶部，不同的顺序对同一物体起到的效果是不一样的。

图5-7所示是一个管状体，下面以这个物体为例来介绍修改器加载的顺序对效果的影响，同时介绍如何调整修改器之间的顺序。

先为管状体加载一个"扭曲"修改器，然后在"参数"卷展栏下设置扭曲的"角度"为360，这时管状体便会产生大幅度的扭曲变形，如图5-8所示。

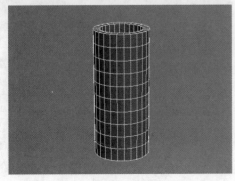

图5-7

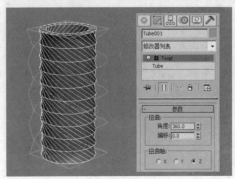

图5-8

继续为管状体加载一个"弯曲"修改器，然后在"参数"卷展栏下设置弯曲的"角度"为90，这时管状体会发生很自然的弯曲变形，如图5-9所示。

下面调整两个修改器的位置。用鼠标左键单击"弯曲"修改器不放，然后将其拖曳到"扭曲"修改器的下方松开鼠标左键（拖曳时修改器下方会出现一条蓝色的线），调整排序后可以发现管状体的效果发生了很大的变化，如图5-10所示。

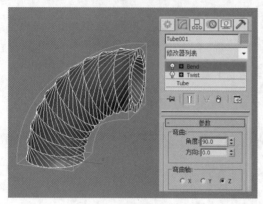
图5-9

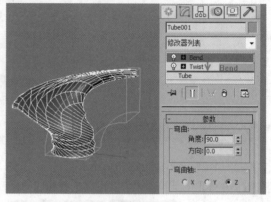
图5-10

—— 提示 ——

在修改器堆栈中，如果要同时选择多个修改器，可以先选中一个修改器，然后按住Ctrl键单击其他修改器进行加选，如果按住Shift键则可以选中多个连续的修改器。

5.1.4 启用与禁用修改器

在修改器堆栈中可以观察到每个修改器前面都有个小灯泡图标，这个图标表示这个修改器的启用或禁用状态。当小灯泡显示为亮的状态时，代表这个修改器是启用的；当小灯泡显示为暗的状态时，代表这个修改器被禁用了。单击这个小灯泡即可切换启用和禁用状态。

以图5-11中的修改器堆栈为例，这里为一个球体加载了3个修改器，分别是"晶格"修改器、"扭曲"修改器和"波浪"修改器，并且这3个修改器都被启用了。

选择底层的"晶格"修改器，当"显示最终结果"按钮被禁用时，场景中的球体不能显示该修改器之上的所有修改器的效果，如图5-12所示。如果单击"显示最终结果"按钮，使其处于激活状态，即可在选中底层修改器的状态下显示所有修改器的修改结果，如图5-13所示。

如果要禁用"波浪"修改器，可以单击该修改器前面的小灯泡图标，使其变为暗的状态即可，这时物体的形状也跟着发生了变化，如图5-14所示。

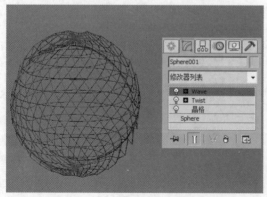
图5-11

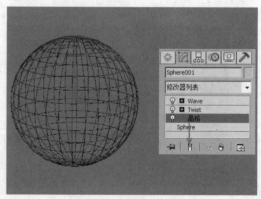
图5-12

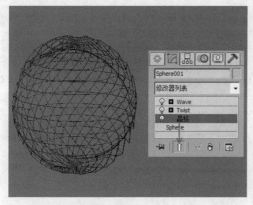
图5-13

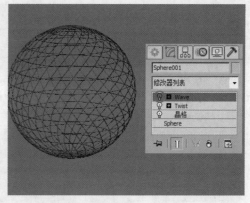
图5-14

5.1.5 编辑修改器

在修改器上单击鼠标右键会弹出一个菜单，该菜单中包括一些对修改器进行编辑的常用命令，如图5-15所示。

图5-15

从菜单中可以观察到修改器是可以复制到其他物体上的，复制的方法有以下两种。

第1种：在修改器上单击鼠标右键，在弹出的菜单中选择"复制"命令，然后在需要的位置单击鼠标右键，在弹出的菜单中选择"粘贴"命令即可。

第2种：直接将修改器拖曳到场景中的某一物体上。

—— 提示

在选中某一修改器后，如果按住Ctrl键将其拖曳到其他对象上，可以将这个修改器作为实例粘贴到其他对象上；如果按住Shift键将其拖曳到其他对象上，就相当于将源物体上的修改器剪切并粘贴到新对象上。

5.1.6 塌陷修改器堆栈

塌陷修改器会将该物体转换为可编辑网格，并删除其中所有的修改器，这样可以简化对象，并且还能够节约内存。但是，塌陷之后就不能再对修改器的参数进行调整，也无法将修改器的历史恢复到基准值。

塌陷修改器有"塌陷到"和"塌陷全部"两种方法。使用"塌陷到"命令可以塌陷到当前选定的修改器，也就是说，删除当前及列表中位于当前修改器下面的所有修改器，保留当前修改器上面的所有修改器；而使用"塌陷全部"命令，会塌陷整个修改器堆栈，删除所有修改器，并使对象变成可编辑网格。

以图5-16中的修改器堆栈为例，处于最底层的是一个圆柱体，可以将其称为"基础物体"（注意，基础物体一定是处于修改器堆栈的最底层），而处于基础物体之上的是"弯曲""扭曲"和"松弛"3个修改器。

在"扭曲"修改器上单击鼠标右键，在弹出的菜单中选择"塌陷到"命令，此时系统会弹出"警告:塌陷到"对话框，如图5-17所示。"警告:塌陷到"对话框中有3个按钮，分别为"暂存/是"按钮 暂存(H)/是、"是"按钮 是(Y) 和"否"按钮 否(N)。单击"暂存/是"按钮 暂存(H)/是 可以将当前对象的状态保存到"暂存"缓冲区，然后才应用"塌陷到"命令，执行"编辑/取回"菜单命令，可以恢复到塌陷前的状态；单击"是"按钮 是(Y)，将塌陷"扭曲"和"弯曲"两个修改器，而保留"松弛"修改器，同时基础物体会变成"可编辑网格"物体，如图5-18所示。

图5-16

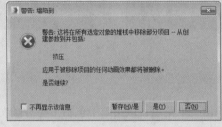
图5-17

图5-18

下面对同样的物体执行"塌陷全部"命令。在任意一个修改器上单击鼠标右键，在弹出的菜单中选择"塌陷全部"命令，此时系统会弹出"警告:塌陷全部"对话框，如图5-19所示。单击"是"按钮 是(Y) 后，将塌陷修改器堆栈中的所有修改器，并且基础物体也会变成"可编辑网格"物体，如图5-20所示。

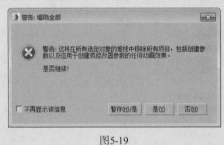
图5-19

图5-20

5.2 修改器的种类

修改器有很多种，按照类型的不同被划分在几个修改器集合中。在"修改"面板下的"修改器列表"中，3ds Max将这些修改器默认分为"选择修改器""世界空间修改器"和"对象空间修改器"3大部分，如图5-21所示。

图5-21

5.2.1 选择修改器

功能介绍

"选择修改器"集合中包括"网格选择""面片选择""多边形选择"和"体积选择"4种修改器，如图5-22所示。

图5-22

参数详解

❖ 网格选择：可以选择网格子对象。

❖ 面片选择：选择面片子对象，之后可以对面片子对象应用其他修改器。

❖ 多边形选择：选择多边形子对象，之后可以对其应用其他修改器。

❖ 体积选择：可以选择一个对象或多个对象选定体积内的所有子对象。

5.2.2 世界空间修改器

功能介绍

"世界空间修改器"集合基于世界空间坐标，而不是基于单个对象的局部坐标系，如图5-23所示。当应用了一个世界空间修改器之后，无论物体是否发生了移动，它都不会受到任何影响。

图5-23

参数详解

❖ Hair和Fur（WSM）：用于为物体添加毛发。该修改器可应用于要生长头发的任意对象，既可以应用于网格对象，也可以应用于样条线对象。

❖ 摄影机贴图（WSM）：使摄影机将UVW贴图坐标应用于对象。

❖ 曲面变形（WSM）：该修改器的工作方式与"路径变形（WSM）"修改器相同，只是它使用的是NURBS点或CV曲面，而不是使用曲线。

❖ 曲面贴图（WSM）：将贴图指定给NURBS曲面，并将其投射到修改的对象上。

❖ 点缓存（WSM）：该修改器可以将修改器动画存储到磁盘文件中，然后使用磁盘文件中的信息来播放动画。

❖ 粒子流碰撞图形（WSM）：该修改器可以使标准网格对象作为粒子导向器参与MassFX模拟。

❖ 细分（WSM）：提供用于光能传递处理创建网格的一种算法。处理光能传递需要网格的元素尽可能地接近等边三角形。

❖ 置换网格（WSM）：用于查看置换贴图的效果。

❖ 贴图缩放器（WSM）：用于调整贴图的大小，并保持贴图比例不变。

❖ 路径变形（WSM）：可以根据图形、样条线或NURBS曲线路径将对象进行变形。

❖ 面片变形（WSM）：可以根据面片将对象进行变形。

5.2.3 对象空间修改器

"对象空间修改器"集合中的修改器非常多，如图5-24所示。这个集合中的修改器主要应用于单独对象，使用的是对象的局部坐标系，因此当移动对象时，修改器也会跟着移动。

图5-24

5.3 常用修改器

在"对象空间修改器"集合中有很多修改器，本节就针对这个集合中最为常用的一些修改器进行详细介绍。熟练运用这些修改器，可以大大简化建模流程，节省操作时间。

5.3.1 挤出修改器

功能介绍

"挤出"修改器可以将深度添加到二维图形中，并且可以将对象转换成一个参数化对象，其参数设置面板如图5-25所示。

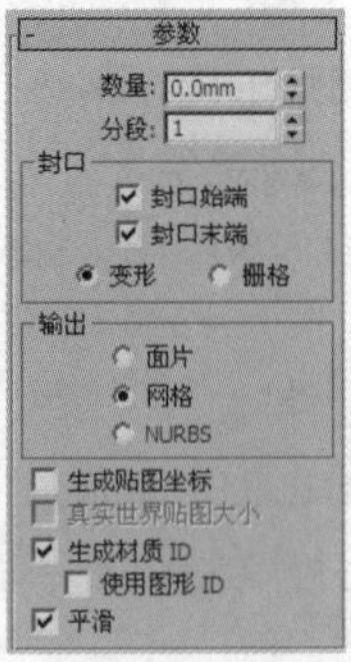

图5-25

参数详解

❖ 数量：设置挤出的深度。

❖ 分段：指定要在挤出对象中创建的线段数目。

❖ 封口：用来设置挤出对象的封口，共有以下4个选项。

◇ 封口始端：在挤出对象的初始端生成一个平面。

◇ 封口末端：在挤出对象的末端生成一个平面。

◇ 变形：以可预测、可重复的方式排列封口面，这是创建变形目标所必需的操作。

◇ 栅格：在图形边界的方形上修剪栅格中安排的封口面。

❖ 输出：指定挤出对象的输出方式，共有以下3个选项。

◇ 面片：产生一个可以折叠到面片对象中的对象。

◇ 网格：产生一个可以折叠到网格对象中的对象。

◇ NURBS：产生一个可以折叠到NURBS对象中的对象。

❖ 生成贴图坐标：将贴图坐标应用到挤出对象中。

❖ 真实世界贴图大小：控制应用于对象的纹理贴图材质所使用的缩放方法。

❖ 生成材质ID：将不同的材质ID指定给挤出对象的侧面与封口。

❖ 使用图形ID：将材质ID指定给挤出生成的样条线线段，或指定给在NURBS挤出生成的曲线子对象。

❖ 平滑：将平滑应用于挤出图形。

【练习5-1】用挤出修改器制作花朵吊灯

花朵吊灯如图5-26所示。

图5-26

`01` 使用"星形"工具 星形 在顶视图中绘制一个星形，在"参数"卷展栏下设置"半径1"为70mm，"半径2"为60mm，"点"为12，"圆角半径1"为10mm，"圆角半径2"为6mm，具体参数设置及星形效果如图5-27所示。

`02` 选择星形，在"渲染"卷展栏下勾选"在渲染中启用"和"在视口中启用"选项，设置"径向"的"厚度"为2.5mm，具体参数设置及模型效果如图5-28所示。

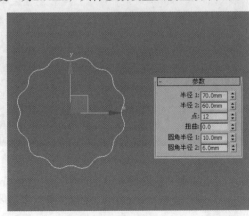

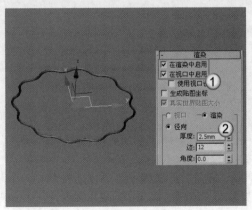

图5-27　　　　　　　　　　　　　　　　　　图5-28

03 切换到前视图，按住Shift键使用"选择并移动"工具 ↔ 向下移动复制一个星形，如图5-29所示。

04 继续复制一个星形到两个星形的中间，如图5-30所示，在"渲染"卷展栏下勾选"矩形"选项，设置"长度"为60mm，"宽度"为0.5mm，模型效果如图5-31所示。

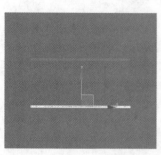
图5-29

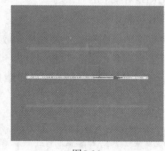
图5-30

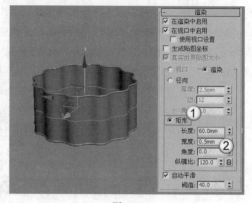
图5-31

05 使用"线"工具 在前视图中绘制一条图5-32所示的样条线，在"渲染"卷展栏下勾选"在渲染中启用"和"在视口中启用"选项，设置"径向"的"厚度"为1.2mm，如图5-33所示。

06 使用"仅影响轴"技术和"选择并旋转"工具 ↻ 围绕星形复制一圈样条线，完成后的效果如图5-34所示。

图5-32

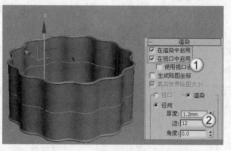
图5-33

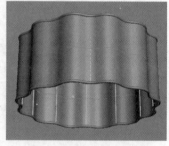
图5-34

07 将前面创建的星形复制一个到图5-35所示的位置（需要关闭"在渲染中启用"和"在视口中启用"选项）。

08 为星形加载一个"挤出"修改器，在"参数"卷展栏下设置"数量"为1mm，具体参数设置及模型效果如图5-36所示。

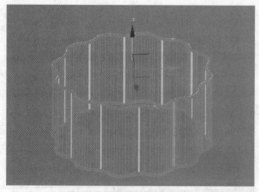
图5-35

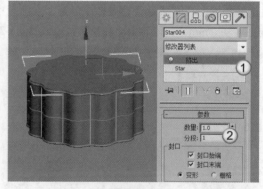
图5-36

09 使用"圆"工具 圆 在顶视图中绘制一个圆形，在"参数"卷展栏下设置"半径"为50mm，如图5-37所示，然后在"渲染"卷展栏下勾选"在渲染中启用"和"在视口中启用"选项，设置"径向"的"厚度"为1.8mm，如图5-38所示。

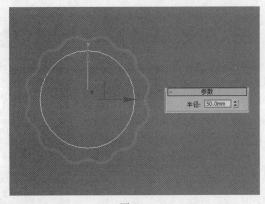

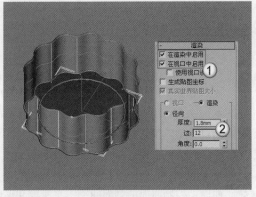

图5-37   图5-38

10 选择上一步绘制的圆形，按Ctrl+V组合键在原始位置复制一个圆形（需要关闭"在渲染中启用"和"在视口中启用"选项），然后为其加载一个"挤出"修改器，在"参数"卷展栏下设置"数量"为1mm，如图5-39所示。

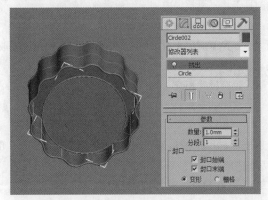

图5-39

11 选择没有进行挤出的圆形，按Ctrl+V组合键在原始位置复制一个圆形，然后在"渲染"卷展栏下勾选"矩形"选项，设置"长度"为56mm，"宽度"为0.5mm，如图5-40所示，最终效果如图5-41所示。

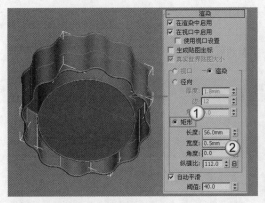

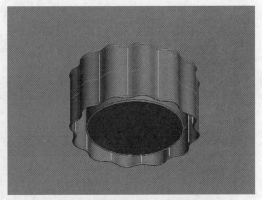

图5-40   图5-41

5.3.2 倒角修改器

功能介绍

"倒角"修改器可以将图形挤出为3D对象，并在边缘应用平滑的倒角效果，其参数设置面板包含

"参数"和"倒角值"两个卷展栏，如图5-42所示。

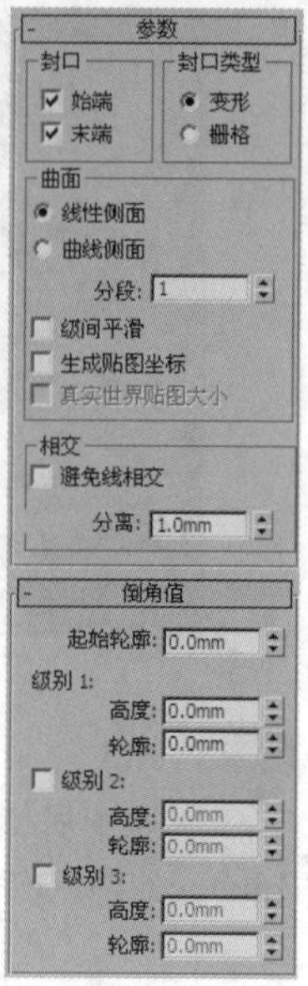

参数详解

1. "参数"卷展栏

❖ 封口：指定倒角对象是否要在一端封闭开口。

　　◇ 始端：用对象的最低局部z值（底部）对末端进行封口。

　　◇ 末端：用对象的最高局部z值（底部）对末端进行封口。

❖ 封口类型：指定封口的类型。

　　◇ 变形：创建适合的变形封口曲面。

　　◇ 栅格：在栅格图案中创建封口曲面。

❖ 曲面：控制曲面的侧面曲率、平滑度和贴图。

　　◇ 线性侧面：勾选该选项后，级别之间会沿着一条直线进行分段插补。

　　◇ 曲线侧面：勾选该选项后，级别之间会沿着一条Bezier曲线进行分段插补。

　　◇ 分段：在每个级别之间设置中级分段的数量。

　　◇ 级间平滑：控制是否将平滑效果应用于倒角对象的侧面。

　　◇ 生成贴图坐标：将贴图坐标应用于倒角对象。

　　◇ 真实世界贴图大小：控制应用于对象的纹理贴图材质所使用的缩放方法。

❖ 相交：防止重叠的相邻边产生锐角。

　　◇ 避免线相交：防止轮廓彼此相交。

　　◇ 分离：设置边与边之间的距离。

2. "倒角值"卷展栏

❖ 起始轮廓：设置轮廓到原始图形的偏移距离。正值会使轮廓变大；负值会使轮廓变小。

❖ 级别1：包含以下两个选项。

　　◇ 高度：设置"级别1"在起始级别之上的距离。

　　◇ 轮廓：设置"级别1"的轮廓到起始轮廓的偏移距离。

❖ 级别2：在"级别1"之后添加一个级别。

　　◇ 高度：设置"级别1"之上的距离。

　　◇ 轮廓：设置"级别2"的轮廓到"级别1"轮廓的偏移距离。

❖ 级别3：在前一级别之后添加一个级别，如果未启用"级别2"，"级别3"会添加在"级别1"之后。

　　◇ 高度：设置到前一级别之上的距离。

　　◇ 轮廓：设置"级别3"的轮廓到前一级别轮廓的偏移距离。

图5-42

【练习5-2】用倒角修改器制作牌匾

牌匾效果如图5-43所示。

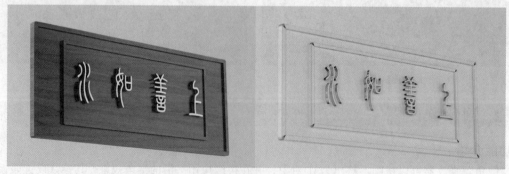

图5-43

01 使用"矩形"工具 矩形 在前视图中绘制一个矩形,在"参数"卷展栏下设置"长度"为100mm,"宽度"为260mm,"角半径"为2mm,如图5-44所示。

02 为矩形加载一个"倒角"修改器,在"倒角值"卷展栏下设置"级别1"的"高度"为6mm,勾选"级别2"选项,并设置其"轮廓"为-4mm,勾选"级别3"选项,并设置其"高度"为-2mm,具体参数设置及模型效果如图5-45所示。

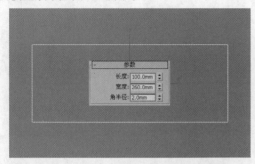

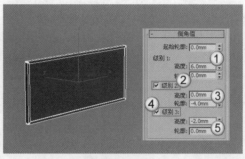

图5-44 图5-45

03 使用"选择并移动"工具 ⊹ 选择模型,在左视图中移动复制一个模型,在弹出的"克隆选项"对话框中设置"对象"为"复制",如图5-46所示。

04 切换到前视图,使用"选择并均匀缩放"工具 将复制出来的模型缩放到合适的大小,如图5-47所示。

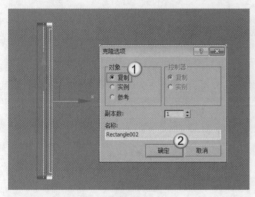

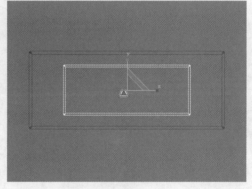

图5-46 图5-47

05 展开"倒角值"卷展栏,将"级别1"的"高度"修改为2mm,"级别2"的"轮廓"修改为-2.8mm,"级别3"的"高度"修改为-1.5mm,具体参数设置及模型效果如图5-48所示。

06 使用"文本"工具 文本 在前视图中单击鼠标左键创建一个默认的文本,然后在"参数"卷展栏下设置字体为"汉仪篆书繁","大小"为50mm,在"文本"输入框中输入"水如善上"4个字,如图5-49所示,文本效果如图5-50所示。

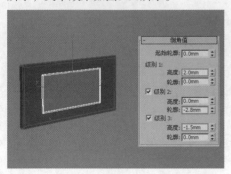

图5-48 图5-49 图5-50

技术专题：字体的安装方法

　　这里可能有些初学者会发现自己的计算机中没有"汉仪篆书繁"这种字体，这是很正常的，因为这种字体要去网上下载才能使用。下面介绍一下字体的安装方法。

　　第1步：选择下载的字体，按Ctrl+C组合键复制字体，然后执行"开始>控制面板"命令，如图5-51所示。

图5-51

　　第2步：在"控制面板"中双击"外观和个性化"项目，如图5-52所示，然后在弹出的面板中单击"字体"项目，如图5-53所示。

图5-52

图5-53

　　第3步：在弹出的"字体"文件夹中按Ctrl+V组合键粘贴字体，此时字体会自动进行安装，如图5-54所示。

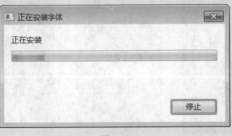

图5-54

07 为文本加载一个"挤出"修改器，在"参数"卷展栏下设置"数量"为1.5mm，最终效果如图5-55所示。

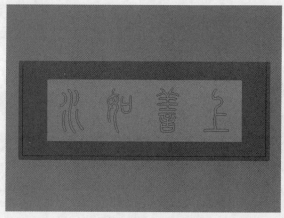

图5-55

5.3.3 车削修改器

功能介绍

"车削"修改器可以通过围绕坐标轴旋转一个图形或NURBS曲线来生成3D对象，其参数设置面板如图5-56所示。

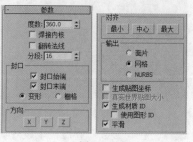

图5-56

参数详解

❖ 度数：设置对象围绕坐标轴旋转的角度，其范围为0~360度，默认值为360度。

❖ 焊接内核：通过焊接旋转轴中的顶点来简化网格。

❖ 翻转法线：使物体的法线翻转，翻转后物体的内部会外翻。

❖ 分段：在起始点之间设置在曲面上创建的插补线段的数量。

❖ 封口：如果设置的车削对象的"度数"小于360度，该选项用来控制是否在车削对象的内部创建封口。

　　◇ 封口始端：车削的起点，用来设置封口的最大程度。

　　◇ 封口末端：车削的终点，用来设置封口的最大程度。

　　◇ 变形：按照创建变形目标所需的可预见且可重复的模式来排列封口面。

　　◇ 栅格：在图形边界的方形上修剪栅格中安排的封口面。

❖ 方向：设置轴的旋转方向，共有x、y和z这3个轴可供选择。

❖ 对齐：设置对齐的方式，共有"最小""中心"和"最大"3种方式可供选择。

❖ 输出：指定车削对象的输出方式，共有以下3种。

　　◇ 面片：产生一个可以折叠到面片对象中的对象。

　　◇ 网格：产生一个可以折叠到网格对象中的对象。

　　◇ NURBS：产生一个可以折叠到NURBS对象中的对象。

【练习5-3】用车削修改器制作餐具

餐具效果如图5-57所示。

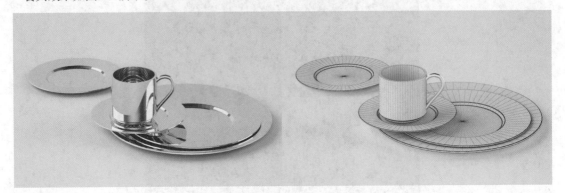

图5-57

01 制作盘子模型。使用"线"工具 线 在前视图中绘制一条图5-58所示的样条线。

02 进入"顶点"级别，选择图5-59所示的6个顶点，在"几何体"卷展栏下单击"圆角"按钮 圆角 ，然后在前视图中拖曳鼠标创建出圆角，效果如图5-60所示。

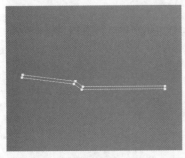
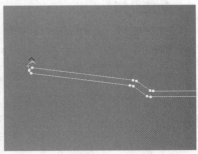

图5-58　　　　　　　　　　图5-59　　　　　　　　　　图5-60

03 为样条线加载一个"车削"修改器，在"参数"卷展栏下设置"分段"为60，设置"方向"为Y，"对齐"方式为"最大"，具体参数设置及模型效果如图5-61所示。

04 为盘子模型加载一个"平滑"修改器（采用默认设置），效果如图5-62所示。

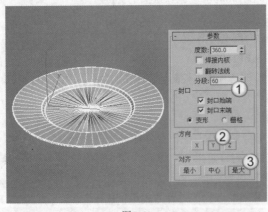
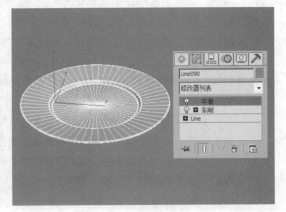

图5-61　　　　　　　　　　　　　　图5-62

05 利用复制功能复制两个盘子，用"选择并均匀缩放"工具 将复制的盘子缩放到合适的大小，完成后的效果如图5-63所示。

06 制作杯子模型。使用"线"工具 线 在前视图中绘制一条图5-64所示的样条线。

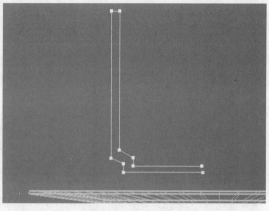

图5-63

图5-64

07 进入"顶点"级别,选择图5-65所示的6个顶点,在"几何体"卷展栏下单击"圆角"按钮 圆角 ,然后在前视图中拖曳鼠标创建出圆角,效果如图5-66所示。

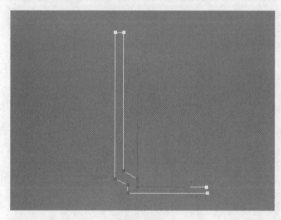

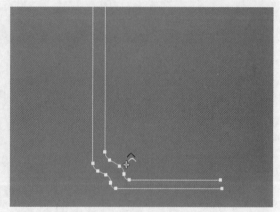

图5-65

图5-66

08 为样条线加载一个"车削"修改器,在"参数"卷展栏下设置"分段"为60,设置"方向"为Y,"对齐"方式为"最大",具体参数设置及模型效果如图5-67所示。

09 制作杯子的把手模型。使用"线"工具 线 在前视图中绘制一条图5-68所示的样条线。

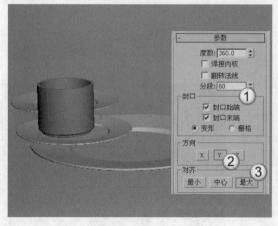

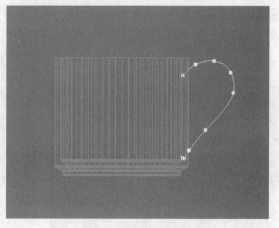

图5-67

图5-68

10 选择样条线,在"渲染"卷展栏下勾选"在渲染中启用"和"在视口中启用"选项,设置"径向"的"厚度"为8mm,具体参数设置及模型效果如图5-69所示,最终效果如图5-70所示。

图5-69

图5-70

【练习5-4】用车削修改器制作吊灯

吊灯效果如图5-71所示。

图5-71

01 使用"线"工具 线 在前视图中绘制一条图5-72所示的样条线。

02 为样条线加载一个"车削"修改器,在"参数"卷展栏下设置"分段"为12,"方向"为Y,"对齐"方式为"最大",关闭"平滑"选项,如图5-73所示,效果如图5-74所示。

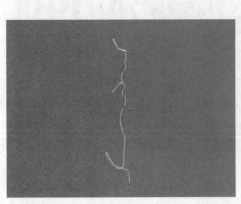

图5-72

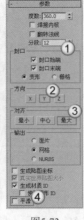

图5-73

图5-74

03 使用"线"工具 线 在前视图中绘制出图5-75所示的样条线，然后为其加载一个"车削"修改器，在"参数"卷展栏下设置"方向"为Y，"对齐"方式为"最大"，如图5-76所示。

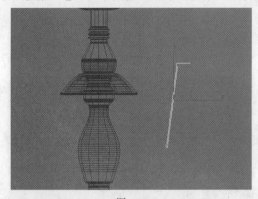

图5-75

图5-76

04 继续使用"线"工具 线 在前视图中绘制一条如图5-77所示的样条线。

05 为样条线加载一个"车削"修改器，在"参数"卷展栏下设置"分段"为12，"方向"为Y，"对齐"方式为"最大"，关闭"平滑"选项，如图5-78所示，效果如图5-79所示。

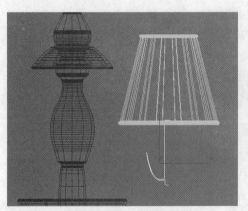

图5-77

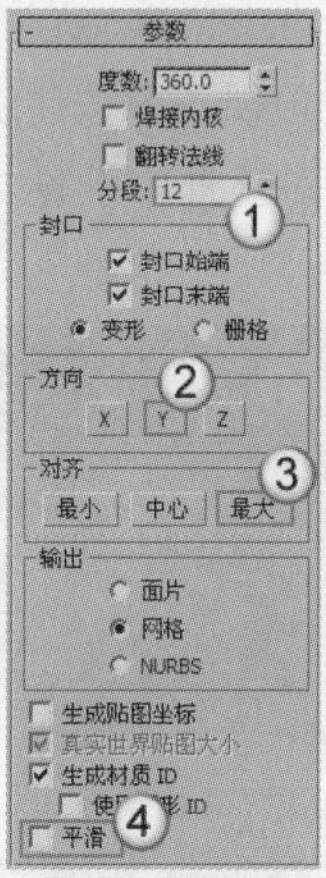

图5-78

图5-79

06 使用"线"工具 线 在左视图中绘制一条图5-80所示的样条线，然后使用"星形"工具 星形 在前视图中创建出一个星形，在"参数"卷展栏下设置"半径1"为5mm，"半径2"为4mm，"点"为8，"扭曲"为0，"圆角半径1"为0.5mm，"圆角半径2"为0.3mm，具体参数设置如图5-81所示。

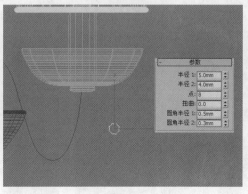

图5-80

图5-81

07 选择样条线，设置几何体类型为"复合对象"，单击"放样"按钮 放样 ，在"创建方法"卷展栏下单击"获取图形"按钮 获取图形 ，最后在视图中拾取星形，效果如图5-82所示。

08 选择主轴以外的模型，执行"组>组"菜单命令，为其建立一个组，如图5-83所示。

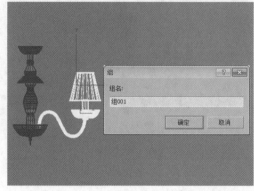

图5-82   图5-83

09 在"命令"面板中单击"层次"按钮 切换到"层次"面板，单击"仅影响轴"按钮 仅影响轴 ，在顶视图中将轴心点拖曳到吊灯主轴的中心，如图5-84所示。调整完成后再次单击"仅影响轴"按钮 仅影响轴 ，退出"仅影响轴"模式。

10 按A键激活"角度捕捉切换"工具 ，在顶视图中按住Shift键用"选择并旋转"工具 旋转（旋转-60度）复制"组001"，在弹出的"克隆选项"对话框中设置"副本数"为5，如图5-85所示，效果如图5-86所示。

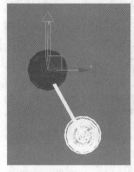
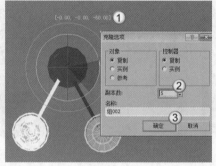

图5-84   图5-85   图5-86

11 使用"线"工具 线 在左视图中绘制一条图5-87所示的样条线。

12 使用"球体"工具 球体 在场景中创建一个球体，在"参数"卷展栏下设置"半径"为3.5mm，如图5-88所示，然后使用"选择并挤压"工具 沿x轴将球体挤压成图5-89所示的形状。

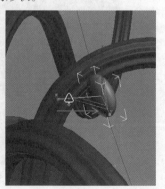

图5-87   图5-89   图5-89

13 使用"圆"工具 [圆] 在视图中绘制一个圆形，然后在"渲染"卷展栏下勾选"在渲染中启用"和"在视口中启用"选项，设置"径向"的"厚度"为0.4mm，如图5-90所示。

14 选择压扁的球体和圆形，为其建立一个组，然后在"主工具栏"中的空白位置单击鼠标右键，在弹出的菜单中选择"附加"命令调出"附加"工具栏，如图5-91所示。

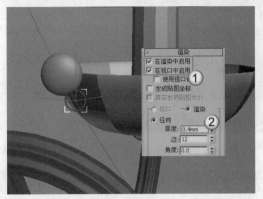

图5-90   图5-91

15 选择组，在"附加"工具栏中单击"间隔工具"按钮，打开"间隔工具"对话框，在其中单击"拾取路径"按钮 [拾取路径]，然后在视图中拾取样条线，设置"计数"为32，"前后关系"为"跟随"，如图5-92所示，效果如图5-93所示。

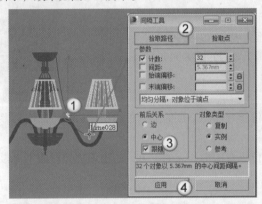

图5-92   图5-93

16 在"主工具栏"中设置"参考坐标系"为"局部"，如图5-94所示，使用"选择并旋转"工具 调整好各组模型的角度，如图5-95所示。

17 利用"仅影响轴"技术和"选择并旋转"工具 在顶视图中旋转复制5份模型，完成后的效果如图5-96所示。

图5-94   图5-95   图5-96

18 继续创建出吊灯的其他装饰模型，最终效果如图5-97所示。

图5-97

5.3.4 弯曲修改器

功能介绍

"弯曲"修改器可以使物体在任意3个轴上控制弯曲的角度和方向，也可以对几何体的一段限制弯曲效果，其参数设置面板如图5-98所示。

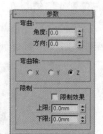

图5-98

参数详解

❖ 角度：从顶点平面设置要弯曲的角度，范围为-999999~999999。

❖ 方向：设置弯曲相对于水平面的方向，范围为-999999~999999。

❖ X/Y/Z：指定要弯曲的轴，默认轴为z轴。

❖ 限制效果：将限制约束应用于弯曲效果。

❖ 上限：以世界单位设置上部边界，该边界位于弯曲中心点的上方，超出该边界弯曲不再影响几何体，其范围为0~999999。

❖ 下限：以世界单位设置下部边界，该边界位于弯曲中心点的下方，超出该边界弯曲不再影响几何体，其范围为-999999~0。

【练习5-5】用弯曲制作水龙头

水龙头效果如图5-99所示。

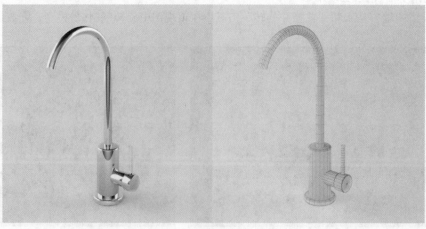

图5-99

01 使用"圆柱体"工具 圆柱体 在视图中创建一个圆柱体，在"参数"卷展栏下设置"半径"为15mm，"高度"为400mm，"高度分段"为12，"端面分段"为1，如图5-100所示。

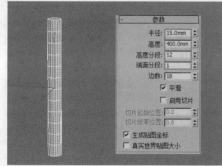

提示

在使用"弯曲"修改器时，弯曲轴向上的分段与弯曲效果有直接的关系，可以理解为分段越高，弯曲效果越好，而本例是以z轴为弯曲轴，所以设置了高度上的分段。

图5-100

02 为圆柱体加载一个"弯曲"修改器，在"参数"卷展栏下设置"角度"为160，"弯曲轴"为z轴，如图5-101所示。

03 选择上一步处理后的圆柱体，然后沿z轴向下移动复制一个弯曲的圆柱体，选中复制出来的圆柱体，在Blend（弯曲）修改器上单击鼠标右键，在弹出的菜单中选择"删除"命令，将"弯曲"修改器删除，最后调整好两个圆柱体的位置，如图5-102所示。

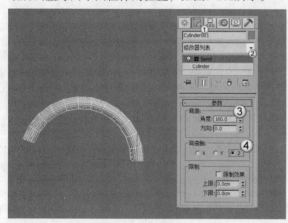

图5-101

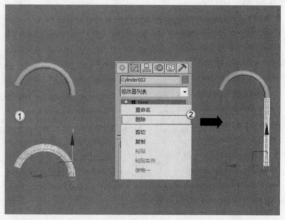

图5-102

04 使用"切角圆柱体"工具 切角圆柱体 在视图中创建一个切角圆柱体，在"参数"卷展栏下设置"半径"为40mm，"高度"为180mm，"圆角"为5mm，"圆角分段"为3，"边数"为18，其位置如图5-103所示。

05 将切角圆柱体沿z轴向下移动复制一个，然后在"参数"卷展栏下修改"半径"为55mm，"高度"为20mm，具体参数位置及模型位置如图5-104所示。

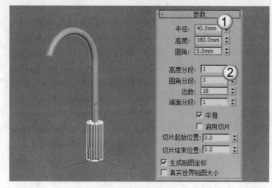

图5-103

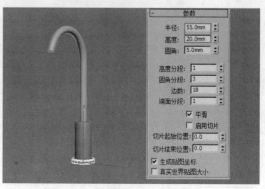

图5-104

06 按A键激活"角度捕捉切换"工具 🔄，按住Shift键使用"选择并旋转"工具 🔘 将第1个切角圆柱体旋转复制一个（旋转-90度），在"参数"卷展栏下修改"半径"为25mm，"高度"为90mm，如图5-105所示。

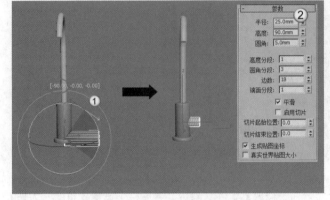

图5-105

07 选择上一步复制的切角圆柱体，将其沿y轴向右移动复制一个，然后在"参数"卷展栏下设置"半径"为30mm，"高度"为35mm，"圆角"为2mm，具体参数位置及模型位置如图5-106所示。

08 将未弯曲的圆柱体复制一个，在"参数"卷展栏下修改"半径"为7mm，"高度"为100mm，最终效果如图5-107所示。

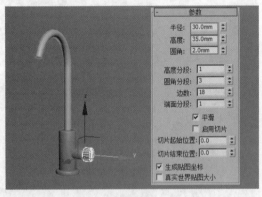

图5-106

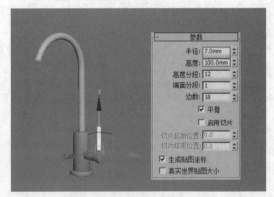

图5-107

【练习5-6】用弯曲修改器制作花朵

花朵效果如图5-108所示。

图5-108

01 打开学习资源中的"练习文件>第5章>5-6.max"文件,如图5-109所示。

02 选择其中一枝开放的花朵,为其加载一个"弯曲"修改器,在"参数"卷展栏下设置"角度"为105,"方向"为180,"弯曲轴"为y轴,具体参数设置及模型效果如图5-110所示。

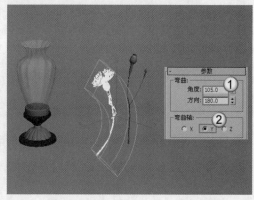

图5-109   图5-110

03 选择另一枝花朵,为其加载一个"弯曲"修改器,在"参数"卷展栏下设置"角度"为53,"弯曲轴"为y轴,具体参数设置及模型效果如图5-111所示。

04 选择开放的花朵模型,按住Shift键使用"选择并旋转"工具◎旋转复制19枝花朵(注意,要将每枝花朵调整成参差不齐的效果),如图5-112所示。

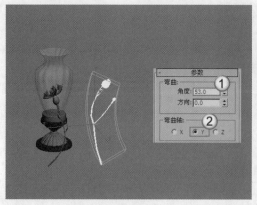

图5-111   图5-112

05 继续使用"选择并旋转"工具◎对另外一枝花朵进行复制(复制9枝),如图5-113所示。

06 使用"选择并移动"工具✥将两束花朵放入花瓶中,最终效果如图5-114所示。

图5-113   图5-114

5.3.5　扭曲修改器

功能介绍

"扭曲"修改器与"弯曲"修改器的参数相似，但是"扭曲"修改器产生的是扭曲效果，而"弯曲"修改器产生的是弯曲效果。"扭曲"修改器可以在对象几何体中产生一个旋转效果（就像拧湿抹布），并且可以控制任意3个轴上的扭曲角度，同时也可以对几何体的一段限制扭曲效果，其参数设置面板如图5-115所示。

> **提示**
>
> "扭曲"修改器参数的含义请参阅"弯曲"修改器。

图5-115

5.3.6　对称修改器

功能介绍

"对称"修改器可以围绕特定的轴向镜像对象，在构建角色模型、船只或飞行器时特别有用，其参数设置面板如图5-116所示。

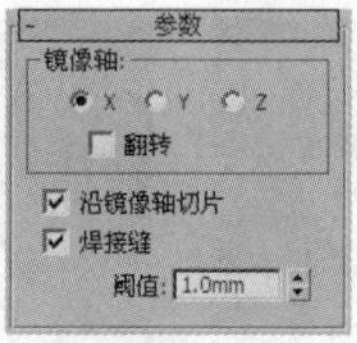

图5-116

参数详解

❖　镜像轴：用于设置镜像的轴。

　❖　X/Y/Z：指定执行对称所围绕的轴。

　❖　翻转：启用该选项后，可以翻转对称效果的方向。

❖　沿镜像轴切片：启用该选项后，可以使镜像Gizmo在定位于网格边界内部时作为一个切片平面。

❖　焊接缝：启用该选项后，可以确保沿镜像轴的顶点在阈值以内时能自动焊接。

❖　阈值：该参数设置的值代表顶点在自动焊接起来之前的接近程度。

【练习5-7】用对称修改器制作字母休闲椅

字母休闲椅效果如图5-117所示。

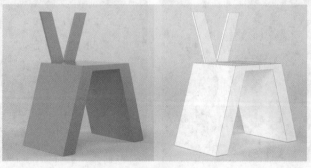

图5-117

01 使用"线"工具 在前视图中绘制出图5-118所示的样条线。

02 为样条线加载一个"挤出"修改器，在"参数"卷展栏下设置"数量"为130mm，具体参数设置及模型效果如图5-119所示。

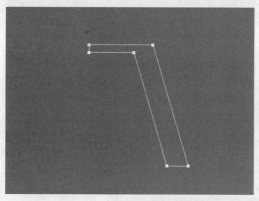

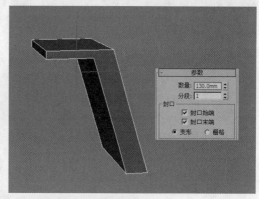

图5-118   图5-119

03 为模型加载一个"对称"修改器，在"参数"卷展栏下设置"镜像轴"为x轴，具体参数设置及模型效果如图5-120所示。

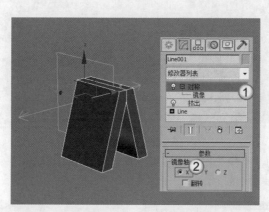

图5-120

04 选择"对称"修改器的"镜像"次物体层级，在前视图中用"选择并移动"工具 ⊕ 向左拖曳镜像Gizmo，如图5-121所示，效果如图5-122所示。

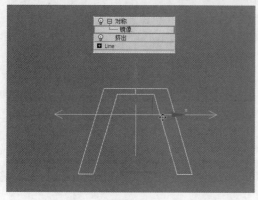

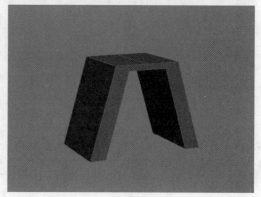

图5-121   图5-122

05 用"线"工具 在前视图中绘制出图5-123所示的样条线，然后为其加载一个"挤出"修改器，在"参数"卷展栏下设置"数量"为6mm，具体参数设置及模型效果如图5-124所示。

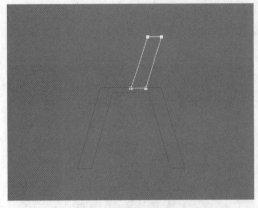

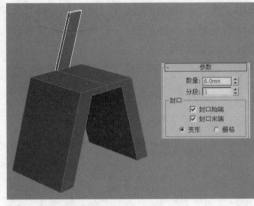

图5-123　　　　　　　　　　　　　　　　　　　　　图5-124

06 为模型加载一个"对称"修改器，在"参数"卷展栏下设置"镜像轴"为*x*轴，效果如图5-125所示。

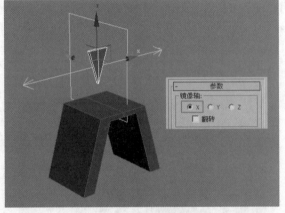

图5-125

07 选择"对称"修改器的"镜像"次物体层级，在前视图中用"选择并移动"工具![icon]向左拖曳镜像Gizmo，如图5-126所示，效果如图5-127所示。

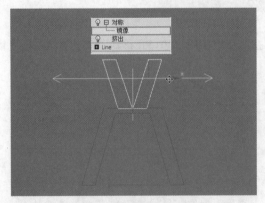

图5-126　　　　　　　　　　　　　　　　　　　　　图5-127

5.3.7　置换修改器

功能介绍

　　"置换"修改器是以力场的形式来推动和重塑对象的几何外形，可以直接从修改器的Gizmo（也可以使用位图）来应用它的变量力，其参数设置面板如图5-128所示。

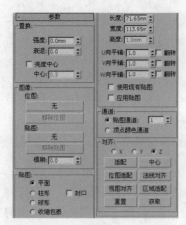

图5-128

参数详解

1. 置换选项组

❖ 强度：设置置换的强度，数值为0时没有任何效果。

❖ 衰退：如果设置"衰减"数值，则置换强度会随距离的变化而衰减。

❖ 亮度中心：决定使用什么样的灰度作为0置换值。勾选该选项以后，可以设置下面的"中心"数值。

2. 图像选项组

❖ 位图/贴图：加载位图或贴图。

❖ 移除位图/贴图：移除指定的位图或贴图。

❖ 模糊：模糊或柔化位图的置换效果。

3. 贴图选项组

❖ 平面：从单独的平面对贴图进行投影。

❖ 柱形：以环绕在圆柱体上的方式对贴图进行投影。启用"封口"选项可以从圆柱体的末端投射贴图副本。

❖ 球形：从球体出发对贴图进行投影，位图边缘在球体两极的交汇处均为奇点。

❖ 收缩包裹：从球体投射贴图，与"球形"贴图类似，但是它会截去贴图的各个角，然后在一个单独的极点将它们全部结合在一起，在底部创建一个奇点。

❖ 长度/宽度/高度：指定置换Gizmo的边界框尺寸，其中高度对"平面"贴图没有任何影响。

❖ U/V/W向平铺：设置位图沿指定尺寸重复的次数。

❖ 翻转：沿相应的U/V/W轴翻转贴图的方向。

❖ 使用现有贴图：置换使用堆栈中较早的贴图设置，如果没有为对象应用贴图，该功能将不起任何作用。

❖ 应用贴图：将置换UV贴图应用到绑定对象。

4. 通道选项组

❖ 贴图通道：指定UVW通道用来贴图，其后面的数值框用来设置通道的数目。

❖ 顶点颜色通道：开启该选项可以对贴图使用顶点颜色通道。

5. 对齐选项组

❖ X/Y/Z：选择对齐的方式，可以选择沿x/y/z轴进行对齐。

❖ 适配 适配 ：缩放Gizmo以适配对象的边界框。

❖ 中心 中心 ：相对于对象的中心来调整Gizmo的中心。

❖ 位图适配 位图适配 ：单击该按钮可以打开"选择图像"对话框，可以缩放Gizmo来适配选定位图的纵横比。

❖ 法线对齐 法线对齐 ：单击该按钮可以将曲面的法线进行对齐。

❖ 视图对齐 视图对齐 ：使Gizmo指向视图的方向。

❖ 区域适配 区域适配 ：单击该按钮可以将指定的区域进行适配。

❖ 重置 重置 ：将Gizmo恢复到默认值。

❖ 获取 获取 ：选择另一个对象并获得它的置换Gizmo设置。

5.3.8　噪波修改器

功能介绍

"噪波"修改器可以使对象表面的顶点进行随机变动，从而让表面变得起伏不规则，常用于制作复杂的地形、地面和水面效果，"噪波"修改器可以应用在任何类型的对象上，其参数设置面板如图5-129所示。

参数详解

❖ 种子：从设置的数值中生成一个随机起始点。该参数在创建地形时非常有用，因为每种设置都可以生成不同的效果。

❖ 比例：设置噪波影响的大小（不是强度）。较大的值可以产生平滑的噪波，较小的值可以产生锯齿现象非常严重的噪波。

❖ 分形：控制是否产生分形效果。勾选该选项以后，下面的"粗糙度"和"迭代次数"选项才可用。

❖ 粗糙度：决定分形变化的程度。

❖ 迭代次数：控制分形功能所使用的迭代数目。

❖ X/Y/Z：设置噪波在 $x/y/z$ 坐标轴上的强度（至少为其中一个坐标轴输入强度数值）。

图5-129

【练习5-8】用置换与噪波修改器制作海面

海面效果如图5-130所示。

图5-130

01 使用"平面"工具 平面 在场景中创建一个平面，在"参数"卷展栏下设置"长度"为185mm，"宽度"为307mm，设置"长度分段"和"宽度分段"都为400，具体参数设置及平面效果如图5-131所示。

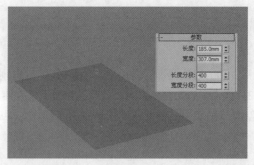

图5-131

> **提示**
>
> 由于海面是由无数起伏的波涛组成，如果将分段值设置得过低，虽然也会产生波涛效果，但却不真实。

02 为平面加载一个"置换"修改器，在"参数"卷展栏下设置"强度"为3.8，在"贴图"通道下面单击"无"按钮 无 ，在弹出的"材质/贴图浏览器"对话框中选择"噪波"程序贴图，如图5-132所示。

03 按M键打开"材质编辑器"对话框，将"贴图"通道中的"噪波"程序贴图拖曳到一个空白材质球上，然后在弹出的对话框中设置"方法"为"实例"，如图5-133所示。

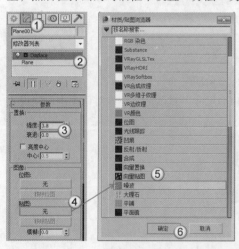

图5-132

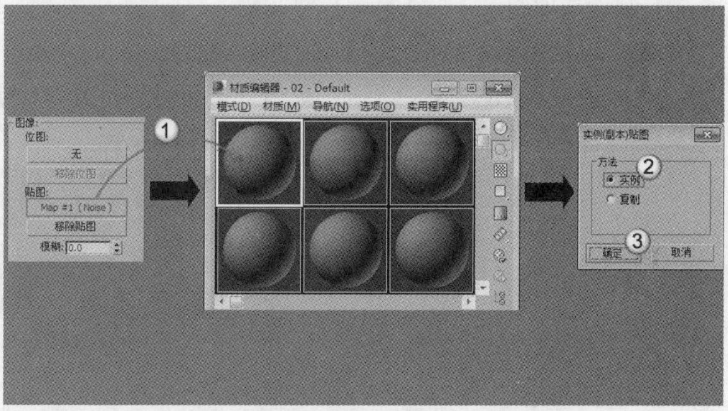

图5-133

04 展开"坐标"卷展栏，设置"瓷砖"的X偏移为40，Y偏移为160，Z偏移为1；展开"噪波参数"卷展栏，设置"大小"为55，具体参数设置如图5-134所示，最终效果如图5-135所示。

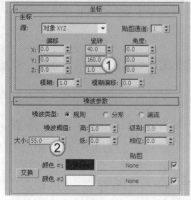

图5-134

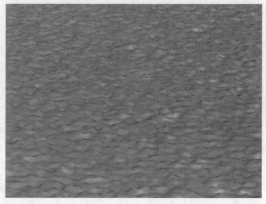

图5-135

5.3.9 FFD修改器

功能介绍

FFD是"自由变形"的意思，FFD修改器即"自由变形"修改器。FFD修改器包含5种类型，分别FFD 2×2×2修改器、FFD 3×3×3修改器、FFD 4×4×4修改器、FFD（长方体）修改器和FFD（圆柱体）修改器，如图5-136所示。这种修改器是使用晶格框包围住选中的几何体，然后通过调整晶格的控制点来改变封闭几何体的形状。

由于FFD修改器的使用方法基本都相同，因此这里选择FFD（长方体）修改器来进行讲解，其参数设置面板如图5-137所示。

图5-136　　　　　　　　图5-137

参数详解

1. 尺寸选项组

❖　点数：显示晶格中当前的控制点数目，如4×4×4、2×2×2等。

❖　设置点数 <u>设置点数</u>：单击该按钮可以打开"设置FFD尺寸"对话框，在该对话框中可以设置晶格中所需控制点的数目，如图5-138所示。

图5-138

2. 显示选项组

❖　晶格：控制是否使连接控制点的线条形成栅格。

❖　源体积：开启该选项可以将控制点和晶格以未修改的状态显示出来。

3. 变形选项组

❖　仅在体内：只有位于源体积内的顶点会变形。

❖　所有顶点：所有顶点都会变形。

❖　衰减：决定FFD的效果减为0时离晶格的距离。

❖　张力/连续性：调整变形样条线的张力和连续性。虽然无法看到FFD中的样条线，但晶格和控制点代表着控制样条线的结构。

4. 选择选项组

❖　全部X <u>全部X</u>/全部Y <u>全部Y</u>/全部Z <u>全部Z</u>：选中沿着由这些轴指定的局部维度的所有控制点。

5. 控制点选项组

❖　重置 <u>重置</u>：将所有控制点恢复到原始位置。

❖　全部动画化 <u>全部动画</u>：单击该按钮可以将控制器指定给所有的控制点，使它们在轨迹视图中可见。

❖　与图形一致 <u>与图形一致</u>：在对象中心控制点位置之间沿直线方向来延长线条，可以将每一个FFD

控制点移到修改对象的交叉点上。

- ❖ 内部点：仅控制受"与图形一致"影响的对象内部的点。
- ❖ 外部点：仅控制受"与图形一致"影响的对象外部的点。
- ❖ 偏移：设置控制点偏移对象曲面的距离。
- ❖ About（关于）About：显示版权和许可信息。

【练习5-9】用FFD修改器制作沙发

沙发效果如图5-139所示。

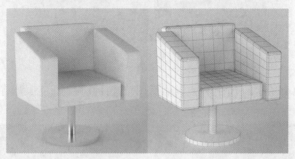

图5-139

01 使用"切角长方体"工具 切角长方体 在场景中创建一个切角长方体，在"参数"卷展栏下设置"长度"为1000mm，"宽度"为300mm，"高度"为600mm，"圆角"为30mm，设置"长度分段"为5，"宽度分段"为1，"高度分段"为6，"圆角分段"为3，具体参数设置及模型效果如图5-140所示。

02 按住Shift键使用"选择并移动"工具💠移动复制一个模型，在弹出的"克隆选项"对话框中设置"对象"为"实例"，如图5-141所示。

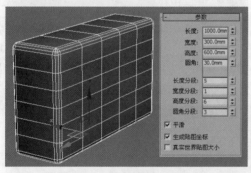

图5-140

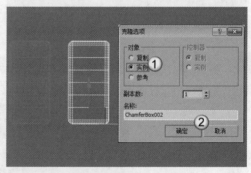

图5-141

03 为其中一个切角长方体加载一个FFD 2×2×2修改器，然后选择"控制点"次物体层级，在左视图中用"选择并移动"工具💠框选右上角的两个控制点，如图5-142所示，最后将其向下拖曳一段距离，如图5-143所示。

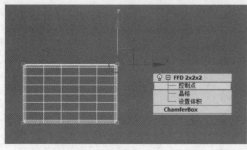

图5-142

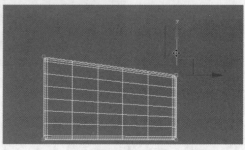

图5-143

提示

由于前面采用的是"实例"复制法，所以只要调节其中一个切角长方体的形状，另外一个便会跟着一起发生变化，如图5-144所示。

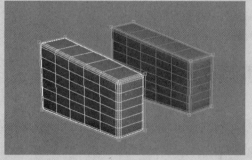

图5-144

04 在前视图中框选图5-145所示的4个控制点，然后用"选择并移动"工具⬚将其向上拖曳一段距离，如图5-146所示。

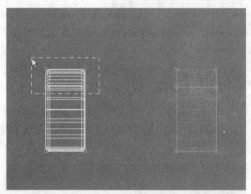

图5-145

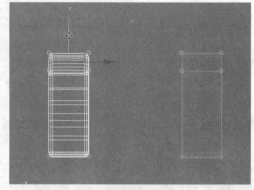

图5-146

05 退出"控制点"次物体层级，按住Shift键使用"选择并移动"工具⬚移动复制一个模型到中间位置，在弹出的"克隆选项"对话框中设置"对象"为"实例"，如图5-147所示。

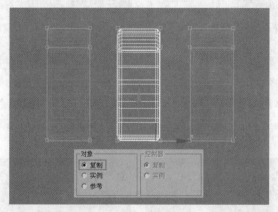

图5-147

提示

退出"控制点"次物体层级的方法有以下两种。

第1种：在修改器堆栈中选择FFD 2×2×2修改器的顶层级，如图5-148所示。

第2种：在视图中单击鼠标右键，然后在弹出的菜单中选择"顶层级"命令，如图5-149所示。

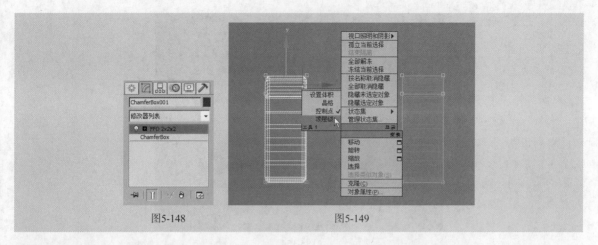

图5-148   图5-149

06 展开"参数"卷展栏，在"控制点"选项组下单击"重置"按钮 重置 ，将控制点产生的变形效果恢复到原始状态，如图5-150所示。

07 按R键选择"选择并均匀缩放"工具，然后在前视图中沿*x*轴将中间的模型横向放大，如图5-151所示。

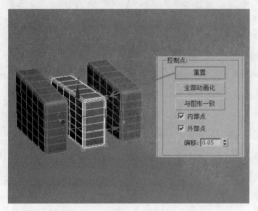

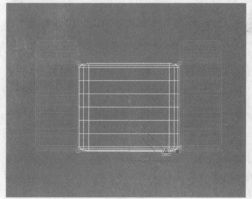

图5-150   图5-151

08 进入"控制点"次物体层级，在前视图中框选顶部的4个控制点，如图5-152所示，然后用"选择并移动"工具将其向下拖曳到图5-153所示的位置。

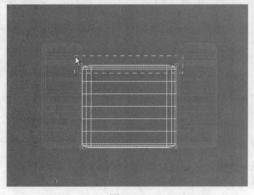

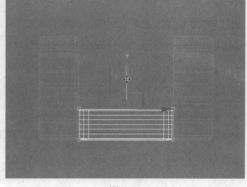

图5-152   图5-153

09 退出"控制点"次物体层级，按住Shift键使用"选择并移动"工具移动复制一个扶手模型，在弹出的"克隆选项"对话框中设置"对象"为"复制"（复制完成后重置控制点产生的变形效果），如图5-154所示。

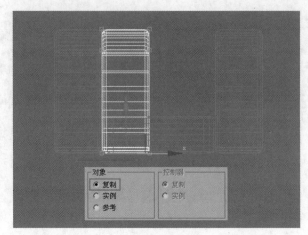

图5-154

10 进入"控制点"次物体层级，在左视图中框选右侧的4个控制点，如图5-155所示，然后用"选择并移动"工具💠将其向左拖曳到图5-156所示的位置。

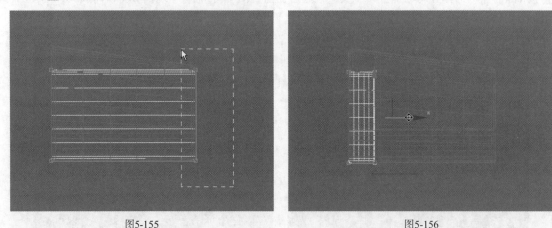

图5-155   图5-156

11 在左视图中框选顶部的4个控制点，用"选择并移动"工具💠将其向上拖曳到图5-157所示的位置，然后将其向左拖曳到图5-158所示的位置。

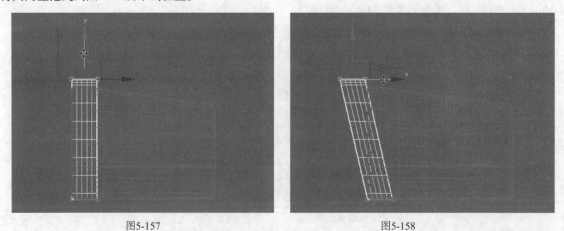

图5-157   图5-158

12 在前视图中框选右侧的4个控制点，如图5-159所示，然后用"选择并移动"工具💠将其向右拖曳到图5-160所示的位置。完成后退出"控制点"次物体层级。

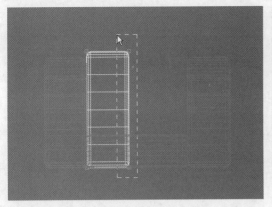

图5-159

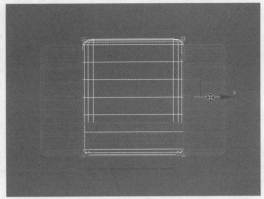

图5-160

— **提示** —

经过一系列的调整，沙发的整体效果就完成了，如图5-161所示。

13 使用"圆柱体"工具 ▭圆柱体▭ 在场景中创建一个圆柱体，在"参数"卷展栏下设置"半径"为50mm，"高度"为500mm，"高度分段"为1，具体参数设置及模型位置如图5-162所示。

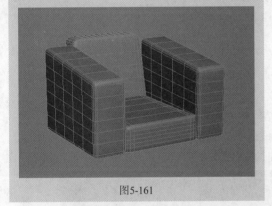

图5-161

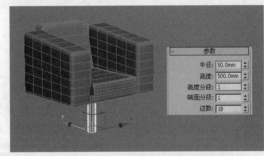

图5-162

14 在前视图中将圆柱体复制一个，然后在"参数"卷展栏下将"半径"修改为350mm，"高度"修改为50mm，"边数"修改为32，具体参数设置及模型位置如图5-163所示，最终效果如图5-164所示。

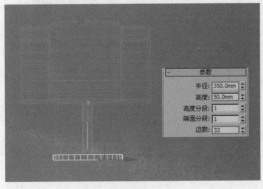

图5-163

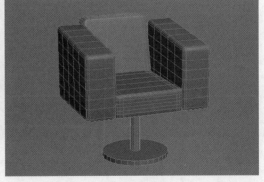

图5-164

5.3.10 晶格修改器

功能介绍

"晶格"修改器可以将图形的线段或边转化为圆柱形结构，并在顶点上产生可选择的关节多面体，其参数设置面板如图5-165所示。

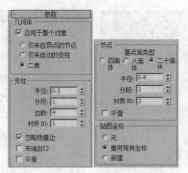

图5-165

参数详解

1. 几何体选项组

❖ 应用于整个对象：将"晶格"修改器应用到对象的所有边或线段上。

❖ 仅来自顶点的节点：仅显示由原始网格顶点产生的关节（多面体）。

❖ 仅来自边的支柱：仅显示由原始网格线段产生的支柱（多面体）。

❖ 二者：显示支柱和关节。

2. 支柱选项组

❖ 半径：指定结构的半径。

❖ 分段：指定沿结构的分段数目。

❖ 边数：指定结构边界的边数目。

❖ 材质ID：指定用于结构的材质ID，这样可以使结构和关节具有不同的材质ID。

❖ 忽略隐藏边：仅生成可视边的结构。如果禁用该选项，将生成所有边的结构，包括不可见边，
   图5-166所示是开启与关闭"忽略隐藏边"选项时的对比效果。

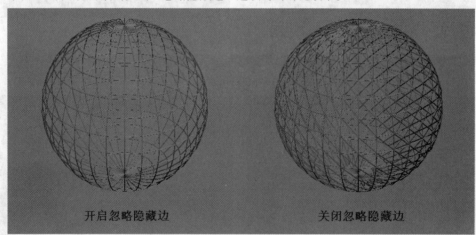

开启忽略隐藏边　　　　　　　　　　关闭忽略隐藏边

图5-166

❖ 末端封口：将末端封口应用于结构。

❖ 平滑：将平滑应用于结构。

3. 节点选项组

❖ 基点面类型：指定用于关节的多面体类型，包括"四面体""八面体"和"二十面体"3种类
   型。注意，"基点面类型"对"仅来自边的支柱"选项不起作用。

❖ 半径：设置关节的半径。

❖ 分段：指定关节中的分段数目。分段数越多，关节形状越接近球形。

❖ 材质ID：指定用于关节的材质ID。

❖ 平滑：将平滑应用于关节。

4. 贴图坐标选项组

❖ 无：不指定贴图。

❖ 重用现有坐标：将当前贴图指定给对象。

❖ 新建：将圆柱形贴图应用于每个结构和关节。

提示

使用"晶格"修改器可以基于网格拓扑来创建可渲染的几何体结构，也可以用来渲染线框图。

【练习5-10】用晶格修改器制作创意吊灯

创意吊灯效果如图5-167所示。

图5-167

`01` 使用"球体"工具 █ 球体 █ 在视图中创建一个球体，在"参数"卷展栏下设置"半径"为150mm，"分段"为16，勾选"轴心在底部"选项，如图5-168所示。

`02` 为球体加载一个"细化"修改器（保持默认设置），效果如图5-169所示。

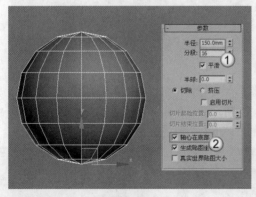

图5-168

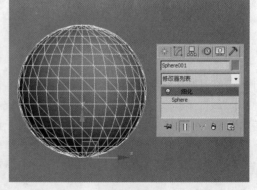

图5-169

提示

这里加载"细化"修改器的主要作用并不是为了细化模型，而是为了重新分布球体的布线。

`03` 为球体加载一个"编辑多边形"修改器，在"选择"卷展栏下单击"顶点"按钮 █，在前视图中选择图5-170所示的顶点，最后按Delete键删除顶点，效果如图5-171所示。

`04` 为模型加载一个"晶格"修改器，展开"参数"卷展栏，在"支柱"选项组下设置"半径"为0.8mm，"边数"为5；在"节点"选项组下设置"基点面类型"为"二十面体"，并设置"半径"为

3mm，具体参数设置如图5-172所示，效果如图5-173所示。

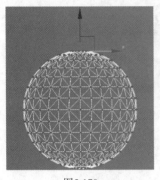 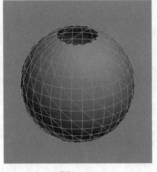 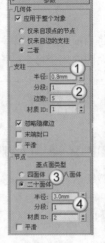 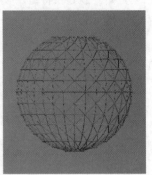

图5-170 　　　　　　　图5-171 　　　　　　　图5-172 　　　　　　　图5-173

05 使用"切角圆柱体"工具 切角圆柱体 在晶格吊灯的底部创建一个切角圆柱体，在"参数"卷展栏下设置"半径"为60mm，"高度"为3mm，"圆角"为0.3mm，"边数"为32，具体参数设置及其位置如图5-174所示。

06 使用"球体"工具 球体 在晶格吊灯内部创建一个球体，在"参数"卷展栏下设置"半径"为55mm，"分段"为32，勾选"轴心在底部"选项，具体参数设置及其位置如图5-175所示。

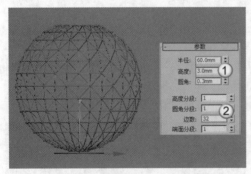 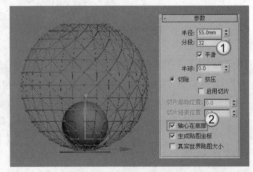

图5-174 　　　　　　　　　　　　　图5-175

07 利用移动复制功能将晶格吊灯和球体复制一份，然后调整好各个对象的位置，如图5-176所示。

08 使用"线"工具 线 在前视图中绘制出图5-177所示的样条线，在"渲染"卷展栏下勾选"在渲染中启用"和"在视口中启用"选项，设置"径向"的"厚度"为2mm，最终效果如图5-178所示。

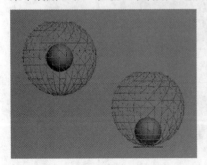  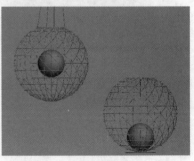

图5-176 　　　　　　　　图5-177 　　　　　　　　图5-178

5.3.11 平滑类修改器

功能介绍

"平滑"修改器、"网格平滑"修改器和"涡轮平滑"修改器都可以用来平滑几何体，但是在效果和可调性上有差别。简单地说，对于相同的物体，"平滑"修改器的参数比其他两种修改器要简单一些，但是平滑的强度不强；"网格平滑"修改器与"涡轮平滑"修改器的使用方法相似，但是后者能够更快并更有效率地利用内存，不过"涡轮平滑"修改器在运算时容易发生错误。因此，在实际工作中"网格平滑"修改器是其中最常用的一种。下面就针对"网格平滑"修改器进行讲解。

"网格平滑"修改器可以通过多种方法来平滑场景中的几何体，同时可以使角和边变得平滑，其参数设置面板如图5-179所示。

图5-179

参数详解

❖ 细分方法：选择细分的方法，共有"经典"、NURMS和"四边形输出"3种方法。"经典"方法可以生成三面和四面的多面体，如图5-180所示；NURMS方法生成的对象与可以为每个控制顶点设置不同权重的NURBS对象相似，这是默认设置，如图5-181所示；"四边形输出"方法仅生成四面多面体，如图5-182所示。

图5-180

图5-181

图5-182

❖ 应用于整个网格：启用该选项后，平滑效果将应用于整个对象。

❖ 迭代次数：设置网格细分的次数，这是最常用的一个参数，其数值的大小直接决定了平滑的效果，取值范围为0~10。增加该值时，每次新的迭代会通过在迭代之前对顶点、边和曲面创建平滑差补顶点来细分网格，图5-183所示是"迭代次数"为1、2、3时的平滑效果对比。

迭代次数=1   迭代次数=2   迭代次数=3

图5-183

提示

"网格平滑"修改器的参数虽然有7个卷展栏，但是基本上只会用到"细分方法"和"细分量"卷展栏下的参数，特别是"细分量"卷展栏下的"迭代次数"。

❖ 平滑度：为尖锐的锐角添加面以平滑锐角，计算得到的平滑度为顶点连接的所有边的平均角度。

❖ 渲染值：用于在渲染时对对象应用不同平滑"迭代次数"和不同的"平滑度"值。在一般情况下，使用较低的"迭代次数"和较低的"平滑度"值进行建模，而使用较高值进行渲染。

【练习5-11】用网格平滑修改器制作樱桃

樱桃效果如图5-184所示。

图5-184

01 制作盛放樱桃的杯子模型。使用"茶壶"工具 茶壶 在场景中创建一个茶壶，在"参数"卷展栏下设置"半径"为80mm，"分段"为10，关闭"壶把""壶嘴"和"壶盖"选项，具体参数设置及模型效果如图5-185所示。

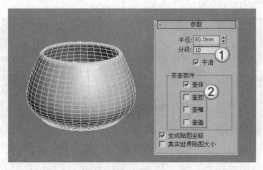

图5-185

02 为杯子模型加载一个FFD 3×3×3修改器，选择"控制点"次物体层级，在前视图中选择图5-186所示的控制点，最后用"选择并均匀缩放"工具 在透视图中将其向内缩放成图5-187所示的形状。

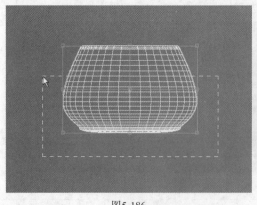

图5-186

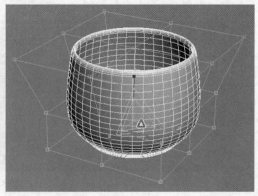

图5-187

03 使用"选择并移动"工具 在前视图中将中间和顶部的控制点向上拖曳到图5-188所示的位置，效果如图5-189所示。

04 制作樱桃模型。使用"球体"工具 球体 在场景中创建一个球体，在"参数"卷展栏下设置"半径"为20mm，"分段"为8，关闭"平滑"选项，具体参数设置及模型效果如图5-190所示。

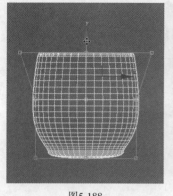
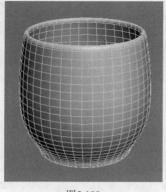
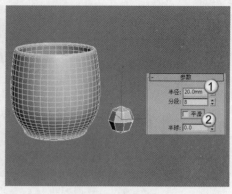

图5-188　　　　　　　　　　　图5-189　　　　　　　　　　　图5-190

提示

关闭"平滑"选项，将其转换为可编辑多边形，模型上就不会存在过多的顶点，这样编辑起来更方便一些。

05 选中球体，单击鼠标右键，在弹出的菜单中选择"转换为>转换为可编辑多边形"命令，如图5-191所示。

06 在"选择"卷展栏下单击"顶点"按钮 ，进入"顶点"级别，在前视图中选择图5-192所示的顶点，然后使用"选择并移动"工具 将其向下拖曳到图5-193所示的位置。

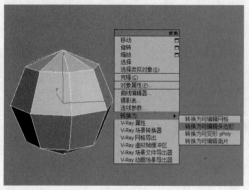
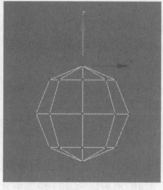
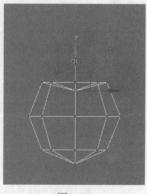

图5-191　　　　　　　　　　　图5-192　　　　　　　　　　　图5-193

07 为模型加载一个"网格平滑"修改器，在"细分量"卷展栏下设置"迭代次数"为2，如图5-194所示，模型效果如图5-195所示。

图5-194　　　　　　　　　　　图5-195

提示

注意，"迭代次数"的数值并不是设置得越大越好，只要能达到理想效果就行。

08 利用多边形建模方法制作出樱桃把模型，完成后的效果如图5-196所示。

09 利用复制功能复制一些樱桃，然后将其摆放在杯子内和地上，最终效果如图5-197所示。

图5-196

图5-197

5.3.12 优化修改器

功能介绍

使用"优化"修改器可以减少对象中面和顶点的数目，这样可以简化几何体并加速渲染速度，其参数设置面板如图5-198所示。

参数详解

1. 详细信息级别选项组

❖ 渲染器L1/L2：设置默认扫描线渲染器的显示级别。

❖ 视口L1/L2：同时为视图和渲染器设置优化级别。

2. 优化选项组

❖ 面阈值：设置用于决定哪些面会塌陷的阈值角度。值越低，优化越少，但是会更好地接近原始形状。

❖ 边阈值：为开放边（只绑定了一个面的边）设置不同的阈值角度。较低的值将会保留开放边。

❖ 偏移：帮助减少优化过程中产生的细长三角形或退化三角形，它们会导致渲染时产生缺陷效果。较高的值可以防止三角形退化，默认值0.1就足以减少细长的三角形，取值范围为0~1。

图5-198

❖ 最大边长度：指定最大长度，超出该值的边在优化时将无法拉伸。

❖ 自动边：控制是否启用任何开放边。

3. 保留选项组

❖ 材质边界：保留跨越材质边界的面塌陷。

❖ 平滑边界：优化对象并保持其平滑。启用该选项时，只允许塌陷至少共享一个平滑组的面。

4. 更新选项组

❖ 更新 更新 ：使用当前优化设置来更新视图显示效果。只有启用"手动更新"选项时，该按钮才可用。

❖ 手动更新：开启该选项后，可以使用上面的"更新"按钮 更新 。

5. 上次优化状态选项组

❖ 前/后：使用"顶点"和"面数"来显示上次优化的结果。

【练习5-12】用优化与专业优化修改器优化模型

模型优化前后的对比效果如图5-199所示。

图5-199

01 打开学习资源中的"练习文件>第5章>5-12.max"文件，按7键在视图的左上角显示出多边形和顶点的数量，目前的多边形数量为35182个，顶点数量是37827个，如图5-200所示。

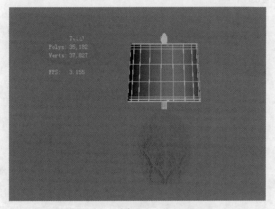

图5-200

提示

如果在一个很大的场景中每个物体都有这么多的多边形数量，那么系统在运行时将会非常缓慢，因此可以对不重要的物体进行优化。

02 为灯座模型加载一个"优化"修改器，在"参数"卷展栏下设置"优化"的"面阈值"为10，如图5-201所示，这时从视图的左上角可以发现多边形数量变成了28804个，顶点数量变成了15016个，说明模型已经优化了，如图5-202所示。

图5-201

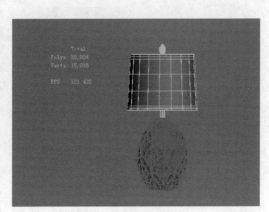

图5-202

03 在修改器堆栈中选择"优化"修改器，然后单击"从堆栈中移除修改器"按钮 🗑️，删除"优化"修改器，如图5-203所示。

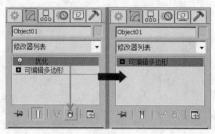

图5-203

04 为灯座模型加载一个专业优化修改器，在"优化级别"卷展栏下单击"计算"按钮 计算 ，计算完成后设置"顶点%"为20，如图5-204所示，这时从视图的左上角可以发现多边形数量变成了15824个，顶点数量变成了8526个，如图5-205所示。

图5-204

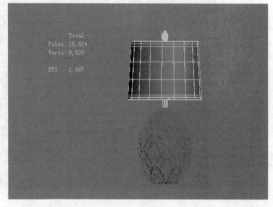

图5-205

提示

"专业优化"修改器与"优化"修改器的功能一样，都是用来减少模型的多边形（面）数量和顶点数量的。

5.3.13 融化修改器

功能介绍

"融化"修改器可以将现实生活中的融化效果应用到对象上，其参数设置面板如图5-206所示。

图5-206

246

融化修改器参数介绍

1. 融化选项组

❖ 数量：设置融化的程度。

2. 扩散选项组

❖ 融化百分比：设置对象的融化百分比。

3. 固态选项组

❖ 冰（默认）：默认选项，为固态的冰效果。

❖ 玻璃：模拟玻璃效果。

❖ 冻胶：产生在中心处显著的下垂效果。

❖ 塑料：相对的固体，但是在融化时其中心稍微下垂。

❖ 自定义：将固态设置为 0.2~30 之间的任何值。

4. 融化轴选项组

❖ X/Y/Z：选择围绕哪个轴（对象的局部轴）产生融化效果。

❖ 翻转轴：通常，融化会沿着指定的轴从正向朝着负向发生。启用"翻转轴"选项后，可以翻转
这一方向。

【练习5-13】用融化修改器制作融化的糕点

融化的糕点效果如图5-207所示。

图5-207

01 打开学习资源中的"练习文件>第5章>5-13.max"文件，如图5-208所示。

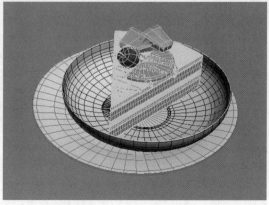

图5-208

02 为糕点模型加载一个"融化"修改器，在"参数"卷展栏下设置"融化"的"数量"为30，"扩散"的"融化百分比"为10，设置"固态"为"自定义"，并设置其数值为0.5，选择"融化轴"为z轴，具体参数设置如图5-209所示，效果如图5-210所示。

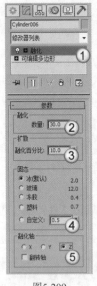

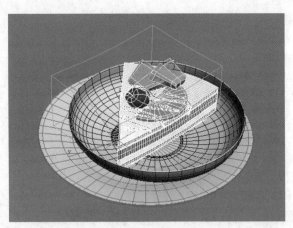

图5-209 　　　　　　　　　　　　　　　　图5-210

03 由于融化效果不是很明显，将"融化"的"数量"修改为100，如图5-211所示，最终效果如图5-212所示。

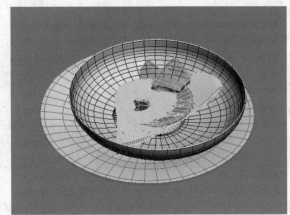

图5-211 　　　　　　　　　　　　　　　　图5-212

第 6 章

多边形建模

　　本章将介绍多边形建模方法，多边形建模是目前比较主流的建模方式之一，也是效果图制作中最常见的建模方式。通过多边形建模，几乎可以创建出效果图中的大部分模型。本章将介绍多边形建模的原理、多边形建模的技巧以及操作方法。多边形建模重在实际操作，在掌握了基本原理和操作方法后，只有多加练习，才能熟练地掌握多边形建模。

※ 掌握多边形的转换方法　　　　　　※ 掌握多边形建模的常用工具和命令
※ 掌握多边形的编辑方法　　　　　　※ 掌握多边形建模的具体操作方法

6.1 转换多边形对象

多边形建模作为当今的主流建模方式，已经被广泛应用到游戏角色、影视、工业造型和室内外等模型制作中。多边形建模方法在编辑上更加灵活，对硬件的要求也很低，其建模思路与网格建模的思路很接近，其不同点在于网格建模只能编辑三角面，而多边形建模对面数没有任何要求，图6-1~图6-3所示是一些比较优秀的多边形建模作品。

图6-1　　　　　　　　　　　图6-2　　　　　　　　　　　图6-3

提示

多边形建模非常重要，在本书中所占的比重也相当大，希望读者对本章的重点部分多动手练习。另外，本章所安排的实例都具有很强的针对性，希望用户对这些实例勤加练习。

在编辑多边形对象之前首先要明确多边形对象不是创建出来的，而是塌陷（转换）出来的。将物体塌陷为多边形的方法主要有以下4种。

第1种：选中对象，在界面左上角的Ribbon工具栏中单击"建模"按钮 建模 ，单击"多边形建模"按钮 多边形建模 ，在弹出的面板中单击"转化为多边形"按钮，如图6-4所示。注意，经过这种方法转换得来的多边形的创建参数将全部丢失。

第2种：在对象上单击鼠标右键，在弹出的菜单中选择"转换为>转换为可编辑多边形"命令，如图6-5所示。同样，经过这种方法转换得来的多边形的创建参数也会全部丢失。

第3种：为对象加载"编辑多边形"修改器，如图6-6所示。经过这种方法转换得来的多边形的创建参数将保留下来。

第4种：在修改器堆栈中选中对象，单击鼠标右键，在弹出的菜单中选择"可编辑多边形"命令，如图6-7所示。同样，经过这种方法转换得来的多边形的创建参数将全部丢失。

   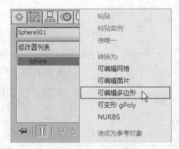

图6-4　　　　　　　　图6-5　　　　　　　　图6-6　　　　　　　　图6-7

6.2 编辑多边形对象

将物体转换为可编辑多边形对象后，就可以对可编辑多边形对象的顶点、边、边界、多边形和元素分别进行编辑。可编辑多边形的参数设置面板中包括6个卷展栏，分别是"选择"卷展栏、"软选择"卷展栏、"编辑几何体"卷展栏、"细分曲面"卷展栏、"细分置换"卷展栏和"绘制变形"卷展栏，如图6-8所示。

请注意，在选择了不同的次物体级别以后，可编辑多边形的参数设置面板也会发生相应的变化，例如，在"选择"卷展栏下单击"顶点"按钮，进入"顶点"级别以后，在参数设置面板中就会增加两个对顶点进行编辑的卷展栏，如图6-9所示。而如果进入"边"级别和"多边形"级别以后，又会增加对边和多边形进行编辑的卷展栏，如图6-10和图6-11所示。

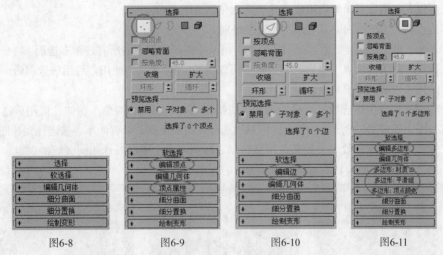

图6-8   图6-9   图6-10   图6-11

在下面的内容中，将着重对"选择"卷展栏、"软选择"卷展栏、"编辑几何体"卷展栏进行详细讲解，同时还会对"顶点"级别下的"编辑顶点"卷展栏、"边"级别下的"编辑边"卷展栏以及"多边形"级别下的"编辑多边形"卷展栏下进行重点讲解。

6.2.1 选择卷展栏

功能介绍

"选择"卷展栏下的工具与选项主要用来访问多边形子对象级别以及快速选择子对象，如图6-12所示。

图6-12

由于在多边形建模过程需要经常在各个子对象级别中进行互换，因此这里提供了快速访问多边形子对象级别的快捷键（快速退出子对象的级别也是相同的快捷键），如下表所示。用户牢记这些快捷键，有助于提高建模的效率。

级别	快捷键
顶点	1（大键盘）
边	2（大键盘）
边界	3（大键盘）
多边形	4（大键盘）
元素	5（大键盘）

参数详解

❖ 顶点 ：用于访问"顶点"子对象级别。

❖ 边 ：用于访问"边"子对象级别。

❖ 边界 ：用于访问"边界"子对象级别，可从中选择构成网格中孔洞边框的一系列边。边界总是由仅在一侧带有面的边组成，并总是为完整循环。

❖ 多边形 ：用于访问"多边形"子对象级别。

❖ 元素 ：用于访问"元素"子对象级别，可从中选择对象中的所有连续多边形。

❖ 按顶点：除了"顶点"级别外，该选项可以在其他4种级别中使用。启用该选项后，只有选择所用的顶点才能选择子对象。

❖ 忽略背面：启用该选项后，只能选中法线指向当前视图的子对象。例如，启用该选项以后，在前视图中框选图6-13所示的顶点，但只能选择正面的顶点，而背面不会被选择到，图6-14所示是在左视图中的观察效果；如果关闭该选项，在前视图中同样框选相同区域的顶点，则背面的顶点也会被选择，图6-15所示是在顶视图中的观察效果。

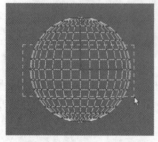  

图6-13 　　　　　　　　　　　图6-14 　　　　　　　　　　　图6-15

❖ 按角度：该选项只能用在"多边形"级别中。启用该选项时，如果选择一个多边形，3ds Max会基于设置的角度自动选择相邻的多边形。

❖ 收缩 收缩 ：单击一次该按钮，可以在当前选择范围中向内减少一圈对象。

❖ 扩大 扩大 ：与"收缩"相反，单击一次该按钮，可以在当前选择范围中向外增加一圈对象。

❖ 环形 环形 ：该工具只能在"边"和"边界"级别中使用。在选中一部分子对象后，单击该按钮可以自动选择平行于当前对象的其他对象。例如，选择一条图6-16所示的边，然后单击"环形"按钮 环形 ，可以选择整个纬度上平行于选定边的边，如图6-17所示。

 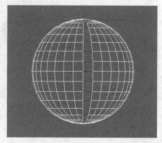

图6-16 　　　　　　　　　　图6-17

❖ 循环 循环 ：该工具同样只能在"边"和"边界"级别中使用。在选中一部分子对象后，单击该按钮可以自动选择与当前对象在同一曲线上的其他对象。例如，选择图6-18所示的边，然后单击"循环"按钮 循环 ，可以选择整个经度上的边，如图6-19所示。

❖ 预览选择：在选择对象之前，通过这里的选项可以预览光标滑过处的子对象，有"禁用""子对象"和"多个"3个选项可供选择。

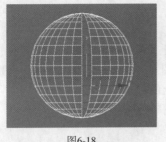

图6-18　　　　　　　　　　图6-19

6.2.2 软选择卷展栏

功能介绍

"软选择"是以选中的子对象为中心向四周扩散，以放射状方式来选择子对象。在对选择的部分子对象进行变换时，可以让子对象以平滑的方式进行过渡。另外，可以通过控制"衰减""收缩"和"膨胀"的数值来控制所选子对象区域的大小及对子对象控制力的强弱，并且"软选择"卷展栏还包含了绘制软选择的工具，如图6-20所示。

参数详解

❖　使用软选择：控制是否开启"软选择"功能。启用后，选择一个或一个区域的子对象，那么会以这个子对象为中心向外选择其他对象。例如，框选图6-21所示的顶点，那么软选择就会以这些顶点为中心向外进行扩散选择，如图6-22所示。

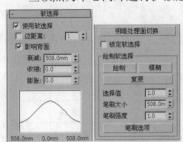
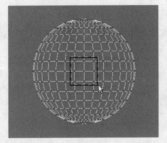
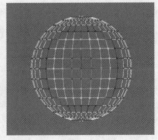

图6-20　　　　　　　　　图6-21　　　　　　　　　图6-22

技术专题：软选择的颜色显示

在用软选择选择子对象时，选择的子对象是以红、橙、黄、绿、蓝5种颜色进行显示的。处于中心位置的子对象显示为红色，表示这些子对象被完全选择，在操作这些子对象时，它们将被完全影响，然后依次是橙、黄、绿、蓝的子对象。

❖　边距离：启用该选项后，可以将软选择限制到指定的面数。

❖　影响背面：启用该选项后，那些与选定对象法线方向相反的子对象也会受到相同的影响。

❖　衰减：用以定义影响区域的距离，默认值为20mm。"衰减"数值越高，软选择的范围也就越大，图6-23和图6-24所示是将"衰减"设置为500mm和800mm时的选择效果对比。

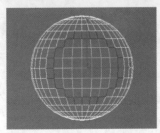
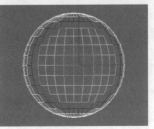

图6-23　　　　　　　　　图6-24

❖ 收缩：设置区域的相对"突出度"。

❖ 膨胀：设置区域的相对"丰满度"。

❖ 软选择曲线图：以图形的方式显示软选择是如何进行工作的。

❖ 明暗处理面切换 [明暗处理面切换]：只能用在"多边形"和"元素"级别中，用于显示颜色渐变，如图6-25所示。它与软选择范围内面上的软选择权重相对应。

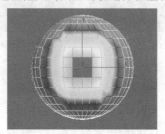

图6-25

❖ 锁定软选择：锁定软选择，以防止对按程序的选择进行更改。

❖ 绘制 [绘制]：可以在使用当前设置的活动对象上绘制软选择。

❖ 模糊 [模糊]：可以通过绘制来软化现有绘制软选择的轮廓。

❖ 复原 [复原]：可以通过绘制的方式还原软选择。

❖ 选择值：整个值表示绘制的或还原的软选择的最大相对选择。笔刷半径内周围顶点的值会趋向于0衰减。

❖ 笔刷大小：用来设置圆形笔刷的半径。

❖ 笔刷强度：用来设置绘制子对象的速率。

❖ 笔刷选项 [笔刷选项]：单击该按钮可以打开"绘制选项"对话框，如图6-26所示。在该对话框中可以设置笔刷的更多属性。

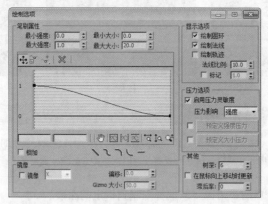

图6-26

6.2.3 编辑几何体卷展栏

功能介绍

"编辑几何体"卷展栏下的工具适用于所有子对象级别，主要用来全局修改多边形几何体，如图6-27所示。

参数详解

❖ 重复上一个 [重复上一个]：单击该按钮可以重复使用上一次使用的命令。

❖ 约束：使用现有的几何体来约束子对象的变换，共有"无""边""面"和"法线"4种方式可供选择。

图6-27

❖ 保持UV：启用该选项后，可以在编辑子对象的同时不影响该对象的UV贴图。

❖ 设置■：单击该按钮可以打开"保持贴图通道"对话框，如图6-28所示。在该对话框中可以指定要保持的顶点颜色通道或纹理通道（贴图通道）。

图6-28

❖ 创建 创建 ：创建新的几何体。

❖ 塌陷 塌陷 ：通过将顶点与选择中心的顶点焊接，使连续选定子对象的组产生塌陷。

— 提示 —

"塌陷"工具 塌陷 类似于"焊接"工具 焊接 ，但是该工具不需要设置"阈值"数值就可以使对象直接塌陷在一起。

❖ 附加 附加 ：使用该工具可以将场景中的其他对象附加到选定的可编辑多边形中。

❖ 分离 分离 ：将选定的子对象作为单独的对象或元素分离出来。

❖ 切片平面 切片平面 ：使用该工具可以沿某一平面分开网格对象。

❖ 分割：启用该选项后，可以通过"快速切片"工具 快速切片 和"切割"工具 切割 在划分边的位置处创建出两个顶点集合。

❖ 切片 切片 ：可以在切片平面位置处执行切割操作。

❖ 重置平面 重置平面 ：将执行过"切片"的平面恢复到之前的状态。

❖ 快速切片 快速切片 ：可以将对象进行快速切片，切片线沿着对象表面，所以可以更加准确地进行切片。

❖ 切割 切割 ：可以在一个或多个多边形上创建出新的边。

❖ 网格平滑 网格平滑 ：使选定的对象产生平滑效果。

❖ 细化 细化 ：增加局部网格的密度，从而方便处理对象的细节。

❖ 平面化 平面化 ：强制所有选定的子对象成为共面。

❖ 视图对齐 视图对齐 ：使对象中的所有顶点与活动视图所在的平面对齐。

❖ 栅格对齐 栅格对齐 ：使选定对象中的所有顶点与活动视图所在的平面对齐。

❖ 松弛 松弛 ：使当前选定的对象产生松弛现象。

- ❖ 隐藏选定对象 隐藏选定对象：隐藏所选定的子对象。
- ❖ 全部取消隐藏 全部取消隐藏：将所有的隐藏对象还原为可见对象。
- ❖ 隐藏未选定对象 隐藏未选定对象：隐藏未选定的任何子对象。
- ❖ 命名选择：用于复制和粘贴子对象的命名选择集。
- ❖ 删除孤立顶点：启用该选项后，选择连续子对象时会删除孤立顶点。
- ❖ 完全交互：启用该选项后，如果更改数值，将直接在视图中显示最终的结果。

6.2.4 编辑顶点卷展栏

功能介绍

进入可编辑多边形的"顶点"级别以后，在"修改"面板中会增加一个"编辑顶点"卷展栏，如图6-29所示。这个卷展栏下的工具全部是用来编辑顶点的。

图6-29

参数详解

- ❖ 移除 移除：选中一个或多个顶点以后，单击该按钮可以将其移除，然后接合起使用它们的多边形。

技术专题：移除顶点与删除顶点的区别

这里详细介绍一下移动顶点与删除顶点的区别。

移除顶点：选中一个或多个顶点以后，单击"移除"按钮 移除 或按Backspace键即可移除顶点，但也只是移除了顶点，而面仍然存在，如图6-30所示。注意，移除顶点可能导致网格形状发生严重变形。

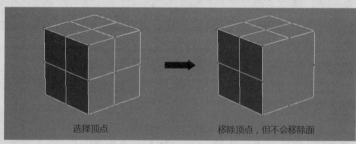

选择顶点　　　　　　　移除顶点，但不会移除面

图6-30

删除顶点：选中一个或多个顶点以后，按Delete键可以删除顶点，同时也会删除连接到这些顶点的面，如图6-31所示。

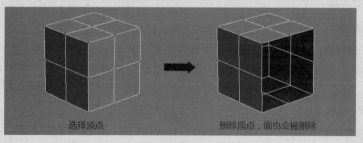

选择顶点　　　　　　　删除顶点，面也会被删除

图6-31

❖ 断开 [断开]：选中顶点以后，单击该按钮可以在与选定顶点相连的每个多边形上都创建一个新顶点，这可以使多边形的转角相互分开，使它们不再相连于原来的顶点上。

❖ 挤出 [挤出]：直接使用这个工具可以手动在视图中挤出顶点，如图6-32所示。如果要精确设置挤出的高度和宽度，可以单击后面的"设置"按钮回，然后在视图中的"挤出顶点"对话框中输入数值即可，如图6-33所示。

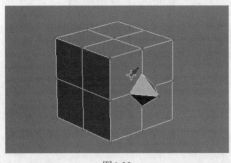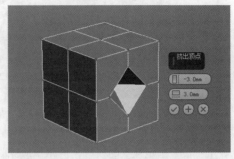

图6-32   图6-33

❖ 焊接 [焊接]：这是多边形建模中使用频率最高的工具之一，可以对"焊接顶点"对话框中指定的"焊接阈值"范围之内连续的选中的顶点进行合并，合并后所有边都会与产生的单个顶点连接。单击后面的"设置"按钮回可以设置"焊接阈值"。

❖ 切角 [切角]：选中顶点以后，使用该工具在视图中拖曳鼠标，可以手动为顶点切角，如图6-34所示。单击后面的"设置"按钮回，在弹出的"切角"对话框中可以设置精确的"顶点切角量"数值，同时还可以将切角后的面"打开"，以生成孔洞效果，如图6-35所示。

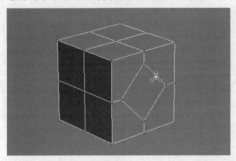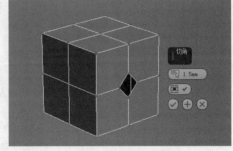

图6-34   图6-35

❖ 目标焊接 [目标焊接]：选择一个顶点后，使用该工具可以将其焊接到相邻的目标顶点，如图6-36所示。

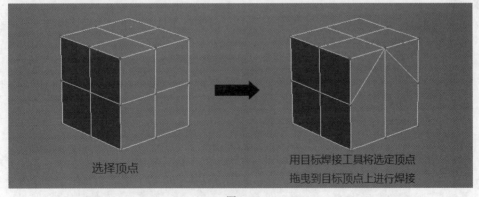

图6-36

提示

"目标焊接"工具 [目标焊接] 只能焊接成对的连续顶点。也就是说，选择的顶点与目标顶点要有一条边相连。

❖ 连接 <u>连接</u>：在选中的对角顶点之间创建新的边，如图6-37所示。

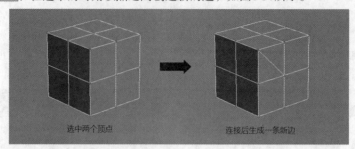

图6-37

❖ 移除孤立顶点 <u>移除孤立顶点</u>：删除不属于任何多边形的所有顶点。

❖ 移除未使用的贴图顶点 <u>移除未使用的贴图顶点</u>：某些建模操作会留下未使用的（孤立）贴图顶点，它们会显示在"展开UVW"编辑器中，但是不能用于贴图，单击该按钮就可以自动删除这些贴图顶点。

❖ 权重：设置选定顶点的权重，供NURMS细分选项和"网格平滑"修改器使用。

❖ 拆缝：设置选定顶点的折缝值，增加顶点折缝将把平滑结果拉向顶点并锐化点。

6.2.5 编辑边卷展栏

功能介绍

进入可编辑多边形的"边"级别以后，在"修改"面板中会增加一个"编辑边"卷展栏，如图6-38所示。这个卷展栏下的工具全部是用来编辑边的。

图6-38

参数详解

❖ 插入顶点 <u>插入顶点</u>：在"边"级别下，使用该工具在边上单击鼠标左键，可以在边上添加顶点，如图6-39所示。

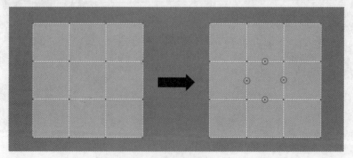

图6-39

❖ 移除 <u>移除</u>：选择边以后，单击该按钮或按Backspace键可以移除边，如图6-40所示。如果按Delete键，将删除边以及与边连接的面，如图6-41所示。

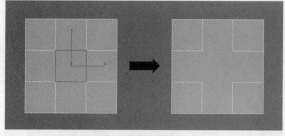

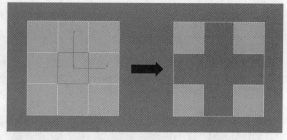

图6-40

图6-41

❖ 分割 分割 ：沿着选定边分割网格。对网格中心的单条边应用时，不会起任何作用。

❖ 挤出 挤出 ：直接使用这个工具可以手动在视图中挤出边。如果要精确设置挤出的高度和宽度，可以单击后面的"设置"按钮□，然后在视图中的"挤出边"对话框中输入数值即可，如图6-42所示。

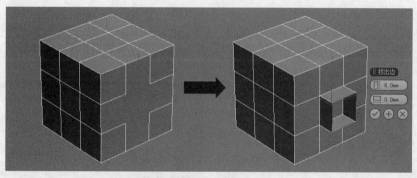

图6-42

❖ 焊接 焊接 ：组合"焊接边"对话框指定的"焊接阈值"范围内的选定边。只能焊接仅附着一个多边形的边，也就是边界上的边。

❖ 切角 切角 ：这是多边形建模中使用频率最高的工具之一，可以在选定边与相邻的两条边之间切出新的多边形，如图6-43所示。

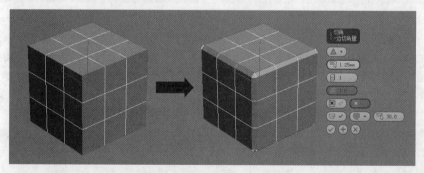

图6-43

技术专题：边的四边形切角、边张力、平滑功能

在3ds Max 2016中，对边的切角新增了3个新功能，分别是"四边形切角""边张力"和"平滑"功能。下面分别对这3个新功能进行介绍。

1.四边形切角

边的切角方式分为"标准切角"和"四边形切角"两种方式。选择"标准切角"方式，在拐角处切出来的多边形可能是三边形、四边形或者两者均有，如图6-44所示；选择"四边形切角"方式，在拐角处切出来的多边形全部会强制生成四边形，如图6-45所示。

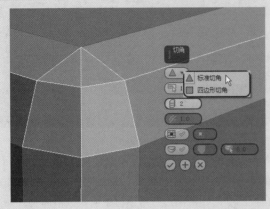

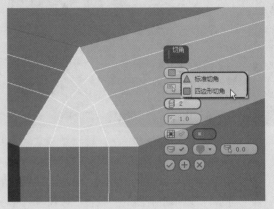

图6-44   图6-45

2.边张力

在"四边形切角"方式下对边进行切角以后，可以通过设置"边张力"的值来控制多边形向外凸出的程度。最大值为1，表示多边形不向外凸出；值越小，多边形就越向外凸出，如图6-46所示；最小值为0，多边形向外凸出的程度将达到极限，如图6-47所示。注意，"边张力"功能不能用于"标准切角"方式。

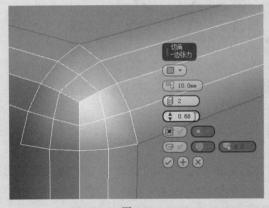

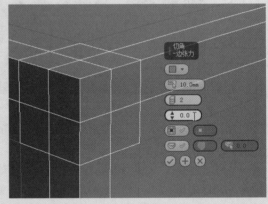

图6-46   图6-47

3.平滑

对边进行切角以后，可以对切出来的多边形进行平滑处理。在"标准切角"方式下，设置平滑的"平滑阈值"为非0的数值时，可以选择多边形的平滑方式，既可以是"平滑整个对象"，如图6-48所示，也可以是"仅平滑切角"，如图6-49所示；在"四边形切角"方式下，必须是"边张力"值为0~1、"平滑阈值"大于0的情况才可以对多边形应用平滑效果，同样可以选择"平滑整个对象"和"仅平滑切角"两种方式中的一种，如图6-50和图6-51所示。

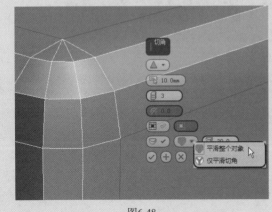

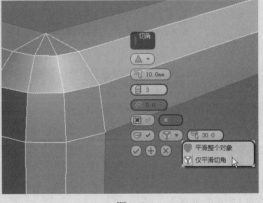

图6-48   图6-49

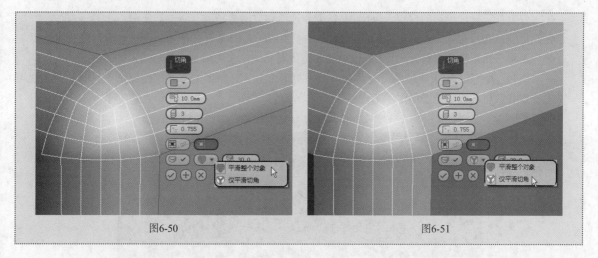

图6-50   图6-51

❖ 目标焊接 **目标焊接**：用于选择边并将其焊接到目标边。只能焊接仅附着一个多边形的边，也就是边界上的边。

❖ 桥 **桥**：使用该工具可以连接对象的边，但只能连接边界边，也就是只在一侧有多边形的边。

❖ 连接 **连接**：这是多边形建模中使用频率最高的工具之一，可以在每对选定边之间创建新边，对于创建或细化边循环特别有用。例如，选择一对竖向的边，则可以在横向上生成边，如图6-52所示。

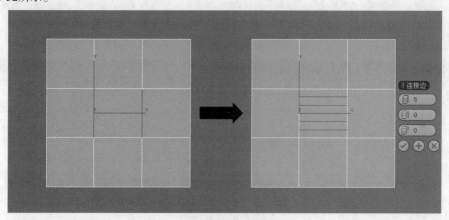

图6-52

❖ 利用所选内容创建新图形 **利用所选内容创建图形**：这是多边形建模中使用频率最高的工具之一，可以将选定的边创建为样条线图形。选择边以后，单击该按钮可以弹出一个"创建图形"对话框，在该对话框中可以设置图形名称以及设置图形的类型，如果选择"平滑"类型，则生成平滑的样条线，如图6-53所示；如果选择"线性"类型，则样条线的形状与选定边的形状保持一致，如图6-54所示。

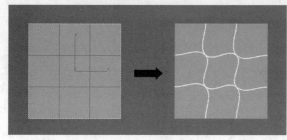

图6-53

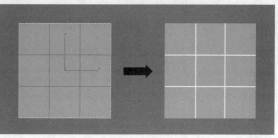

图6-54

- ❖ 权重：设置选定边的权重，供NURMS细分选项和"网格平滑"修改器使用。
- ❖ 拆缝：指定对选定边或边执行的折缝操作量，供NURMS细分选项和"网格平滑"修改器使用。
- ❖ 编辑三角形 编辑三角形：用于修改绘制内边或对角线时多边形细分为三角形的方式。
- ❖ 旋转 旋转：用于通过单击对角线修改多边形细分为三角形的方式。使用该工具时，对角线可以在线框和边面视图中显示为虚线。
- ❖ 硬 硬：将选定边相邻的两个面设置为不平滑效果，如图6-55所示。

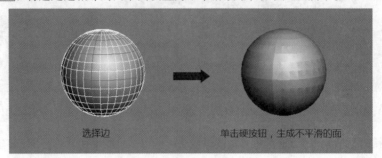

图6-55

- ❖ 平滑 平滑：该工具的作用与"硬"工具 硬 相反。
- ❖ 显示硬边：启用该选项后，所有硬边都使用邻近色样定义的硬边颜色显示在视口中。

--- 提示 ---

3ds Max 2016的"编辑三角形"工具 编辑三角形 与"硬"工具 硬 是重叠在一起的，"旋转"工具 旋转 和"平滑"工具 平滑 也是重叠在一起的，这属于界面的问题，用户在选择相应工具的时候需要仔细选择，不要误选。

6.2.6 编辑多边形卷展栏

功能介绍

进入可编辑多边形的"多边形"级别以后，"修改"面板中会增加一个"编辑多边形"卷展栏，如图6-56所示。这个卷展栏下的工具全部是用来编辑多边形的。

图6-56

参数详解

- ❖ 插入顶点 插入顶点：用于手动在多边形上插入顶点（单击即可插入顶点），以细化多边形，如图6-57所示。

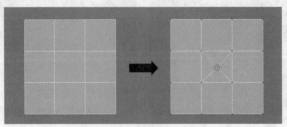

图6-57

❖ 挤出 挤出 ：这是多边形建模中使用频率最高的工具之一，可以挤出多边形。如果要精确设置挤出的高度，可以单击后面的"设置"按钮 ，然后在视图中的"挤出边"对话框中输入数值即可。挤出多边形时，"高度"为正值时可向外挤出多边形，为负值时可向内挤出多边形，如图6-58所示。

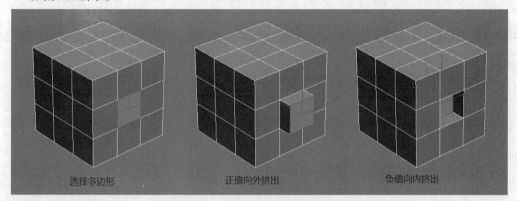

图6-58

❖ 轮廓 轮廓 ：用于增加或减小每组连续的选定多边形的外边。

❖ 倒角 倒角 ：这是多边形建模中使用频率最高的工具之一，可以挤出多边形，同时为多边形进行倒角，如图6-59所示。

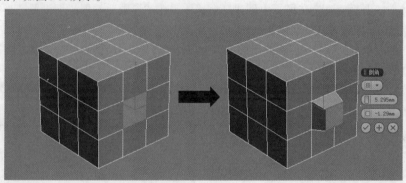

图6-59

❖ 插入 插入 ：执行没有高度的倒角操作，即在选定多边形的平面内执行该操作，如图6-60所示。

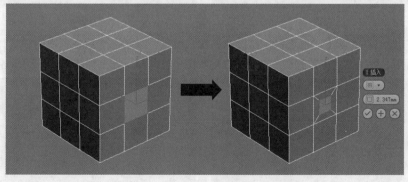

图6-60

❖ 桥 桥 ：使用该工具可以连接对象上的两个多边形或多边形组。

❖ 翻转 翻转 ：反转选定多边形的法线方向，从而使其面向用户的正面。

❖ 从边旋转 从边旋转 ：选择多边形后，使用该工具可以沿着垂直方向拖动任何边，以便旋转选定多边形。

❖ 沿样条线挤出 ▨沿样条线挤出▨：沿样条线挤出当前选定的多边形。

❖ 编辑三角剖分 ▨编辑三角剖分▨：通过绘制内边修改多边形细分为三角形的方式。

❖ 重复三角算法 ▨重复三角算法▨：在当前选定的一个或多个多边形上执行最佳三角剖分。

❖ 旋转 ▨旋转▨：使用该工具可以修改多边形细分为三角形的方式。

【练习6-1】用多边形建模制作苹果

苹果效果如图6-61所示。

图6-61

▨01▨ 使用"球体"工具 ▨球体▨在场景中创建一个球体，在"参数"卷展栏下设置"半径"为50mm，"分段"为12，具体参数设置及模型效果如图6-62所示。

▨02▨ 选择球体，然后单击鼠标右键，在弹出的菜单中选择"转换为>转换为可编辑多边形"命令，将其转换为可编辑多边形，如图6-63所示。

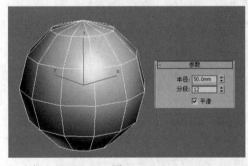

图6-62

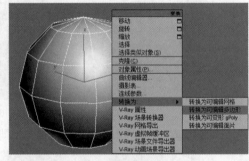

图6-63

▨03▨ 在"选择"卷展栏下单击"顶点"按钮▨，进入"顶点"级别，然后在顶视图中选择顶部的一个顶点，如图6-64所示，使用"选择并移动"工具▨在前视图中将其向下拖曳到图6-65所示的位置。

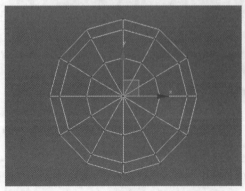

图6-64

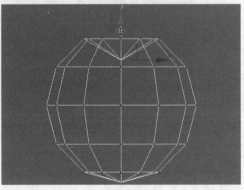

图6-65

提示

这里在选择顶部的顶点时，只能用点选，不能用框选。如果用框选会同时选择顶部与底部的两个顶点，如图6-66所示，这样在前视图中调整顶点时会产生图6-67所示的效果，这显然是错误的。

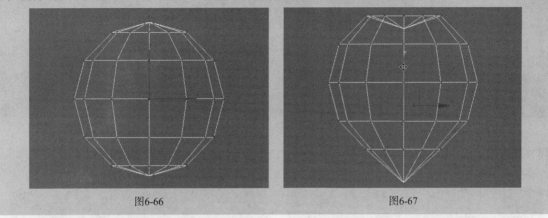

图6-66   图6-67

04 在顶视图中选择（注意，这里也是点选）图6-68所示的5个顶点，使用"选择并移动"工具 ⊕ 在前视图中将其向上拖曳到图6-69所示的位置。

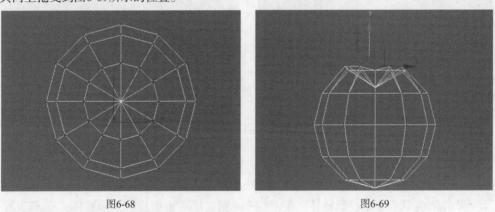

图6-68   图6-69

05 在"选择"卷展栏下单击"边"按钮 ⟍ ，进入"边"级别，然后在顶视图中选择（点选）图6-70所示的一条边，单击"循环"按钮 循环 ，这样可以选择一圈边，如图6-71所示。

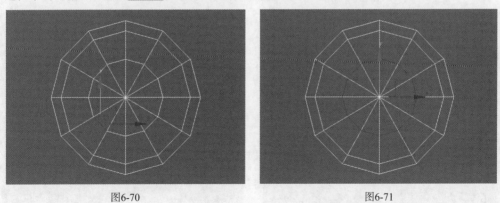

图6-70   图6-71

06 保持对边的选择，在"编辑边"卷展栏下单击"切角"按钮 切角 后面的"设置"按钮 □ ，设置"边切角量"为6.3mm，然后单击"确定"按钮 ☑ 完成操作，如图6-72所示。

07 进入"顶点"级别，在前视图中选择底部的一个顶点，如图6-73所示，然后使用"选择并移动"工具 ⊕ 将其向上拖曳到图6-74所示的位置。

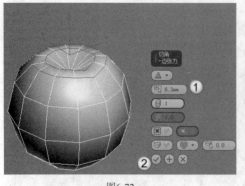

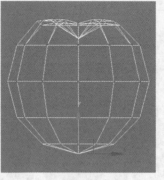

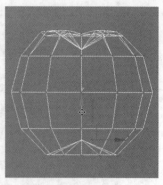

| 图6-72 | 图6-73 | 图6-74 |

08 在透视图中选择图6-75所示的5个顶点，使用"选择并移动"工具⊹在前视图中将其稍微向上拖曳一段距离，如图6-76所示。

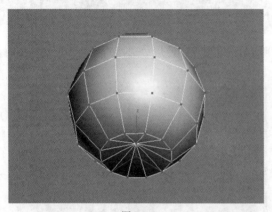

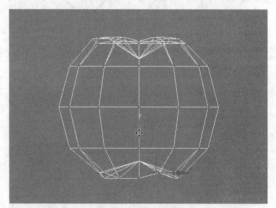

| 图6-75 | 图6-76 |

09 为模型加载一个"网格平滑"修改器，在"细分量"卷展栏下设置"迭代次数"为2，效果如图6-77所示。

10 制作苹果的把模型。使用"圆柱体"工具 圆柱体 在场景中创建一个圆柱体，在"参数"卷展栏下设置"半径"为2mm，"高度"为15mm，"高度分段"为5，具体参数设置及模型位置如图6-78所示。

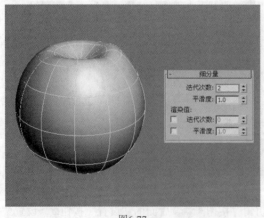

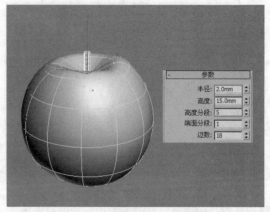

| 图6-77 | 图6-78 |

11 将圆柱体转换为可编辑多边形，进入"顶点"级别，然后在前视图中选择图6-79所示的一个顶点，使用"选择并移动"工具⊹将其稍微向下拖曳一段距离，如图6-80所示。

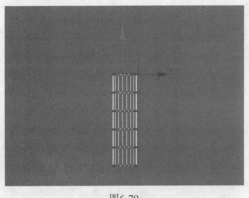
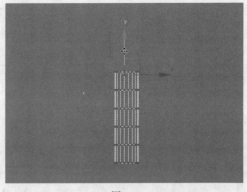

| 图6-79 | 图6-80 |

12 在前视图中选择（框选）图6-81所示的一个顶点，然后使用"选择并均匀缩放"工具 在透视图将其向内缩放成图6-82所示的效果。

13 继续对把模型的细节进行调整，最终效果如图6-83所示。

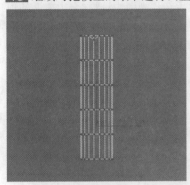

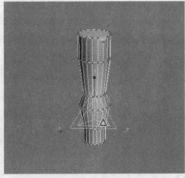

| 图6-81 | 图6-82 | 图6-83 |

【练习6-2】用多边形建模制作单人椅

单人椅效果如图6-84所示。

图6-84

01 使用"平面"工具 平面 在场景中创建一个平面，在"参数"卷展栏下设置"长度"为500mm，

267

"宽度"为460mm，"长度分段"和"宽度分段"为5，如图6-85所示。

02 选择平面，单击鼠标右键，在弹出的菜单中选择"转换为>转换为可编辑多边形"命令，如图6-86所示。

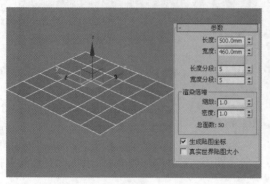 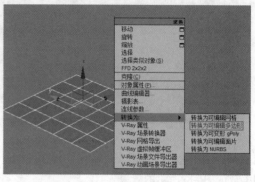

图6-85　　　　　　　　　　　　　　　　　　　　图6-86

03 在"选择"卷展栏下单击"顶点"按钮，进入"顶点"级别，然后在顶视图中选择4个边角上的顶点，如图6-87所示，接着使用"选择并均匀缩放"工具将顶点向内缩放成图6-88所示的效果。

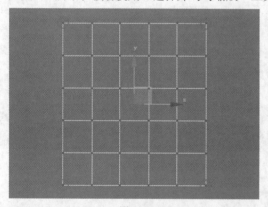 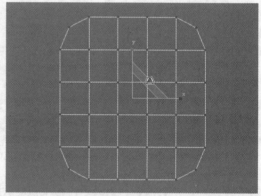

图6-87　　　　　　　　　　　　　　　　　　　　图6-88

04 切换到左视图，然后使用"选择并移动"工具将右侧的两组顶点调整成图6-89所示的效果，在透视图中的效果如图6-90所示。

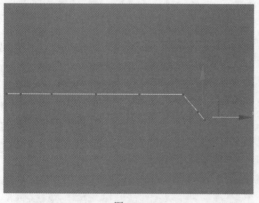 

图6-89　　　　　　　　　　　　　　　　　　　　图6-90

05 为模型加载一个FFD 3×3×3修改器，选择该修改器的"控制点"层级，在前视图中框选中间的控制点，如图6-91所示，然后使用"选择并移动"工具将控制点向下拖曳一段距离，如图6-92所示。

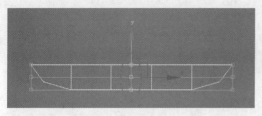
图6-91

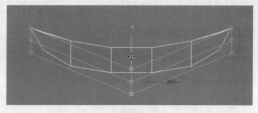
图6-92

06 为模型加载一个"涡轮平滑"修改器，在"涡轮平滑"卷展栏下设置"迭代次数"为2，具体参数设置及模型效果如图6-93所示。

07 继续为模型加载一个"壳"修改器，在"参数"卷展栏下设置"外部量"为10mm，具体参数设置及模型效果如图6-94所示。

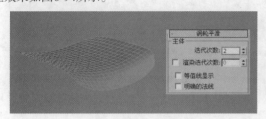
图6-93

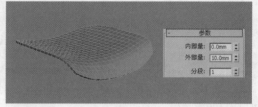
图6-94

08 采用相同的方法制作出靠背模型，完成后的效果如图6-95所示。

09 使用"线"工具 ▭线▭ 在前视图中绘制一条图6-96所示的样条线，在"渲染"卷展栏下勾选"在渲染中启用"和"在视口中启用"选项，设置"径向"的"厚度"为15mm，如图6-97所示。

10 继续使用"线"工具 ▭线▭ 制作出剩余的椅架模型，最终效果如图6-98所示。

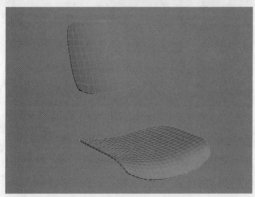
图6-95

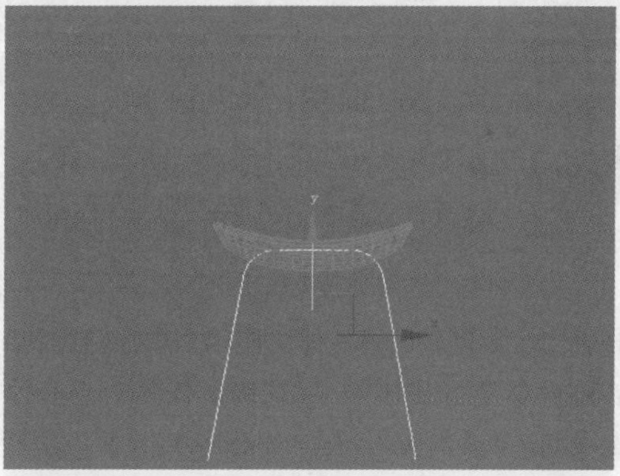

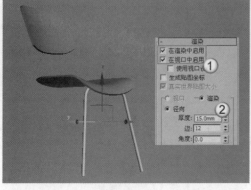
图6-96

图6-97

图6-98

269

【练习6-3】用多边形建模制作餐桌椅

餐桌椅效果如图6-99所示。

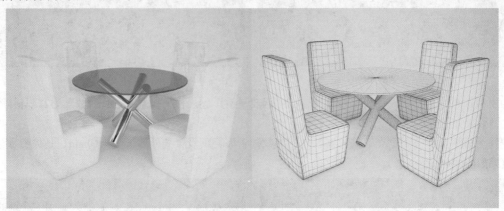

图6-99

01 制作桌子模型。使用"切角圆柱体"工具 切角圆柱体 在场景中创建出一个切角圆柱体，在"参数"卷展栏下设置"半径"为750mm，"高度"为20mm，"圆角"为2mm，"边数"为36，具体参数设置及模型效果如图6-100所示。

02 继续使用"切角圆柱体"工具 切角圆柱体 在场景中创建一个切角圆柱体，在"参数"卷展栏下设置"半径"为65mm，"高度"为1000mm，"圆角"为5mm，"圆角分段"为3，"边数"为36，具体参数设置及模型位置如图6-101所示。

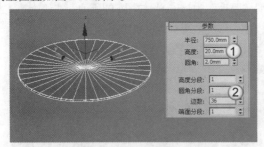

图6-100

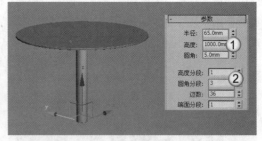

图6-101

03 选择上一步创建的圆柱体，使用"选择并旋转"工具 将其旋转到图6-102所示的角度。

04 在"命令"面板中单击"层级"按钮 ，然后单击"仅影响轴"按钮 仅影响轴 ，在顶视图中将轴心点拖曳到桌面的中心位置，如图6-103所示。调整完成后再次单击"仅影响轴"按钮 仅影响轴 ，退出"仅影响轴"模式。

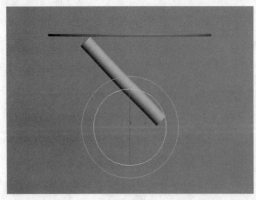

图6-102

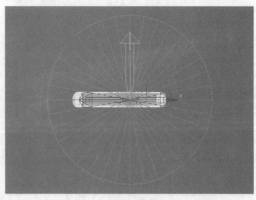

图6-103

05 按A键激活"角度捕捉切换"工具 ，按住Shift键使用"选择并旋转"工具 在顶视图中旋转（旋转 -90度）复制切角圆柱体，在弹出的对话框中设置"副本数"为3，如图6-104所示。

06 制作椅子模型。使用"长方体"工具 长方体 在场景中创建一个长方体，在"参数"卷展栏下设置 "长度"为650mm，"宽度"为650mm，"高度"为500mm，"长度分段"为2，具体参数设置及模型效 果如图6-105所示。

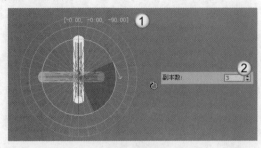

图6-104

图6-105

07 将长方体转换为可编辑多边形，进入"顶点" 级别，使用"选择并移动"工具 在顶视图中将中 间的顶点向下拖曳到图6-106所示的位置。

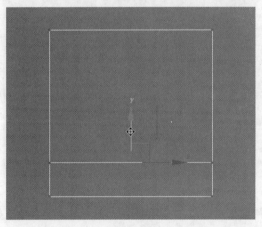

图6-106

— 提示 —————————

为了方便对长方体进行操作，可以按Alt+Q组合键进 入"孤立选择"模式。另外，单击鼠标右键，在弹出的菜 单中选择"孤立当前选择"命令，也可以进入"孤立显 示"模式，如图6-107所示。

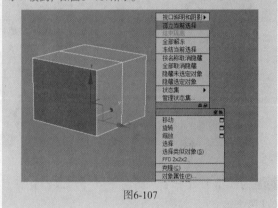

图6-107

08 在前视图中选择顶部的顶点，如图6-108所示，使用"选择并均匀缩放"工具 将顶点向内缩放成图 6-109所示的效果。

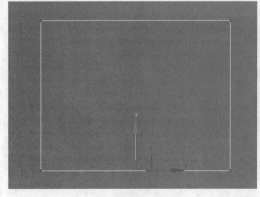

图6-108

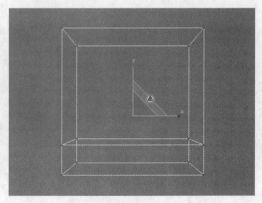

图6-109

09 在"选择"卷展栏下单击"多边形"按钮 ，进入"多边形"级别，选择图6-110所示的多边形，然后在"编辑多边形"卷展栏下单击"挤出"按钮 挤出 后面的"设置"按钮▣，设置"高度"为820mm，如图6-111所示。

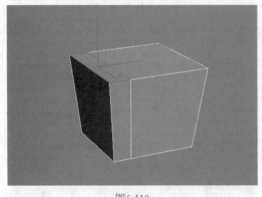

图6-110

图6-111

10 在"选择"卷展栏下单击"边"按钮✓，进入"边"级别，选择图6-112所示的边，然后在"编辑边"卷展栏下单击"切角"按钮 切角 后面的"设置"按钮▣，设置"边切角量"为15mm，如图6-113所示。

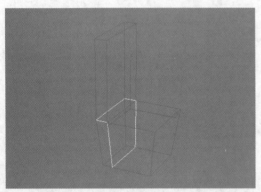

图6-112

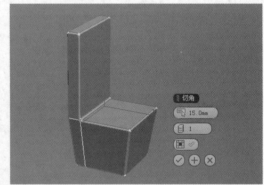

图6-113

11 为模型加载一个"涡轮平滑"修改器，在"涡轮平滑"卷展栏下设置"迭代次数"为2，如图6-114所示。

12 再次将模型转换为可编辑多边形，进入"边"级别，选择图6-115所示的边，然后在"编辑边"卷展栏下单击"利用所选内容创建图形"按钮 利用所选内容创建图形 ，在弹出的"创建图形"对话框中设置"图形类型"为"线性"，如图6-116所示。

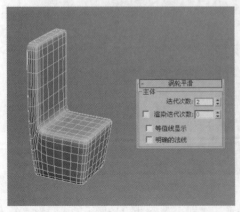

图6-114

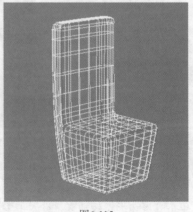

图6-115

图6-116

13 选择"图形001",在"渲染"卷展栏下勾选"在渲染中启用"和"在视口中启用"选项,设置"径向"的"厚度"为8mm,具体参数设置及图形效果如图6-117所示。

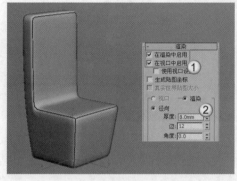

图6-117

— 提示 —

由于图形与椅子模型紧挨在一起,因此用鼠标很难选择到图形。为了一次性选择到图形,可以按H键打开"从场景选择"对话框,然后选择"图形001"即可,如图6-118所示。

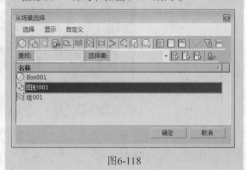

图6-118

14 同时选择椅子模型和"图形001",为其加载一个FFD 4×4×4修改器,然后选择"控制点"层级,在左视图中将模型调整成图6-119所示的形状。

15 利用"仅影响轴"技术和"选择并旋转"工具 ⟳ 围绕餐桌旋转复制4把椅子,最终效果如图6-120所示。

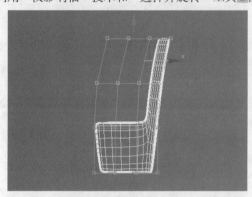

图6-119

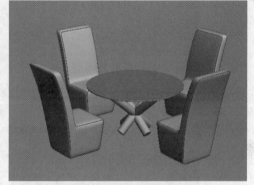

图6-120

【练习6-4】用多边形建模制作单人沙发

单人沙发效果如图6-121所示。

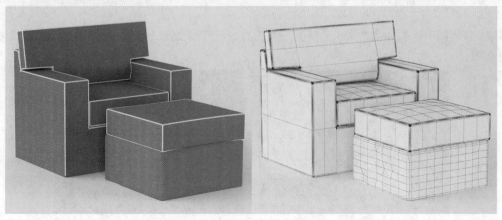

图6-121

01 使用"长方体"工具 长方体 在场景中创建一个长方体，在"参数"卷展栏下设置"长度"为270mm，"宽度"为400mm，"高度"为120mm，"长度分段"为2，"宽度分段"为5，"高度分段"为1，具体参数设置及模型效果如图6-122所示。

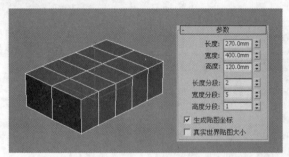

图6-122

02 将长方体转换为可编辑多边形，进入"顶点"级别，在左视图中框选图6-123所示的顶点，然后使用"选择并移动"工具 将其向左拖曳到图6-124所示的位置。

图6-123　　　　　　　　　　　　图6-124

03 在顶视图中框选图6-125所示的顶点，使用"选择并均匀缩放"工具 将其向两侧缩放成图6-126所示的效果。

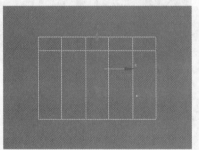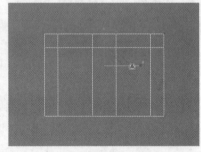

图6-125　　　　　　　　　　　　图6-126

04 继续在顶视图中框选图6-127所示的顶点，使用"选择并均匀缩放"工具 将其向两侧缩放成图6-128所示的效果。

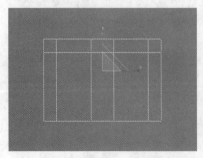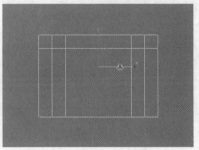

图6-127　　　　　　　　　　　　图6-128

05 进入"多边形"级别，选择图6-129所示的多边形，在"编辑多边形"卷展栏下单击"挤出"按钮 挤出 后面的"设置"按钮，设置"高度"为100mm，如图6-130所示。

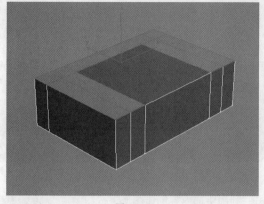 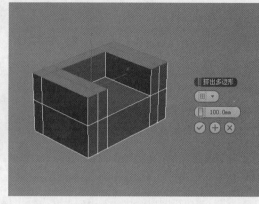

图6-129 图6-130

06 选择图6-131所示的多边形，在"编辑多边形"卷展栏下单击"挤出"按钮 挤出 后面的"设置"按钮，设置"高度"为60mm，如图6-132所示。

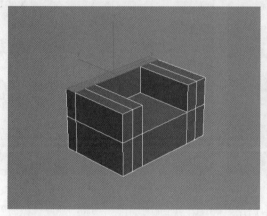 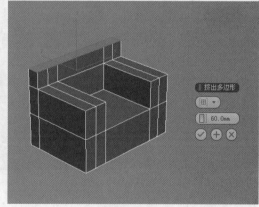

图6-131 图6-132

07 进入"顶点"级别，在左视图中框选图6-133所示的顶点，使用"选择并移动"工具将其向左拖曳到图6-134所示的位置。

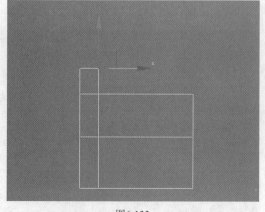 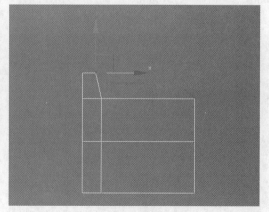

图6-133 图6-134

08 进入"边"级别，选择图6-135所示，在"编辑边"卷展栏下单击"切角"按钮 切角 后面的"设置"按钮，设置"边切角量"为5mm，"连接边分段"为4，如图6-136所示。

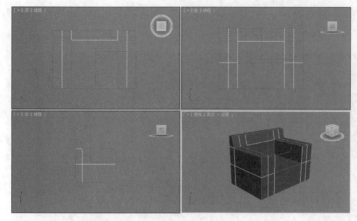

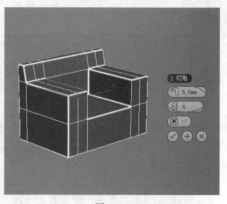

图6-135

图6-136

09 选择图6-137所示的边，在"编辑边"卷展栏下单击"利用所选内容创建图形"按钮 利用所选内容创建图形 ，在弹出的"创建图形"对话框中设置"图形类型"为"线性"，如图6-138所示。

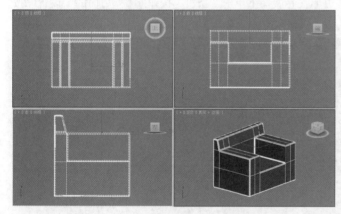

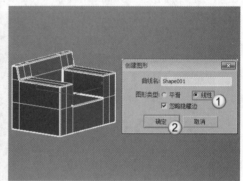

图6-137

图6-138

10 选择图形，在"渲染"卷展栏下勾选"在渲染中启用"和"在视口中启用"选项，设置"径向"的"厚度"为3mm，具体参数设置及图形效果如图6-139所示。

11 使用"长方体"工具 长方体 在场景中创建一个长方体，在"参数"卷展栏下设置"长度"为220mm，"宽度"为210mm，"高度"为65mm，"长度分段"为4，"宽度分段"为6，"高度分段"为1，具体参数设置及模型位置如图6-140所示。

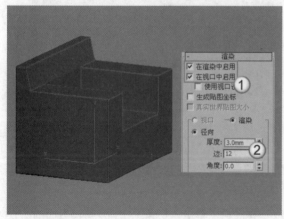

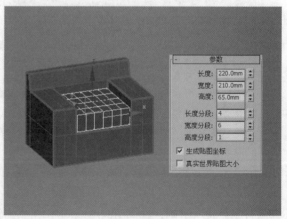

图6-139

图6-140

12 将长方体转换为可编辑多边形，进入"边"级别，选择图6-141所示的边，然后在"编辑边"卷展栏下单击"切角"按钮 切角 后面的"设置"按钮 □ ，设置"边切角量"为5mm，"连接边分段"为4，如图6-142所示。

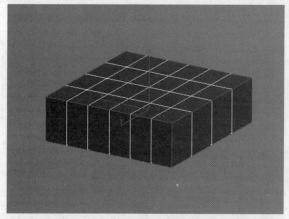

图6-141

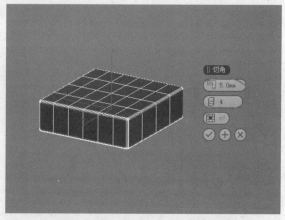

图6-142

13 选择图6-143所示的边，在"编辑边"卷展栏下单击"利用所选内容创建图形"按钮 利用所选内容创建图形 ，在弹出的"创建图形"对话框中设置"图形类型"为"线性"，如图6-144所示，效果如图6-145所示。

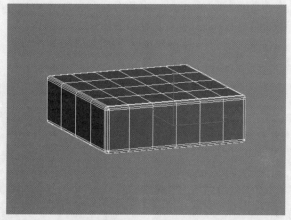

图6-143

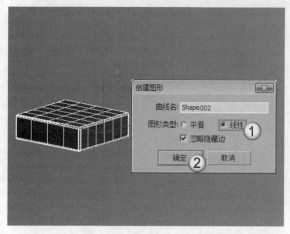

图6-144

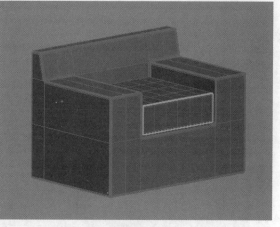

图6-145

这里要介绍一下在建模过程中常用的一种视图，即用户视图。在创建模型时，很多时候都需要在透视图中进行操作，但有时用鼠标中键缩放视图会发现没有多大作用，或是根本无法缩放视图，这样就无法对模型进行更进一步的操作。遇到这种情况时，可以按U键将透视图切换为用户视图，这样就不会出现无法缩放视图的现象。但是在用户视图中，模型的透视关系可能会不正常，如图6-146所示，不过没有关系，将模型调整完成后按P键切换回透视图就行了，如图6-147所示。

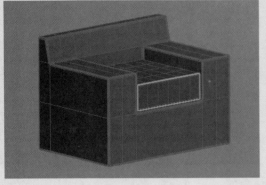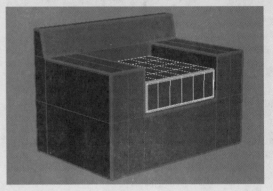

图6-146　　　　　　　　　　　　　　　　图6-147

14 使用"长方体"工具 长方体 在场景中创建一个长方体，在"参数"卷展栏下设置"长度"为43mm，"宽度"为220mm，"高度"为130mm，"长度分段"为1，"宽度分段"为6，"高度分段"为4，具体参数设置及模型位置如图6-148所示。

15 将长方体转换为可编辑多边形，进入"顶点"级别，使用"选择并移动"工具 在左视图中将右下角的顶点调整到图6-149所示的位置。

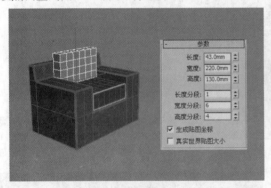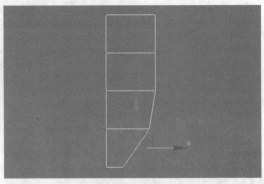

图6-148　　　　　　　　　　　　　　　　图6-149

16 进入"多边形"级别，选择图6-150所示的多边形，在"编辑多边形"卷展栏下单击"挤出"按钮 挤出 后面的"设置"按钮，设置"高度"为90mm，如图6-151所示。

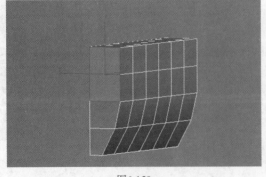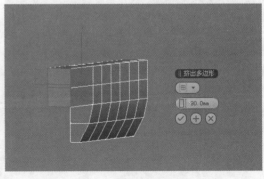

图6-150　　　　　　　　　　　　　　　　图6-151

17 采用相同的方法将另外一侧的两个多边形也挤出90mm，如图6-152所示。

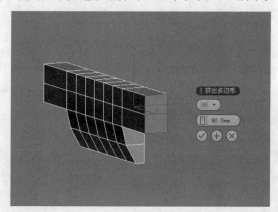

图6-152

18 进入"边"级别，选择图6-153所示的边，在"编辑边"卷展栏下单击"切角"按钮 切角 后面的"设置"按钮 □，设置"边切角量"为5mm，"连接边分段"为4，如图6-154所示。

19 退出"边"级别，使用"选择并旋转"工具 ○ 在左视图中将靠背模型逆时针旋转一定的角度，如图6-155所示。

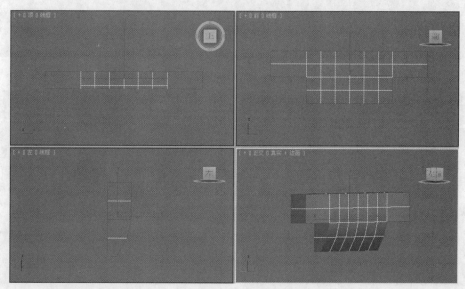

图6-153

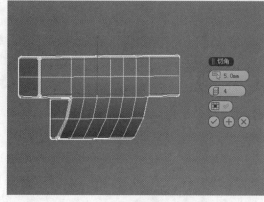

图6-154

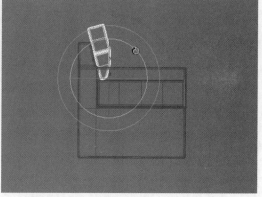

图6-155

20 选择图6-156所示的边，在"编辑边"卷展栏下单击"利用所选内容创建图形"按钮 `利用所选内容创建图形`，在弹出的"创建图形"对话框中设置"图形类型"为"线性"，如图6-157所示，最终效果如图6-158所示。

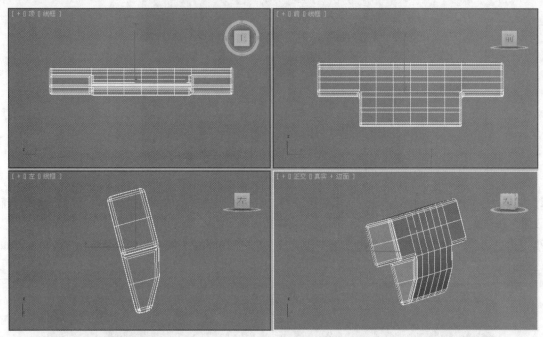

图6-156

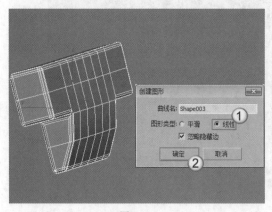

图6-157

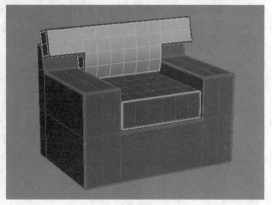

图6-158

第 **7** 章

毛发和布料

　　本章将介绍两种特殊对象的建模方法，即毛发和布料。在建模中，常用Hair和Fur（WSM）修改器、VRay毛皮来模拟毛发，用Cloth（布料）修改器来创建布料模型。对于这两种对象，上述建模工具都可以简化建模流程，且模型形态真实、结构细致。

※ 掌握Hair和Fur（WSM）修改器的用法
※ 掌握VRay毛皮的创建方法
※ 掌握VRay毛皮创建毛巾、地毯和草地的方法

※ 掌握Cloth（布料）修改器的使用方法

7.1 毛发系统概述

毛发在静帧和角色动画制作中非常重要，也是动画制作中最难模拟的。在效果图中，通常用它来模拟逼真的地毯、草地以及其他毛绒对象，图7-1~图7-3所示是优秀的毛发作品。

图7-1   图7-2   图7-3

在3ds Max中，制作毛发的方法主要有以下3种。

第1种：使用Hair和Fur（WSM）[毛发和毛皮（WSM）]修改器来进行制作。

第2种：使用"VRay毛皮"工具 VR-毛皮 来进行制作。

第3种：使用不透明度贴图来进行制作。

7.2 Hair和Fur（WSM）修改器

Hair和Fur（WSM）[毛发和毛皮（WSM）]修改器是毛发系统的核心。该修改器可以应用在要生长毛发的任何对象上（包括网格对象和样条线对象）。如果是网格对象，毛发将从整个曲面上生长出来；如果是样条线对象，毛发将在样条线之间生长出来。

创建一个物体，然后为其加载一个Hair和Fur（WSM）[毛发和毛皮（WSM）]修改器，可以观察到加载修改器之后，物体表面就生长出了毛发效果，如图7-4所示。

Hair和Fur（WSM）[毛发和毛皮（WSM）]修改器的参数非常多，一共有14个卷展栏，如图7-5所示。下面依次对各卷展栏下的参数进行介绍。

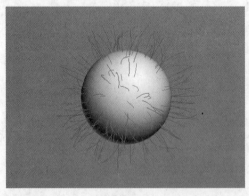

图7-4   图7-5

7.2.1 选择卷展栏

功能介绍

展开"选择"卷展栏，如图7-6所示。

图7-6

参数详解

❖ 导向 ⚲：这是一个子对象层级，单击该按钮后，"设计"卷展栏中的"设计发型"工具 设计发型 将自动启用。

❖ 面 ◁：这是一个子对象层级，可以选择三角形面。

❖ 多边形 ▣：这是一个子对象层级，可以选择多边形。

❖ 元素 ▣：这是一个子对象层级，可以通过单击一次鼠标左键来选择对象中的所有连续多边形。

❖ 按顶点：该选项只在"面""多边形"和"元素"级别中使用。启用该选项后，只需要选择子对象的顶点就可以选中子对象。

❖ 忽略背面：该选项只在"面""多边形"和"元素"级别中使用。启用该选项后，选择子对象时只影响面对着用户的面。

❖ 复制 复制：将命名选择集放置到复制缓冲区。

❖ 粘贴 粘贴：从复制缓冲区中粘贴命名的选择集。

❖ 更新选择 更新选择：根据当前子对象来选择要重新计算毛发生长的区域，然后更新显示。

7.2.2 工具卷展栏

功能介绍

展开"工具"卷展栏，如图7-7所示。

参数详解

❖ 从样条线重梳 从样条线重梳：创建样条线以后，使用该工具在视图中拾取样条线，可以从样条线重梳毛发，如图7-8所示。

❖ 样条线变形：可以用样条线来控制发型与动态效果。

❖ 重置其余 重置其余：在曲面上重新分布头发的数量，以得到较为均匀的结果。

❖ 重生毛发 重生毛发：忽略全部样式信息，将头发复位到默认状态。

❖ 加载 加载：单击该按钮可以打开"Hair和Fur预设值"对话框，在该对话框中可以加载预设的毛发样式，如图7-9所示。

图7-7

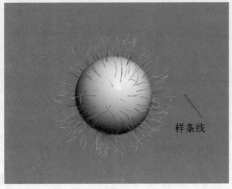

图7-8

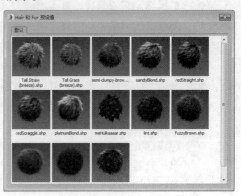

图7-9

- ❖ 保存 保存：调整好毛发以后，单击该按钮可以将当前的毛发保存为预设的毛发样式。
- ❖ 复制 复制：将所有毛发设置和样式信息复制到粘贴缓冲区。
- ❖ 粘贴 粘贴：将所有毛发设置和样式信息粘贴到当前的毛发修改对象中。
- ❖ 无 无：如果要指定毛发对象，可以单击该按钮，然后拾取要应用毛发的对象。
- ❖ X x ：如果要停止使用实例节点，可以单击该按钮。
- ❖ 混合材质：启用该选项后，应用于生长对象的材质以及应用于毛发对象的材质将合并为单一的多子对象材质，并应用于生长对象。
- ❖ 导向–>样条线 导向->样条线：将所有导向复制为新的单一样条线对象。
- ❖ 毛发–>样条线 毛发->样条线：将所有毛发复制为新的单一样条线对象。
- ❖ 毛发–>网格 毛发->网格：将所有毛发复制为新的单一网格对象。
- ❖ 渲染设置 渲染设置...：单击该按钮可以打开"环境和效果"对话框，在该对话框中可以对毛发的渲染效果进行更多的设置。

7.2.3 设计卷展栏

功能介绍

展开"设计"卷展栏，如图7-10所示。

参数详解

1.设计发型选项组

- ❖ 设计发型 设计发型：单击该按钮可以设计毛发的发型，此时该按钮会变成凹陷的"完成设计"按钮 完成设计，单击"完成设计"按钮 完成设计 可以返回到"设计发型"状态。

2.选择选项组

- ❖ 由头梢选择头发：可以只选择每根导向头发末端的顶点。
- ❖ 选择全部顶点：选择导向头发中的任意顶点时，会选择该导向头发中的所有顶点。
- ❖ 选择导向顶点：可以选择导向头发上的任意顶点。
- ❖ 由根选择导向：可以只选择每根导向头发根处的顶点，这样会选择相应导向头发上的所有顶点。
- ❖ 顶点显示下拉列表 长方体标记 ▼：选择顶点在视图中的显示方式。
- ❖ 反选：反转顶点的选择，快捷键为Ctrl+I。
- ❖ 轮流选：旋转空间中的选择。
- ❖ 扩展选定对象：通过递增的方式增大选择区域。
- ❖ 隐藏选定对象：隐藏选定的导向头发。
- ❖ 显示隐藏对象：显示任何隐藏的导向头发。

3.设计选项组

- ❖ 发梳：在该模式下，可以通过拖曳鼠标来梳理毛发。
- ❖ 剪头发：在该模式下可以修剪导向头发。
- ❖ 选择：单击该按钮可以进入选择模式。
- ❖ 距离褪光：启用该选项时，刷动效果将朝着画刷的边缘产生褪光现象，从而产生柔和的边缘效果（只适用于"发梳"模式）。
- ❖ 忽略背面头发：启用该选项时，背面的头发将不受画刷的影响（适用于"发梳"和"剪头发"模式）。

图7-10

284

❖ 画刷大小滑块 ：通过拖曳滑块来调整画刷的大小。另外，按住Shift+Ctrl组合键在视图中拖曳鼠标也可以更改画刷大小。

❖ 平移 ：按照光标的移动方向来移动选定的顶点。

❖ 站立 ：在曲面的垂直方向制作站立效果。

❖ 蓬松发根 ：在曲面的垂直方向制作蓬松效果。

❖ 丛 ：强制选定的导向之间相互更加靠近（向左拖曳鼠标）或更加分散（向右拖曳鼠标）。

❖ 旋转 ：以光标位置为中心（位于发梳中心）来旋转导向毛发的顶点。

❖ 比例 ：放大（向右拖动鼠标）或缩小（向左拖动鼠标）选定的导向。

4. 实用程序选项组

❖ 衰减 ：根据底层多边形的曲面面积来缩放选定的导向。这一工具比较实用，例如将毛发应用到动物模型上时，毛发较短的区域多边形通常也较小。

❖ 选定弹出 ：沿曲面的法线方向弹出选定的头发。

❖ 弹出大小为零 ：与"选定弹出"类似，但只能对长度为0的头发进行编辑。

❖ 重疏 ：使用引导线对毛发进行梳理。

❖ 重置剩余 ：在曲面上重新分布毛发的数量，以得到较为均匀的结果。

❖ 切换碰撞 ：如果激活该按钮，设计发型时将考虑头发的碰撞。

❖ 切换Hair ：切换头发在视图中的显示方式，但是不会影响头发导向的显示。

❖ 锁定 ：将选定的顶点相对于最近曲面的方向和距离锁定。锁定的顶点可以选择但不能移动。

❖ 解除锁定 ：解除对所有导向头发的锁定。

❖ 撤销 ：撤销最近的操作。

5. 毛发组选项组

❖ 拆分选定头发组 ：将选定的导向拆分为一个组。

❖ 合并选定头发组 ：重新合并选定的导向。

7.2.4 常规参数卷展栏

功能介绍

展开"常规参数"卷展栏，如图7-11所示。

图7-11

参数详解

❖ 毛发数量：设置生成的毛发总数，图7-12所示是"毛发数量"为1000和9000时的效果对比。

❖ 毛发段：设置每根毛发的段数。段数越多，毛发越自然，同时生成的网格对象就越大（对于非常直的直发，可将"毛发段"设置为1），图7-13所示是"毛发段"为5和60时的效果对比。

❖ 毛发过程数：设置毛发的透明度，取值范围为1~20，图7-14所示是"毛发过程数"为1和4时的效果对比。

头发数量=1000

头发数量=9000

图7-12

头发段=5

图7-13

头发段=60

毛发过程数=1

毛发过程数=4

图7-14

- ❖ 密度：设置头发的整体密度。
- ❖ 比例：设置头发的整体缩放比例。
- ❖ 剪切长度：设置将整体的头发长度进行缩放的比例。
- ❖ 随机比例：设置在渲染头发时的随机比例。
- ❖ 根厚度：设置发根的厚度。
- ❖ 梢厚度：设置发梢的厚度。
- ❖ 置换：设置头发从根到生长对象曲面的置换量。
- ❖ 插值：开启该选项后，头发生长将插入导向头发之间。

7.2.5 材质参数卷展栏

功能介绍

展开"材质参数"卷展栏，如图7-15所示。

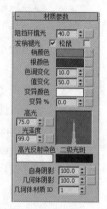

参数详解

- ❖ 阻挡环境光：在照明模型时，控制环境光或漫反射对模型影响的偏差，图7-16和图7-17所示分别是"阻挡环境光"为0和100时的毛发效果。
- ❖ 发梢褪光：开启该选项后，毛发将朝向梢部而产生淡出到透明的效果。该选项只适用于mental ray渲染器。
- ❖ 松鼠：开启该选项后，根颜色与梢颜色之间的渐变更加锐化，并且更多的梢颜色可见。

图7-15

- ❖ 梢/根颜色：设置距离生长对象曲面最远或最近的毛发梢部/根部的颜色，图7-18所示是"梢颜色"为红色、"根颜色"为蓝色时的毛发效果。

梢颜色=红色

根颜色=蓝色

图7-16    图7-17   图7-18

- ❖ 色调/值变化：设置头发颜色或亮度的变化量，图7-19所示是不同"色调变化"和"值变化"的毛发效果。
- ❖ 变异颜色：设置变异毛发的颜色。
- ❖ 变异%：设置接受"变异颜色"的毛发的百分比，图7-20所示是"变异%"为30和0时的效果对比。

色调变化=值变化=0   值变化=100   色调变化=100   变异%=30   变异%=0

图7-19   图7-20

- ❖ 高光：设置在毛发上高亮显示的亮度。
- ❖ 光泽度：设置在毛发上高亮显示的相对大小。
- ❖ 高光反射染色：设置反射高光的颜色。

- 自身阴影：设置毛发自身阴影的大小，图7-21所示"自身阴影"为0、50和100时的效果对比。

自身阴影=0　　　　　　　　　　自身阴影=50　　　　　　　　　　自身阴影=100

图7-21

- 几何体阴影：设置头发从场景中的几何体接收到的阴影的量。
- 几何体材质ID：在渲染几何体时设置头发的材质ID。

7.2.6　mr参数卷展栏

功能介绍

展开"mr参数"卷展栏，如图7-22所示。

图7-22

参数详解

- 应用mr明暗器：开启该选项后，可以应用mental ray的明暗器来生成头发。
- 无 $\qquad$ 无 $\qquad$ ：单击该按钮可以在弹出的"材质/贴图浏览器"对话框中指定明暗器。

7.2.7　海市蜃楼参数卷展栏

功能介绍

展开"海市蜃楼参数"卷展栏，如图7-23所示。

图7-23

参数详解

- 百分比：设置要应用"强度"和"Mess强度"值的毛发百分比，范围为0～100。
- 强度：指定海市蜃楼毛发伸出的长度，范围为0～1。
- Mess强度：设置将卷毛应用于海市蜃楼毛发，范围为0～1。

7.2.8　成束参数卷展栏

功能介绍

展开"成束参数"卷展栏，如图7-24所示。

图7-24

参数详解

❖ 束：用于设置相对于总体毛发数量生成毛发束的数量。

❖ 强度：该参数值越大，毛发束中各个梢彼此之间的吸引越强，范围为0~1。

❖ 不整洁：该参数值越大，毛发束整体形状越凌乱。

❖ 旋转：该参数用于控制扭曲每个毛发束的强度，范围为0~1。

❖ 旋转偏移：该参数值用于控制根部偏移毛发束的梢，范围为0~1。

❖ 颜色：如果该参数的值不取为0，则可以改变毛发束中的颜色，范围为0~1。

❖ 随机：用于控制所有成束参数随机变化的强度，范围为0~1。

❖ 平坦度：用于控制在垂直于梳理方向的方向上挤压每个束。

7.2.9 卷发参数卷展栏

功能介绍

展开"卷发参数"卷展栏，如图7-25所示。

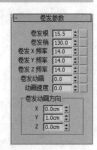

图7-25

参数详解

❖ 卷发根：设置头发在其根部的置换量。

❖ 卷发梢：设置头发在其梢部的置换量。

❖ 卷发X/Y/Z频率：控制在3个轴中的卷发频率。

❖ 卷发动画：设置波浪运动的幅度。

❖ 动画速度：设置动画噪波场通过空间时的速度。

❖ 卷发动画方向：设置卷发动画的方向向量。

7.2.10 纽结参数卷展栏

功能介绍

展开"纽结参数"卷展栏，如图7-26所示。

图7-26

参数详解

❖ 纽结根/梢：设置毛发在其根部/梢部的纽结置换量。

❖ 纽结X/Y/Z频率：设置在3个轴中的纽结频率。

7.2.11 多股参数卷展栏

功能介绍

展开"多股参数"卷展栏，如图7-27所示。

图7-27

参数详解

❖ 数量：用于设置每个聚集块的头发数量。

❖ 根展开：用于设置为根部聚集块中的每根毛发提供的随机补偿量。

❖ 梢展开：用于设置为梢部聚集块中的每根毛发提供的随机补偿量。

❖ 扭曲：用于将每束的中心作为轴扭曲束。

❖ 偏移：用于使束偏移其中心。离尖端越近，偏移越大。

❖ 纵横比：控制在垂直于梳理方向的方向上挤压每个束。

❖ 随机化：随机处理聚集块中的每根毛发的长度。

7.2.12 动力学卷展栏

功能介绍

展开"动力学"卷展栏，如图7-28所示。

参数详解

- ❖ 模式：选择毛发用于生成动力学效果的方法，有"无""现场"和"预计算"3个选项可供选择。
- ❖ 模拟：确认模拟的范围，然后加以运行。只有在选择"预计算"并在"start文件"组中指定start文件后，这些控件才可用。将"开始"和"结束"设置到模拟开始和结束的帧处，然后单击"运行"按钮，3ds Max将计算动态参数并保存start文件。
  - ◇ 起始：设置在计算模拟时要考虑的第1帧。
  - ◇ 结束：设置在计算模拟时要考虑的最后1帧。
  - ◇ 运行运行：单击该按钮可以进入模拟状态，并在"起始"和"结束"指定的帧范围内生成起始文件。
- ❖ 动力学参数：该选项组用于设置动力学的重力、衰减等属性。
  - ◇ 重力：设置在全局空间中垂直移动毛发的力。
  - ◇ 刚度：设置动力学效果的强弱。
  - ◇ 根控制：在动力学演算时，该参数只影响头发的根部。
  - ◇ 衰减：设置动态头发承载前进到下一帧的速度。
- ❖ 碰撞：选择毛发在动态模拟期间碰撞的对象和计算碰撞的方式，共有"无""球体"和"多边形"3种方式可供选择。
  - ◇ 使用生长对象：开启该选项后，头发和生长对象将发生碰撞。
  - ◇ 添加添加/更换 更换/删除 删除：在列表中添加/更换/删除对象。

图7-28

7.2.13 显示卷展栏

功能介绍

展开"显示"卷展栏，如图7-29所示。

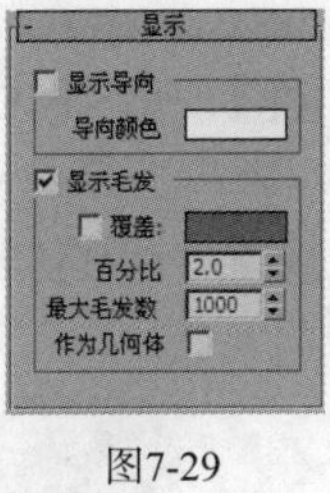

参数详解

- ❖ 显示导向：开启该选项后，头发在视图中会使用颜色样本中的颜色来显示导向。
- ❖ 导向颜色：设置导向所采用的颜色。
- ❖ 显示毛发：开启该选项后，生长毛发的物体在视图中会显示出毛发。
- ❖ 覆盖：关闭该选项后，3ds Max会使用与渲染颜色相近的颜色来显示毛发。

图7-29

- ❖ 百分比：设置在视图中显示的全部毛发的百分比。
- ❖ 最大头发数：设置在视图中显示的最大毛发数量。
- ❖ 作为几何体：开启该选项后，毛发在视图中将显示为要渲染的实际几何体，而不是默认的线条。

7.2.14 随机化参数卷展栏

功能介绍

展开"随机化参数"卷展栏，如图7-30所示。

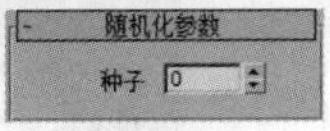

图7-30

参数详解

- ❖ 种子：设置随机毛发效果的种子值。数值越大，随机毛发出现的频率越高。

【练习7-1】用Hair和Fur（WSM）修改器制作海葵

海葵效果如图7-31所示。

图7-31

01 使用"平面"工具 平面 在场景中创建一个平面，在"参数"卷展栏下设置"长度"为160mm，"宽度"为120mm，如图7-32所示。

02 将平面转换为可编辑多边形，在"顶点"级别下将其调整成图7-33所示的形状（这个平面将作为毛发的生长平面）。

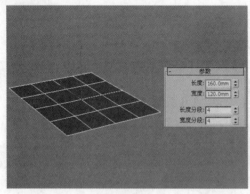

图7-32

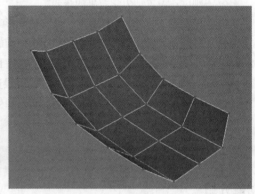

图7-33

03 使用"圆柱体"工具 圆柱体 在场景中创建一个圆柱体，在"参数"卷展栏下设置"半径"为6mm，"高度"为60mm，"高度分段"为8，如图7-34所示。

04 将圆柱体转换为可编辑多边形，在"顶点"级别下将其调整成图7-35所示的形状（这个模型作为海葵）。

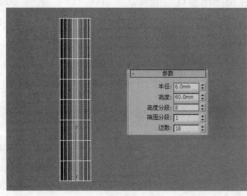

图7-34

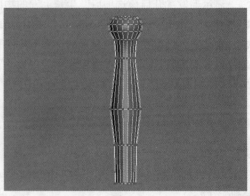

图7-35

05 选择生长平面，为其加载一个Hair和Fur（WSM）［毛发和毛皮（WSM）］修改器，此时平面上会生长出很多凌乱的毛发，如图7-36所示。

图7-36

06 展开"工具"卷展栏，在"实例节点"选项组下单击"无"按钮 ⬛ 无 ⬛，然后在视图中拾取海葵模型，如图7-37所示，效果如图7-38所示。

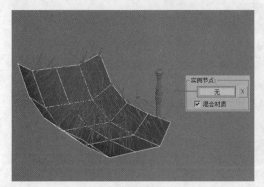

图7-37

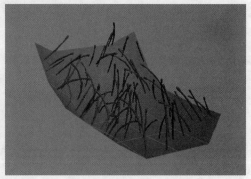

图7-38

提示

在生长平面上制作出海葵的实例节点以后，可以将原始的海葵模型隐藏起来或直接将其删除。

07 展开"常规参数"卷展栏，设置"毛发数量"为2000，"毛发段"为10，"毛发过程数"为2，"随机比例"为20，"根厚度"和"梢厚度"为6，具体参数设置如图7-39所示，毛发效果如图7-40所示。

图7-39

图7-40

08 展开"卷发参数"卷展栏，设置"卷发根"为20，"卷发梢"为0，"卷发Y频率"为8，具体参数设置如图7-41所示，效果如图7-42所示。

09 按F9键渲染当前场景，最终效果如图7-43所示。

图7-41 图7-42 图7-43

技术专题：制作海葵材质

由于海葵材质的制作难度比较大，因此这里用一个技术专题来讲解一下其制作方法。

第1步：选择一个空白材质球，设置材质类型为"标准"材质，在"明暗器基本参数"卷展栏下设置明暗器类型为Oren-Nayar-Blinn，如图7-44所示。

图7-44

第2步：展开"贴图"卷展栏，在"漫反射颜色"贴图通道中加载一张"衰减"程序贴图，在"衰减参数"卷展栏下设置"前"通道的颜色为（红:255，绿:102，蓝:0），"侧"通道的颜色为（红:248，绿:158，蓝:42），如图7-45所示。

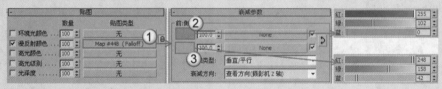

图7-45

第3步：在"自发光"贴图通道中加载一张"遮罩"程序贴图，在"贴图"通道中加载一张"衰减"程序贴图，并设置其"衰减类型"为Fresnel，在"遮罩"贴图通道加载一张"衰减"程序贴图，并设置其"衰减类型"为"阴影/灯光"，如图7-46所示。

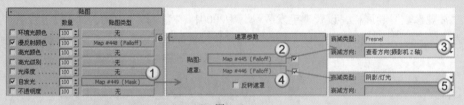

图7-46

第4步：在"凹凸"贴图通道中加载一张"噪波"程序贴图，在"噪波参数"卷展栏下设置"大小"为1.5，如图7-47所示，制作好的材质球效果如图7-48所示。

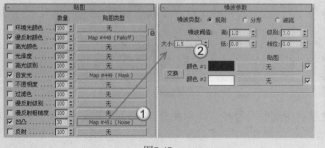

图7-47 图7-48

【练习7-2】用Hair和Fur（WSM）修改器制作仙人球

仙人球效果如图7-49所示。

图7-49

`01` 打开学习资源中的"练习文件>第7章>7-2.max"文件，如图7-50所示。

`02` 选择仙人球的花骨朵模型，如图7-51所示，为其加载一个Hair和Fur（WSM）［毛发和毛皮（WSM）］修改器，效果如图7-52所示。

图7-50　　　　　　　　　　　图7-51　　　　　　　　　　　图7-52

`03` 展开"常规参数"卷展栏，设置"毛发数量"为1000，"剪切长度"为10，"随机比例"为3，"根厚度"为2，"梢厚度"为0，具体参数设置如图7-53所示。

`04` 展开"材质参数"卷展栏，设置"梢颜色"和"根颜色"为白色，设置"高光"为40，"光泽度"为50，具体参数设置如图7-54所示。

`05` 展开"卷发参数"卷展栏，设置"卷发根"和"卷发梢"为0，如图7-55所示。

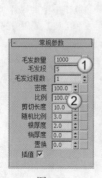 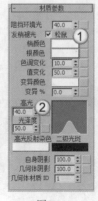 

图7-53　　　　　　　　　　图7-54　　　　　　　　　图7-55

`06` 展开"多股参数"卷展栏，设置"数量"为1，"根展开"为0.02，"梢展开"为0.2，具体参数设置如图7-56所示，毛发效果如图7-57所示。

图7-56   图7-57

07 按大键盘上的8键打开"环境和效果"对话框，单击"效果"选项卡，展开"效果"卷展栏，在"效果"列表下选择"毛发和毛皮"，然后在"毛发和毛皮"卷展栏下设置"毛发"为"几何体"，如图7-58所示。

图7-58

提示

　　要渲染场景中的毛发，该场景必须包含"毛发和毛皮"效果。当为对象加载Hair和Fur（WSM）[毛发和毛皮（WSM）]修改器时，3ds Max会自动在渲染效果（"效果"列表）中加载一个"毛发和毛皮"效果。如果没有"毛发和毛皮"效果，则无法渲染出毛发，图7-59和图7-60所示是关闭与开启"毛发和毛皮"效果时的测试渲染效果。

　　如果要关闭"毛发和毛皮"效果，可以在"效果"卷展栏下选择该效果，然后取消勾选"活动"选项，如图7-61所示。

图7-59   图7-60   图7-61

08 将仙人球放到一个实际场景中进行渲染，最终效果如图7-62所示。

图7-62

【练习7-3】用Hair和Fur（WSM）修改器制作油画笔

油画笔效果如图7-63所示。

图7-63

01 打开学习资源中的"练习文件>第7章>7-3.max"文件，如图7-64所示。

02 选择图7-65所示的模型，为其加载一个Hair和Fur（WSM）［毛发和毛皮（WSM）］修改器，效果如图7-66所示。

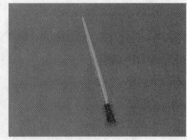

图7-64   图7-65   图7-66

03 选择Hair和Fur（WSM）［毛发和毛皮（WSM）］修改器的"多边形"次物体层级，选择图7-67所示的多边形，接着返回到顶层级，效果如图7-68所示。

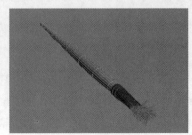

图7-67   图7-68

04 展开"常规参数"卷展栏，设置"毛发数量"为1500，"毛发过程数"为2，"随机比例"为0，"根厚度"为12，"梢厚度"为10，具体参数设置如图7-69所示。

05 展开"卷发参数"卷展栏，设置"卷发根"和"卷发梢"为0，如图7-70所示。

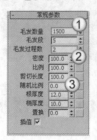 

图7-69　　　　　　图7-70

06 展开"多股参数"卷展栏，设置"数量"为0，"根展开"和"梢展开"为0.2，具体参数设置如图7-71所示，毛发效果如图7-72所示。

07 将油画笔放到一个实际场景中进行渲染，最终效果如图7-73所示。

图7-71　　　　　　　　图7-72　　　　　　　　　　　图7-73

【练习7-4】用Hair和Fur（WSM）修改器制作牙刷

牙刷效果如图7-74所示。

图7-74

01 打开学习资源中的"练习文件>第7章>7-4.max"文件，如图7-75所示。

02 选择黄色的牙刷柄模型，为其加载一个Hair和Fur（WSM）［毛发和毛皮（WSM）］修改器，效果如图7-76所示。

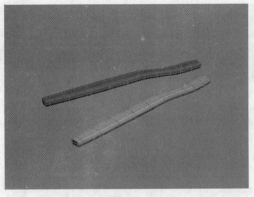

图7-75   图7-76

03 选择Hair和Fur（WSM）［毛发和毛皮（WSM）］修改器的"多边形"次物体层级，然后选择图7-77所示的两个多边形，接着返回顶层级，效果如图7-78所示。

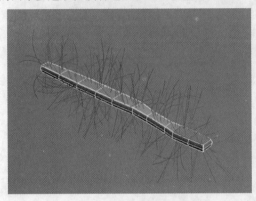

图7-77   图7-78

04 展开"常规参数"卷展栏，设置"毛发数量"为100，"随机比例"为0，"根厚度"为5，"梢厚度"为3，具体参数设置如图7-79所示。

05 展开"材质参数"卷展栏，设置"梢颜色"和"根颜色"为白色，设置"高光"为58，"光泽度"为75，具体参数设置如图7-80所示。

06 展开"卷发参数"卷展栏，设置"卷发根"为0，"卷发梢"为4，如图7-81所示。

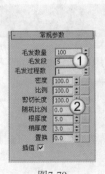

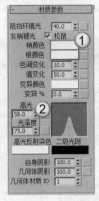

图7-79   图7-80   图7-81

07 展开"多股参数"卷展栏，设置"数量"为18，"根展开"为0.05，"梢展开"为0.24，具体参数设置如图7-82所示，毛发效果如图7-83所示。

08 采用相同的方法为另一把牙刷柄创建出毛发，完成后的效果如图7-84所示。

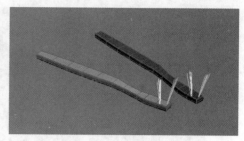

图7-82	图7-83

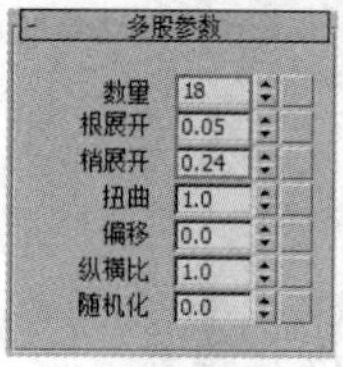

图7-84

―― 提示 ――

在默认情况下，视图中的毛发显示数量为总体毛发的2%，如图7-85所示。如果要将毛发以100%显示出来，可以在"显示"卷展栏下将"百分比"设置为100，如图7-86所示，毛发效果如图7-87所示。

图7-85	图7-86

图7-87

09 将牙刷放到一个实际场景中进行渲染，最终效果如图7-88所示。

图7-88

7.3 VRay毛皮

VRay毛皮是VRay渲染器自带的一种毛发制作工具，经常用来制作地毯、草地和毛制品等，如图7-89和图7-90所示。

图7-89	图7-90

加载VRay渲染器后，随意创建一个物体，设置几何体类型为VRay，单击"VRay毛皮"按钮 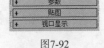，就可以为选中的对象创建VRay毛皮，如图7-91所示。

VRay毛皮的参数只有3个卷展栏，分别是"参数""贴图"和"视口显示"卷展栏，如图7-92所示。

图7-91   图7-92

7.3.1　参数卷展栏

功能介绍

展开"参数"卷展栏，如图7-93所示。

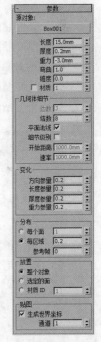

参数详解

1. 源对象选项组

❖　源对象：指定需要添加毛发的物体。

❖　长度：设置毛发的长度。

❖　厚度：设置毛发的厚度。

❖　重力：控制毛发在z轴方向被下拉的力度，也就是通常所说的"重量"。

❖　弯曲：设置毛发的弯曲程度。

❖　锥度：用来控制毛发锥化的程度。

2. 几何体细节选项组

❖　边数：目前这个参数还不可用，在以后的版本中将开发多边形的毛发。

❖　结数：用来控制毛发弯曲时的光滑程度。值越大，表示段数越多，弯曲的毛发越光滑。

❖　平面法线：这个选项用来控制毛发的呈现方式。当勾选该选项时，毛发将以平面方式呈现；当关闭该选项时，毛发将以圆柱体方式呈现。

图7-93

3. 变化选项组

❖　方向参量：控制毛发在方向上的随机变化。值越大，表示变化越强烈；0表示不变化。

❖　长度参量：控制毛发长度的随机变化。越接近于1，变化越强烈；0表示不变化。

❖　厚度参量：控制毛发粗细的随机变化。越接近于1，变化越强烈；0表示不变化。

❖　重力参量：控制毛发受重力影响的随机变化。越接近于1，变化越强烈；0表示不变化。

4. 分布选项组

❖　每个面：用来控制每个面产生的毛发数量，因为物体的每个面不都是均匀的，所以渲染出来的毛发也不均匀。

❖　每区域：用来控制每单位面积中的毛发数量，这种方式下渲染出来的毛发比较均匀。

❖　参考帧：指定源物体获取到计算面大小的帧，获取的数据将贯穿整个动画过程。

5. 放置选项组

❖ 整个对象：启用该选项后，全部的面都将产生毛发。

❖ 选定的面：启用该选项后，只有被选择的面才能产生毛发。

❖ 材质ID：启用该选项后，只有指定了材质ID的面才能产生毛发。

6. 贴图选项组

❖ 生成世界坐标：所有的UVW贴图坐标都是从基础物体中获取，但该选项的W坐标可以修改毛发的偏移量。

❖ 通道：指定在W坐标上将被修改的通道。

7.3.2 贴图卷展栏

功能介绍

展开"贴图"卷展栏，如图7-94所示。

参数详解

❖ 基本贴图通道：选择贴图的通道。

❖ 弯曲方向贴图（RGB）：用彩色贴图来控制毛发的弯曲方向。

❖ 初始方向贴图（RGB）：用彩色贴图来控制毛发根部的生长方向。

❖ 长度贴图（单色）：用灰度贴图来控制毛发的长度。

❖ 厚度贴图（单色）：用灰度贴图来控制毛发的粗细。

❖ 重力贴图（单色）：用灰度贴图来控制毛发受重力的影响。

❖ 弯曲贴图（单色）：用灰度贴图来控制毛发的弯曲程度。

❖ 密度贴图（单色）：用灰度贴图来控制毛发的生长密度。

图7-94

7.3.3 视口显示卷展栏

功能介绍

展开"视口显示"卷展栏，如图7-95所示。

参数详解

❖ 视口预览：当勾选该选项时，可以在视图中预览毛发的生长情况。

❖ 最大毛发：数值越大，越可以更加清楚地观察毛发的生长情况。

❖ 图标文本：勾选该选项后，可以在视图中显示VRay毛皮的图标和文字，如图7-96所示。

图7-95

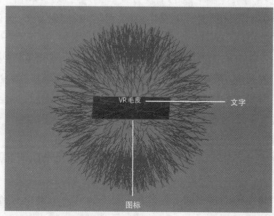

图7-96

❖ 自动更新：勾选该选项后，当改变毛发参数时，3ds Max会在视图中自动更新毛发的显示情况。

❖ 手动更新 <u>手动更新</u>：单击该按钮可以手动更新毛发在视图中的显示情况。

【练习7-5】用VRay毛皮制作毛巾

毛巾效果如图7-97所示。

图7-97

01 打开学习资源中的"练习文件>第7章>7-5.max"文件，如图7-98所示。

02 选择一块毛巾，设置几何体类型为VRay，然后单击"VRay毛皮"按钮 <u>VR-毛皮</u>，此时毛巾上会长出毛发，如图7-99所示。

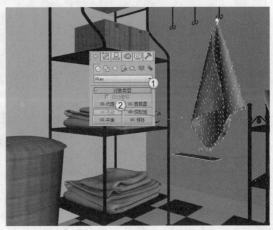

图7-98   图7-99

03 展开"参数"卷展栏，在"源对象"选项组下设置"长度"为3mm，"厚度"为1mm，"重力"为0.382mm，"弯曲"为3.408，在"变化"选项组下设置"方向参量"为2，具体参数设置如图7-100所示，毛发效果如图7-101所示。

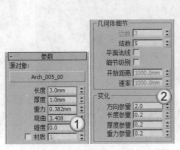

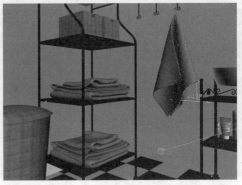

图7-100   图7-101

04 采用相同的方法为其他毛巾创建出毛发，完成后的效果如图7-102所示。

05 按F9键渲染当前场景，最终效果如图7-103所示。

图7-102   图7-103

提示

为了便于观察，此处将毛发效果做得比较夸张，用户在练习的时候可以进行适当调整。

【练习7-6】用VRay毛皮制作草地

草地效果如图7-104所示。

图7-104

01 打开学习资源中的"练习文件>第7章>7-6.max"文件，如图7-105所示。

02 选择地面模型，设置几何体类型为VRay，然后单击"VRay毛皮"按钮 VR-毛皮 ，此时地面上会生长出毛发，如图7-106所示。

03 为地面模型加载一个"细化"修改器，在"参数"卷展栏下设置"操作于"为"多边形"按钮口，设置"迭代次数"为4，如图7-107所示。

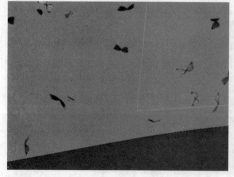  

图7-105   图7-106   图7-107

提示

这里为地面模型加载"细化"修改器是为了细化多边形，这样就可以生长出更多的毛发，如图7-108所示。

图7-108

04 选择VRay毛皮，展开"参数"卷展栏，在"源对象"选项组下设置"长度"为20mm，"厚度"为0.2mm，"重力"为-1mm，在"几何体细节"选项组下设置"结数"为6，在"变化"选项组下设置"长度参量"为1，在"分配"选项组下设置"每区域"为0.4，具体参数设置如图7-109所示，毛发效果如图7-110所示。

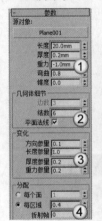

05 按F9键渲染当前场景，最终效果如图7-111所示。

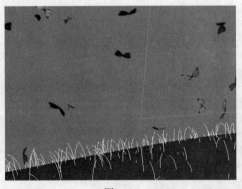

图7-109   图7-110   图7-111

提示

注意，这里的参数并不是固定的，用户可以根据实际情况来进行调节。

【练习7-7】用VRay毛皮制作地毯

地毯效果如图7-112所示。

图7-112

01 打开学习资源中的"练习文件>第7章>7-7.max"文件，如图7-113所示。

02 选择场景中的地毯模型，设置几何体类型为VRay，然后单击"VRay毛皮"按钮 VR-毛皮 ，此时平面上会生长出毛发，如图7-114所示。

图7-113   图7-114

03 选择VRay毛皮，展开"参数"卷展栏，在"源对象"选项组下设置"长度"为30mm，"厚度"为0.5mm，"重力"为1.5mm，"弯曲"为1，在"变化"选项组下设置"方向参量"为3.5，"长度参量"为0.1，"重力参量"为0.1，具体参数设置如图7-115所示，毛发效果如图7-116所示。

04 按F9键渲染当前场景，最终效果如图7-117所示。

图7-115   图7-116   图7-117

提示

在VRay毛皮的内容中安排了一个毛巾实例、一个草地实例和一个地毯实例，这3种毛发对象是在实际工作中（在效果图领域）最常见的毛发对象，用户务必牢记其制作方法。

7.4 Cloth（布料）修改器

Cloth（布料）修改器专门用于为角色和动物创建逼真的织物和衣服，属于一种高级修改器，图7-118和图7-119所示是用该修改器制作的一些优秀布料作品。在以前的版本中，可以使用Reactor中的"布料"集合来模拟布料效果，但是功能不是特别强大。

Cloth（布料）修改器可以应用于布料模拟组成部分的所有对象，如图7-120所示。该修改器用于定义布料对象和冲突对象、指定属性和执行模拟。Cloth（布料）修改器可以直接在"修改器列表"中进行加载。

图7-118

图7-119

图7-120

7.4.1 Cloth（布料）修改器的默认参数

功能介绍

Cloth（布料）修改器的默认参数包含3个卷展栏，分别是"对象""选定对象"和"模拟参数"卷展栏，如图7-121所示。

1.对象卷展栏

"对象"卷展栏是Cloth（布料）修改器的核心部分，包含了模拟布料和调整布料属性的大部分控件，如图7-122所示。

参数详解

❖ 对象属性 ：用于打开"对象属性"对话框。

图7-121

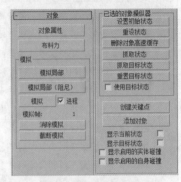
图7-122

技术专题：详解对象属性对话框

使用"对象属性"对话框可以定义要包含在模拟中的对象，确定这些对象是布料还是冲突对象，以及与其关联的参数，如图7-123所示。

（1）模拟对象选项组

添加对象 添加对象... ：单击该按钮可以打开"添加对象到布料模拟"对话框，如图7-124所示。从该对话框中可以选择要添加到布料模拟的场景对象，添加对象之后，该对象的名称会出现在下面的列表中。

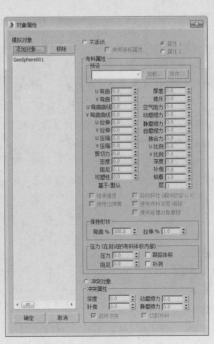
图7-123

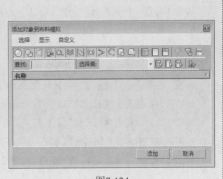
图7-124

移除 移除 ：移除选定的模拟对象。

（2）选择对象的角色选项组

不活动：使对象在模拟中处于不活动状态。

冲突对象：让选定对象充当冲突对象。注意，"冲突对象"选项位于对话框的下方。

使用面板属性：启用该选项后，可以让布料对象使用在面板子对象层级指定的布料属性。

属性1/属性2：这两个单选选项用来为布料对象指定两组不同的布料属性。

（3）布料属性选项组

预设：该复选项组用于保存当前布料属性或是加载外部的布料属性文件。

U/V弯曲：用于设置弯曲的阻力。数值越高，织物能弯曲的程度就越小。

U/V弯曲曲线：设置织物折叠时的弯曲阻力。

U/V拉伸：设置拉伸的阻力。

U/V压缩：设置压缩的阻力。

剪切力：设置剪切的阻力。值越高，布料就越硬。

密度：设置每单位面积的布料重量（以mg/cm²表示）。值越高，布料就越重。

阻尼：值越大，织物反应就越迟钝。采用较低的值，织物的弹性将更高。

可塑性：设置布料保持其当前变形（即弯曲角度）的倾向。

厚度：定义织物的虚拟厚度，便于检测布料对布料的冲突。

排斥：用于设置排斥其他布料对象的力值。

空气阻力：设置受到的空气阻力。

动摩擦力：设置布料和实体对象之间的动摩擦力。

静摩擦力：设置布料和实体对象之间的静摩擦力。

自摩擦力：设置布料自身之间的摩擦力。

接合力：该选项在目前还不能使用。

U/V比例：控制布料沿U、V方向延展或收缩的多少。

深度：设置布料对象的冲突深度。

补偿：设置在布料对象和冲突对象之间保持的距离。

粘着：设置布料对象黏附到冲突对象的范围。

层：指示可能会相互接触的布片的正确"顺序"，范围为-100~100。

基于:X：该文本字段用于显示初始布料属性值所基于的预设值的名称。

继承速度：启用该选项后，布料会继承网格在模拟开始时的速度。

使用边弹簧：用于计算拉伸的备用方法。启用该选项后，拉伸力将以沿三角形边的弹簧为基础。

各向异性（解除锁定U，V）：启用该选项后，可以为"弯曲""b曲线"和"拉伸"参数设置不同的U值和V值。

使用布料深度/偏移：启用该选项后，将使用在"布料属性"选项组中设置的深度和补偿值。

使用碰撞对象摩擦：启用该选项时，可以使用碰撞对象的摩擦力来确定摩擦力。

保持形状：根据"弯曲%"和"拉伸%"的设置来保留网格的形状。

压力（在封闭的布料体积内部）：由于布料的封闭体积的行为就像在其中填充了气体一样，因此它具有"压力"和"阻尼"等属性。

（4）冲突属性选项组

深度：设置冲突对象的冲突深度。

补偿：设置在布料对象和冲突对象之间保持的距离。

动摩擦力：设置布料和该特殊实体对象之间的动摩擦力。

静摩擦力：设置布料和实体对象之间的静摩擦力。

启用冲突：启用或关闭对象的冲突，同时仍然允许对其进行模拟。

切割布料：启用该选项后，如果在模拟过程中与布料相交，"冲突对象"可以切割布料。

❖ 布料力 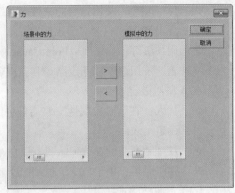 布料力：单击该按钮可以打开"力"
对话框，如图7-125所示。在该对话框中可以向模拟
添加类似风之类的力（即场景中的空间扭曲）。

❖ 模拟局部 模拟局部：不创建动画，直接开始模
拟进程。

❖ 模拟局部（阻尼）模拟局部（阻尼）：与"模拟局部"
相同，但是要为布料添加大量的阻尼。

❖ 模拟 模拟：在激活的时间段上创建模拟。与
"模拟局部"不同，这种模拟会在每帧处以模拟
缓存的形式创建模拟数据。

图7-125

❖ 进程：开启该选项后，将在模拟期间打开一个显示布料模拟进程的对话框。

❖ 模拟帧：显示当前模拟的帧数。

❖ 消除模拟 消除模拟：删除当前的模拟。

❖ 截断模拟 截断模拟：删除模拟在当前帧之后创建的动画。

❖ 设置初始状态 设置初始状态：将所选布料对象高速缓存的第1帧更新到当前位置。

❖ 重设状态 重设状态：将所选布料对象的状态重设为应用Cloth（布料）修改器时的状态。

❖ 删除对象高速缓存 删除对象高速缓存：删除所选的非布料对象的高速缓存。

❖ 抓取状态 抓取状态：从修改器堆栈顶部获取当前状态并更新当前帧的缓存。

❖ 抓取目标状态 抓取目标状态：用于指定保持形状的目标形状。

❖ 重置目标状态 重置目标状态：将默认弯曲角度重设为堆栈中的布料下面的网格。

❖ 使用目标状态：启用该选项后，将保留由抓取目标状态存储的网格形状。

❖ 创建关键点 创建关键点：为所选布料对象创建关键点。

❖ 添加对象 添加对象：用于直接向模拟添加对象，而不需要打开"对象属性"对话框。

❖ 显示当前状态：显示布料在上一模拟时间步阶结束时的当前状态。

❖ 显示目标状态：显示布料的当前目标状态。

❖ 显示启用的实体碰撞：启用该选项时，将高亮显示所有启用实体收集的顶点组。

❖ 显示启用的自身碰撞：启用该选项时，将高亮显示所有启用自收集的顶点组。

2.选定对象卷展栏

"选定对象"卷展栏用于控制模拟缓存、使用纹理贴图或插补来控制并模拟布料
的属性，如图7-126所示。

参数详解

（1）缓存选项组

❖ 文本框⬚⬚⬚⬚⬚⬚：用于显示缓存文件的当前路径和文件名。

❖ 强制UNC路径：如果文本字段路径是指向映射的驱动器，则将该路径转换为
UNC格式。

❖ 覆盖现有：启用该选项后，布料可以覆盖现有的缓存文件。

❖ 设置 设置...：用于指定所选对象缓存文件的路径和文件名。

❖ 加载 加载：将指定的文件加载到所选对象的缓存中。

❖ 导入 导入...：打开"导入缓存"对话框，以加载一个缓存文件，而不是指定的
文件。

❖ 加载所有 加载所有：加载模拟中每个布料对象的指定缓存文件。

图7-126

❖ 保存 保存：使用指定的文件名和路径保存当前缓存。

❖ 导出 导出...：打开"导出缓存"对话框，以将缓存保存到一个文件，而不是指定的文件。

❖ 附加缓存：如果要以PointCache2格式创建第2个缓存，则应该启用该选项，然后单击后面的"设置"按钮 设置... 以指定路径和文件名。

（2）属性指定选项组

❖ 插入：在"对象属性"对话框中的两个不同设置（由右上角的"属性1"和"属性2"单选选项确定）之间插入。

❖ 纹理贴图：设置纹理贴图，以对布料对象应用"属性1"和"属性2"设置。

❖ 贴图通道：用于指定纹理贴图所要使用的贴图通道，或选择要用于取而代之的顶点颜色。

（3）弯曲贴图选项组

❖ 弯曲贴图：控制是否开启"弯曲贴图"选项。

❖ 顶点颜色：使用顶点颜色通道来进行调整。

❖ 贴图通道：使用贴图通道，而不是顶点颜色来进行调整。

❖ 纹理贴图：使用纹理贴图来进行调整。

3.模拟参数卷展栏

"模拟参数"卷展栏用于指定重力、起始帧和缝合弹簧选项等常规模拟属性，如图7-127所示。

参数详解

图7-127

❖ 厘米/单位：确定每3ds Max单位表示多少厘米。

❖ 地球 地球：单击该按钮可以设置地球的重力值。

❖ 重力 重力：启用该按钮之后，"重力"值将影响到模拟中的布料对象。

❖ 步阶：设置模拟器可以采用的最大时间步阶大小。

❖ 子例：设置3ds Max对固体对象位置每帧的采样次数。

❖ 起始帧：设置模拟开始处的帧。

❖ 结束帧：开启该选项后，可以确定模拟终止处的帧。

❖ 自相冲突：开启该选项后，可以检测布料对布料之间的冲突。

❖ 检查相交：该选项是一个过时功能，无论勾选与否都无效。

❖ 实体冲突：开启该选项后，模拟器将考虑布料对实体对象的冲突。

❖ 使用缝合弹簧：开启该选项后，可以使用随Garment Maker创建的缝合弹簧将织物接合在一起。

❖ 显示缝合弹簧：用于切换缝合弹簧在视口中的可见性。

❖ 随渲染模拟：开启该选项后，将在渲染时触发模拟。

❖ 高级收缩：开启该选项后，布料将对同一冲突对象两个部分之间收缩的布料进行测试。

❖ 张力：利用顶点颜色显现织物中的压缩/张力。

❖ 焊接：控制在完成撕裂布料之前如何在设置的撕裂上平滑布料。

7.4.2 Cloth（布料）修改器的子对象参数

功能介绍

Cloth（布料）修改器有4个次物体层级，如图7-128所示，每个层级都有不同的工具和参数，下面分别进行讲解。

1.组层级

"组"层级主要用于选择成组顶点，并将其约束到曲面、冲突对象或其他布料对象，其参数面板如图7-129所示。

参数详解

❖ 设定组 设定组 ：利用选中顶点来创建组。

❖ 删除组 删除组 ：删除选定的组。

❖ 解除 解除 ：解除指定给组的约束，让其恢复到未指
定状态。

❖ 初始化 初始化 ：将顶点连接到另一对象的约束，并包
含有关组顶点的位置相对于其他对象的信息。

❖ 更改组 更改组 ：用于修改组中选定的顶点。

❖ 重命名 重命名 ：用于重命名组。

❖ 节点 节点 ：将组约束到场景中的对象或节点的变
换。

❖ 曲面 曲面 ：将所选定的组附加到场景中的冲突对象
的曲面上。

❖ 布料 布料 ：将布料顶点的选定组附加到另一个布料
对象。

❖ 保留 保留 ：选定的组类型在修改器堆栈中的Cloth
（布料）修改器下保留运动。

图7-128 图7-129

❖ 绘制 绘制 ：选定的组类型将顶点锁定就位或向选定组添加阻尼力。

❖ 模拟节点 模拟节点 ：除了该节点必须是布料模拟的组成部分之外，该选项和节点选项的功用相同。

❖ 组 组 ：将一个组附加到另一个组。

❖ 无冲突 无冲突 ：忽略当前选择的组和另一组之间的冲突。

❖ 力场 力场 ：用于将组连接到空间扭曲，并让空间扭曲影响顶点。

❖ 粘滞曲面 粘滞曲面 ：只有在组与某个曲面冲突之后，才会将其粘贴到该曲面
上。

❖ 粘滞布料 粘滞布料 ：只有在组与某个曲面冲突之后，才会将其粘贴到该曲面
上。

❖ 焊接 焊接 ：单击该按钮可以使现有组转入"焊接"约束。

❖ 制造撕裂 制造撕裂 ：单击该按钮可以使所选顶点转入带"焊接"约束的撕裂。

❖ 清除撕裂 清除撕裂 ：单击该按钮可以从Cloth（布料）修改器移除所有撕裂。

2.面板层级

在"面板"层级下，可以随时选择一个布料，并更改其属性，其参数面板如图
7-130所示。

参数详解

❖ 预设：将选定面板的属性参数设置为下拉列表中选择的预设值。系统内置的任
意预设值或此前保存并加载的设置值均在此显示。预设值的文件扩展名为 .sti。

❖ 加载：从硬盘加载预设值。单击此按钮，然后导航至预设值所在目录，然后
将其加载到布料属性中。

❖ 保存：将布料属性参数保存为文件，以便此后加载。默认情况下，布料预设
文件将保存到 3ds Max 安装目录内的 \\cloth 文件夹。

"属性"控件与前文布料的"对象属性"对话框的"布料属性"选项组中的控件
相同。

图7-130

- ❖ 保持形状：启用后，根据"弯曲 %"和"拉伸 %"设置保留网格的形状（请参见以下内容）。在正常操作下，当布料创建模拟之后，将尝试令布料变平。
  - ◇ 弯曲 %：将目标弯曲角度调整介于 0.0 和目标状态所定义的角度之间的值。负数值用于反转角度。范围为 -100.0 ~ 100.0。默认值为 100.0。
  - ◇ 拉伸 %：将目标拉伸角度调整介于 0.0 和目标状态所定义的角度之间的值。负数值用于反转角度。范围为 -100.0 ~ 100.0。默认值为 100.0。
- ❖ 层：设置选定面板的层。

3.接缝层级

在"接缝"层级下可以定义接合口属性，其参数面板如图7-131所示。

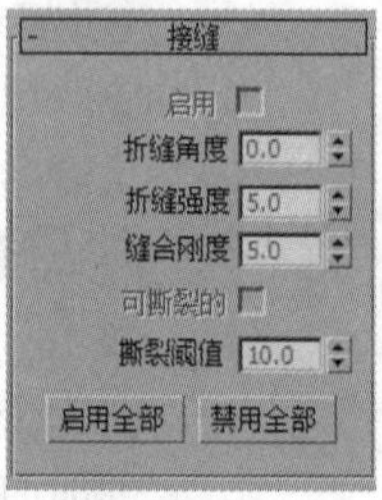

图7-131

参数详解

- ❖ 启用：控制是否开启接合口。
- ❖ 折缝角度：在接合口上创建折缝。角度值将确定介于两个面板之间的折缝角度。
- ❖ 折缝强度：增减接合口的强度。该值将影响接合口相对于布料对象其余部分的抗弯强度。
- ❖ 缝合刚度：在模拟时接缝面板拉合在一起的力的大小。
- ❖ 可撕裂的：勾选该选项后，可以将所选接合口设置为可撕裂状态。
- ❖ 撕裂阈值：参数后的数值用于控制产生撕裂效果，当间距大于该数值时面将产生撕裂效果。
- ❖ 启用全部 启用全部 ：将所选布料上的所有接合口设置为激活。
- ❖ 禁用全部 禁用全部 ：将所选布料上的所有接合口设置为关闭。

4.面层级

在"面"层级下，可以对布料对象进行交互拖放，就像这些对象在本地模拟一样，其参数面板如图7-132所示。

图7-132

参数详解

- ❖ 模拟局部 模拟局部 ：对布料进行局部模拟。为了和布料能够实时交互反馈，必须启用该按钮。
- ❖ 动态拖动！ 动态拖动！ ：激活该按钮后，可以在进行本地模拟时拖动选定的面。
- ❖ 动态旋转！ 动态旋转！ ：激活该按钮后，可以在进行本地模拟时旋转选定的面。
- ❖ 随鼠标下移模拟：只在鼠标左键单击时运行本地模拟。
- ❖ 忽略背面：启用该选项后，可以只选择面对的那些面。

【练习7-8】用Cloth（布料）修改器制作毛巾动画

毛巾动画效果如图7-133所示。

图7-133

01 打开学习资源中的"练习文件>第7章>7-8.max"文件，如图7-134所示。

图7-134

02 选择图7-135所示的平面，为其加载一个Cloth（布料）修改器，然后在"对象"卷展栏下单击"对象属性"按钮 对象属性 ，在弹出的"对象属性"对话框中选择模拟对象Plane001，勾选"布料"选项，如图7-136所示。

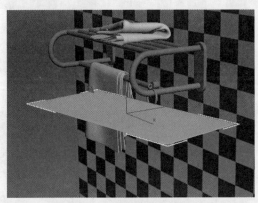

图7-135

图7-136

03 进入Cloth（布料）修改器的"组"层级，选择图7-137所示的顶点，在"组"卷展栏下单击"设定组"按钮 设定组 ，在弹出的"设定组"对话框中单击"确定"按钮 确定 ，如图7-138所示。

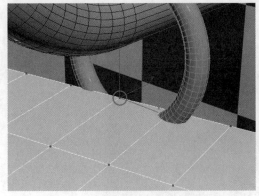

图7-137

图7-138

04 在"组"卷展栏下单击"绘制"按钮 绘制 ，返回顶层级结束编辑，在"对象"卷展栏下单击"模拟"按钮 模拟 ，此时会弹出生成动画的进程对话框，如图7-139所示。

05 拖曳时间线滑块观察动画，效果如图7-140所示。

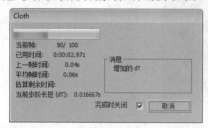

图7-139   图7-140

06 选择动画效果最明显的一些帧，单独渲染出这些单帧动画，最终效果如图7-141所示。

图7-141

【练习7-9】用Cloth（布料）修改器制作床盖下落动画

床盖下落动画效果如图7-142所示。

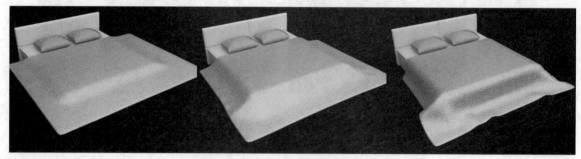

图7-142

01 打开学习资源中的"练习文件>第7章>7-9.max"文件，如图7-143所示。

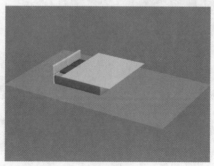

图7-143

02 选择顶部的平面，为其加载一个Cloth（布料）修改器，在"对象"卷展栏下单击"对象属性"按钮 对象属性 ，在弹出的"对象属性"对话框中选择模拟对象Plane007，勾选"布料"选项，如图7-144所示。

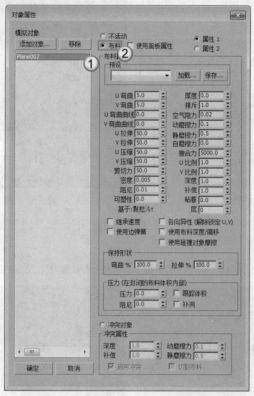

图7-144

03 单击"添加对象"按钮 添加对象... ，在弹出的"添加对象到布料模拟"对话框中选择ChamferBox001（床垫）、Plane006（地板）、Box02和Box24（这两个长方体是床侧板），如图7-145所示。

04 选择ChamferBox001、Plane006、Box02和Box24，勾选"冲突对象"选项，如图7-146所示。

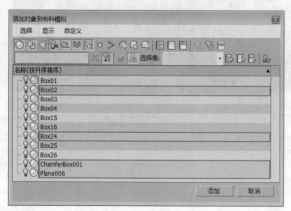

图7-145

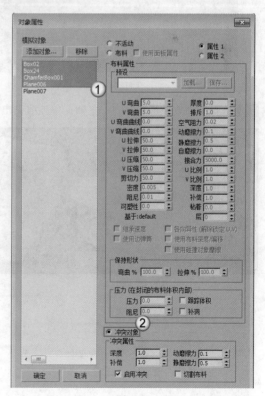

图7-146

05 在"对象"卷展栏下单击"模拟"按钮 模拟 自动生成动画，如图7-147所示，模拟完成后的效果如图7-148所示。

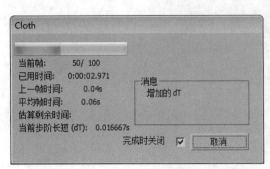

图7-147

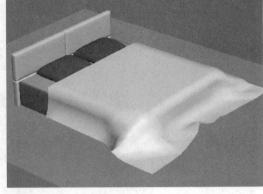

图7-148

06 为床盖模型加载一个"壳"修改器，在"参数"卷展栏下设置"内部量"为10mm，"外部量"为1mm，具体参数设置及模型效果如图7-149所示。

07 继续为床盖模型加载一个"网格平滑"修改器（采用默认设置），效果如图7-150所示。

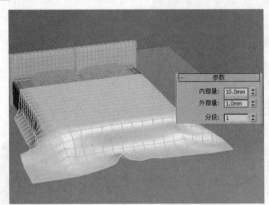

图7-149

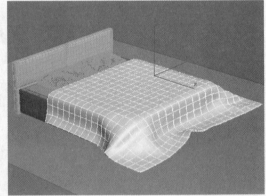

图7-150

08 选择动画效果最明显的一些帧，单独渲染出这些单帧动画，最终效果如图7-151所示。

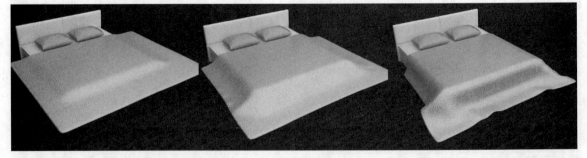

图7-151

第 **8** 章

摄影机技术

本章将重点介绍摄影机的使用方法，摄影机是沟通观众与作品之间的桥梁。在效果图制作中，一幅好作品不只是将一个结构空间简单地展示给观众，还要充分表达设计意图和主题，并从中表达出作者的一份感情，让作品更具感染力，而摄影机在其中起到了至关重要的作用。本章将重点介绍目标摄影机和VRay物理摄影机的使用方法。

※ 掌握创建摄影机的方法和技巧　　　　※ 掌握目标摄影机的使用方法
※ 掌握为场景创建摄影机的方法　　　　※ 掌握VRay物理摄影机的使用方法

8.1 摄影机的基础知识

在制作效果图时，摄影机不仅可以确定渲染视角、出图范围，同时还可以调节图像的亮度，或添加一些诸如景深、运动模糊等特效。摄影机的创建直接关系到效果图的构图内容和展示视角，对效果图的展示效果有最直接的影响。常用的摄影机有"目标"摄影机和"VRay物理摄影机"，如图8-1所示。

图8-1

8.1.1 如何创建摄影机

功能介绍

摄影机的创建不同于多边形的创建，摄影机的创建主要是为了确定拍摄角度和拍摄位置，所以创建摄影机的重点是如何精确地确定摄影机的摆放位置。

1.创建方法

在3ds Max中创建摄影的方法有3种，具体如下。

第1种：执行"创建>摄影机"菜单命令选取其中的摄影机，然后在视图通过拖曳鼠标进行创建，如图8-2所示。

第2种：在"创建面板"中单击相应的工具按钮，然后在视图中拖曳，如图8-3所示。

第3种：在透视图（一定是透视图）中进行视角调整，当调整到一个合适的位置的时候，执行"创建>摄影机"菜单命令，然后选择合适的摄影机进行创建即可，如图8-4所示。

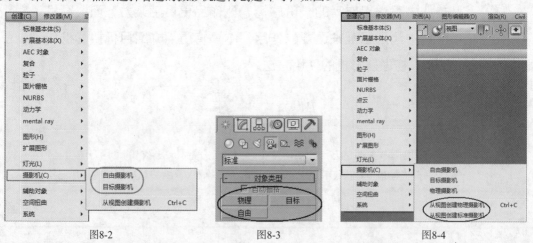

图8-2　　　　　　　　　　图8-3　　　　　　　　　　图8-4

2.创建技巧

前面介绍了摄影机的创建方法，但是大家会发现一个问题，除了通过第3种方式，其他方式都不好操作，下面以一个实例来介绍创建技巧。

第1步：打开一个场景，该场景为一个没有摄影机的场景，如图8-5所示。

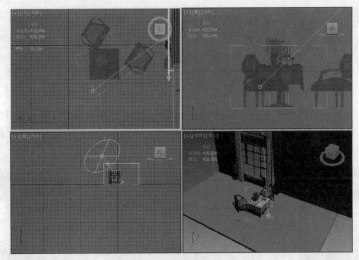

图8-5

第2步：在"创建面板"中单击"标准"栏下的"目标"摄影机，如图8-6所示。

第3步：在顶视图中通过按住鼠标左键进行拖曳来创建摄影机，松开鼠标左键即可完成创建，如图8-7所示。

第4步：切换到透视图，然后按C键将透视图切换至摄影机视图，如图8-8所示，这就是摄影机的视角效果，但此时的摄影机视角不正确，接下来还需要对其进行调整，使桌子成为摄影机拍摄对象。

图8-6　　　　　　　　　　　图8-7　　　　　　　　　　　　　　　　图8-8

第5步：因为要使用摄影机拍摄桌子，所以只需要将摄影机进行水平方向上的移动即可。切换到顶视图，选取摄影机的"摄影机部分"将其向下平移，如图8-9所示，在平移过程中，透视图会同步发生变化，摄影机视图效果如图8-10所示。

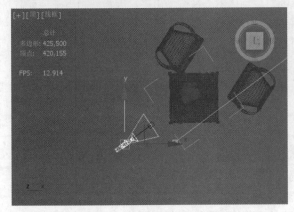

图8-9　　　　　　　　　　　　　　　　　　　　图8-10

8.1.2 安全框

功能介绍

安全框是视图中的安全线，在安全框内的内容在渲染时不会被裁剪掉。通过对比可发现，图8-11所示的视图内容与图8-12所示的渲染内容不完全相同，视图中的上下部分都被裁减掉了。

通常，摄影机视图有预览构图的功能，但是上述问题却让这个功能几乎无效，此时就可以使用安全框来解决这个问题，在图8-13的视图中出现了3个框，场景被完全框在了最外面的黄色框内，这3个框就是安全框，通过对比，可发现安全框内的内容与渲染效果图中的内容完全一样。

图8-11　　　　　　　　　　　图8-12　　　　　　　　　　　图8-13

1.关于安全框

在视图中单击左上角第2个菜单，在弹出的列表中选择"显示安全框"即可激活该视图中的安全框了，快捷键为Shift+F，如图8-14所示，安全框效果如图8-15所示。

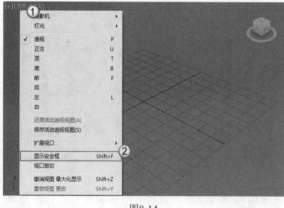 

图8-14　　　　　　　　　　　　　　　　　图8-15

参数详解

❖　活动区域（最外面黄色线框内）：超出此框的对象物体不会被渲染出来，因为就相当于一页书上的字体印刷时超出了整个页面，页面以外的部分自然会被切掉。

❖　动作安全区（蓝色线框内）：超出橘黄色而在此框内，这相当于一本书上的页面字体印刷没有了页边距，页面上的字体印刷到了每一页的边缘。

❖　标题安全区（橘黄色线框内）：在进行建模和动画制作时，要做在这个框内，此框的作用相当于一本书的版心，符合常人的视觉习惯。

2.安全框的应用

在激活安全框的情况下作图是一个非常良好的习惯，如果实在是不习惯这样的视图，就必须在渲染前打开安全框，以防止渲染效果图与视图内容不同的情况发生。

安全框在效果图中的作用除了预览渲染内容，还能控制渲染图像的纵横比（长度/宽度），通过安全框可以直观地查看渲染效果图的纵横比。有了这个功能，在渲染前就能预览并设置适合效果图的纵横比了。

在效果图中，通常只会用到最外面的"活动区域"，所以为了简化视图界面，通常会取消另外的安全区，可以执行"视图>视口配置"菜单命令打开"视口配置"对话框，然后在"安全框"选项卡中取消勾选"动作安全区"和"标题安全区"选项，如图8-16所示，设置后的效果如图8-17所示，此时的视图就比较简洁了，安全框内的内容在渲染的时候会被渲染出来，通过安全框可以直观地看到目前的纵横比。

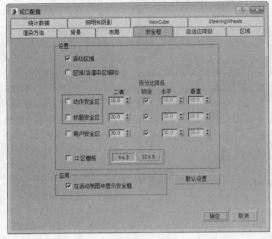

图8-16

图8-17

--- 提示 ---

关于图像纵横比的设置，是在"渲染设置"对话框中进行设置的，按F10键打开"渲染设置"对话框，在"公用"选项卡中进行设置，如图8-18所示，在设置好纵横比后，一般都会将其锁定。

图8-18

【练习8-1】为场景创建摄影机

摄影机的视角效果如图8-19所示。

图8-19

01 打开学习资源中的"练习文件>第8章>8-1.max"文件，场景中已经设置好了材质、灯光以及渲染参数，如图8-20所示。

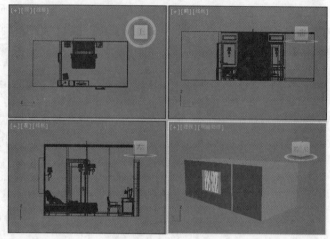

图8-20

02 最大化顶视图，这里设定拍摄角度为从床的侧面进行拍摄，所以在"创建"面板中选择"目标"摄影机，在顶视图中按住鼠标左键，从右往左拖动光标，使摄影机从侧面拍摄床，如图8-21所示。

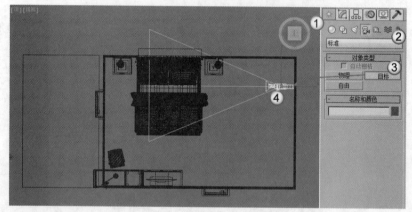

图8-21

03 按Alt+W组合键，选中透视图，然后按C键切换至摄影机视图，如图8-22所示，此时可以从摄影机视图中看到拍摄效果，摄影机的位置偏低。

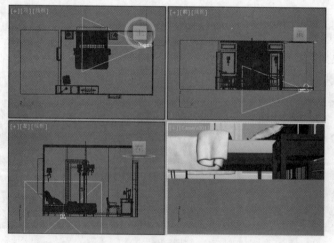

图8-22

04 选中前视图，将摄影机和目标点同时选中，根据摄影机视图的效果将其向上移动到合适位置，如图8-23所示。

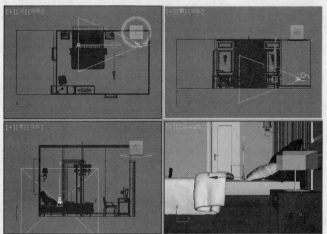

图8-23

05 这里需要设定一个俯视的效果，所以选中摄影机（不选择目标点），将其向上平移一段距离，如图8-24所示。

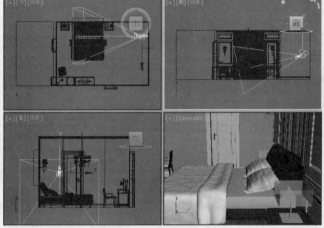

图8-24

06 选中顶视图，然后选择摄影机（不选择目标点），将其向下方平移一段距离，如图8-25所示，观察此时的摄影机视图，可发现摄影机视角已经设置好了。

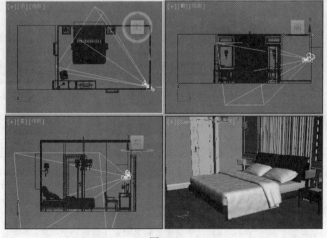

图8-25

07 最大化摄影机视角，按Shift+F组合键，如图8-26所示，安全框内的范围就是渲染出图的范围。

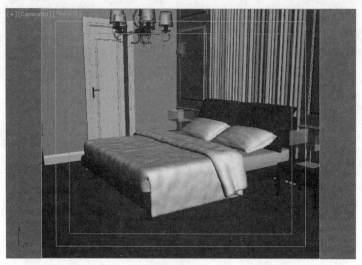

图8-26

08 按F10键打开"渲染设置"对话框，接下来对渲染纵横比进行设置，在"公用"选项卡下设置"纵横比"为1.333，如图8-27所示。

09 因为视图中的门出现倾斜状态，所以在视图中单击鼠标右键，在弹出的菜单中选择"应用摄影机校正修改器"选项，如图8-28所示。

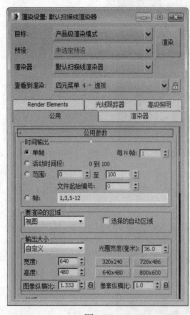

图8-27   图8-28

技术专题："摄影机校正"修改器

在默认情况下，摄影机视图使用3点透视，其中垂直线看上去在顶点上汇聚。而对摄影机应用"摄影机校正"修改器（注意，该修改器不在"修改器列表"中）以后，可以在摄影机视图中使用两点透视。在两点透视中，垂直线保持垂直。下面举例说明该修改器的具体作用。

第1步：在场景中创建一个圆柱体和一台目标摄影机，如图8-29所示。

第2步：按C键切换到摄影机视图，可以发现圆柱体在摄影机视图中与垂直线不垂直，如图8-30所示。

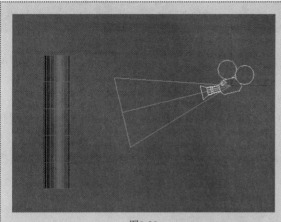
图8-29

图8-30

　　第3步：选择目标摄影机，然后单击鼠标右键，在弹出的菜单中选择"应用摄影机校正修改器"命令，为目标摄影机加载"摄影机校正"修改器，如图8-31所示，这样就可以将圆柱体的垂直线与摄影机视图的垂直线保持垂直，如图8-32所示。这就是"摄影机校正"修改器的主要作用。

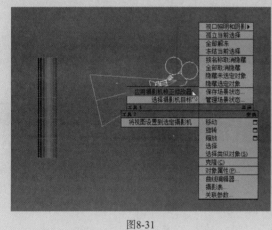
图8-31

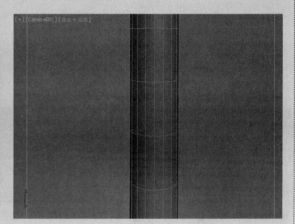
图8-32

10 加载"摄影机校正"修改器后，如图8-33所示，此时摄影机视图中的对象就正常了，室内环境的摄影机也创建完成了。

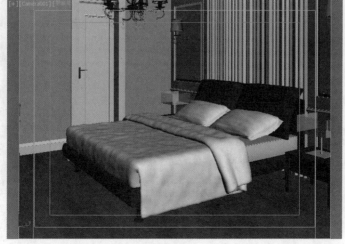
图8-33

8.2 效果图中的摄影机

3ds Max中的摄影机在制作效果图和动画时非常有用。在制作效果图时，可以用摄影机确定出图的范围，同时还可以调节图像的亮度，或添加一些诸如景深、运动模糊等效果；在制作动画时，可以让摄影机绕着场景进行"拍摄"，从而模拟出对象在场景中漫游观察的动画效果或实现空中鸟瞰等特殊动画效果。

3ds Max中的摄影机只包含"标准"摄影机，而"标准"摄影机又包含"物理摄影机""目标摄影机"和"自由摄影机"3种，如图8-34所示。

安装好VRay渲染器后，摄影机列表中会增加一种VRay摄影机，而VRay摄影机又包含"VRay穹顶摄影机"和"VRay物理摄影机"两种，如图8-35所示。

图8-34

图8-35

提示

在实际工作中，使用频率最高的是"目标摄影机"和"VRay物理摄影机"，另外，"物理摄影机"是3ds Max 2016的新摄影机。

8.2.1 目标摄影机

功能介绍

目标摄影机可以查看所放置的目标周围的区域，它比自由摄影机更容易定向，因为只需将目标对象定位在所需位置的中心即可。使用"目标"工具 目标 在场景中拖曳鼠标可以创建一台目标摄影机，可以观察到目标摄影机包含目标点和摄影机两个部件，如图8-36所示。

1.参数卷展栏

展开"参数"卷展栏，如图8-37所示。

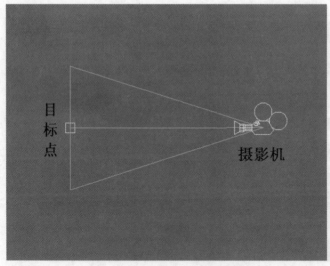

图8-36

图8-37

参数详解

（1）基本选项组

❖ 镜头：以mm为单位来设置摄影机的焦距。

❖ 视野：设置摄影机查看区域的宽度视野，有水平 ↔、垂直 ↕ 和对角线 ↗ 3种方式。

❖ 正交投影：启用该选项后，摄影机视图为用户视图；关闭该选项后，摄影机视图为标准的透视图。

❖ 备用镜头：系统预置的摄影机焦距镜头包含15mm、20mm、24mm、28mm、35mm、50mm、85mm、135mm和200mm。

❖ 类型：切换摄影机的类型，包含"目标摄影机"和"自由摄影机"两种。

❖ 显示圆锥体：显示摄影机视野定义的锥形光线（实际上是一个四棱锥）。锥形光线出现在其他视口，但是显示在摄影机视口中。

❖ 显示地平线：在摄影机视图中的地平线上显示一条深灰色的线条。

（2）环境范围选项组

❖ 显示：显示出在摄影机锥形光线内的矩形。

❖ 近距/远距范围：设置大气效果的近距范围和远距范围。

（3）剪切平面选项组

❖ 手动剪切：启用该选项可定义剪切的平面。

❖ 近距/远距剪切：设置近距和远距平面。对于摄影机，比"近距剪切"平面近或比"远距剪切"平面远的对象是不可见视的。

（4）多过程效果选项组

❖ 启用：启用该选项后，可以预览渲染效果。

❖ 预览 预览 ：单击该按钮可以在活动摄影机视图中预览效果。

❖ 多过程效果类型：共有"景深（mental ray）""景深"和"运动模糊"3个选项，系统默认为"景深"。

❖ 渲染每过程效果：启用该选项后，系统会将渲染效果应用于多重过滤效果的每个过程（景深或运动模糊）。

（5）目标距离选项组

❖ 目标距离：当使用"目标摄影机"时，该选项用来设置摄影机与其目标之间的距离。

2.景深参数卷展栏

景深是摄影机的一个非常重要的功能，在实际工作中的使用频率也非常高，常用于表现画面的中心点，如图8-38和图8-39所示。

图8-38

图8-39

当设置"多过程效果"为"景深"时，系统会自动显示出"景深参数"卷展栏，如图8-40所示。

参数详解

（1）焦点深度选项组

❖ 使用目标距离：启用该选项后，系统会将摄影机的目标距离用作每个过程偏移摄影机的点。

❖ 焦点深度：当关闭"使用目标距离"选项时，该选项可以用来设置摄影机的偏移深度，其取值范围为0~100。

（2）采样选项组

❖ 显示过程：启用该选项后，"渲染帧窗口"对话框中将显示多个渲染通道。

❖ 使用初始位置：启用该选项后，第1个渲染过程将位于摄影机的初始位置。

❖ 过程总数：设置生成景深效果的过程数。增大该值可以提高效果的真实度，但是会增加渲染时间。

❖ 采样半径：设置场景生成的模糊半径。数值越大，模糊效果越明显。

❖ 采样偏移：设置模糊靠近或远离"采样半径"的权重。增加该值将增加景深模糊的数量级，从而得到更均匀的景深效果。

图8-40

（3）过程混合选项组

❖ 规格化权重：启用该选项后可以将权重规格化，以获得平滑的结果；当关闭该选项后，效果会变得更加清晰，但颗粒效果也更明显。

❖ 抖动强度：设置应用于渲染通道的抖动程度。增大该值会增加抖动量，并且会生成颗粒状效果，尤其在对象的边缘上最为明显。

❖ 平铺大小：设置图案的大小。0表示以最小的方式进行平铺，100表示以最大的方式进行平铺。

（4）扫描线渲染器参数选项组

❖ 禁用过滤：启用该选项后，系统将禁用过滤的整个过程。

❖ 禁用抗锯齿：启用该选项后，可以禁用抗锯齿功能。

技术专题：景深形成原理解析

"景深"就是指拍摄主题前后所能在一张照片上成像的空间层次的深度。简单地说，景深就是聚焦清晰的焦点前后"可接受的清晰区域"，如图8-41所示。

图8-41

下面讲解景深形成的原理。

1.焦点

与光轴平行的光线射入凸透镜时，理想的镜头应该是所有的光线聚集在一点后，再以锥状的形式扩散开，这个聚集所有光线的点就称为"焦点"，如图8-42所示。

2.弥散圆

在焦点前后，光线开始聚集和扩散，点的影像会变得模糊，从而形成一个扩大的圆，这个圆就称为"弥散圆"，如图8-43所示。

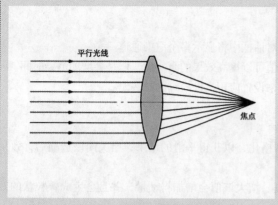

图8-42

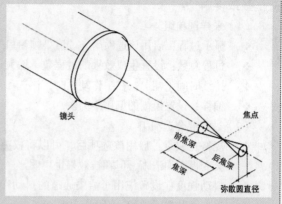

图8-43

每张照片都有主题和背景之分，景深和摄影机的距离、焦距和光圈之间存在着以下3种关系（这3种关系可以用图8-44来表示）。

第1种：光圈越大，景深越小；光圈越小，景深越大。

第2种：镜头焦距越长，景深越小；焦距越短，景深越大。

第3种：距离越远，景深越大；距离越近，景深越小。

景深可以很好地突出主题，不同的景深参数下的效果也不相同，图8-45突出的是蜘蛛的头部，而图8-46突出的是蜘蛛和被捕食的螳螂。

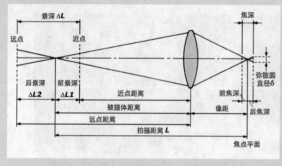

图8-44

图8-45

图8-46

3.运动模糊参数卷展栏

运动模糊一般运用在动画中，常用于表现运动对象高速运动时产生的模糊效果，如图8-47和图8-48所示。

当设置"多过程效果"为"运动模糊"时，系统会自动显示出"运动模糊参数"卷展栏，如图8-49所示。

图8-47

图8-48

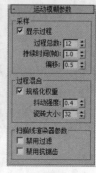

图8-49

参数详解

（1）采样选项组

❖ 显示过程：启用该选项后，"渲染帧窗口"对话框中将显示多个渲染通道。

❖ 过程总数：设置生成效果的过程数。增大该值可以提高效果的真实度，但是会增加渲染时间。

❖ 持续时间（帧）：在制作动画时，该选项用来设置应用运动模糊的帧数。

❖ 偏移：设置模糊的偏移距离。

（2）过程混合选项组

❖ 规格化权重：启用该选项后，可以将权重规格化，以获得平滑的结果；当关闭该选项后，效果会变得更加清晰，但颗粒效果也更明显。

❖ 抖动强度：设置应用于渲染通道的抖动程度。增大该值会增加抖动量，并且会生成颗粒状的效果，尤其在对象的边缘上最为明显。

❖ 瓷砖大小：设置图案的大小。0表示以最小的方式进行平铺，100表示以最大的方式进行平铺。

（3）扫描线渲染器参数选项组

❖ 禁用过滤：启用该选项后，系统将禁用过滤的整个过程。

❖ 禁用抗锯齿：启用该选项后，可以禁用抗锯齿功能。

【练习8-2】用目标摄影机制作景深效果

景深效果如图8-50所示。

图8-50

01 打开学习资源中的"练习文件>第8章>8-2.max"文件，如图8-51所示。

02 设置摄影机类型为"标准"，在前视图中创建一台目标摄影机，然后调整好目标点的方向，让目标点放在玻璃杯处，这样可以让摄影机的查看方向对准玻璃杯，如图8-52所示。

图8-51

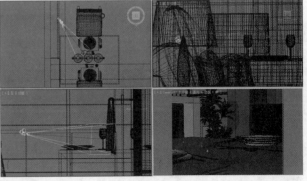

图8-52

03 选择目标摄影机，在"参数"卷展栏下设置"镜头"为88mm，"视野"为23.12，设置"目标距离"为640mm，具体参数设置如图8-53所示。

04 在透视图中按C键切换到摄影机视图，然后按Shift+F组合键打开安全框，效果如图8-54所示，接着按F9键测试渲染当前场景，效果如图8-55所示。

图8-53

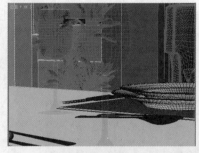

图8-54

图8-55

提示

现在虽然创建了目标摄影机，但是并没有产生景深效果，这是因为还没有在渲染中开启景深的原因。

---

05 按F10键打开"渲染设置"对话框，单击VRay选项卡，展开"摄影机"卷展栏，勾选"景深"和"从摄影机获得焦点距离"选项，设置"焦点距离"为640mm，如图8-56所示。

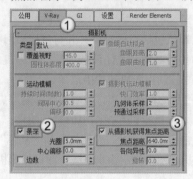

图8-56

提示

勾选"从摄影机获得焦点距离"选项后，摄影机焦点位置的物体在画面中是最清晰的，而距离焦点越远的物体越模糊。

---

06 按F9键渲染当前场景，最终效果如图8-57所示。

图8-57

8.2.2 物理摄影机

功能介绍

物理摄影机是Autodesk公司与VRay制造商Chaos Group共同开发的，可以为设计师提供新的渲染选项，也可以模拟用户熟悉的真实摄影机，例如快门速度、光圈、景深和曝光等功能。使用物理摄影机可以更加轻松地创建真实照片级图像和动画效果。物理摄影机也包含摄影机和目标点两个部件，如图8-58所示，其参数包含7个卷展栏，如图8-59所示。

1.基本卷展栏

展开"基本"卷展栏，如图8-60所示。

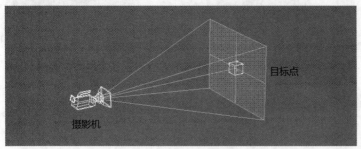

图8-58 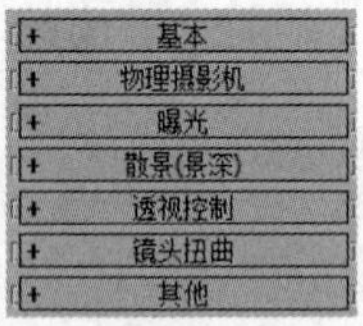　　　　　　　　　　图8-59 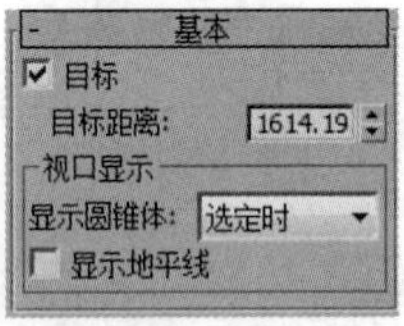　　　图8-60

参数详解

❖ 目标：启用该选项后，摄影机包括目标对象，并与目标摄影机的使用方法相同，即可以通过移动目标点来设置摄影机的拍摄对象；关闭该选项后，摄影机的使用方法与自由摄影机相似，可以通过变换摄影机的位置来控制摄影机的拍摄范围。

❖ 目标距离：设置目标与焦平面之间的距离，该数值会影响聚焦和景深等效果。

❖ 视口显示：该选项组用于设置摄影机在视图中的显示效果。"显示圆锥体"选项用于控制是否显示摄影机的拍摄锥面，包含"选定时""始终"和"从不"3个选项；"显示地平线"选项用于控制地平线是否在摄影机视图中显示为水平线（假设摄影机帧包括地平线）。

2.物理摄影机

展开"物理摄影机"卷展栏，如图8-61所示。

参数详解

（1）胶片/传感器选项组

❖ 预设值：选择胶片模式和电荷传感器的类型，功能类似于目标摄影机的"镜头"，其选项包括多种行业标准传感器设置，每个选项都有其默认的"宽度"值，"自定义"选项可以任意调整"宽度"值。

❖ 宽度：用于手动设置胶片模式的宽度。

（2）镜头选项组

❖ 焦距：设置镜头的焦距，默认值为40mm。

❖ 指定视野：勾选该选项时，可以设置新的视野（FOV）值（以度为单位）。默认的视野值取决于所选的"胶片/传感器"的预设类型。

图8-61

--- 提示 ---

当"指定视野"选项处于启用状态时，"焦距"选项将被禁用。但是如果更改"指定视野"的数值，"焦距"数值也会跟着发生变化。

❖ 缩放：在不更改摄影机位置的情况下缩放镜头。

❖ 光圈：设置摄影机的光圈值。该参数可以影响曝光和景深效果，光圈数越低，光圈越大，并且景深越窄。

（3）聚焦选项组

❖ 使用目标距离：勾选该选项后，将使用设置的"目标距离"值作为焦距。

❖ 自定义：勾选该选项后，将激活下面的"焦距距离"选项，此时可以手动设置焦距距离。

❖ 镜头呼吸：通过将镜头向焦距方向移动或远离焦距方向来调整视野。值为0时，表示禁用镜头呼吸效果，默认值为1。

❖ 启用景深：勾选该选项后，摄影机在不等于焦距的距离上会生成模糊效果。图8-62和图8-63所示分别是关闭景深与开启景深的渲染效果。景深效果的强度基于光圈设置。

图8-62　　　　　　　　　　图8-63

（4）快门选项组

❖ 类型：用于选择测量快门速度时使用的单位，包括"帧"（通常用于计算机图形）、"秒"、"1/秒"（通常用于静态摄影）和"度"（通常用于电影摄影）4个选项。

❖ 持续时间：根据所选单位类型设置快门速度，该值可以影响曝光、景深和运动模糊效果。

❖ 偏移：启用该选项时，可以指定相对于每帧开始时间的快门打开时间。注意，更改该值会影响运动模糊效果。

❖ 启用运动模糊：启用该选项后，摄影机可以生成运动模糊效果。

3.曝光卷展栏

展开"曝光"卷展栏，如图8-64所示。

图8-64

参数详解

（1）曝光增益选项组

❖ 手动：通过ISO值设置曝光增益，数值越高，曝光时间越长。当此选项处于激活状态时，将通过设定的数值、快门速度和光圈设置来计算曝光。

- ❖ 目标：设置与"光圈""快门"的"持续时间"和"手动"的"曝光增益"这3个参数组合相对应的单个曝光值。每次增加或降低EV值，对应地会分别减少或增加有效的曝光。目标的EV值越高，生成的图像越暗，反之则越亮。

（2）白平衡选项组

- ❖ 光源：按照标准光源设置色彩平衡，默认设置为"日光（6500K）"。
- ❖ 温度：以"色温"的形式设置色彩平衡，以开尔文度（K）表示。
- ❖ 自定义：用于设置任意的色彩平衡。

（3）启用渐晕选项组

- ❖ 数量：勾选"启用渐晕"选项后，可以激活该选项，用于设置渐晕的数量。该值越大，渐晕效果越强，默认值为1。

4.散景（景深）卷展栏

如果在"物理摄影机"卷展栏下勾选"启用景深"选项，那么出现在焦点之外的图像区域将生成"散景"效果（也称为"模糊圈"），如图8-65所示。当渲染景深的时候，或多或少都会产生一些散景效果，这主要与散景到摄影机的距离有关。另外，在物理摄影机中，镜头的形状会影响散景的形状。展开"散景（景深）"卷展栏，如图8-66所示。

图8-65

图8-66

参数详解

（1）光圈形状选项组

- ❖ 圆形：将散景效果渲染成圆形光圈形状。
- ❖ 叶片式：将散景效果渲染成带有边的光圈。使用"叶片"选项可以设置每个模糊圈的边数；使用"旋转"选项可以设置每个模糊圈旋转的角度。
- ❖ 自定义纹理：使用贴图的图案来替换每种模糊圈。如果贴图是黑色背景的白色圈，则等效于标准模糊圈。
- ❖ 影响曝光：启用该选项时，自定义纹理将影响场景的曝光。

（2）中心偏移（光环效果）选项组

- ❖ 中心-光环 ▭▭▭⌐ ：使光圈透明度向"中心"（负值）或"光环"（正值）偏移，正值会增加焦外区域的模糊量，而负值会减小模糊量。调整该选项可以让散景效果的表现更为明显。

（3）光学渐晕（CAT眼睛）选项组

- ❖ ▭▭▭⌐ ：通过模拟"猫眼"效果让帧呈现渐晕效果，部分广角镜头可以形成这种效果。

（4）各向异性（失真镜头）选项组

- ❖ 垂直-水平 ▭▭▭⌐ ：通过垂直（负值）或水平（正值）来拉伸光圈，从而模拟失真镜头。

5.透视控制卷展栏

展开"透视控制"卷展栏,如图8-67所示。

参数详解

❖ 镜头移动:沿"水平"或"垂直"方向移动摄影机视图,而不旋转或倾斜摄影机。

图8-67

❖ 倾斜校正:沿"水平"或"垂直"方向倾斜摄影机,在摄影机向上或向下倾斜的场景中,可以使用它们来更正透视。如果勾选"自动垂直倾斜校正"选项,摄影机将自动校正透视。

6.镜头扭曲卷展栏

展开"镜头扭曲"卷展栏,如图8-68所示。

参数详解

❖ 无:不应用扭曲。

图8-68

❖ 立方:勾选该选项后,将激活下面的"数量"参数。当"数量"值为0时不产生扭曲,为正值时将产生枕形扭曲,为负值时将产生筒体扭曲。

❖ 纹理:基于纹理贴图扭曲图像,单击下面的"无"按钮 加载纹理贴图,贴图的红色分量会沿x轴扭曲图像,绿色分量会沿y轴扭曲图像,蓝色分量将被忽略。

提示

关于"其他"卷展栏下的参数请参阅目标摄影机中对应的参数。

【练习8-3】用物理摄影机制作景深效果

景深效果如图8-69所示。

图8-69

`01` 打开学习资源中的"练习文件>第8章>8-3.max"文件,如图8-70所示。

`02` 设置摄影机类型为"标准",然后在前视图中创建一台物理摄影机,调整好目标点的方向,将目标点放在笔记本处,如图8-71所示。

图8-70

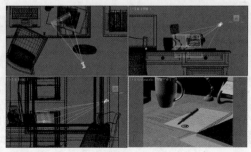

图8-71

03 选择物理摄影机，在"基本"卷展栏中设置"目标距离"为625mm，在"物理摄影机"卷展栏下勾选"指定视野"选项，并设置其数值为22.7，然后设置"光圈"为f/6，设置"快门"的"类型"为"1/秒"，设置"持续时间"为1/30s，如图8-72所示。

04 按C键切换到摄影机视图，按F9键测试渲染摄影机视图，效果如图8-73所示，可以发现场景的曝光过大。

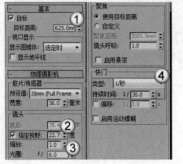
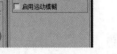

图8-72   图8-73

05 选择物理摄影机，然后在"曝光"卷展栏下单击"安装曝光控件"按钮 安装曝光控制 （安装完后会显示为灰色不可编辑的"曝光控件已安装"按钮 曝光控制已安装 ），设置"曝光增益"的"目标"为8.5，如图8-74所示。

06 按大键盘上的8键打开"环境和效果"对话框，单击"环境"选项卡，在"物理摄影机曝光控制"卷展栏下设置"针对非物理摄影机的曝光"为8.5，将其与物理摄影机的曝光统一，如图8-75所示。

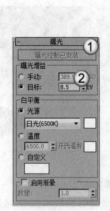
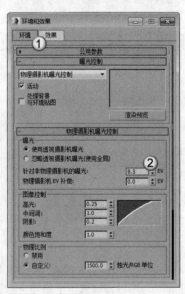

图8-74   图8-75

提示

在默认情况下，物理摄影机在创建时会覆盖场景中的其他曝光设置，即保持默认的曝光值6EV，这里需要将曝光值设置为与物理摄影机一致，否则会出现曝光错误的情况。

---

07 切换到摄影机视图，按F9键测试渲染摄影机视图，效果如图8-76所示，可以发现此时的曝光效果已经正常了。

08 制作景深效果。选择物理摄影机，在"物理摄影"卷展栏下勾选"使用目标距离"选项（表示使用目标距离作为焦距），勾选"启用景深"选项，如图8-77所示，此时在摄影机视图中可以预览景深效果，如图8-78所示。

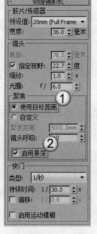

图8-76 　　　　　　　　　　图8-77 　　　　　　　　　　图8-78

09 按F10键打开"渲染设置"对话框，单击VRay选项卡，在"摄影机"卷展栏下勾选"景深"和"从摄影机获得焦点距离"选项，设置"焦点距离"为625mm，如图8-79所示。

10 切换到摄影机视图，按F9键渲染当前场景，最终效果如图8-80所示。

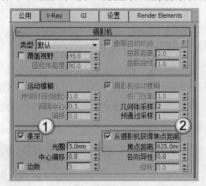

图8-79 　　　　　　　　　　　　图8-80

8.2.3　VRay物理摄影机

功能介绍

　　VRay物理摄影机相当于一台真实的摄影机，有光圈、快门、曝光和ISO等调节功能，它可以对场景进行"拍照"。使用"VRay物理摄影机"工具 VR-物理摄影机 在视图中拖曳鼠标可以创建一台VRay物理摄影机，可以观察到VRay物理摄影机包含摄影机和目标点两个部件，如图8-81所示，其参数包含5个卷展栏，如图8-82所示。

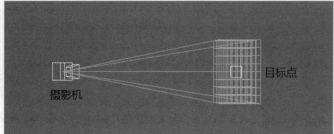

图8-81 　　　　　　　　　　　　图8-82

提示

下面只介绍"基本参数""散景特效"和"采样"3个卷展栏下的参数。

1.基本参数卷展栏

展开"基本参数"卷展栏，如图8-83所示。

参数详解

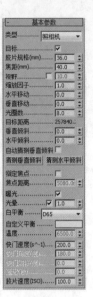

图8-83

❖ 类型：设置摄影机的类型，包含"照相机""摄影机（电影）"和"摄像机
（DV）"3种类型。

  ◇ 照相机：用来模拟一台常规快门的静态画面照相机。

  ◇ 摄影机（电影）：用来模拟一台圆形快门的电影摄影机。

  ◇ 摄像机（DV）：用来模拟带CCD矩阵的快门摄像机。

❖ 目标：当勾选该选项时，摄影机的目标点将放在焦平面上；当关闭该选项
时，可以通过下面的"目标距离"选项来控制摄影机到目标点的距离。

❖ 胶片规格（mm）：控制摄影机所看到的景色范围。值越大，看到的景象就
越多。

❖ 焦距（mm）：设置摄影机的焦长，同时也会影响到画面的感光强度。较大
的数值产生的效果类似于长焦效果，且感光材料（胶片）会变暗，特别是在
胶片的边缘区域；较小数值产生的效果类似于广角效果，其透视感比较强，
当然胶片也会变亮。

❖ 视野：启用该选项后，可以调整摄影机的可视区域。

❖ 缩放因子：控制摄影机视图的缩放。值越大，摄影机视图拉得越近。

❖ 水平/垂直移动：控制摄影机视图的水平和垂直方向上的偏移量。

❖ 光圈数：设置摄影机的光圈大小，主要用来控制渲染图像的最终亮度。值越小，图像越亮；值
越大，图像越暗，图8-84和图8-85所示分别是"光圈数"值为10和14的渲染效果。注意，光圈和
景深也有关系，大光圈的景深小，小光圈的景深大。

图8-84

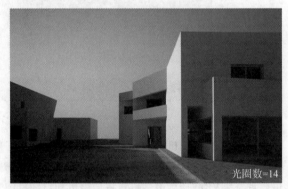

图8-85

❖ 目标距离：显示摄影机到目标点的距离

❖ 垂直/水平移动：制摄影机在垂直/水平方向上的变形，主要用于纠正三点透视到两点透视。

❖ 自动猜测垂直倾斜：勾选后可自动校正垂直方向的透视关系。

❖ 猜测垂直倾斜 猜测垂直倾斜/猜测水平倾斜 猜测水平倾斜：用于校正垂直/水平方向上的透视关系。

❖ 指定焦点：开启这个选项后，可以手动控制焦点。

❖ 焦点距离：勾选"指定焦点"选项后，可以在该选项的数值输入框中手动输入焦点距离。

❖ 曝光：当勾选这个选项后，VRay物理摄影机中的"光圈数""快门速度（sˆ-1）"和"胶片速
度（ISO）"设置才会起作用。

❖ 光晕：模拟真实摄影机里的光晕效果，图8-86和图8-87所示分别是勾选"光晕"和关闭"光晕"
选项时的渲染效果。

图8-86 勾选光晕

图8-87 关闭光晕

❖ 白平衡：和真实摄影机的功能一样，控制图像的色偏。例如，在白天的效果中，设置一个桃色的白平衡颜色可以纠正阳光的颜色，从而得到正确的渲染颜色。

❖ 自定义平衡：用于手动设置白平衡的颜色，从而控制图像的色偏。例如，图像偏蓝，就应该将白平衡颜色设置为蓝色。

❖ 温度：该选项目前不可用。

❖ 快门速度（s^-1）：控制光的进光时间，值越小，进光时间越长，图像就越亮；值越大，进光时间就越小，图像就越暗，图8-88~图8-90所示分别是"快门速度（s^-1）"值为35、50和100时的渲染效果。

快门速度（s^-1）=35

快门速度（s^-1）=50

快门速度（s^-1）=100

图8-88   图8-89   图8-90

❖ 快门角度（度）：当摄影机选择"摄影机（电影）"类型的时候，该选项才被激活，其作用和上面的"快门速度（s^-1）"的作用一样，主要用来控制图像的明暗。

❖ 快门偏移（度）：当摄影机选择"摄影机（电影）"类型的时候，该选项才被激活，主要用来控制快门角度的偏移。

❖ 延迟（秒）：当摄影机选择"摄像机（DV）"类型的时候，该选项才被激活，作用和上面的"快门速度（s^-1）"的作用一样，主要用来控制图像的亮暗，值越大，表示光越充足，图像也越亮。

❖ 胶片速度（ISO）：控制图像的亮暗，值越大，表示ISO的感光系数越强，图像也越亮。一般白天效果比较适合用较小的ISO，而晚上效果比较适合用较大的ISO，图8-91~图8-93所示分别是"胶片速度（ISO）"值为80、120和160时的渲染效果。

胶片速度=80

胶片速度=120

胶片速度=160

图8-91   图8-92   图8-93

2.散景特效卷展栏

"散景特效"卷展栏下的参数主要用于控制散景效果，如图8-94所示。

图8-94

参数详解

- ❖ 叶片数：控制散景产生的小圆圈的边，默认值为5，表示散景的小圆圈为正五边形。如果关闭该选项，那么散景就是个圆形。
- ❖ 旋转（度）：散景小圆圈的旋转角度。
- ❖ 中心偏移：散景偏移源物体的距离。
- ❖ 各向异性：控制散景的各向异性，值越大，散景的小圆圈拉得越长，即变成椭圆。

3.采样卷展栏

展开"采样"卷展栏，如图8-95所示。

图8-95

参数详解

- ❖ 景深：控制是否开启景深效果。当某一物体聚焦清晰时，从该物体前面的某一段距离到其后面的某一段距离内的所有景物都是相当清晰的。
- ❖ 运动模糊：控制是否开启运动模糊功能。这个功能只适合用于具有运动对象的场景，对静态场景不起作用。

【练习8-4】用VRay物理摄影机制作景深效果

景深效果如图8-96所示。

图8-96

01 打开学习资源中的"练习文件>第8章>8-4.max"文件，如图8-97所示。

02 设置摄影机类型为VRay，在视图中创建一个VRay物理摄影机，摄影机位置如图8-98所示。

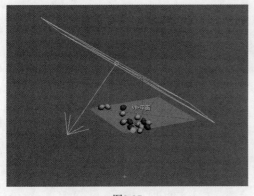

图8-97　　　　　　　　　　　　　　　　　图8-98

03 选择VRay物理摄影机，在"基本参数"卷展栏下设置"胶片规格（mm）"为31.195，"焦距（mm）"为40，"光圈数"为6，同时勾选"曝光"选项，设置"白平衡"为"自定义"，设置"自定义平衡"为淡蓝色（红:210，绿:239，蓝:255），设置"快门速度（s^-1）"为50，"胶片速度（ISO）"为200，最后在"采样"卷展栏下勾选"景深"选项，如图8-99所示。

04 按C键切换到摄影机视图，然后按F9键渲染当前场景，最终效果如图8-100所示。

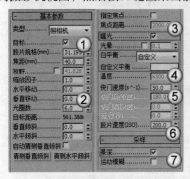

图8-99　　　　　　　　　　　　　　　图8-100

【练习8-5】用VRay物理摄影机调整图像的曝光

调整场景曝光的前后对比效果如图8-101所示。

图8-101

01 打开学习资源中的"练习文件>第8章>8-5.max"文件，场景中已经创建好了VRay物理摄影机，如图8-102所示，按F9键测试渲染摄影机视图，效果如图8-103所示，可以发现图像曝光过度。

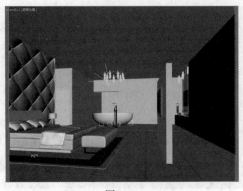

图8-102   图8-103

02 选择VRay物理摄影机，在"基本参数"卷展栏下设置"光圈数"为3，勾选"曝光"选项，设置"快门速度（s^-1）"为200，如图8-104所示，然后按F9键测试渲染摄影机视图，效果如图8-105所示，可以发现此时图像的曝光不足。

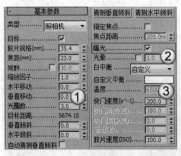

图8-104   图8-105

03 将"光圈数"修改为2，按F9键测试渲染摄影机视图，如图8-106所示，可以发现此时图像的曝光效果已经正常了。

图8-106

提示

对于VRay物理摄影机，可以用于调整图像曝光的参数主要有"光圈数""快门速度（s^-1）"和"胶片速度（ISO）"。"光圈数"的值越高，画面越暗，反之则越亮；"光快门速度（s^-1）"的值越高，画面越暗，反之则越亮；而"胶片速度（ISO）"的值越高，图像越亮，反之则越暗。在实际工作中，一般都需要通过设置不同的参数组合来控制画面的曝光，从而得到较好的渲染效果。

第 **9** 章

材质与贴图技术

　　本章将介绍材质与贴图技术，在3ds Max中，是通过制作对象的材质球来表现物体的表面属性的。本章将介绍3ds Max的材质和贴图系统、材质制作的基本流程，以及常用材质与贴图的创建方法。在效果图制作中，常用的材质球是VRayMtl材质，所以它是本章的重点，要重点掌握。

※ 掌握材质编辑器的使用方法　　　　　　※ 掌握常用材质的使用方法
※ 掌握材质球的创建方法和流程　　　　　※ 掌握常用贴图的使用方法

9.1 初识材质

材质主要用于表现物体的颜色、质地、纹理、透明度和光泽等特性，依靠各种类型的材质可以制作出现实世界中的任何物体，如图9-1~图9-3所示。

图9-1

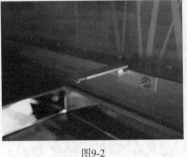
图9-2

图9-3

通常，在制作新材质并将其应用于对象时，应该遵循以下步骤。

第1步：指定材质的名称。

第2步：选择材质的类型。

第3步：对于标准或光线追踪材质，应选择着色类型。

第4步：设置漫反射颜色、光泽度和不透明度等各种参数。

第5步：将贴图指定给要设置贴图的材质通道，并调整参数。

第6步：将材质应用于对象。

第7步：如有必要，应调整UV贴图坐标，以便正确定位对象的贴图。

第8步：保存材质。

提示

在3ds Max中，创建材质是一件非常简单的事情，任何模型都可以被赋予栩栩如生的材质。图9-4所示是一个白模场景，设置好了灯光以及正常的渲染参数，但是渲染出来的光感和物体质感都非常"平淡"，一点儿也不真实。而图9-5所示是添加了材质后的场景效果，同样的场景、同样的灯光、同样的渲染参数，无论从什么角度来看，这张图都比白模更具有欣赏性。

图9-4

图9-5

9.2 材质编辑器

"材质编辑器"对话框非常重要，因为所有的材质的编辑都在这里完成。打开"材质编辑器"对话框的方法主要有以下两种。

第1种：执行"渲染>材质编辑器>精简材质编辑器"菜单命令或"渲染>材质编辑器>Slate材质编辑器"菜单命令，如图9-6所示。

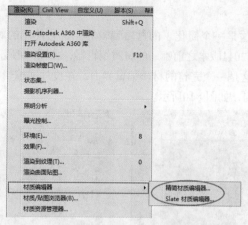

图9-6

第2种：在"主工具栏"中单击"材质编辑器"按钮▦或直接按M键。

在"材质编辑器"对话框中执行"模式>精简材质编辑器"命令，可以切换为图9-7所示的"材质编辑器"对话框，该对话框分为4大部分，最顶端为菜单栏，充满材质球的窗口为示例窗，示例窗右侧和下部的两排按钮为工具栏，其余的是参数控制区，如图9-7所示。

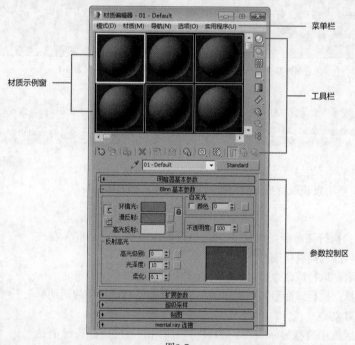

图9-7

9.2.1 菜单栏

功能介绍

"材质编辑器"对话框中的菜单栏包含5个菜单，分别是"模式"菜单、"材质"菜单、"导航"菜单、"选项"菜单和"实用程序"菜单。

1.模式菜单

"模式"菜单主要用来切换"精简材质编辑器"和"Slate材质编辑器"，如图9-8所示。

图9-8

参数详解

❖ 精简材质编辑器：这是一个简化了的材质编辑界面，它使用的对话框比"Slate材质编辑器"小，也是在3ds Max 2011版本之前唯一的材质编辑器，如图9-9所示。

❖ Slate材质编辑器：这是一个完整的材质编辑界面，在设计和编辑材质时使用节点和以图形关联的方式显示材质结构，如图9-10所示。

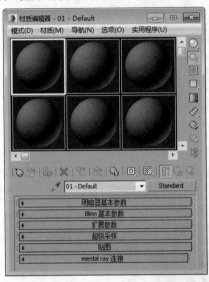

图9-9

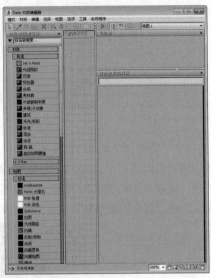

图9-10

提示

在实际工作中，一般都不会用到"Slate材质编辑器"，因此本书都用"精简材质编辑器"来进行讲解。

虽然"Slate材质编辑器"在设计材质时功能更强大，但"精简材质编辑器"在设计材质时更方便。

2.材质菜单

"材质"菜单主要用来获取材质、从对象选取材质等，如图9-11所示。

参数详解

❖ 获取材质：执行该命令可以打开"材质/贴图浏览器"对话框，在该对话框中可以选择材质或贴图。

❖ 从对象选取：执行该命令可以从场景对象中选择材质。

❖ 按材质选择：执行该命令可以基于"材质编辑器"对话框中的活动材质来选择对象。

❖ 在ATS对话框中高亮显示资源：如果材质使用的是已跟踪资源的贴图，那么执行该命令可以打开"资源跟踪"对话框，同时资源会高亮显示。

❖ 指定给当前选择：执行该命令可以将当前材质应用于场景中的选定对象。

❖ 放置到场景：在编辑材质完成后，执行该命令可以更新场景中的材质效果。

图9-11

❖ 放置到库：执行该命令可以将选定的材质添加到材质库中。

❖ 更改材质/贴图类型：执行该命令可以更改材质或贴图的类型。

❖ 生成材质副本：通过复制自身的材质，生成一个材质副本。

❖ 启动放大窗口：将材质示例窗口放大，并在一个单独的窗口中进行显示（双击材质球也可以放大窗口）。

- ❖ 另存为.FX文件：将材质另外为.fx文件。
- ❖ 生成预览：使用动画贴图为场景添加运动，并生成预览。
- ❖ 查看预览：使用动画贴图为场景添加运动，并查看预览。
- ❖ 保存预览：使用动画贴图为场景添加运动，并保存预览。
- ❖ 显示最终结果：查看所在级别的材质。
- ❖ 视口中的材质显示为：选择在视图中显示材质的方式，共有"没有贴图的明暗处理材质""有贴图的明暗处理材质""没有贴图的真实材质"和"有贴图的真实材质"4种方式。
- ❖ 重置示例窗旋转：使活动的示例窗对象恢复到默认方向。
- ❖ 更新活动材质：更新示例窗中的活动材质。

3.导航菜单

"导航"菜单主要用来切换材质或贴图的层级，如图9-12所示。

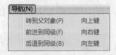

图9-12

参数详解

- ❖ 转到父对象（P）向上键：在当前材质中向上移动一个层级。
- ❖ 前进到同级（F）向右键：移动到当前材质中的相同层级的下一个贴图或材质。
- ❖ 后退到同级（B）向左键：与"前进到同级（F）向右键"命令类似，只是导航到前一个同级贴图，而不是导航到后一个同级贴图。

4.选项菜单

"选项"菜单主要用来更换材质球的显示背景等，如图9-13所示。

参数详解

- ❖ 将材质传播到实例：将指定的任何材质传播到场景中对象的所有实例。
- ❖ 手动更新切换：使用手动的方式进行更新切换。
- ❖ 复制/旋转拖动模式切换：切换复制/旋转拖动的模式。
- ❖ 背景：将多颜色的方格背景添加到活动示例窗中。
- ❖ 自定义背景切换：如果已指定了自定义背景，该命令可以用来切换自定义背景的显示效果。
- ❖ 背光：将背光添加到活动示例窗中。
- ❖ 循环3×2、5×3、6×4示例窗：用来切换材质球的显示数量。
- ❖ 选项：打开"材质编辑器选项"对话框，如图9-14所示。在该对话框中可以启用材质动画、加载自定义背景、定义灯光亮度或颜色，以及设置示例窗数目等。

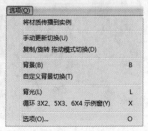

图9-13

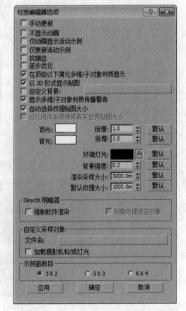

图9-14

5.实用程序菜单

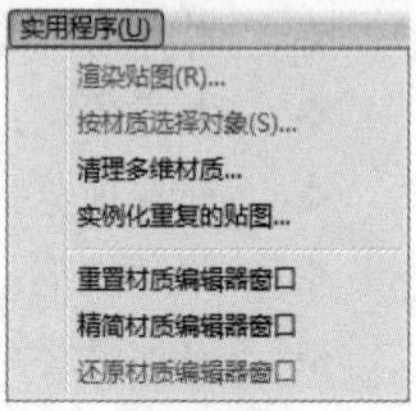

"实用程序"菜单主要用来清理多维材质、重置"材质编辑器"对话框等，如图9-15所示。

实用程序(U)

渲染贴图(R)...
按材质选择对象(S)...

清理多维材质...
实例化重复的贴图...

重置材质编辑器窗口
精简材质编辑器窗口
还原材质编辑器窗口

图9-15

参数详解

❖ 渲染贴图：对贴图进行渲染。

❖ 按材质选择对象：可以基于"材质编辑器"对话框中的活动材质来选择对象。

❖ 清理多维材质：对"多维/子对象"材质进行分析，然后在场景中显示所有包含未分配任何材质ID的材质。

❖ 实例化重复的贴图：在整个场景中查找具有重复位图贴图的材质，并提供将它们实例化的选项。

❖ 重置材质编辑器窗口：用默认的材质类型替换"材质编辑器"对话框中的所有材质。

❖ 精简材质编辑器窗口：将"材质编辑器"对话框中所有未使用的材质设置为默认类型。

❖ 还原材质编辑器窗口：利用缓冲区的内容还原编辑器的状态。

9.2.2　材质球示例窗

材质球示例窗主要用来显示材质效果，通过它可以很直观地观察到材质的基本属性，如反光、纹理和凹凸等，如图9-16所示。

双击材质球会弹出一个独立的材质球显示窗口，可以将该窗口进行放大或缩小来观察当前设置的材质效果，如图9-17所示。

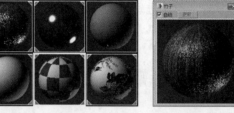

图9-16　　　　　　　　图9-17

技术专题：材质球示例窗的基本知识

在默认情况下材质球示例窗中一共有12个材质球，可以拖曳滚动条显示出不在窗口中的材质球，同时也可以使用鼠标中键来旋转材质球，这样可以观看到材质球其他位置的效果，如图9-18所示。

图9-18

使用鼠标左键可以将一个材质球拖曳到另一个材质球上，这样当前材质就会覆盖掉原有的材质，如图9-19所示。

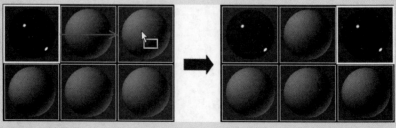

图9-19

使用鼠标左键可以将材质球中的材质拖曳到场景中的物体上（即将材质指定给对象），如图9-20所示。将材质指定给物体后，材质球上会显示4个缺角的符号，如图9-21所示。

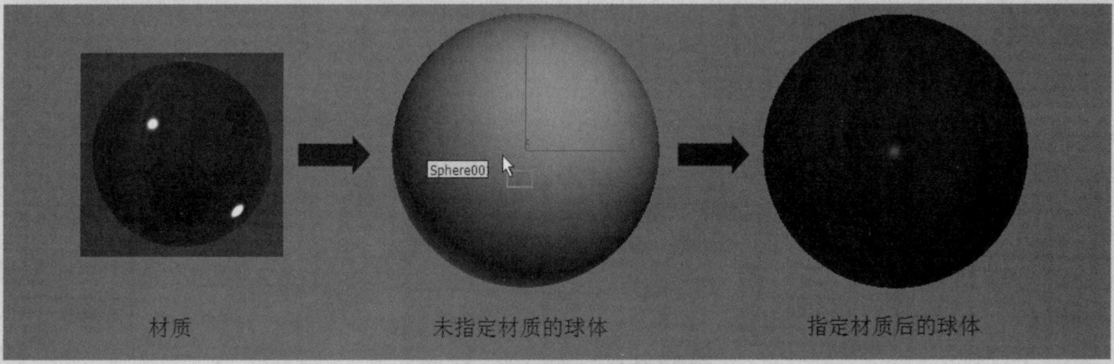

图9-20

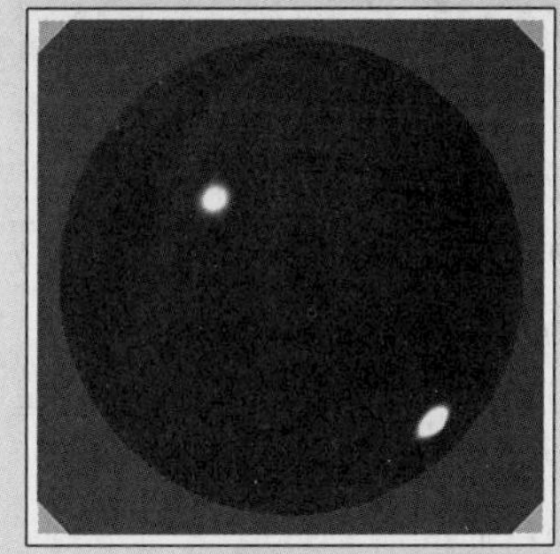

材质　　　　　未指定材质的球体　　　　　指定材质后的球体

图9-21

9.2.3 工具栏

功能介绍

下面讲解在"材质编辑器"对话框中位于下方及右侧的工具栏按钮的功能，如图9-22所示。

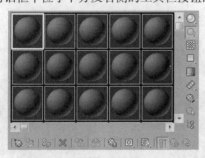

图9-22

参数详解

❖ 获取材质　：为选定的材质打开"材质/贴图浏览器"对话框。

❖ 将材质放入场景　：在编辑好材质后，单击该按钮可以更新已应用于对象的材质。

❖ 将材质指定给选定对象　：将材质指定给选定的对象。

❖ 重置贴图/材质为默认设置　：删除修改的所有属性，将材质属性恢复到默认值。

❖ 生成材质副本　：在选定的示例图中创建当前材质的副本。

❖ 使唯一　：将实例化的材质设置为独立的材质。

❖ 放入库　：重新命名材质并将其保存到当前打开的库中。

❖ 材质ID通道□：为应用后期制作效果设置唯一的ID通道。

❖ 在视口中显示明暗处理材质▩：在视口对象上显示2D材质贴图。

❖ 显示最终结果▥：在实例图中显示材质以及应用的所有层次。

❖ 转到父对象▩：将当前材质上移一级。

❖ 转到下一个同级项▩：选定同一层级的下一贴图或材质。

❖ 采样类型◯：控制示例窗显示的对象类型，默认为球体类型，还有圆柱体和立方体类型。

❖ 背光◯：打开或关闭选定示例窗中的背景灯光。

❖ 背景▦：在材质后面显示方格背景图像，这在观察透明材质时非常有用，如图9-23所示。

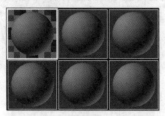

图9-23

❖ 采样UV平铺□：为示例窗中的贴图设置UV平铺显示。

❖ 视频颜色检查▣：检查当前材质中NTSC和PAL制式的不支持颜色。

❖ 生成预览❖：用于产生、浏览和保存材质预览渲染。

❖ 选项❖：打开"材质编辑器选项"对话框，在该对话框中可以启用材质动画、加载自定义背景、定义灯光亮度或颜色，以及设置示例窗数目等。

❖ 按材质选择❖：选定使用当前材质的所有对象。

❖ 材质/贴图导航器▩：单击该按钮可以打开"材质/贴图导航器"对话框，在该对话框会显示当前材质的所有层级。

技术专题：从对象获取材质

在材质名称的左侧有一个工具叫作"从对象获取材质"▧，这是一个比较重要的工具。观察图9-24发现，这个场景中有一个指定了材质的球体，但是在材质示例窗中却没有显示出球体的材质。遇到这种情况可以使用"从对象获取材质"工具▧将球体的材质吸取出来。选择一个空白材质，单击"从对象获取材质"工具▧，在视图中单击球体，这样就可以获取球体的材质，并在材质示例窗中显示出来，如图9-25所示。

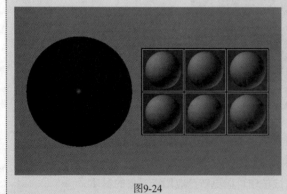

图9-24

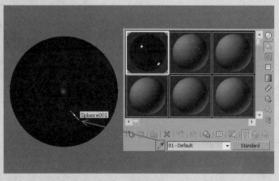

图9-25

9.2.4 参数控制区

参数控制区用于调节材质的参数，基本上所有的材质参数都可以在这里调节。注意，不同的材质拥有不同的参数控制区，下面将对各种重要材质的参数控制区进行详细讲解。

9.3 材质管理器

"材质资源管理器"主要用来浏览和管理场景中的所有材质。执行"渲染>材质资源管理器"菜单命令可以打开"材质管理器"对话框。"材质管理器"对话框分为"场景"面板和"材质"面板两大部分，如图9-26所示。"场景"面板主要用来显示场景对象的材质，而"材质"面板主要用来显示当前材质的属性和纹理。

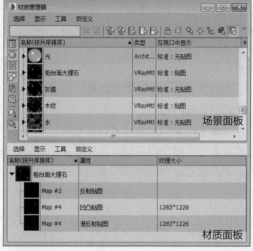

图9-26

 提示

图9-27

"材质管理器"对话框非常有用，使用它可以直观地观察到场景对象的所有材质，如图9-27所示；在"场景"面板中选择一个材质以后，在下面的"材质"面板中就会显示出该材质的相关属性以及加载的纹理贴图，如图9-28所示。

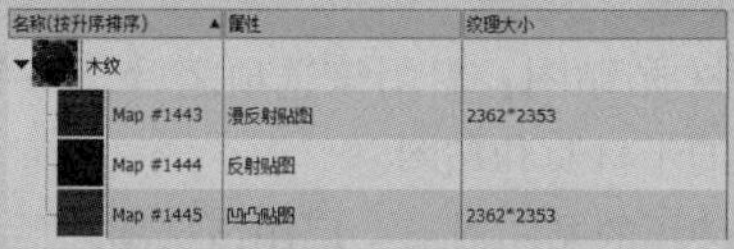

图9-28

9.3.1 场景面板

功能介绍

"场景"面板分为菜单栏、工具栏、显示按钮和材质列表4大部分，如图9-29所示。

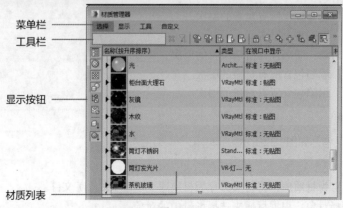

图9-29

1.菜单栏

工具栏中包含4组菜单，分别是"选择""显示""工具"和"自定义"菜单。

（1）选择菜单

展开"选择"菜单，如图9-30所示。

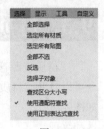

图9-30

参数详解

- ❖ 全部选择：选择场景中的所有材质和贴图。
- ❖ 选定所有材质：选择场景中的所有材质。
- ❖ 选定所有贴图：选择场景中的所有贴图。
- ❖ 全部不选：取消选择的所有材质和贴图。
- ❖ 反选：颠倒当前选择，即取消当前选择的所有对象，而选择前面未选择的对象。
- ❖ 选择子对象：该命令只起到切换的作用。
- ❖ 查找区分大小写：通过搜索字符串的大小写来查处对象，如house与House。
- ❖ 使用通配符查找：通过搜索字符串中的字符来查找对象，如*和?等。
- ❖ 使用正则表达式查找：通过搜索正则表达式的方式来查找对象。

（2）显示菜单

展开"显示"菜单，如图9-31所示。

图9-31

命令详解

- ❖ 显示缩略图：启用该选项之后，"场景"面板中将显示出每个材质和贴图的缩略图。
- ❖ 显示材质：启用该选项之后，"场景"面板中将显示出每个对象的材质。
- ❖ 显示贴图：启用该选项之后，每个材质的层次下面都包括该材质所使用到的所有贴图。
- ❖ 显示对象：启用该选项之后，每个材质的层次下面都会显示出该材质所应用到的对象。
- ❖ 显示子材质/贴图：启用该选项之后，每个材质的层次下面都会显示用于材质通道的子材质和贴图。
- ❖ 显示未使用的贴图通道：启用该选项之后，每个材质的层次下面会显示出未使用的贴图通道。
- ❖ 按材质排序：启用该选项之后，层次将按材质名称进行排序。
- ❖ 按对象排序：启用该选项之后，层次将按对象进行排序。
- ❖ 展开全部：展开层次以显示出所有的条目。
- ❖ 扩展选定对象：展开包含所选条目的层次。
- ❖ 展开对象：展开包含所有对象的层次。
- ❖ 塌陷全部：塌陷整个层次。
- ❖ 塌陷选定对象：塌陷包含所选条目的层次。
- ❖ 塌陷材质：塌陷包含所有材质的层次。
- ❖ 塌陷对象：塌陷包含所有对象的层次。

（3）工具菜单

展开"工具"菜单，如图9-32所示。

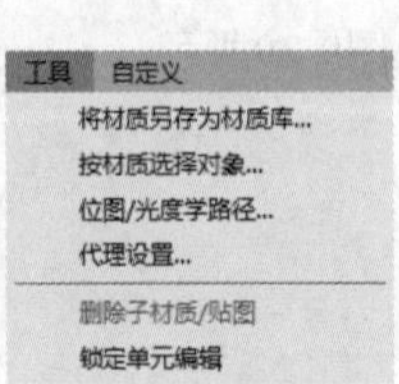

图9-32

命令详解

- ❖ 将材质另存为材质库：将材质另存为材质库（即.mat文件）文件。
- ❖ 按材质选择对象：根据材质来选择场景中的对象。

- ❖ 位图/光度学路径：打开"位图/光度学路径编辑器"对话框，在该对话框中可以管理场景对象的位图的路径，如图9-33所示。
- ❖ 代理设置：打开"全局设置和位图代理的默认"对话框，如图9-34所示。可以使用该对话框来管理3ds Max创建和并入材质中的位图的代理版本。

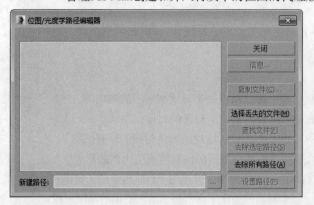

图9-33

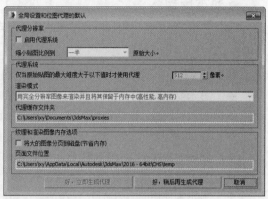

图9-34

- ❖ 删除子材质/贴图：删除所选材质的子材质或贴图。
- ❖ 锁定单元编辑：启用该选项之后，可以禁止在"材质管理器"对话框中编辑单元。

（4）自定义菜单

展开"自定义"菜单，如图9-35所示。

图9-35

命令详解

- ❖ 配置列：打开"配置列"对话框，在该对话框中可以为"场景"面板添加队列。
- ❖ 工具栏：选择要显示的工具栏。
- ❖ 将当前布局保存为默认设置：保存当前"材质管理器"对话框中的布局方式，并将其设置为默认设置。

2.工具栏

工具栏中主要是一些对材质进行基本操作的工具，如图9-36所示。

图9-36

命令详解

- ❖ 查找 查找：：输入文本来查找对象。
- ❖ 选择所有材质：选择场景中的所有材质。
- ❖ 选择所有贴图：选择场景中的所有贴图。
- ❖ 全部选择：选择场景中的所有材质和贴图。
- ❖ 全部不选：取消选择场景中的所有材质和贴图。
- ❖ 反选：颠倒当前选择。
- ❖ 锁定单元编辑：激活该按钮以后，可以禁止在"材质管理器"对话框中编辑单元。
- ❖ 同步到材质资源管理器：激活该按钮以后，"材质"面板中的所有材质操作将与"场景"面板保持同步。

❖ 同步到材质级别![icon]：激活该按钮以后，"材质"面板中的所有子材质操作将与"场景"面板保持同步。

3.显示按钮

显示按钮主要用来控制材质和贴图的显示方式，与"显示"菜单相对应，如图9-37所示。

命令详解

❖ 显示缩略图![icon]：激活该按钮后，"场景"面板中将显示出每个材质和贴图的缩略图。

❖ 显示材质![icon]：激活该按钮后，"场景"面板中将显示出每个对象的材质。

❖ 显示贴图![icon]：激活该按钮后，每个材质的层次下面都包括该材质所使用到的所有贴图。

❖ 显示对象![icon]：激活该按钮后，每个材质的层次下面都会显示出该材质所应用到的对象。

❖ 显示子材质/贴图![icon]：激活该按钮后，每个材质的层次下面都会显示用于材质通道的子材质和贴图。

❖ 显示未使用的贴图通道![icon]：激活该按钮后，每个材质的层次下面会显示出未使用的贴图通道。

❖ 按对象排序![icon]/按材质排序![icon]：让层次以对象或材质的方式来进行排序。

图9-37

4.材质列表

材质列表主要用来显示场景材质的名称、类型、在视口中的显示方式，以及材质的ID号，如图9-38所示。

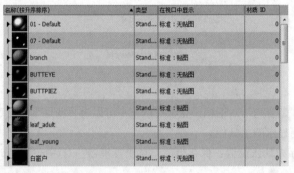

图9-38

参数详解

❖ 名称：显示材质、对象、贴图和子材质的名称。

❖ 类型：显示材质、贴图或子材质的类型。

❖ 在视口中显示：注明材质和贴图在视口中的显示方式。

❖ 材质ID：显示材质的ID号。

9.3.2 材质面板

"材质"面板分为菜单栏和列两大部分，如图9-39所示。

菜单栏 ———

列 ———

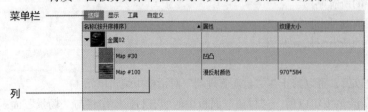

图9-39

提示

"材质"面板中的菜单命令与"场景"面板中的菜单命令基本一致，这里就不再重复介绍。

9.4 材质/贴图浏览器

　　材质/贴图浏览器提供全方位的材质和贴图浏览、选择功能，它会根据当前的情况而变化，如果允许选择材质和贴图，会将两者都显示在列表窗中，否则仅显示材质或贴图。

　　在3ds Max 2016中，材质/贴图浏览器已被重新设计，新的材质/贴图浏览器对原有功能进行了重新组织，变得更加简单易用，执行"渲染>材质/贴图浏览器"菜单命令即可打开材质/贴图浏览器，如图9-40所示。

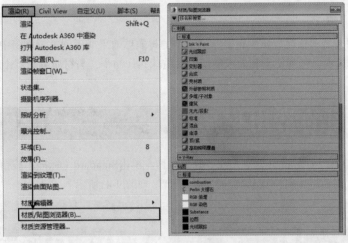

图9-40

9.4.1 材质/贴图浏览器的基本功能

功能介绍

材质/贴图浏览器功的基本功能如下。

　　（1）浏览并选择材质或贴图，双击某一种材质可以将其直接调入当前活动的示例窗中，也可以通过拖动复制操作将材质任意拖动到允许复制的地方。

　　（2）编辑材质库，制作并扩充自己的材质库，用于其他场景。

　　（3）可以自定义组合材质、贴图或材质库，使它们的操作和调用变得更加方便。

　　（4）具备多种显示模式，便于查找相应的项目。

9.4.2 材质/贴图浏览器的构成

功能介绍

　　在材质/贴图浏览器中，软件将不同类的材质、贴图和材质库分门别类地组织在一起，默认包括材质、贴图、场景材质和示例窗4个组。此外，还可以自由组织各种材质和贴图，添加自定的材质库或者自定义组。

　　每个组用卷展栏的形式组织在一起，组名称前都带有一个打开/关闭（＋/－）图标，在卷展栏名称上进行单击即可展开或卷起该卷展栏。在卷展栏上单击鼠标右键，就会弹出控制该组或材质库的菜单项目。各个组中可能还包括更细的分类项目，它们被称为子组，在默认情况下，材质或贴图组中包含标准、mental ray（或VRay）等子组（前提是将mental ray或VRay设置为当前渲染器）。

1."材质"/"贴图"组

　　这两个组用于当前渲染器所支持的各种材质和贴图，当使用某个材质或贴图时，可以通过双击或拖动的方式调用它们。"标准"组用于显示默认扫描渲染器中提供的标准材质和贴图，其他的组则会根据当前使用的渲染器而灵活变化，如显示VRay组或mental ray组。

2. "场景材质"组

"场景材质"组用来显示场景中应用的材质或贴图，甚至包括渲染设置面板或灯光中使用的明暗器，它会根据场景中的变化而随时更新。利用该材质组可以整理场景中的材质，为其重新命名或将其复制到材质库中。

3. "示例窗"组

"示例窗"组用来显示精简材质编辑器示例窗中的材质球效果或者列举示例窗中使用的贴图，这是材质编辑器示例窗的小版本，包括使用和尚未使用的材质球共计24个，与材质编辑器中的材质球同步更新。

9.5 效果图的常用材质

安装好VRay渲染器以后，材质类型大致可分为34种。单击Standard（标准）按钮 Standard ，在弹出的"材质/贴图浏览器"对话框中可以观察到34种材质类型，如图9-41所示。

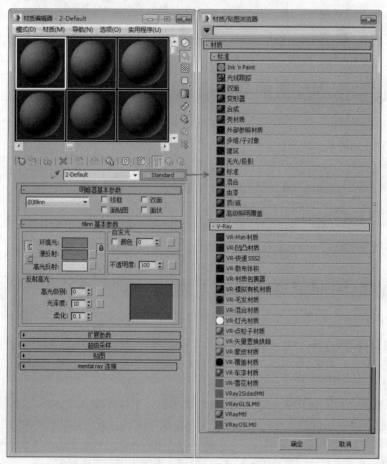

图9-41

提示

下面将针对实际工作中常用的材质类型进行详细讲解。

9.5.1 标准材质

功能介绍

"标准"材质是3ds Max的默认材质，也是使用频率最高的材质之一，它几乎可以模拟真实世界中的任何材质，其参数设置面板如图9-42所示。

图9-42

1.明暗器基本参数卷展栏

在"明暗器基本参数"卷展栏下可以选择明暗器的类型，还可以设置"线框""双面""面贴图"和"面状"等参数，如图9-43所示。

图9-43

参数详解

❖ 明暗器列表：该列表中包含了8种明暗器类型，如图9-44所示。

图9-44

◇ 各向异性：这种明暗器通过调节两个垂直正交方向上可见高光尺寸之间的差值来提供了一种"重折光"的高光效果，这种渲染属性可以很好地表现毛发、玻璃和被擦拭过的金属等物体。

◇ Blinn：这种明暗器是以光滑的方式来渲染物体表面，是最常用的一种明暗器。

◇ 金属：这种明暗器适用于金属表面，它能提供金属所需的强烈反光。

◇ 多层："多层"明暗器与"各向异性"明暗器很相似，但"多层"明暗器可以控制两个高亮区，因此"多层"明暗器对材质拥有更多的控制，第1高光反射层和第2高光反射层具有相同的参数控制，可以对这些参数使用不同的设置。

◇ Oren-Nayar-Blinn：这种明暗器适用于无光表面（如纤维或陶土），与Blinn明暗器几乎相同，通过它附加的"漫反射色级别"和"粗糙度"两个参数可以实现无光效果。

◇ Phong：这种明暗器可以平滑面与面之间的边缘，也可以真实地渲染有光泽和规则曲面的高光，适用于高强度的表面和具有圆形高光的表面。

◇ Strauss：这种明暗器适用于金属和非金属表面，与"金属"明暗器十分相似。

◇ 半透明明暗器：这种明暗器与Blinn明暗器类似，它们之间的最大的区别在于该明暗器可以设置半透明效果，使光线能够穿透半透明的物体，并且在穿过物体内部时离散。

❖ 线框：以线框模式渲染材质，用户可以在"扩展参数"卷展栏下设置线框的"大小"参数，如图9-45所示。

❖ 双面：将材质应用到选定面，使材质成为双面。

❖ 面贴图：将材质应用到几何体的各个面。如果材质是贴图材质，则不需要贴图坐标，因为贴图会自动应用到对象的每一个面。

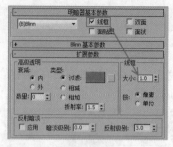

图9-45

❖ 面状：使对象产生不光滑的明暗效果，把对象的每个面都作为平面来渲染，可以用于制作加工过的钻石、宝石和任何带有硬边的物体表面。

2.Blinn基本参数卷展栏

当在图9-44所示的明暗器列表中选择不同的明暗器时，这个卷展栏的名称和参数也会有所不同，如选择Blinn明暗器之后，这个卷展栏就叫作"Blinn基本参数"；如果选择"各向异性"明暗器，这个卷展栏就叫作"各向异性基本参数"。

（1）Blinn和Phong基本参数卷展栏

Blinn和Phong都是以光滑的方式进行表现渲染，效果非常相似。Blinn高光点周围的光晕是旋转混合的，Phong是发散混合的；背光处Blinn的反光点形状近圆形，Phong的则为梭形，影响周围的区域较；如果增大柔化，Blinn的反光点仍保持尖锐的形态，而Phong却趋向于均匀柔和的反光；从色调上来看，Blinn趋于冷色，Phong趋于暖色。综上所述，可以近似地认为，Phong易表现暖色柔和的材质，常用于塑性材质，可以精确地反映出凹凸、不透明、反光、高光和反射贴图效果，Blinn易表现冷色坚硬的材质，它们之间的差别并不是很大。

下面就来介绍"Blinn基本参数"和"Phong基本参数"卷展栏的相关参数，如图9-46所示，这两个明暗器的参数完全相同。

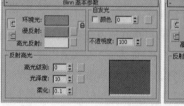 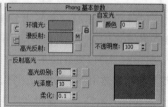

图9-46

参数详解

❖ 环境光：用于模拟间接光，也可以用来模拟光能传递。
❖ 漫反射："漫反射"是在光照条件较好的情况下（例如在太阳光和人工光直射的情况下）物体反射出来的颜色，又被称作物体的"固有色"，也就是物体本身的颜色。
❖ 高光反射：物体发光表面高亮显示部分的颜色。
❖ 自发光：使用"漫反射"颜色替换曲面上的任何阴影，从而创建出白炽效果。
❖ 不透明度：控制材质的不透明度。
❖ 高光级别：控制"反射高光"的强度。数值越大，反射强度越强。
❖ 光泽度：控制镜面高亮区域的大小，即反光区域的大小。数值越大，反光区域越小。
❖ 柔化:设置反光区和无反光区衔接的柔和度。0表示没有柔化效果,1表示应用最大量的柔化效果。

（2）各向异性基本参数卷展栏

各向异性就是通过调节两个垂直正交方向上可见高光尺寸之间的差额，从而实现一种"重折光"的高光效果。这种渲染属性可以很好地表现毛发、玻璃和被擦拭过的金属等效果。它的基本参数大体上与Blinn

356

相同，其参数面板如图9-47所示。

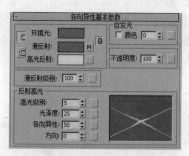

图9-47

参数详解

❖ 漫反射级别：控制漫反射部分的亮度。增减该值可以在不影响高光部分的前提下增减漫反射部分的亮度，调节范围为0～400，默认为100。

❖ 各向异性：控制高光部分的各向异性和形状。值为0，高光形状呈弧形；值为100时，高光变形为极窄条状。高光图的一个轴发生更改以显示该参数中的变化，默认设置为50。

❖ 方向：用来改变高光部分的方向，范围为0～9999，默认设置为0。

（3）金属基本参数卷展栏

这是一种比较特殊的渲染方式，专用于金属材质的制作，可以提供金属所需要的强烈反光。它取消了"高光反射"色彩的调节，反光点的色彩仅依据于漫反射色彩和灯光的色彩。

由于取消了"高光反射"色彩的调节，所以在高光部分的高光级别和光泽度设置也与Blinn有所不同。高光级别仍控制高光区域的强度，而光泽度部分变化的同时将影响高光区域的强度和大小，其参数面板如图9-48所示。

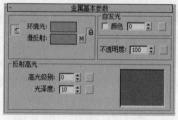

图9-48

（4）多层基本参数卷展栏

多层渲染属性与各向异性有相似之处，它的高光区域也属于各向异性类型，意味着从不同的角度产生的高光尺寸。当各向异性为0时，它们基本是相同的，高光是圆形的，和Blinn、Phong相同；当各向异性为100时，这种高光的各向异性达到最大程度的不同，在一个方向上高光非常尖锐，而另一个方向上光泽度可以单独控制。多层最明显的不同在于，它拥有两个高光区域控制。通过高光区域的分层，可以创建很多不错的特效，其参数面板如图9-49所示。

图9-49

参数详解

❖ 粗糙度：设置由漫反射部分向阴影部分进行调和的快慢。提升该值时，表面的不平滑部分随之增加，材质也显得更暗更平。值为0时，则与Blinn渲染属性没有什么差别，默认为0。

（5）Oren-Nayar-Blinn基本参数卷展栏

Oren-Nayar-Blinn渲染属性是Blinn的一个特殊变量形式，通过它附加的漫反射级别和粗糙度两个设置，可以实现无光材质的效果，这种渲染属性常用来表现织物、陶制品等粗糙对象的表面，其参数面板如图9-50所示。

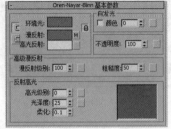

图9-50

（6）Strauss基本参数卷展栏

Strause提供了一种金属感的表现效果，比金属渲染属性更简洁，参数更简单，如图9-51所示。

图9-51

参数详解

❖ 颜色：设置材质的颜色。相当于其他渲染属性中的漫反射颜色选项，而高光和阴影部分的颜色则由系统自动计算。

❖ 金属度：设置材质的金属表现程度，默认设置为0。由于主要依靠高光表现金属程度，所以"金属度"需要配合"光泽度"才能更好地发挥效果。

（7）半透明基本参数卷展栏

半透明明暗器与Blinn类似，最大的区别在于能够设置半透明的效果。光线可以穿透这些半透明效果的对象，并且在穿过对象内部时离散。通常半透明明暗器用来模拟薄对象，如窗帘、电影银幕、霜或者毛玻璃等效果。

制作类似单面反射的材质时，可以选择单面接受高光，通过勾选或取消"内表面高光反射"复选框来实现这些控制。半透明材质的背面同样可以产生阴影，而半透明效果只能出现在渲染结果中，视图中无法显示，其参数面板如图9-52所示。

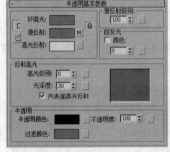

图9-52

参数详解

❖ 半透明颜色：半透明颜色是离散光线穿过对象时所呈现的颜色。设置的颜色可以不同于过滤颜色，两者互为倍增关系。单击色块选择颜色，右侧的灰色方块用于指定贴图。

❖ 过滤颜色：设置穿透材质的光线颜色，与半透明颜色互为倍增关系。单击色块选择颜色，右侧的灰色方块用于指定贴图。过滤颜色是指透过透明或半透明对象（如玻璃）后的颜色。过滤颜色配合体积光可以模拟诸如彩光穿过毛玻璃后的效果，也可以根据过滤颜色为半透明对象产生的光线跟踪阴影配色。

❖ 不透明度：用百分率表现材质的透明/不透明程度。当对象有一定厚度时，能够产生一些有趣的效果。

3.扩展参数卷展栏

"扩展参数"卷展栏如图9-53所示，参数内容涉及透明度、反射及线框模式，还有标准透明材质真实程度的折射率设置。

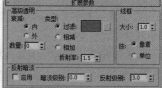

图9-53

参数详解

❖ "高级透明"参数组：控制透明材质的透明衰减设置。

◇ 衰减：有两种方式供用户选择。内，由边缘向中心增加透明的程度，像玻璃瓶的效果；外，由中心向边缘增加透明的程度，类似云雾、烟雾的效果。

◇ 数量：指定衰减的程度大小。

◇ 类型：确定以哪种方式来产生透明效果。过滤，计算经过透明对象背面颜色倍增的过滤色。单击后面的色块可以改变过滤色，单击灰色方块用于指定贴图；相减，根据背景色做递减色彩处理，用得很少；相加，根据背景色做递增色彩的处理，常用于发光体。

◇ 折射率：设置带有折射贴图的透明材质折射率，用来控制折射材质被传播光线的程度。当设置为1（空气的折射率）时，透明对象之后看到的对象像在空气中（空气也有折射率，例如热空气对景象产生的气流变形）一样不发生变形象；当设置为1.5（玻璃折射率）时，看到的对象会产生很大的变化；当折射率小于1时，对象会沿着它的边界反射，像在水中的气泡。在真实世界中很少有对象的折射率超过2，默认值为1.5。

❖ "线框"参数组：设置线框特性。
大小：设置线框的粗细大小值，单位有"像素"和"单位"两种选择，如果选择"像素"，对象运动时镜头距离的变化不会影响网格线的尺寸，否则会发生改变。

❖ "反射暗淡"参数组：用于设置对象阴影区中反射贴图的暗淡效果。当一个对象表面有其他对象投影时，这个区域将会变得暗淡，但是一个标准的反射材质却不会考虑这一点，它会在对象表面进行全方位反射计算，失去投影的影响，对象变得通体光亮，场景也变得不真实。这时可以打开反射暗淡设置，它的两个参数分别控制对象被投影区和未被投影区域的反射强度，这样可以降低被投影区的反射强度值，使投影效果表现出来，同时增加未被投影区域的反射强度，以补偿损失的反射效果。

◇　应用：勾选此选项，反射暗淡将发生作用，通过右侧的两个值对反射效果产生影响。

◇　暗淡级别：设置对象被投影区域的反射强度，值为0时，反射贴图在阴影中为全黑。该值为0.5时，反射贴图为半暗淡。该值为1时，反射贴图没有经过暗淡处理，材质看起来好像禁用"应用"一样，默认设置为0。

◇　反射级别：设置对象未被投影区域的反射强度，它可以使反射强度倍增，远远超过反射贴图强度为100时的效果，一般用它来补偿反射暗淡给对象表面带来的影响，当值为3时（默认），可以近似达到不打开反射暗淡时不被投影区的反射效果。

4.超级采样卷展栏

超级采样是3ds Max中几种抗锯齿技术之一。在3ds Max中，纹理、阴影、高光，以及光线跟踪的反射和折射都具有自身设置抗锯齿的功能，与之相比，超级采样则是一种外部附加的抗锯齿方式，作用于标准材质和光线跟踪材质，其参数面板如图9-54所示。

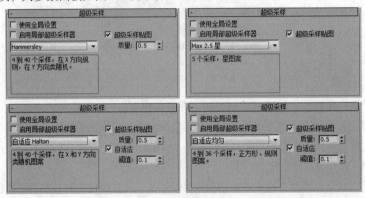

图9-54

超级采样共有如下4种方式，选择不同的方式，其对应的参数面板会有所差别。

（1）Hammersley：在*x*轴上均匀分隔采样，在*y*轴上则按离散分布的"准随机"方式分隔采样。依据所需品质的不同，采样的数量为4～40。不能与低版本兼容。

（2）Max 2.5星：采样的排布类似于骰子中的"5"的图案，在一个采样点的周围平均环绕着4个采样点。这是3ds Max 2.5中所使用的超级采样方式。

（3）自适应Halton：按离散分布的"准随机"方式方法沿*x*轴与*y*轴分隔采样。依据所需品质不同，采样的数量在4～40之间自由设置。可以向低版本兼容。

（4）自适应均匀：从最小值4～最大值36，分隔均匀采样。采样图案并不是标准的矩形，而是在垂直与水平轴向上稍微歪斜以提高精确性。可以向低版本兼容。

── 提示 ────────────────────────────────

通常分隔均匀采样方式（自适应均匀和Max 2.5星）比非均匀分隔采样方式（自适应Halton和Hammersley）的抗锯齿效果要好。

参数详解

❖　使用全局设置：勾选此项，对材质使用"默认扫描线渲染器"卷展栏中设置的超级采样选项。

❖　启用局部超级采样器：勾选此项，可以将超级采样结果指定给材质，默认设置为禁用状态。

❖　超级采样贴图：勾选此项，可以对应用于材质的贴图进行超级采样。禁用此选项后，超级采样器将以平均像素表示贴图。默认设置为启用，这个选项对于凹凸贴图的品质非常重要，如果是特定的凹凸贴图，打开超级采样可以带来非常优秀的品质。

❖ 质量：自适应Halton、自适应均匀和Hammersley这3种方式可以调节采样的品质。数值为0~1，0为最小，分配在每个像素上的采样约为4个；1为最大，分配在每个像素上的采样在36~40个之间。

❖ 自适应：对于自适应Halton和自适应均匀方式有效，如果勾选，当颜色变化小于阈值的范围，将自动使用低于"质量"所设定的采样值进行采样。这样可以节省一些运算时间，推荐勾选。

❖ 阈值：自适应Halton和自适应均匀方式还可以调节"阈值"。当颜色变化超过了"阈值"设置的范围，则依照"质量"的设置情况进行全部的采样计算；当颜色变化在"阈值"范围内时，则会适当减少采样计算，从而节省时间。

5.贴图卷展栏

"贴图"卷展栏如图9-55所示，该参数面板提供了很多贴图通道，如环境光颜色、漫反射颜色、高光颜色和光泽度等通道，通过给这些通道添加不同的程序贴图可以在对象的不同区域产生不同的贴图效果。

图9-55

每个通道的右侧有一个很长的按钮，单击它们可以调出材质/贴图浏览器，并可以从中选择不同的贴图。当选择了一个贴图类型后，系统会自动进入其贴图设置层级中，以便进行相应的参数设置。单击 按钮可以返回贴图方式设置层级，这时该按钮上会显示出贴图类型的名称。

"数量"参数用于控制贴图的程度（通过设置不同的数值来控制），例如对漫反射贴图，值为100时表示完全覆盖，值为50时表示以50%的透明度进行覆盖，一般最大值都为100，表示百分比值。只有凹凸、高光级别和置换等除外，最大可以设为999。

【练习9-1】用标准材质制作窗帘材质

本例需要制作3种材质，分别是窗帘材质、裙边材质和窗纱材质，窗帘材质效果如图9-56所示。

`01` 打开学习资源中的"练习文件>第9章>9-1.max"文件，如图9-57所示。

 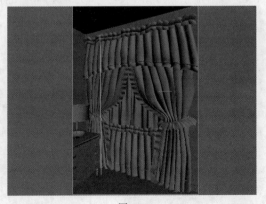

图9-56   图9-57

`02` 制作窗帘材质。选择一个空白材质球，设置材质类型为"标准"材质，并将其命名为"窗帘"，具体参数设置如图9-58所示，制作好的材质球效果如图9-59所示。

设置步骤

① 在"明暗器基本参数"卷展栏下设置明暗器类型为（O）Oren-Nayar-Blinn。

② 展开"Oren-Nayar-Blinn基本参数"卷展栏，在"漫反射"贴图通道中加载学习资源中的"练习文件>第9章>练习9-1>材质>窗帘花纹.jpg"贴图文件，然后在"自发光"选项组下勾选"颜色"选项，设置"高光级别"为80，"光泽度"为20。

③ 展开"贴图"卷展栏，在"自发光"通道中加载一张"遮罩"程序贴图，设置自发光的强度为70。

④ 展开"遮罩参数"卷展栏，在"贴图"通道中加载一张"衰减"程序贴图，在"衰减参数"卷展栏下设置"衰减类型"为Fresnel；在"遮罩"贴图通道中加载一张"衰减"程序贴图，在"衰减参数"卷展栏下设置"衰减类型"为"阴影/灯光"。

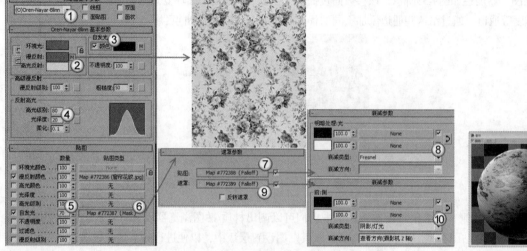

图9-58

图9-59

03 制作窗帘的裙边材质。选择一个空白材质球，设置材质类型为"标准"材质，并将其命名为"窗帘裙边"，具体参数设置如图9-60所示，制作好的材质球效果如图9-61所示。

设置步骤

① 在"明暗器基本参数"卷展栏下设置明暗器类型为（O）Oren-Nayar-Blinn。

② 展开"Oren-Nayar-Blinn基本参数"卷展栏，设置"漫反射"颜色为（红:95，绿:13，蓝:13）；在"自发光"选项组下勾选"颜色"选项，并在其贴图通道中加载一张"衰减"程序贴图，在"衰减参数"卷展栏下设置"衰减类型"为Fresnel，继续在"遮罩"贴图通道中加载一张"衰减"程序贴图，在"衰减参数"卷展栏下设置"衰减类型"为"阴影/灯光"；在"反射高光"选项组下设置"高光级别"和"光泽度"为15。

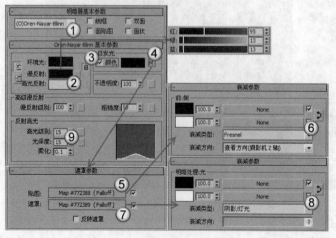

图9-60

图9-61

04 制作窗纱材质。选择一个空白材质球，设置材质类型为"混合"材质，并将其命名为"窗纱"，然后展开"混合基本参数"卷展栏，具体参数设置如图9-62所示，制作好的材质球效果如图9-63所示。

设置步骤

① 在"材质1"通道中加载一个"标准"材质，设置"漫反射"颜色为（红:237，绿:227，蓝:211）。

② 在"材质2"通道中加载一个VRayMtl材质，设置"漫反射"颜色为（红:225，绿:208，蓝:182），在"折射"贴图通道中加载一张"衰减"程序贴图，设置"光泽度"为0.9，勾选"影响阴影"选项。

③ 在"遮罩"贴图通道中加载学习资源中的"实例文件>CH9>练习9-1>窗纱遮罩.jpg"贴图文件。

05 将制作好的材质指定给场景中的模型，按F9键渲染当前场景，最终效果如图9-64所示。

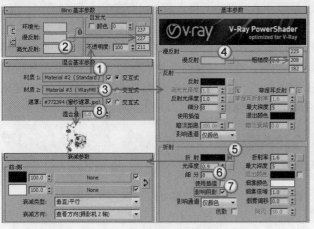
图9-62

图9-63

图9-64

9.5.2 VRayMtl材质

功能介绍

VRayMtl材质是使用频率最高的一种材质，也是使用范围最广的一种材质，常用于制作室内外效果图。VRayMtl材质除了能完成一些反射和折射效果外，还能出色地表现出SSS以及BRDF等效果，其参数设置面板如图9-65所示。

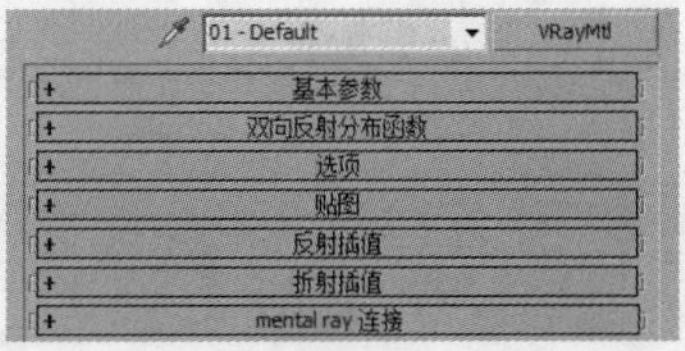

图9-65

1.基本参数卷展栏

展开"基本参数"卷展栏，如图9-66所示。

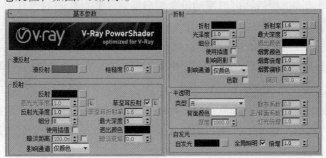
图9-66

参数详解

（1）漫反射选项组

❖ 漫反射：物体的漫反射用来决定物体的表面颜色。通过单击它的色块，可以调整自身的颜色。单击右边的■按钮可以选择不同的贴图类型。

❖ 粗糙度：数值越大，粗糙效果越明显，可以用该选项来模拟绒布的效果。

（2）反射选项组

❖ 反射：这里的反射靠颜色的灰度来控制，颜色越白反射越亮，越黑反射越弱；而这里选择的颜色则是反射出来的颜色，和反射的强度是分开来计算的。单击旁边的■按钮，可以使用贴图的灰度来控制反射的强弱。

❖ 菲涅耳反射：勾选该选项后，反射强度会与物体的入射角度有关系，入射角度越小，反射越强烈。当垂直入射的时候，反射强度最弱。同时，菲涅耳反射的效果也和下面的"菲涅耳折射率"有关。当"菲涅耳折射率"为0或100时，将产生完全反射；而当"菲涅耳折射率"从1变化到0时，反射越强烈；同样，当菲涅耳折射率从1变化到100时，反射也越强烈。

> **提示**
>
> "菲涅耳反射"是模拟真实世界中的一种反射现象，反射的强度与摄影机的视点和具有反射功能的物体的角度有关。角度值接近0时，反射最强；当光线垂直于表面时，反射功能最弱，这也是物理世界中的现象。

❖ 菲涅耳折射率：在"菲涅耳反射"中，菲涅耳现象的强弱衰减率可以用该选项来调节。

❖ 高光光泽度：控制材质的高光大小，默认情况下和"反射光泽度"一起关联控制，可以通过单击旁边的L按钮L来解除锁定，从而可以单独调整高光的大小。

❖ 反射光泽度：通常也被称为"反射模糊"。物理世界中所有的物体都有反射光泽度，只是或多或少而已。默认值1表示没有模糊效果，而值越小表示模糊效果越强烈。单击右边的■按钮，可以通过贴图的灰度来控制反射模糊的强弱。

❖ 细分：用来控制"反射光泽度"的品质，较高的值可以取得较平滑的效果，而较低的值可以让模糊区域产生颗粒效果。注意，细分值越大，渲染速度越慢。

❖ 使用插值：当勾选该选项时，VRay能够使用类似于"发光图"的缓存方式来加快反射模糊的计算。

❖ 最大深度：指反射的次数，数值越高效果越真实，但渲染时间也更长。

> **提示**
>
> 渲染室内的玻璃或金属物体时，反射次数需要设置大一些，渲染地面和墙面时，反射次数可以设置少一些，这样可以提高渲染速度。

❖ 退出颜色：当物体的反射次数达到最大次数时就会停止计算反射，这时由于反射次数不够造成的反射区域的颜色就用退出色来代替。

❖ 暗淡距离：勾选该选项后，可以手动设置参与反射计算对象间的距离，与产生反射对象的距离大于设定数值的对象就不会参与反射计算。

❖ 暗淡衰减：通过后方的数值输入框设定对象在反射效果中的衰减强度。

❖ 影响通道：选择反射效果是否影响对应图像通道，通常保持默认的设置即可。

（3）折射选项组

❖ 折射：和反射的原理一样，颜色越白，物体越透明，进入物体内部产生折射的光线也就越多；颜色越黑，物体越不透明，产生折射的光线也就越少。单击右边的■按钮，可以通过贴图的灰度来控制折射的强弱。

❖ 折射率：设置透明物体的折射率。

❖ 光泽度：用来控制物体的折射模糊程度。值越小，模糊程度越明显；默认值1不产生折射模糊。

单击右边的按钮█，可以通过贴图的灰度来控制折射模糊的强弱。

❖ 最大深度：和反射中的最大深度原理一样，用来控制折射的最大次数。

❖ 细分：用来控制折射模糊的品质，较高的值可以得到比较光滑的效果，但是渲染速度会变慢；而较低的值可以使模糊区域产生杂点，但是渲染速度会变快。

❖ 退出颜色：当物体的折射次数达到最大次数时就会停止计算折射，这时由于折射次数不够造成的折射区域的颜色就用退出色来代替。

❖ 使用插值：当勾选该选项时，VRay能够使用类似于"发光图"的缓存方式来加快"光泽度"的计算。

❖ 影响阴影：这个选项用来控制透明物体产生的阴影。勾选该选项时，透明物体将产生真实的阴影。注意，这个选项仅对"VRay灯光"和"VRay阴影"有效。

❖ 影响通道：设置折射效果是否影响对应图像通道，通常保持默认的设置即可。

❖ 烟雾颜色：这个选项可以让光线通过透明物体后变少，与物理世界中的半透明物体一样。这个颜色值和物体的尺寸有关，厚的物体颜色需要设置谈一点才有效果。

提示

默认情况下的"烟雾颜色"为白色，是不起任何作用的，也就是说白色的雾对不同厚度的透明物体的效果是一样的。在图9-67中，"烟雾颜色"为淡绿色，"烟雾倍增"为0.08，由于玻璃的侧面比正面厚，所以侧面的颜色就会深一些，这样的效果与现实中的玻璃效果是一样的。

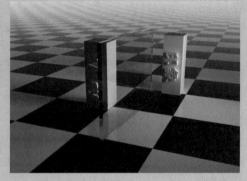

图9-67

❖ 烟雾倍增：可以理解为烟雾的浓度。值越大，雾越浓，光线穿透物体的能力越差。不推荐使用大于1的值。

❖ 烟雾偏移：控制烟雾的偏移，较低的值会使烟雾向摄影机的方向偏移。

❖ 色散：勾选该选项后，光线在穿过透明物体时会产生色散现象。

❖ 阿贝：用于控制色散的强度，数值越小，色散现象越强烈。

（4）半透明选项组

❖ 类型：半透明效果（也叫作3S效果）的类型有3种，一种是"硬（蜡）模型"，如蜡烛；一种是"软（水）模型"，如海水；还有一种是"混合模型"。

❖ 背面颜色：用来控制半透明效果的颜色。

❖ 厚度：用来控制光线在物体内部被追踪的深度，也可以理解为光线的最大穿透能力。较大的值，会让整个物体都被光线穿透；较小的值，可以让物体比较薄的地方产生半透明现象。

❖ 散布系数：物体内部的散射总量。0表示光线在所有方向被物体内部散射；1表示光线在一个方向被物体内部散射，而不考虑物体内部的曲面。

❖ 正/背面系数：控制光线在物体内部的散射方向。0表示光线沿着灯光发射的方向向前散射，1表示光线沿着灯光发射的方向向后散射，0.5表示这两种情况各占一半。

❖ 灯光倍增：设置光线穿透能力的倍增值。值越大，散射效果越强。

　　半透明参数所产生的效果通常也叫作3S效果。半透明参数产生的效果与雾参数所产生的效果有一些相似，很多用户分不太清楚。其实半透明参数所得到的效果包括了雾参数所产生的效果，更重要的是它还能得到光线的次表面散射效果，也就是说，当光线直射到半透明物体时，光线会在半透明物体内部进行分散，然后会从物体的四周发散出来。也可以理解为半透明物体为二次光源，能模拟现实世界中的效果，如图9-68所示。

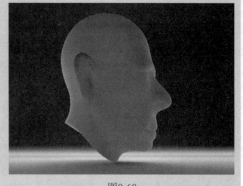

图9-68

（5）自发光选项组

❖　自发光：通过设置相关颜色将材质设定为一个带有该颜色的"发光体"。

❖　全局照明：让材质参与全局照明。

❖　倍增：设置自发光颜色的强度。

2.双向反射分布函数卷展栏

展开"双向反射分布函数"卷展栏，如图9-69所示。

图9-69

参数详解

❖　明暗器列表：包含3种明暗器类型，分别是反射、多面和沃德。反射适合硬度很高的物体，高光区很小；多面适合大多数物体，高光区适中；沃德适合表面柔软或粗糙的物体，高光区最大。

❖　各向异性（-1..1）：控制高光区域的形状，可以用该参数来设置拉丝效果。

❖　旋转：控制高光区的旋转方向。

❖　UV矢量源：控制高光形状的轴向，也可以通过贴图通道来设置。

　◇　局部轴：有x轴、y轴、z轴这3个轴可供选择。

　◇　贴图通道：可以使用不同的贴图通道与UVW贴图进行关联，从而实现一个物体在多个贴图通道中使用不同的UVW贴图，这样可以得到各自相对应的贴图坐标。

　　双向反射现象在物理世界中随处可见。例如，在图9-70中，我们可以看到不锈钢锅底的高光形状是由两个锥形构成的，这就是双向反射现象。这是因为不锈钢表面是一个有规律的均匀的凹槽（例如，常见的拉丝不锈钢效果），光反射到这样的表面上时就会产生双向反射现象。

图9-70

3.选项卷展栏

展开"选项"卷展栏，如图9-71所示。

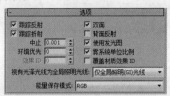

图9-71

参数详解

❖ 跟踪反射：控制光线是否追踪反射。如果不勾选该选项，VRay将不渲染反射效果。

❖ 跟踪折射：控制光线是否追踪折射。如果不勾选该选项，VRay将不渲染折射效果。

❖ 中止：中止选定材质的反射和折射的最小阈值。

❖ 环境优先：控制"环境优先"的数值。

❖ 效果ID：设置ID号，以覆盖材质本身的ID号。

❖ 覆盖材质效果ID：勾选该选项后，同时可以通过左侧的"效果ID"选项设置的ID号，覆盖掉材质本身的ID。

❖ 双面：控制VRay渲染的面是否为双面。

❖ 背面反射：勾选该选项时，将强制VRay计算反射物体的背面产生反射效果。

❖ 使用发光图：控制选定的材质是否使用"发光图"。

❖ 雾系统单位比例：控制是否使用雾系统单位比例，通常保持默认即可。

❖ 视有光泽光线为全局照明光线：该选项在效果图制作中一般都默认设置为"仅全局照明（GI）光线"。

❖ 能量保存模式：该选项在效果图制作中一般都默认设置为RGB模型，因为这样可以得到彩色效果。

4.贴图卷展栏

展开"贴图"卷展栏，如图9-72所示。

图9-72

参数详解

❖ 漫反射：同"基本参数"卷展栏下的"漫反射"选项相同。

❖ 粗糙度：同"基本参数"卷展栏下的"粗糙度"选项相同。

❖ 反射：同"基本参数"卷展栏下的"反射"选项相同。

❖ 高光光泽度：同"基本参数"卷展栏下的"高光光泽度"选项相同。

❖ 菲涅耳折射率：同"基本参数"卷展栏下的"菲涅耳折射率"选项相同。

❖ 各向异性：同"基本参数"卷展栏下的"各向异性（-1..1）"选项相同。

❖ 各向异性旋转：同"双向反射分布函数"卷展栏下的"旋转"选项相同。

❖ 折射：同"基本参数"卷展栏下的"折射"选项相同。

❖ 光泽度：同"基本参数"卷展栏下的"光泽度"选项相同。

❖ 折射率：同"基本参数"卷展栏下的"折射率"选项相同。

❖ 半透明：同"基本参数"卷展栏下的"半透明"选项相同。

提示

在每个贴图通道后面都有一个数值输入框，该输入框内的数值主要有以下两个功能。

第1个：用于调整参数的强度。例如，在"凹凸"贴图通道中加载了凹凸贴图，那么该参数值越大，所产生的凹凸效果就越强烈。

第2个：用于调整参数颜色通道与贴图通道的混合比例。例如，在"漫反射"通道中既调整了颜色，又加载了贴图，如果此时数值为100，就表示只有贴图产生作用；如果数值调整为50，则两者各作用一半；如果数值为0，则贴图将完全失效，只表现为调整的颜色效果。

❖ 烟雾颜色：主要用于控制物体的烟雾颜色效果，在后面的通道中可以加载一张凹凸贴图。

❖ 凸凹：主要用于制作物体的凹凸效果，在后面的通道中可以加载一张凸凹贴图。

❖ 置换：主要用于制作物体的置换效果，在后面的通道中可以加载一张置换贴图。

❖ 不透明度：主要用于制作透明物体，如窗帘、灯罩等。

❖ 环境：主要是针对上面的一些贴图而设定的，例如，反射、折射等，只是在其贴图的效果上加入了环境贴图效果。

提示

如果制作场景中的某个物体不存在环境效果，就可以用"环境"贴图通道来完成。例如，在图9-73中，如果在"环境"贴图通道中加载一张位图贴图，那么就需要将"坐标"类型设置为"环境"才能正确使用，如图9-74所示。

图9-73   图9-74

5.反射插值卷展栏

展开"反射插值"卷展栏，如图9-75所示。该卷展栏下的参数只有在"基本参数"卷展栏中的"反射"选项组下勾选"使用插值"选项时才起作用。

图9-75

参数详解

❖ 最小速率：在反射对象不丰富（颜色单一）的区域使用该参数所设置的数值进行插补。数值越高，精度就越高，反之精度就越低。

❖ 最大速率：在反射对象比较丰富（图像复杂）的区域使用该参数所设置的数值进行插补。数值越高，精度就越高，反之精度就越低。

❖ 颜色阈值：指的是插值算法的颜色敏感度。值越大，敏感度就越低。

❖ 法线阈值：指的是物体的交接面或细小的表面的敏感度。值越大，敏感度就越低。

❖ 插值采样：用于设置反射插值时所用的样本数量。值越大，效果越平滑模糊。

【练习9-2】用VRayMtl材质制作不锈钢材质

本例共需要制作两种不锈钢材质，分别是不锈钢材质和磨砂不锈钢材质，效果如图9-76所示。

01 打开学习资源中的"练习文件>第9章>9-2max"文件，如图9-77所示。

图9-76

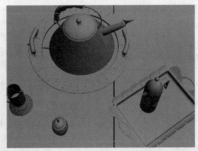

图9-77

02 制作不锈钢材质。选择一个空白材质球，设置材质类型为VRayMtl材质，将其命名为"不锈钢"，具体参数设置如图9-78所示，制作好的材质球效果如图9-79所示。

设置步骤

① 在"漫反射"选项组下设置"漫反射"颜色为黑色。

② 设置"反射"颜色为（红:194，绿:199，蓝:204），设置"高光光泽度"为0.82，"反射光泽度"为0.95，"细分"为20，"最大深度"为8。

图9-78

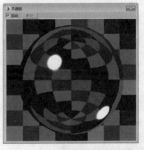

图9-79

03 制作磨砂不锈钢材质。选择一个空白材质球，设置材质类型为VRayMtl材质，将其命名为"磨砂不锈钢"，具体参数设置如图9-80所示，制作好的材质球效果如图9-81所示。

设置步骤

① 在"漫反射"选项组下设置"漫反射"颜色为（红:17，绿:17，蓝:17）。

② 设置"反射"颜色为（红:194，绿:199，蓝:204），设置"高光光泽度"为0.85，"反射光泽度"为0.85，"细分"为20，"最大深度"为8。

04 将制作好的材质指定给场景中的模型，按F9键渲染当前场景，最终效果如图9-82所示。

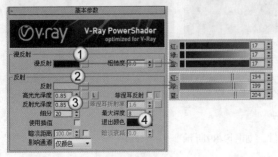

图9-80

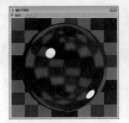

图9-81

图9-82

【练习9-3】用VRayMtl材质制作水晶灯材质

水晶灯材质效果如图9-83所示。

01 打开学习资源中的"练习文件>第9章>9-3.max"文件，如图9-84所示。

图9-83

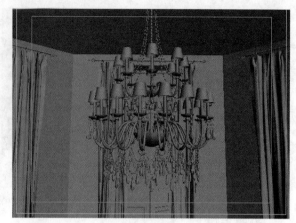

图9-84

02 选择一个空白材质球，设置材质类型为VRayMtl材质，将其命名为"水晶灯"，具体参数设置如图9-85所示，制作好的材质球效果如图9-86所示。

设置步骤

① 设置"漫反射"颜色为白色。

② 设置"反射"为白色，勾选"菲涅耳反射"选项。

③ 设置"折射"颜色为（红:215，绿:224，蓝:226），勾选"影响阴影"选项，设置"影响通道"为"颜色+alpha"。

03 将制作好的材质指定给场景中的模型，按F9键渲染当前场景，最终效果如图9-87所示。

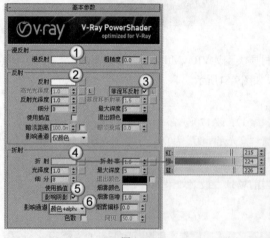

图9-85

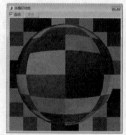

图9-86

图9-87

【练习9-4】用VRayMtl材质制作镜子材质

镜子材质效果如图9-88所示。

01 打开学习资源中的"练习文件>第9章>9-4.max"文件，如图9-89所示。

 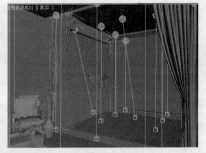

图9-88　　　　　　　　　　　　　图9-89

02 选择一个空白材质球，设置材质类型为VRayMtl材质，将其命名为"镜子"，具体参数设置如图9-90所示，制作好的材质球效果如图9-91所示。

设置步骤

① 设置"漫反射"颜色为（红:24，绿:24，蓝:24）。

② 设置"反射"颜色为（红:239，绿:239，蓝:239）。

03 将制作好的材质指定给场景中的模型，按F9键渲染当前场景，最终效果如图9-92所示。

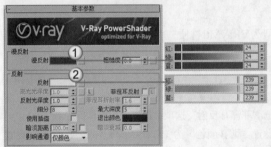  

图9-90　　　　　　　　　　图9-91　　　　　　　　图9-92

【练习9-5】用VRayMtl材质制作玻璃材质

本例共需要制作两个材质，分别是酒瓶材质和花瓶材质。玻璃材质效果如图9-93所示。

01 打开学习资源中的"练习文件>第9章>9-5.max"文件，如图9-94所示。

图9-93　　　　　　　　　　　　　图9-94

02 制作酒瓶材质（杯子的材质与酒瓶材质相同）。选择一个空白材质球，设置材质类型为VRayMtl材质，将其命名为"酒瓶"，具体参数设置如图9-95所示，制作好的材质球效果如图9-96所示。

设置步骤

① 设置"漫反射"颜色为黑色。

② 在"反射"贴图通道中加载一张"衰减"程序贴图，在"衰减参数"卷展栏下设置"衰减类型"为Fresnel，设置"反射光泽度"为0.98，"细分"为3。

③ 设置"折射"颜色为（红:252，绿:252，蓝:252），然后设置"折射率"为1.5，"细分"为50，"烟雾倍增"为0.1，接着勾选"影响阴影"选项。

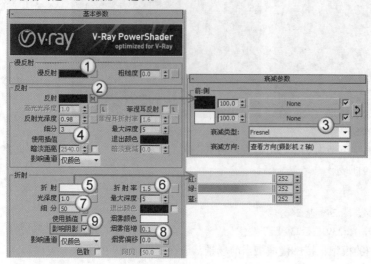
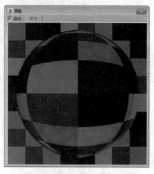

图9-95 图9-96

03 制作花瓶材质。选择一个空白材质球，设置材质类型为VRayMtl材质，将其命名为"花瓶"，具体参数设置如图9-97所示，制作好的材质球效果如图9-98所示。

设置步骤

① 设置"漫反射"颜色为（红:36，绿:54，蓝:34）。

② 设置"反射"颜色为（红:129，绿:129，蓝:129），勾选"菲涅耳反射"选项，设置"菲涅耳折射率"为1.1。

③ 设置"折射"颜色为（红:252，绿:252，蓝:252），设置"烟雾颜色"为（红:195，绿:102，蓝:56），设置"烟雾倍增"为0.15，勾选"影响阴影"选项，设置"影响通道"为"颜色+alpha"。

04 将制作好的材质分别指定给场景中相应的模型，按F9键渲染当前场景，最终效果如图9-99所示。

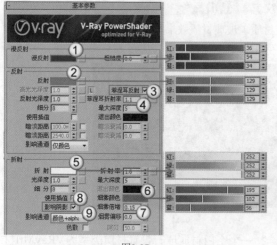

图9-97 图9-98 图9-99

【练习9-6】用VRayMtl材质制作陶瓷材质

陶瓷材质效果如图9-100所示。

01 打开学习资源中的"练习文件>第9章>9-6.max"文件，如图9-101所示。

图9-100

图9-101

02 选择一个空白材质球，设置材质类型为VRayMtl材质，具体参数设置如图9-102所示，材质球效果如图9-103所示。

设置步骤

① 设置"漫反射"颜色为白色，模拟陶瓷颜色。

② 设置"反射"颜色为（红:131，绿:131，蓝:131），勾选"菲涅耳反射"选项，设置"高光光泽度"为0.8，"反射光泽度"为0.98，模拟陶瓷表面的高光和反射，最后勾选"菲涅尔反射"选项。

03 将制作好的材质指定给场景中的模型，按F9键渲染当前场景，最终效果如图9-104所示。

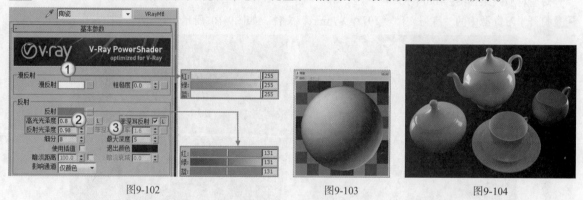
图9-102 图9-103 图9-104

9.5.3 VRay灯光材质

功能介绍

"VRay灯光材质"主要用来模拟自发光效果。当设置渲染器为VRay渲染器后，在"材质/贴图浏览器"对话框中可以找到"VRay灯光材质"，其参数设置面板如图9-105所示。

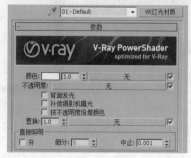
图9-105

参数详解

❖ 颜色：设置对象自发光的颜色，后面的输入框用来设置自发光的"强度"。通过后面的贴图通道可以加载贴图来代替自发光的颜色。

- ❖ 不透明度：用贴图来指定发光体的透明度。
- ❖ 背面发光：当勾选该选项时，它可以让材质光源双面发光。
- ❖ 补偿摄影机曝光：勾选该选项后，"VRay灯光材质"产生的照明效果可以用于增强摄影机曝光。
- ❖ 按不透明度倍增颜色：勾选该选项后，同时通过下方的"置换"贴图通道加载黑白贴图，可以通过位图的灰度强弱来控制发光强度，白色为最强。
- ❖ 置换：在后面的贴图通道中可以加载贴图来控制发光效果。调整数值输入框中的数值可以控制位图的发光强弱，数值越大，发光效果越强烈。
- ❖ 直接照明：该选项组用于控制"VRay灯光材质"是否参与直接照明计算。
    - ◇ 开：勾选该选项后，"VRay灯光材质"产生的光线仅参与直接照明计算，即只产生自身亮度及照明范围，不参与间接光照的计算。
    - ◇ 细分：设置"VRay灯光材质"所产生光子参与直接照明计算时的细分效果。
    - ◇ 中止：设置"VRay灯光材质"所产生光子参与直接照明时的最小能量值，能量小于该数值时光子将不参与计算。

【练习9-7】用VRay灯光材质制作灯管材质

灯管材质效果如图9-106所示。

`01` 打开学习资源中的"练习文件>第9章>9-7.max"文件，如图9-107所示。

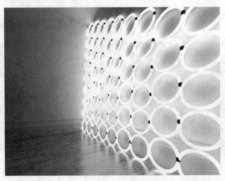 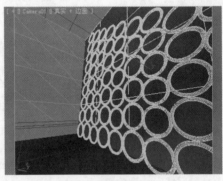

图9-106　　　　　　　　　　　　　　　　　图9-107

`02` 制作灯管材质。选择一个空白材质球，设置材质类型为"VRay灯光材质"，在"参数"卷展栏下设置发光的"强度"为2.5，如图9-108所示，制作好的材质球效果如图9-109所示。

 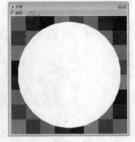

图9-108　　　　　　　　　　　　　　图9-109

`03` 制作地板材质。选择一个空白材质球，设置材质类型为VRayMtl材质，具体参数设置如图9-110所示，制作好的材质球效果如图9-111所示。

设置步骤

① 在"漫反射"贴图通道中加载学习资源中的"练习文件>第9章>练习9-7>材质>地板.jpg"文件，在"坐标"卷展栏下设置"瓷砖"的U和V为5。

② 设置"反射"颜色为（红:64，绿:64，蓝:64），设置"反射光泽度"为0.8。

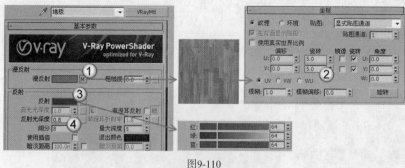

图9-110

图9-111

04 将制作好的材质分别指定给相应的模型，按F9键渲染当前场景，最终效果如图9-112所示。

图9-112

9.5.4 混合材质

功能介绍

使用"混合"材质可以在模型的单个面上将两种材质通过一定的百分比进行混合，其参数设置面板如图9-113所示。

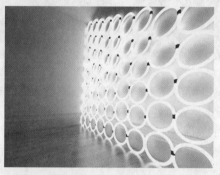

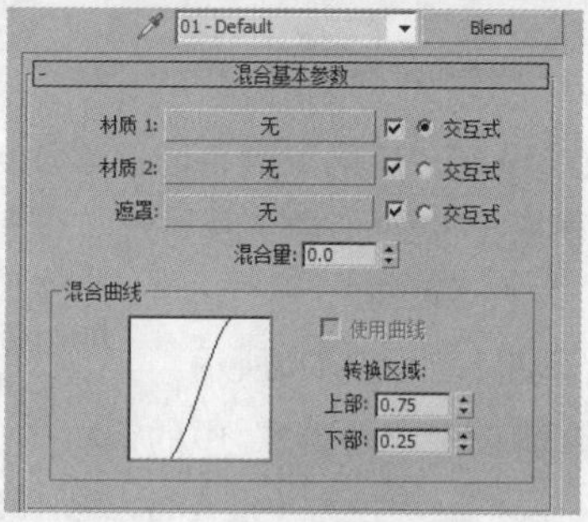

图9-113

参数详解

❖ 材质1/材质2：可在其后面的材质通道中对两种材质分别进行设置。

❖ 遮罩：可以选择一张贴图作为遮罩。利用贴图的灰度值可以决定"材质1"和"材质2"的混合情况。

❖ 混合量：控制两种材质混合百分比。如果使用遮罩，则"混合量"选项将不起作用。

❖ 交互式：用来选择哪种材质在视图中以实体着色方式显示在物体的表面。

❖ 混合曲线：对遮罩贴图中的黑白色过渡区进行调节。

◇ 使用曲线：控制是否使用"混合曲线"来调节混合效果。

◇ 上部：用于调节"混合曲线"的上部。

◇ 下部：用于调节"混合曲线"的下部。

【练习9-8】用混合材质制作夹丝玻璃材质

夹丝玻璃材质的效果如图9-114所示。

`01` 打开学习资源文件中的"练习文件>第9章>9-8.max"文件，如图9-115所示，接下来需要为防护窗制作一个夹丝玻璃材质。

图9-114　　　　　　　　　　　　　图9-115

`02` 在"材质编辑器"中新建一个"混合"材质球，将其命名为"夹丝玻璃"，然后为"材质1"和"材质2"分别加载一个VRayMtl材质球，并命名为"玻璃材质"和"钢材质"，选择"材质1"后面的"交互式"，将玻璃材质置于整个材质的表面，如图9-116所示。

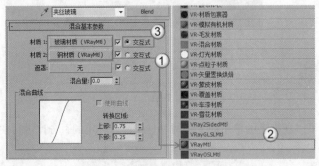

图9-116

`03` 设置"材质1"的玻璃材质参数。设置"反射"颜色为（红:72，绿:72，蓝:72），设置"高光光泽度"为0.92，"反射光泽度"为0.88，模拟玻璃表面的高光反射效果，设置"折射"颜色为（红:240，绿:240，蓝:240），设置"烟雾颜色"为（红:241，绿:255，蓝:255），设置"烟雾倍增"为0.002，模拟玻璃的透光效果，如图9-117所示。

`04` 设置"材质2"中的钢材质。设置"漫反射"颜色为黑色，设置"反射"颜色为（红:186，绿:186，蓝:186），设置"高光光泽度"为0.91，"反射光泽度"为0.85，如图9-118所示。

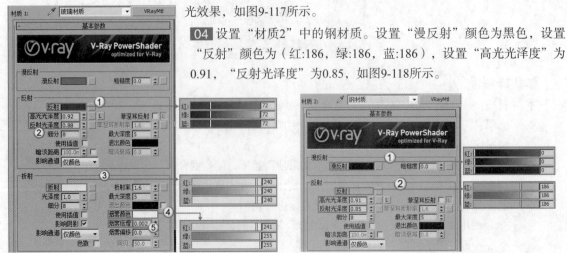

图9-117　　　　　　　　　　　　　　　　　　　　　　　　图9-118

05 回到上一层级,在"遮罩"通道中加载一张夹丝贴图,如图9-119所示,材质球效果如图9-120所示。

06 将夹丝玻璃材质指定给防护窗,按F9键渲染场景,效果如图9-121所示。

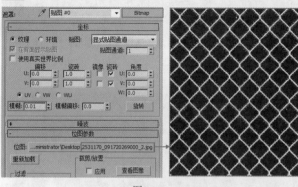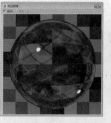

图9-119　　　　　　　　　　　图9-120　　　　　　图9-121

9.5.5 多维/子对象材质

功能介绍

使用"多维/子对象"材质可以采用几何体的子对象级别分配不同的材质,其参数设置面板如图9-122所示。

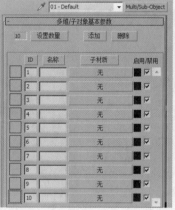

图9-122

参数详解

❖ 数量:显示包含在"多维/子对象"材质中的子材质的数量。

❖ 设置数量 设置数量:单击该按钮可以打开"设置材质数量"对话框,如图9-123所示。在该对话框中可以设置材质的数量。

图9-123

❖ 添加 添加:单击该按钮可以添加子材质。

❖ 删除 删除:单击该按钮可以删除子材质。

❖ ID ID:单击该按钮将对列表进行排序,其顺序开始于最低材质ID的子材质,结束于最高材质ID。

❖ 名称 名称:单击该按钮可以用名称进行排序。

❖ 子材质 子材质:单击该按钮可以通过显示于"子材质"按钮上的子材质名称进行排序。

❖ 启用/禁用:启用或禁用子材质。

❖ 子材质列表:单击子材质后面的"无"按钮 无 ,可以创建或编辑一个子材质。

技术专题： 多维/子对象材质的用法及原理解析

很多初学者都无法理解"多维/子对象"材质的原理及用法，下面以图9-124所示的一个多边形球体为例详解介绍该材质的原理及用法。

第1步：设置多边形的材质ID号。每个多边形都具有自己的ID号，进入"多边形"级别，选择两个多边形，在"多边形：材质ID"卷展栏下将这两个多边形的材质ID设置为1，如图9-125所示。同理，用相同的方法设置其他多边形的材质ID，如图9-126和图9-127所示。

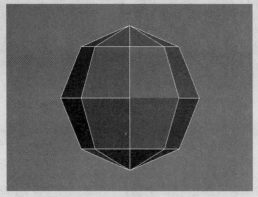

图9-124

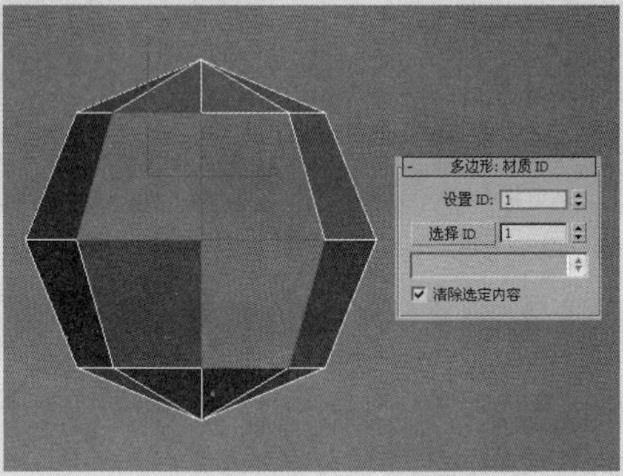

图9-125

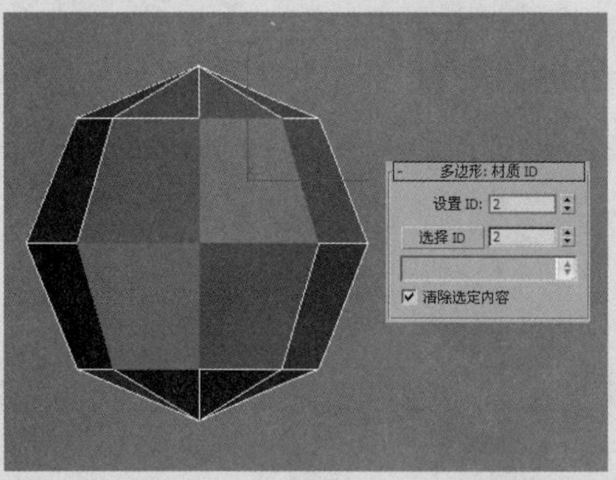

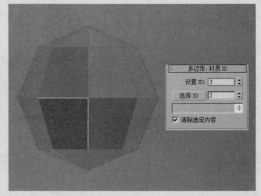

图9-126

图9-127

第2步：设置"多维/子对象"材质。由于这里只有3个材质ID号。因此，将"多维/子对象"材质的数量设置为3，并分别在各个子材质通道加载一个VRayMtl材质，分别设置VRayMtl材质的"漫反射"颜色为蓝、绿、红，如图9-128所示，将设置好的"多维/子对象"材质指定给多边形球体，效果如图9-129所示。

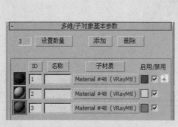

图9-128

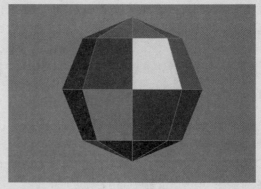

图9-129

从图9-128中的结果可以得出一个结论："多维/子对象"材质的子材质的ID号对应模型的材质ID号。也就是说，ID 1子材质指定给了材质ID号为1的多边形，ID 2子材质指定给了材质ID号为2的多边形，ID 3子材质指定给了材质ID号为3的多边形。

【练习9-9】用多维/子对象材质制作地砖拼花材质

地砖材质效果如图9-130所示。

01 打开学习资源中的"练习文件>第9章>9-9.max"文件，如图9-131所示。

图9-130　　　　　　　　　　　　　　　　图9-131

02 选择一个空白材质球，设置材质类型为"多维/子对象"材质，并将其命名为"地砖拼花"，然后在"多维/子对象基本参数"卷展栏下单击"设置数量"按钮 设置数量，在弹出的对话框中设置"材质数量"为3，如图9-132所示。

03 分别在ID 1、ID 2和ID 3材质通道中各加载一个VRayMtl材质，如图9-133所示。

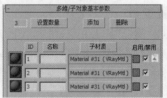

图9-132　　　　　　　　　　　　　　　　图9-133

04 单击ID 1材质通道，切换到VRayMtl材质设置面板，具体参数设置如图9-134所示。

设置步骤

① 在"漫反射"贴图通道中加载学习资源中的"练习文件>第9章>练习9-9>材质>贴图.jpg"贴图文件，在"坐标"卷展栏下设置"瓷砖"的U和V为3。

② 在"反射"贴图通道中加载一张"衰减"程序贴图，在"衰减参数"卷展栏下设置"衰减类型"为Fresnel，设置"细分"为10，"最大深度"为3。

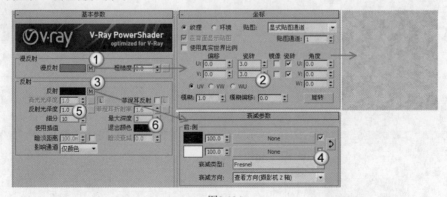

图9-134

提示

关于贴图的使用方法，在后面的内容中会详细介绍。

---

05 单击ID 2材质通道，切换到VRayMtl材质设置面板，具体参数设置如图9-135所示。

设置步骤

① 在"漫反射"贴图通道中加载学习资源中的"练习文件>第9章>练习9-9>材质>黑线1.jpg"贴图文件，然后在"坐标"卷展栏下设置"瓷砖"的U和V为3。

② 在"反射"贴图通道中加载一张"衰减"程序贴图，在"衰减参数"卷展栏下设置"衰减类型"为Fresnel，设置"细分"为10，"最大深度"为3。

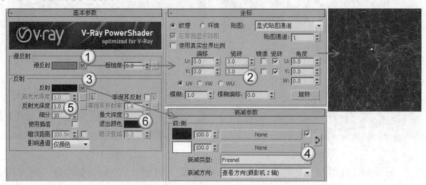

图9-135

06 单击ID 3材质通道，切换到VRayMtl材质设置面板，具体参数设置如图9-136所示，制作好的材质球效果如图9-137所示。

设置步骤

① 在"漫反射"贴图通道中加载学习资源中的"练习文件>第9章>练习9-9>材质>啡网纹02.jpg"贴图文件，在"坐标"卷展栏下设置"瓷砖"的U和V为4。

② 在"反射"贴图通道中加载一张"衰减"程序贴图，在"衰减参数"卷展栏下设置"衰减类型"为Fresnel，设置"细分"为10，"最大深度"为3。

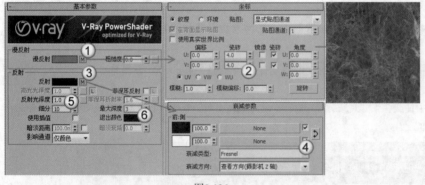

图9-136

图9-137

提示

如果用户按照步骤做出来的材质球的显示效果与本书中的不同，如图9-138所示，可能是因为勾选了"启用Gamma/LUT校正"。执行"自定义>首选项"菜单命令，打开"首选项设置"对话框，单击"Gamma和LUT"选项卡，关闭"启用Gamma/LUT校正""影响颜色选择器"和"影响材质选择器"选项，如图9-139所示。关闭对话框以后材质球的显示效果就恢复正常了。

图9-138

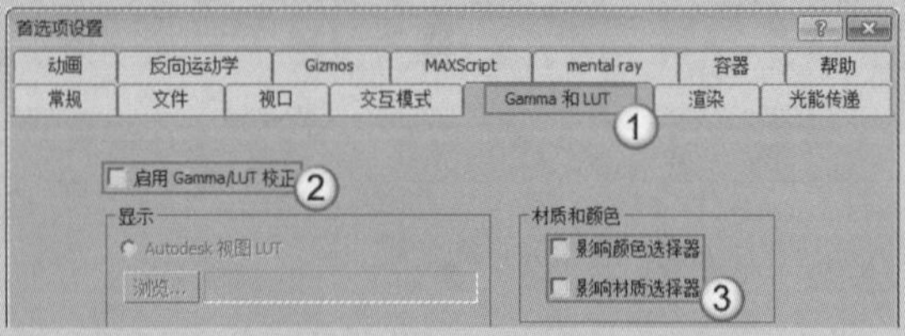

图9-139

07 将制作好的材质指定给场景中的模型，按F9键渲染当前场景，最终效果如图9-140所示。

图9-140

9.6 常用贴图

贴图主要用于表现物体材质表面的纹理，利用贴图可以不用增加模型的复杂程度就可以表现对象的细节，并且可以创建反射、折射、凹凸和镂空等多种效果。通过贴图可以增强模型的质感，完善模型的造型，使三维场景更加接近真实的环境，如图9-141所示。

展开VRayMtl材质的"贴图"卷展栏，在该卷展栏下有很多贴图通道，在这些贴图通道中可以加载贴图来表现物体的相应属性，如图9-142所示。

图9-141　　　　　　　　图9-142

随意单击一个通道，在弹出的"材质/贴图浏览器"对话框中可以观察到很多贴图，主要包括"标准"贴图和VRay贴图，如图9-143所示。

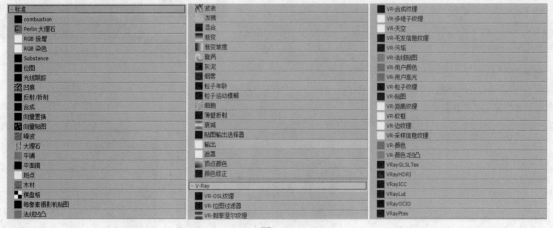

图9-143

提示

本节将介绍效果图中常用的贴图。

9.6.1 不透明度贴图

功能介绍

"不透明度"贴图主要用于控制材质是否透明、不透明或者半透明，遵循了"黑透白不透"的原理，如图9-144所示。

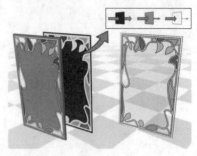

图9-144

技术专题：不透明度贴图的原理解析

"不透明度"贴图的原理是通过在"不透明度"贴图通道中加载一张黑白图像，遵循"黑透白不透"的原理，从而控制材质的透明度。即黑白图像中黑色部分为透明，白色部分为不透明。例如，在图9-145中，场景中并没有真实的树木模型，而是使用了很多面片和"不透明度"贴图来模拟真实的叶子和花瓣模型。

下面详细讲解使用"不透明度"贴图模拟树木模型的制作流程。

第1步：在场景中创建一些面片，如图9-146所示。

图9-145

图9-146

第2步：打开"材质编辑器"对话框，设置材质类型为"标准"材质，在"贴图"卷展栏下的"漫反射颜色"贴图通道中加载一张树的贴图，然后在"不透明度"贴图通道中加载一张树的黑白贴图，如图9-147所示，制作好的材质球效果如图9-148所示。

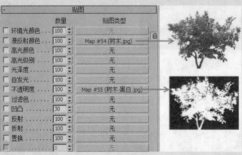

图9-147

图9-148

第3步：将制作好的材质指定给面片，如图9-149所示，按F9键渲染场景，可以观察到面片已经变成了真实的树木效果，如图9-150所示。

图9-149

图9-150

【练习9-10】用不透明度贴图制作叶片材质

叶片材质效果如图9-151所示。

01 打开学习资源中的"练习文件>第9章>9-10.max"文件，如图9-152所示。

图9-151　　　　　　　　　　　　图9-152

02 选择一个空白材质球，设置材质类型为"标准"材质，将其命名为"叶子1"，具体参数设置如图9-153所示，制作好的材质球效果如图9-154所示。

设置步骤

① 在"漫反射"贴图通道中加载学习资源中的"练习文件>第9章>练习9-10>材质>oreg_ivy.jpg"文件。

② 在"不透明度"贴图通道中加载学习资源中的"练习文件>第9章>练习9-10>材质>oreg_ivy副本.jpg"文件。

③ 在"反射高光"选项组下设置"高光级别"为40，"光泽度"为50。

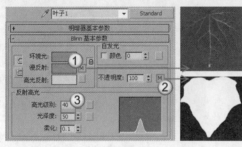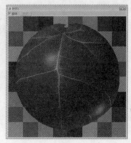

图9-153　　　　　　　　　　　　图9-154

03 选择一个空白材质球，设置材质类型为"标准"材质，将其命名为"叶子2"，具体参数设置如图9-155所示，制作好的材质球效果如图9-156所示。

设置步骤

① 在"漫反射"贴图通道中加载学习资源中的"练习文件>第9章>练习9-10>材质>archmodels58_001_leaf_diffuse.jpg"文件。

② 在"不透明度"贴图通道中加载学习资源中的"练习文件>第9章>练习9-10>材质>archmodels58_001_leaf_opacity.jpg"文件。

04 将制作好的材质分别指定给场景中相应的模型，按F9键渲染当前场景，最终效果如图9-157所示。

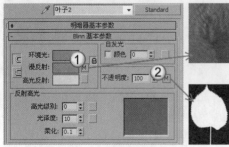

图9-155　　　　　　　　图9-156　　　　　　　　图9-157

9.6.2 位图贴图

功能介绍

位图贴图是一种最基本的贴图类型，也是最常用的贴图类型。位图贴图支持很多种格式，包括FLC、AVI、BMP、GIF、JPEG、PNG、PSD和TIFF等主流图像格式，如图9-158所示，图9-159~图9-161所示是一些常见的位图贴图。

图9-158　　　　　　　图9-159　　　　　　　图9-160　　　　　　　图9-161

技术专题：位图贴图的使用方法

在所有的贴图通道中都可以加载位图贴图。在"漫反射"贴图通道中加载一张木质位图贴图，如图9-162所示，将材质指定给一个模型，按F9键渲染当前场景，效果如图9-163所示。

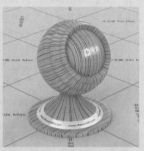

图9-162　　　　　　　　　　　　　图9-163

加载位图后，3ds Max会自动弹出位图的参数设置面板，如图9-164所示。这里的参数主要用来设置位图的"偏移"值、"瓷砖"（即位图的平铺数量）值和"角度"值，图9-165所示是"瓷砖"的U为3、V为1时的渲染效果。

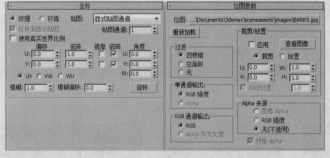

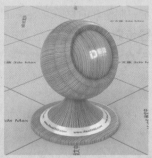

图9-164　　　　　　　　　　　　　图9-165

勾选"镜像"选项后，贴图就会变成镜像方式，当贴图不是无缝贴图时，建议勾选"镜像"选项，图9-166所示是勾选该选项时的渲染效果。

当设置"模糊"为0.01时，可以在渲染时得到最精细的贴图效果，如图9-167所示；如果设置为1或更大的值（注意，数值低于1并不表示贴图不模糊，只是模糊效果不是很明显），则可以得到模糊的贴图效果，如图9-168所示。

在"位图参数"卷展栏下勾选"应用"选项，单击后面的"查看图像"按钮 查看图像 ，在弹出的对话框中可以对位图的应用区域进行调整，如图9-169所示。

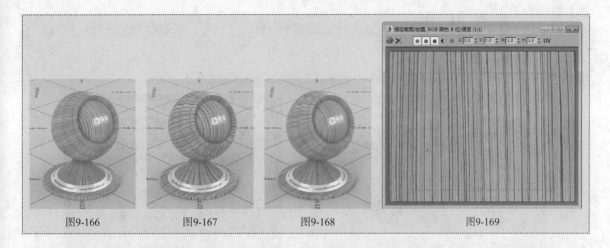

| 图9-166 | 图9-167 | 图9-168 | 图9-169 |

【练习9-11】用位图贴图制作书本材质

书本材质效果如图9-170所示。

01 打开学习资源中的"练习文件>第9章>9-11.max"文件，如图9-171所示。

图9-170

图9-171

02 选择一个空白材质球，设置材质类型为VRayMtl材质，将其命名为"书页"，具体参数设置如图9-172所示，制作好的材质球效果如图9-173所示。

设置步骤

① 在"漫反射"贴图通道中加载学习资源中的"练习文件>第9章>练习9-11>贴图>011.jpg"文件。

② 设置"反射"颜色为（红:80，绿:80，蓝:80），设置"细分"为20，勾选"菲涅耳反射"选项。

03 用相同的方法制作出另外两个书页材质，将制作好的材质分别指定给相应的模型，然后按F9键渲染当前场景，最终效果如图9-174所示。

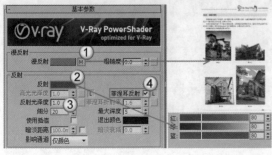
图9-172

图9-173

图9-174

【练习9-12】用位图贴图制作地板材质

地板材质效果如图9-175所示。

01 打开学习资源中的"练习文件>第9章>9-12.max"文件，如图9-176所示。

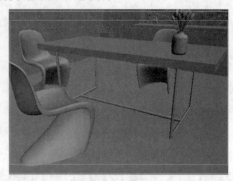

图9-175　　　　　　　　　　　　　　　　图9-176

02 选择一个空白材质球，设置材质类型为VRayMtl材质，将其命名为"地板"，具体参数设置如图9-177和图9-178所示，制作好的材质球效果如图9-179所示。

设置步骤

① 在"漫反射"贴图通道中加载学习资源中的"练习文件>第9章>练习9-12>材质>地板.jpg"贴图文件。

② 设置"反射"颜色为（红:54，绿:54，蓝:54），设置"高光光泽度"为0.8，"反射光泽度"为0.8，"细分"为20，"最大深度"为3。

③ 展开"贴图"卷展栏，将"漫反射"贴图通道中的贴图拖曳到"凹凸"贴图通道上，在弹出的对话框中设置"方法"为"实例"，并设置凹凸强度为50，最后在"环境"贴图通道中加载一张"输出"程序贴图。

03 将制作好的材质指定给场景中的模型，按F9键渲染当前场景，最终效果如图9-180所示。

图9-177　　　　　　　　　　　　　　　　图9-178

图9-179　　　　　　　　　　　　　　　　图9-180

【练习9-13】用位图贴图材质制作毛巾材质

毛巾材质效果如图9-181所示。

01 打开学习资源中的"练习文件>第9章>9-13.max"文件,如图9-182所示。

图9-181

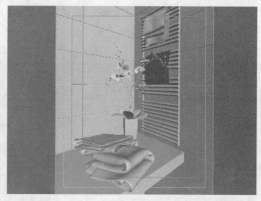
图9-182

02 制作棕色毛巾材质。选择一个空白材质球,设置材质类型为VRayMtl材质,并将其命名为"毛巾1",具体参数设置如图9-183所示,制作好的材质球效果如图9-184所示。

设置步骤

① 展开"贴图"卷展栏,在"漫反射"贴图通道中加载一张"VRay颜色"程序贴图,然后展开"VRay颜色参数"卷展栏,设置"红"为0.028,"绿"为0.018,"蓝"为0.018。

② 在"置换"贴图通道中加载学习资源中的"练习文件>第9章>练习9-13>材质>毛巾置换.jpg"贴图文件,设置置换的强度为5。

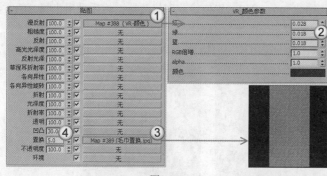

图9-183
图9-184

03 选择图9-185所示的毛巾模型,为其加载一个"VRay置换模式"修改器,然后在"纹理贴图"通道中加载学习资源中的"练习文件>第9章>练习9-13>材质>毛巾置换.jpg"贴图文件,设置"数量"为0.3mm,"分辨率"为2048,具体参数设置如图9-186所示。

图9-185

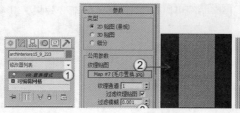
图9-186

04 制作白色毛巾材质。选择一个空白材质球，设置材质类型为VRayMtl材质，并将其命名为"毛巾2"，具体参数设置如图9-187所示，制作好的材质球效果如图9-188所示。

设置步骤

① 展开"贴图"卷展栏，在"漫反射"贴图通道中加载一张"VRay颜色"程序贴图，展开"VRay颜色参数"卷展栏，设置"红"为0.932，"绿"为0.932，"蓝"为0.932。

② 在"置换"贴图通道中加载学习资源中的"练习文件>第9章>练习9-13>材质>毛巾置换.jpg"贴图文件，设置"置换"的强度为5。

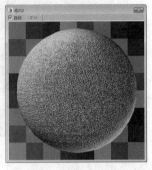

图9-187 图9-188

技术专题：置换和凹凸的区别

在3ds Max中制作凹凸不平的材质时，可以用"凹凸"贴图通道和"置换"贴图通道两种方法来完成，这两个方法各有利弊。凹凸贴图渲染速度快，但渲染质量不高，适合于对渲染质量要求比较低或是测试时使用；置换贴图会产生很多三角面，因此渲染质量很高，但渲染速度非常慢，适合于对渲染质量要求比较高且计算机配置较好的用户。

05 选择图9-189所示的毛巾模型，为其加载一个"VRay置换修改"修改器，然后采用步骤03的方法设置其参数。

06 将制作好的材质指定给场景中的模型，按F9键渲染当前场景，最终效果如图9-190所示。

图9-189 图9-190

9.6.3 渐变贴图

功能介绍

使用"渐变"程序贴图可以设置3种颜色的渐变效果，其参数设置面板如图9-191所示。

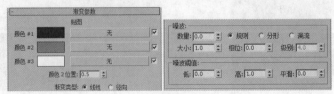

图9-191

提示

渐变颜色可以任意修改，修改后物体材质颜色也会随之而改变，图9-192和图9-193所示分别是默认的渐变颜色以及将渐变颜色修改为红、绿、蓝后的渲染效果。

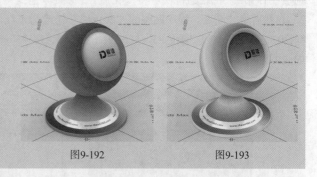

图9-192　　　　图9-193

【练习9-14】用渐变贴图制作渐变花瓶材质

渐变花瓶材质效果如图9-194所示。

01 打开学习资源中的"练习文件>第9章>9-14.max"文件，如图9-195所示。

 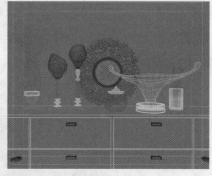

图9-194　　　　　　　　　　图9-195

02 制作第1个花瓶的材质。选择一个空白材质球，设置材质类型为VRayMtl材质，将其命名为"花瓶1"，具体参数设置如图9-196所示，制作好的材质球效果如图9-197所示。

设置步骤

① 在"漫反射"贴图通道中加载一张"渐变"程序贴图，在"渐变参数"卷展栏下设置"颜色#1"为（红:19，绿:156，蓝:0），"颜色#2"为（红:255，绿:218，蓝:13），"颜色#3"为（红:192，绿:0，蓝:255）。

② 设置"反射"颜色为（红:161，绿:161，蓝:161），设置"高光光泽度"为0.9，勾选"菲涅耳反射"选项，设置"菲涅耳折射率"为2。

③ 设置"折射"颜色为（红:201，绿:201，蓝:201），设置"细分"为10，勾选"影响阴影"选项，并设置"影响通道"为"颜色+Alpha"，设置"烟雾颜色"为（红:240，绿:255，蓝:237），设置"烟雾倍增"为0.03。

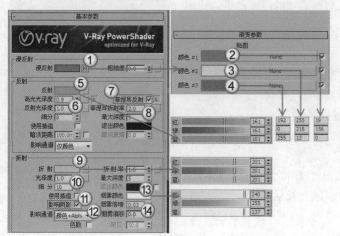 

图9-196　　　　　　　　　　图9-197

389

03 制作第2个花瓶的材质。将"花瓶1"材质球拖曳（复制）到一个空白材质球上，将其命名为"花瓶2"，然后将"渐变"程序贴图的"颜色#1"修改为（红:90，绿:0，蓝:255），"颜色#2"修改为（红:4，绿:207，蓝:255）和"颜色#3"修改为（红:155，绿:255，蓝:255），如图9-198所示，制作好的材质球效果如图9-199所示。

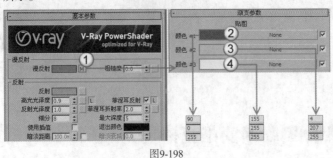 

图9-198　　　　　　　　　　　　　　　　图9-199

提示

从"步骤03"可以看出，在制作同种类型或是参数差异不大的材质时，可以先制作出其中一个材质，然后对材质进行复制，最后对局部参数进行修改即可。但是，一定要对复制出来的材质球进行重命名，否则3ds Max会对相同名称的材质产生混淆。

04 将制作好的材质分别指定给场景中相应的模型，按F9键渲染当前场景，最终效果如图9-200所示。

图9-200

9.6.4　衰减贴图

功能介绍

"衰减"程序贴图可以用来控制材质强烈到柔和的过渡效果，使用频率比较高，其参数设置面板如图9-201所示。

参数详解

❖　衰减类型：设置衰减的方式，共有以下5种。

◇　垂直/平行：在与衰减方向相垂直的面法线和与衰减方向相平行的法线之间设置角度衰减范围。

◇　朝向/背离：在面向衰减方向的面法线和背离衰减方向的法线之间设置角度衰减范围。

◇　Fresnel：基于IOR（折射率）在面向视图的曲面上产生暗淡反射，而在有角的面上产生较明亮的反射。

◇　阴影/灯光：基于落在对象上的灯光，在两个子纹理之间进行调节。

图9-201

      ◇ 距离混合：基于"近端距离"值和"远端距离"值，在两个子纹理之间进行调节。

   ❖ 衰减方向：设置衰减的方向。

   ❖ 混合曲线：设置曲线的形状，可以精确地控制由任何衰减类型所产生的渐变。

【练习9-15】用衰减贴图制作灯罩和橱柜材质

灯罩和橱柜材质效果如图9-202所示。

`01` 打开学习资源中的"练习文件>第9章>9-15.max"文件，如图9-203所示。

图9-202   图9-203

`02` 制作灯罩材质。选择一个空白材质球，设置材质类型为VRayMtl材质，将其命名为"灯罩"，具体参数设置如图9-204所示，制作好的材质球效果如图9-205所示。

设置步骤

① 在"漫反射"贴图通道中加载一张"衰减"程序贴图，在"衰减参数"卷展栏下设置"前"通道的颜色为（红:187，绿:166，蓝:141），"侧"通道的颜色为（红:238，绿:233，蓝:226），设置"衰减类型"为Fresnel。

② 设置"折射"颜色为（红:60，绿:60，蓝:60），设置"光泽度"为0.5，勾选"影响阴影"选项。

③ 展开"贴图"卷展栏，在"不透明度"通道中加载一张"混合"程序贴图，展开"混合参数"卷展栏，设置"颜色#1"为白色，"颜色#2"为（红:170，绿:170，蓝:170），在"混合量"贴图通道中加载学习资源中的"练习文件>第9章>练习9-15>材质>灯罩黑白.jpg"贴图文件。

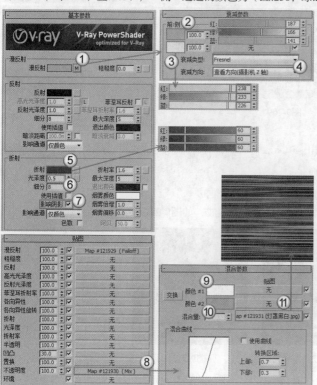

图9-204

图9-205

03 制作橱柜材质。选择一个空白材质球，设置材质类型为VRayMtl材质，将其命名为"橱柜"，具体参数设置如图9-206所示，制作好的材质球效果如图9-207所示。

设置步骤

① 设置"漫反射"颜色为（红:252，绿:250，蓝:240）。

② 在"反射"贴图通道中加载"衰减"程序贴图，在"衰减参数"卷展栏下设置"衰减类型"为Fresnel，设置"高光光泽度"为0.7，"反射光泽度"为0.85，"细分"为24。

04 将制作好的材质指定给场景中的模型，按F9键渲染当前场景，最终效果如图9-208所示。

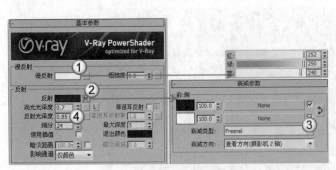

图9-206　　　　　　　　　　　　　　　图9-207　　　　　　　图9-208

9.6.5　噪波贴图

功能介绍

使用"噪波"程序贴图可以将噪波效果添加到物体的表面，以突出材质的质感。"噪波"程序贴图通过应用分形噪波函数来扰动像素的UV贴图，从而表现出非常复杂的物体材质，其参数设置面板如图9-209所示。

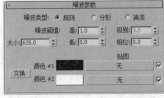

图9-209

参数详解

❖ 噪波类型：共有3种类型，分别是"规则""分形"和"湍流"。

　◇ 规则：生成普通噪波，如图9-210所示。

　◇ 分形：使用分形算法生成噪波，如图9-211所示。

　◇ 湍流：生成应用绝对值函数来制作故障线条的分形噪波，如图9-212所示。

图9-210　　　　　　　图9-211　　　　　　　图9-212

❖ 大小：以3ds Max为单位设置噪波函数的比例。

❖ 噪波阈值：控制噪波的效果，取值范围为0~1。

❖ 级别：决定有多少分形能量用于分形和湍流噪波函数。

❖ 相位：控制噪波函数的动画速度。

❖ 交换 交换：交换两个颜色或贴图的位置。

❖ 颜色#1/颜色#2：可以从两个主要噪波颜色中进行选择，将通过所选的两种颜色来生成中间颜色值。

【练习9-16】用噪波贴图制作皮材质

皮材质效果如图9-213所示。

01 打开学习资源中的"练习文件>第9章>9-16.max"文件，如图9-214所示。

图9-213　　　　　　　　　　　图9-214

02 制作不锈钢材质。选择一个空白材质球，设置材质类型为VRayMtl材质，将其命名为"不锈钢"，具体参数设置如图9-215所示，制作好的材质球效果如图9-216所示。

设置步骤

① 设置"漫反射"颜色为（红:205，绿:205，蓝:205）。

② 设置"反射"颜色为（红:228，绿:228，蓝:228），设置"高光光泽度"为0.8，"反射光泽度"为0.9和"细分"为16。

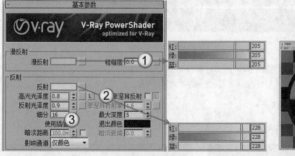

图9-215　　　　　　　　　　　图9-216

03 制作皮材质。选择一个空白材质球，设置材质类型为VRayMtl材质，将其命名为"皮"，具体参数设置如图9-217所示。

设置步骤

① 设置"漫反射"颜色为（红:5，绿:5，蓝:5）。

② 在"反射"贴图通道中加载"衰减"程序贴图，在"衰减参数"卷展栏下设置"前"通道的颜色为（红:10，绿:10，蓝:10），设置"衰减类型"为Fresnel，设置"高光光泽度"为0.6，"反射光泽度"为0.85，"细分"为16。

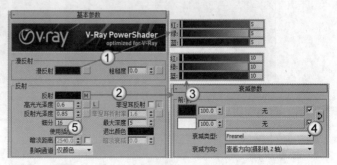

图9-217

04 展开"贴图"卷展栏，在"凹凸"贴图通道中加载"噪波"程序贴图，在"噪波参数"卷展栏下设置"噪波类型"为"分形"，"大小"为0.4，设置"凹凸"的强度为60，具体参数设置如图9-218所示，制作好的材质球效果如图9-219所示。

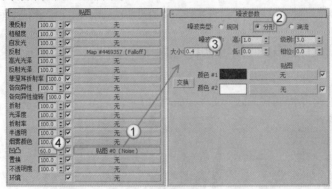

图9-218   图9-219

05 将制作好的材质分别指定给场景中相应的模型，按F9键渲染当前场景，最终效果如图9-220所示。

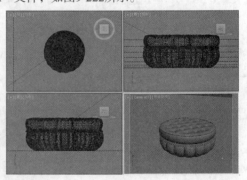

图9-220

【练习9-17】用噪波贴图制作绒布材质

绒布材质的效果如图9-221所示。

01 打开学习资源中的"练习文件>第9章>9-17.max"文件，如图9-222所示。

图9-221   图9-222

02 在"材质编辑器"对话框中新建一个VRayMtl材质球，将其命名为"绒布"，其参数设置如图9-223和图9-224所示，材质球效果如图9-225所示。

设置步骤

① 在"漫反射"贴图通道中加载"衰减"程序贴图，设置"前"通道的颜色为（R:49，G:39，B:40），"侧"

通道的颜色为（R:243，G:228，B:255），以此模拟绒布表面呈现的颜色渐变，暗部区域主要表现为第1个通道颜色，高光亮部主要表现为第2个通道颜色。

② 展开"贴图"卷展栏，在"凹凸"贴图通道中加载"噪波"程序贴图，设置"大小"为3，设置"凹凸"为200，以此模拟绒布表面颗粒的凹凸效果。

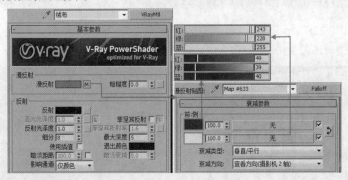

图9-223

图9-224   图9-225

03 将材质指定给坐垫模型，然后切换到摄影机视图，按F9键渲染视图，渲染效果如图9-226所示。

图9-226

9.6.6 混合贴图

功能介绍

"混合"程序贴图可以用来制作材质之间的混合效果，其参数设置面板如图9-227所示。

参数详解

❖ 交换 交换：交换两个颜色或贴图的位置。
❖ 颜色#1/颜色#2：设置混合的两种颜色。
❖ 混合量：设置混合的比例。

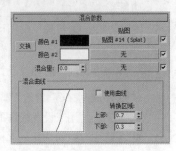

图9-227

- ❖ 混合曲线：用曲线来确定对混合效果的影响。
- ❖ 转换区域：调整"上部"和"下部"的级别。

【练习9-18】用混合贴图制作颓废材质

颓废材质效果如图9-228所示。

01 打开学习资源中的"练习文件>第9章>9-18.max"文件，如图9-229所示。

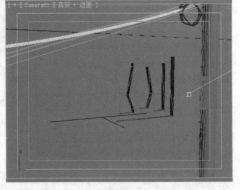

图9-228　　　　　　　　　　　　　　图9-229

02 选择一个空白材质球，设置材质类型为"标准"材质，将其命名为"墙"，然后展开"贴图"卷展栏，具体参数设置如图9-230所示，制作好的材质球效果如图9-231所示。

设置步骤

① 在"漫反射颜色"贴图通道中加载"混合"程序贴图，展开"混合参数"卷展栏，分别在"颜色#1"贴图通道、"颜色#2"贴图通道和"混合量"贴图通道加载学习资源中的"练习文件>第9章>练习9-18>贴图>墙.jpg、图.jpg和通道0.jpg"文件。

② 使用鼠标左键将"漫反射颜色"通道中的贴图拖曳到"凹凸"贴图通道上。

03 将制作好的材质指定给场景中的墙模型，按F9键渲染当前场景，最终效果如图9-232所示。

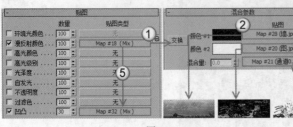

图9-230　　　　　　　　　　　图9-231　　　　　　　　图9-232

9.6.7　VRay边纹理

功能介绍

使用"VRay边纹理"贴图可以很方便地渲染出模型布线的线框，图9-233所示的是"VRay边纹理"渲染后的效果图。

"VRay边纹理"的参数设置面板如图9-234所示。

参数详解

- ❖ 颜色：用来设置线框的颜色。
- ❖ 隐藏边：勾选此复选框，则渲染线框时以三角面为单位计算。
- ❖ 厚度：用来调整渲染线框的粗细，有"世界单位"和"像素"两种方式可选。

图9-233 图9-234

9.6.8 VRayHDRI

功能介绍

使用VRayHDRI贴图可以模拟场景中环境贴图，为具有反射和折射特征的物体表面添加细节，图9-235和图9-236所示分别为使用了不同的VRayHDRI贴图后的渲染结果对比。

图9-235

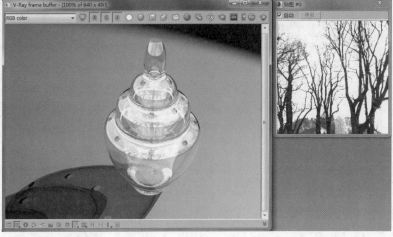

图9-236

VRayHDRI可以翻译为高动态范围贴图，主要用来设置场景的环境贴图，即把HDRI当作光源来使用，其参数设置面板，如图9-237所示。

图9-237

参数详解

❖ 位图：单击后面的"浏览"按钮 [浏览] 可以指定一张HDRI贴图。

❖ 贴图类型：控制HDRI的贴图方式，共有以下5种。

　◇ 角度：主要用于使用了对角拉伸坐标方式的HDRI。

　◇ 立方：主要用于使用了立方体坐标方式的HDRI。

　◇ 球形：主要用于使用了球形坐标方式的HDRI。

　◇ 球状镜像：主要用于使用了镜像球体坐标方式的HDRI。

　◇ 3ds Max标准：主要用于对单个物体指定环境贴图。

❖ 水平旋转：控制HDRI在水平方向的旋转角度。

❖ 水平翻转：让HDRI在水平方向上翻转。

❖ 垂直旋转：控制HDRI在垂直方向的旋转角度。

❖ 垂直翻转：让HDRI在垂直方向上翻转。

❖ 全局倍增：用来控制HDRI的亮度。

❖ 渲染倍增：设置渲染时的光强度倍增。

❖ 伽马值：设置贴图的伽马值。

第 **10** 章

效果图的常用材质

　　本章将介绍效果图中的常用材质。在效果图制作中，不同空间有不同的材质，针对特定空间都有特定的材质。本章将介绍不同空间的常用材质的制作方法，包括客厅空间、卧室空间和浴室空间的材质，这些材质都是效果图制作中使用频率很高的材质，请务必掌握。

※ 了解不同空间的材质分类
※ 了解各个空间的常用材质
※ 掌握VRayMtl材质的使用方法

※ 掌握地板、大理石、沙发和
　 金属等材质的创建方法

10.1 客厅空间的材质

　　本例是一个现代风格的客厅空间，其中地板材质、沙发材质、大理石材质和音响材质的制作方法是本例的学习要点，客厅材质效果如图10-1所示，材质分布如图10-2所示。

图10-1

图10-2

10.1.1 地板材质

　　打开学习资源中的"练习文件>第10章>10-1.max"文件，选择一个空白材质球，设置材质类型为VRayMtl材质，并将其命名为"地板"，具体参数设置如图10-3所示，制作好的材质球效果如图10-4所示，地板材质效果如图10-5所示。

设置步骤

　　① 在"漫反射"贴图通道中加载学习资源中的"练习文件>第10章>练习10-1>材质>地板.jpg"贴图文件。

　　② 在"反射"贴图通道中加载"衰减"程序贴图，在"衰减参数"卷展栏下设置"侧"通道的颜色为（红:64，绿:64，蓝:64），设置"衰减类型"为Fresne，设置"高光光泽度"为0.75，"反射光泽度"为0.85，"细分"为15。

　　③ 展开"贴图"卷展栏，将"漫反射"通道中贴图拖曳到"凹凸"贴图通道上。

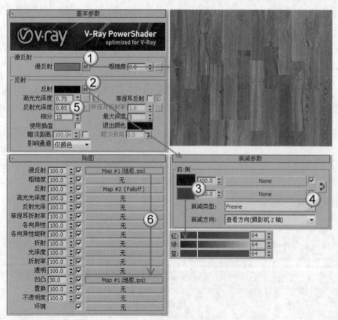

图10-3

图10-4

图10-5

10.1.2　沙发材质

选择一个空白材质球，设置材质类型为"VRay材质包裹器"材质，并将其命名为"沙发"，具体参数设置如图10-6所示，制作好的材质球效果如图10-7所示，沙发材质的效果如图10-8所示。

设置步骤

① 在"基本材质"通道中加载一个VRayMtl材质，然后在"漫反射"贴图通道中加载"衰减"程序贴图，在"衰减参数"卷展栏下设置"前"通道的颜色为（红:252，绿:206，蓝:146），"侧"通道的颜色为（红:255，绿:236，蓝:206），选择"衰减类型"为Fresnel。

② 返回到"VRay材质包裹器参数"卷展栏，设置"生成全局照明"为0.6。

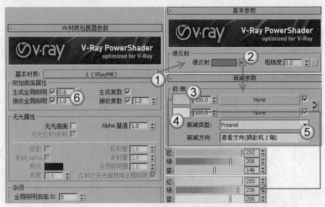

图10-6

图10-7

图10-8

10.1.3　大理石材质

选择一个空白材质球，设置材质类型为VRayMtl材质，并将其命名为"大理石台面"，具体参数设置如图10-9所示，制作好的材质球效果如图10-10所示，大理石材质的效果如图10-11所示。

设置步骤

① 在"漫反射"贴图通道中加载学习资源中的"练习文件>第10章>练习10-1>材质>理石.jpg"贴图文件。

② 在"反射"贴图通道中加载"衰减"程序贴图，在"衰减参数"卷展栏下设置"衰减类型"为Fresnel。

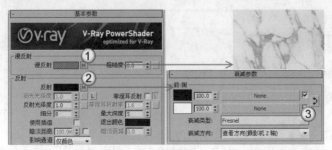

图10-9

图10-10

图10-11

10.1.4 墙面材质

选择一个空白材质球，设置材质类型为VRayMtl材质，并将其命名为"墙面"，具体参数设置如图10-12所示，制作好的材质球效果如图10-13所示，墙面材质的效果如图10-14所示。

设置步骤

① 设置"漫反射"颜色为（红:84，绿:65，蓝:40）。

② 设置"反射"颜色为（红:15，绿:15，蓝:15），设置"高光光泽度"为0.6，"反射光泽度"为0.7。

③ 展开"贴图"卷展栏，在"凹凸"贴图通道中加载学习资源中的"练习文件>第10章>练习10-1>材质>墙纸.jpg"贴图文件，设置凹凸的强度为20；在"环境"贴图通道中加载"输出"程序贴图。

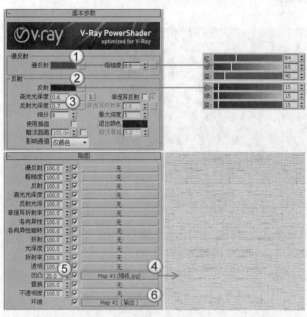

图10-12

图10-13

图10-14

10.1.5 地毯材质

选择一个空白材质球，设置材质类型为"标准"材质，并将其命名为"地毯"，展开"贴图"卷展栏，具体设置如图10-15所示，制作好的材质球效果如图10-16所示，地毯材质的效果如图10-17所示。

设置步骤

① 在"漫反射颜色"贴图通道中加载学习资源中的"练习文件>第10章>练习10-1>材质>地毯.jpg"贴图文件。

② 在"凹凸"贴图通道中加载学习资源中的"练习文件>第10章>练习10-1>材质>地毯凹凸.jpg"。

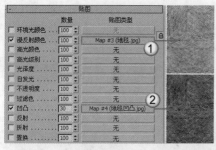
图10-15

图10-16

图10-17

10.1.6 音响材质

01 选择一个空白材质球，设置材质类型为"VRay混合材质"，并将其命名为"音响"，然后展开"参数"卷展栏，在"基本材质"通道中加载一个VRayMtl材质，具体参数设置如图10-18所示。

设置步骤

① 在"漫反射"贴图通道中加载学习资源中的"练习文件>第10章>练习10-1>材质>纸纹.jpg"贴图文件。

② 设置"折射"颜色为（红:166，绿:166，蓝:166），设置"光泽度"为0.5，"细分"为2，"最大深度"为3。

③ 在"半透明"选项组下设置"类型"为"硬（蜡）模型"，设置"背面颜色"为（红:236，绿:129，蓝:57）。

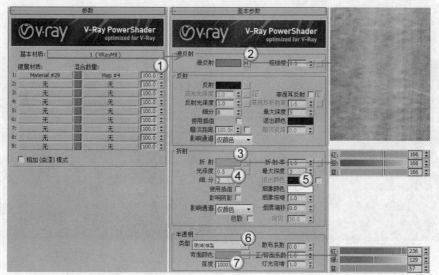
图10-18

02 在"镀膜材质"的第1个子材质通道中加载一个VRayMtl材质，设置"漫反射"颜色为（红:12，绿:12，蓝:12），具体参数设置如图10-19所示。

图10-19

03 在"混合数量"的第1个子贴图通道中加载学习资源中的"练习文件>第10章>练习10-1>材质>音响黑白.jpg"贴图文件，具体参数设置如图10-20所示，制作好的材质球效果如图10-21所示，音响材质的效果如图10-22所示。

图10-20

图10-21

图10-22

10.2 卧室空间的材质

本例是一个欧式风格的豪华卧室空间，其中地板材质、床单材质、窗帘材质和灯罩材质的制作方法是本例的学习要点，卧室效果如图10-23所示，材质分布如图10-24所示。

图10-23

图10-24

10.2.1 地板材质

打开学习资源中的"练习文件>第10章>10-2.max"文件，选择一个空白材质球，设置材质类型为VRayMtl材质，并将其命名为"地板"，具体参数设置如图10-25所示，制作好的材质球效果如图10-26所示，地板材质的效果如图10-27所示。

设置步骤

① 在"漫反射"贴图通道中加载学习资源中的"练习文件>第10章>练习10-2>材质>地板.jpg"贴图文件，在"坐标"卷展栏下设置"瓷砖"的U和V为8。

② 设置"反射"颜色为（红:55，绿:55，蓝:55），设置"反射光泽度"为0.8，"细分"为15。

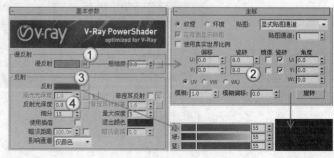
图10-25

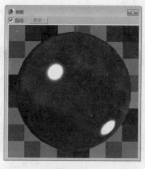

图10-26   图10-27

10.2.2 地毯材质

选择一个空白材质球，设置材质类型为VRayMtl材质，并将其命名为"地毯"，然后展开"贴图"卷展栏，具体参数设置如图10-28所示，制作好的材质球效果如图10-29所示，地毯材质的效果如图10-30所示。

设置步骤

① 在"漫反射"贴图通道中加载学习资源中的"练习文件>第10章>练习10-2>材质>地毯.jpg"贴图文件。

② 将"漫反射"通道中的贴图拖曳到"凹凸"贴图通道上，设置凹凸的强度为50。

图10-28   图10-29

图10-30

10.2.3 壁纸材质

选择一个空白材质球，设置材质类型为VRayMtl材质，并将其命名为"壁纸"，然后在"漫反射"贴图通道中加载学习资源中的"练习文件>第10章>练习10-2>材质>壁纸.jpg"贴图文件，具体参数设置如图10-31所示，制作好的材质球效果如图10-32所示，壁纸材质的效果如图10-33所示。

图10-31

图10-32

图10-33

10.2.4 床单材质

选择一个空白材质球，设置材质类型为"标准"材质，并将其命名为"床单"，具体参数设置如图10-34所示，制作好的材质球效果如图10-35所示，床单材质的效果如图10-36所示。

设置步骤

① 展开"明暗器基本参数"卷展栏，设置明暗器类型为（O）Oren-Nayar-Blinn。

② 展开"Oren-Nayar-Blinn基本参数"卷展栏，设置"漫反射"颜色为（红:144，绿:110，蓝:65），在"自发光"选项组下勾选"颜色"选项，然后在其贴图通道中加载"遮罩"程序贴图。

③ 展开"遮罩参数"卷展栏，在"贴图"通道中加载"衰减"程序贴图，然后在"衰减参数"卷展栏下设置"侧"通道的颜色为（红:190，绿:190，蓝:190），设置"衰减类型"为Fresnel；在"遮罩"贴图通道中加载"衰减"程序贴图，在"衰减参数"卷展栏下设置"侧"通道的颜色为（红:191，绿:191，蓝:191），设置"衰减类型"为"阴影/灯光"。

④ 返回到"Oren-Nayar-Blinn基本参数"卷展栏，设置"高光级别"和"光泽度"为100。

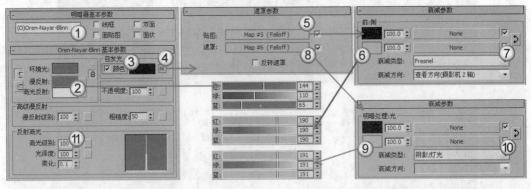
图10-34

图10-35

图10-36

10.2.5 窗帘材质

选择一个空白材质球，设置材质类型为"混合"材质，并将其命名为"窗帘"，然后展开"混合基本参数"卷展栏，具体参数设置如图10-37所示，制作好的材质球效果如图10-38所示，窗帘材质的效果如图10-39所示。

设置步骤

① 在"材质1"通道中加载一个VRayMtl材质，设置"漫反射"颜色为（红:98，绿:64，蓝:42）。

② 在"材质2"通道中加载一个VRayMtl材质，设置"漫反射"颜色为（红:164，绿:102，蓝:35），设置"反射"颜色为（红:162，绿:170，蓝:75），设置"高光光泽度"为0.82，"反射光泽度"为0.82，"细分"为15。

③ 在"遮罩"贴图通道中加载学习资源中的"练习文件>第10章>练习10-2>材质>窗帘遮罩.jpg"贴图文件。

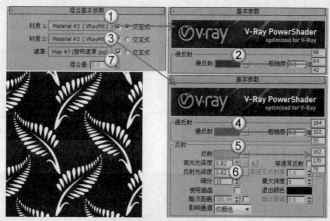

图10-37

图10-38

图10-39

10.2.6 灯罩材质

选择一个空白材质球，设置材质类型为VRayMtl材质，并将其命名为"灯罩"，具体参数设置如图10-40所示，制作好的材质球效果如图10-41所示，灯罩材质的效果如图10-42所示。

设置步骤

① 设置"漫反射"颜色为（红:67，绿:26，蓝:10）。

② 设置"反射"颜色为（红:22，绿:22，蓝:22），设置"高光光泽度"和"反射光泽度"为0.65。

③ 在"折射"贴图通道中加载"混合"程序贴图。

④ 展开"混合参数"卷展栏，在"颜色#1"贴图通道中加载"衰减"程序贴图，在"衰减参数"卷展栏下设置"侧"通道的颜色为黑色，然后在"混合曲线"卷展栏下调节好曲线的形状；在"颜色#2"贴图通道中加载"衰减"程序贴图，在"衰减参数"卷展栏下设置"侧"通道的颜色为（红:101，绿:101，蓝:101），然后在"混合曲线"卷展栏下调节好曲线的形状；在"混合量"贴图通道中加载学习资源中的"练习文件>第10章>练习10-2>材质>台灯灯罩.jpg"贴图文件。

⑤ 返回到VRayMtl材质的"基本参数"卷展栏，勾选"影响阴影"选项。

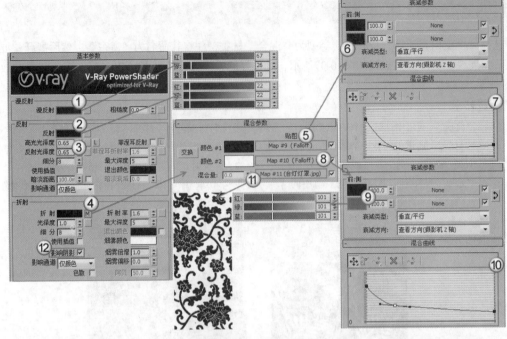

图10-40

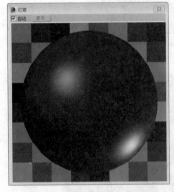

图10-41

图10-42

技术专题：调节混合曲线

在默认情况下，混合曲线是对角直线，是最平滑的，如图10-43所示。下面介绍调节曲线的方法。

1.移动点

移动点的工具包含3种，即 、 和 ，这3个工具的名称都称为"移动"工具。

移动 ：使用"移动"工具 可以移动角点、Bezier角点和Bezier平滑角点，如图10-44~图10-46所示。另外，使用该工具还可以对Bezier角点的控制柄在任意方向上进行调节，如图10-47所示。

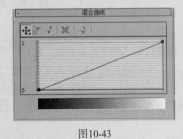

图10-43

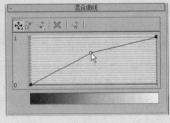

图10-44

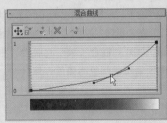

图10-45

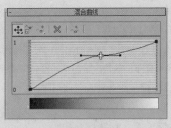
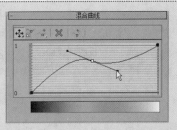

图10-46　　　　　　　　　　　　　图10-47

移动：使用"移动"工具只能在水平方向上移动角点以及在水平方向上移动Bezier角点和Bezier平滑角点的控制柄，如图10-48和图10-49所示。

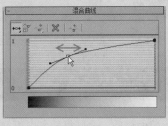
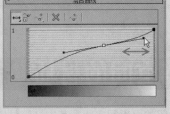

图10-48　　　　　　　　　　　　　图10-49

移动：使用"移动"工具只能在垂直方向上移动角点以及在垂直方向移动Bezier角点和Bezier平滑角点的控制柄，如图10-50和图10-51所示。

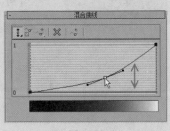
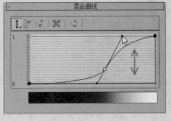

图10-50　　　　　　　　　　　　　图10-51

2.缩放点

使用"缩放点"工具可以在保持角点相对位置的同时改变它们的输出量。对于Bezier角点，这种控制与垂直移动一样有效；对于Bezier平滑角点，可以缩放该点本身或任意的控制柄。

3.添加点

添加点的工具包含两种，分别是和，这两个工具都被称为"添加点"工具。

添加点：使用"添加点"工具可以在混合曲线上的任意位置添加一个角点（该角点的角是一个锐角），如图10-52所示。

添加点：使用"添加点"工具可以在混合曲线上的任意位置添加一个Bezier角点，如图10-53所示。

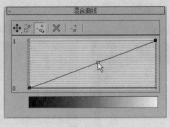
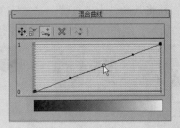

图10-52　　　　　　　　　　　　　图10-53

4.删除点

选择一个角点以后，单击"删除点"按钮可以删除该角点。

5.重置曲线

单击"重置曲线"按钮，可以将任何形状的曲线重置为初始形状的对角直线。

了解了编辑混合曲线的工具以后，这里再说明一点，在实际工作中为了节省时间，一般都使用右键菜单来切换角点的类型。选择一个角度，然后单击鼠标右键，在弹出的菜单中即可选择不同的角度类型，如图10-54所示。

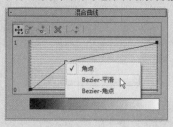

图10-54

10.3 浴室空间的材质

本例是一个全封闭的卫生间空间，其中灯管材质、墙面材质、金属材质、白漆材质和白瓷材质的制作方法是本例的学习要点，浴室效果如图10-55所示，材质分布如图10-56所示。

图10-55

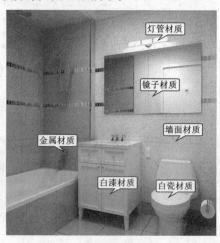

图10-56

10.3.1 灯管材质

打开学习资源中的"练习文件>第10章>10-3.max"文件，选择一个空白材质球，设置材质类型为"VRay灯光材质"，并将其命名为"灯管"，然后在"参数"卷展栏下设置"颜色"的发光强度为1，具体参数设置如图10-57所示，制作好的材质球效果如图10-58所示，灯管材质的效果如图10-59所示。

图10-57

图10-58

图10-59

10.3.2 镜子材质

选择一个空白材质球，设置材质类型为VRayMtl材质，并将其命名为"镜子"，具体参数设置如图10-60所示，制作好的材质球效果如图10-61所示，镜子材质的效果如图10-62所示。

设置步骤

① 设置"漫反射"颜色为黑色。

② 设置"反射"颜色为（红:247，绿:255，蓝:253），设置"细分"为12。

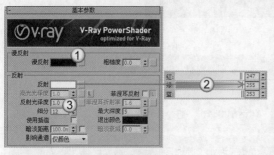

图10-60   图10-61   图10-62

10.3.3 墙面材质

选择一个空白材质球，设置材质类型为VRayMtl材质，并将其命名为"墙面"，具体参数设置如图10-63所示，制作好的材质球效果如图10-64所示，墙面材质的效果如图10-65所示。

设置步骤

① 在"漫反射"贴图通道中加载学习资源中的"练习文件>第10章>练习10-3>练习>墙面贴砖.jpg"贴图文件，在"坐标"卷展栏下设置"模糊"为0.1。

② 在"反射"贴图通道中加载"衰减"程序贴图，在"衰减参数"卷展栏下设置"衰减类型"为Fresnel，设置"高光光泽度"为0.8，然后在其贴图通道中加载学习资源中的"练习文件>第10章>练习10-3>练习>贴砖黑白.jpg"贴图文件，设置"反射光泽度"为0.9，"细分"为15。

③ 展开"贴图"卷展栏，设置"高光光泽度"为50，然后将该通道中的贴图拖曳到"凹凸"贴图通道上，设置凹凸的强度为-100。

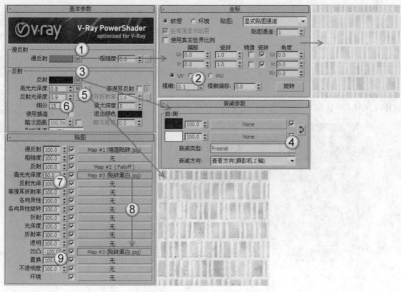

图10-63

411

图10-64　　　　　　　　　　　　　图10-65

技术专题：在视图中显示材质贴图

有时为了观察材质效果，需要在视图中进行查看，下面以一个技术专题来介绍下如何在视图中显示出材质贴图效果。

第1步：制作好材质以后选择相对应的模型，在"材质编辑器"对话框中单击"将材质指定给选定对象"按钮 ，效果如图10-66所示。从图中可以发现没有显示出贴图效果。

第2步：单击"漫反射"贴图通道，切换到位图设置面板，在该面板中有一个"视口中显示明暗处理材质"按钮 ，激活该按钮就可以在视图中显示出材质贴图效果，如图10-67和图10-68所示。

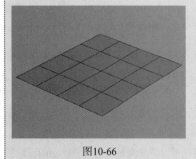
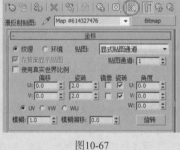

图10-66　　　　　　　　　　　图10-67　　　　　　　　　　　图10-68

10.3.4 金属材质

选择一个空白材质球，设置材质类型为VRayMtl材质，并将其命名为"金属"，具体参数设置如图10-69所示，制作好的材质球效果如图10-70所示，金属材质的效果如图10-71所示。

设置步骤

① 设置"漫反射"颜色为黑色。

② 设置"反射"颜色为（红:174，绿:179，蓝:185），设置"高光光泽度"为0.85，"反射光泽度"为0.97，"细分"为15。

③ 展开"BRDF-双向反射分布功能"卷展栏，设置"各向异性（-1..1）"为0.5、"旋转"为30。

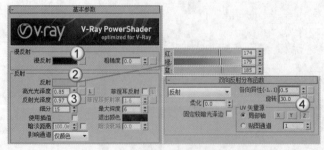

图10-69

图10-70 　　　　　　　　　　　　　图10-71

10.3.5　白漆材质

选择一个空白材质球，设置材质类型为VRayMtl材质，并将其命名为"白漆"，具体参数设置如图10-72所示，制作好的材质球效果如图10-73所示，白漆材质的效果如图10-74所示。

设置步骤

① 设置"漫反射"颜色为（红:250，绿:250，蓝:250）。

② 在"反射"贴图通道中加载"衰减"程序贴图，在"衰减参数"卷展栏下设置"衰减类型"为Fresnel，设置"高光光泽度"为0.85，"反射光泽度"为0.9，"细分"为12。

③ 展开"贴图"卷展栏，在"环境"贴图通道中加载"输出"程序贴图，然后在"输出"卷展栏下设置"输出量"为3。

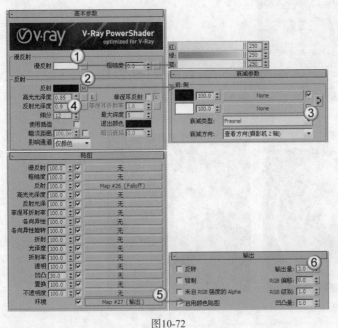

图10-72

图10-73

图10-74

提示

使用"输出"程序贴图可以将输出设置应用于没有这些设置的程序贴图，也就是说该程序贴图专门用于弥补没有输出设置的程序贴图，如"棋盘格"或"大理石"程序贴图。

10.3.6 白瓷材质

选择一个空白材质球，设置材质类型为VRayMtl材质，并将其命名为"白瓷"，具体参数设置如图10-75所示，制作好的材质球效果如图10-76所示，白瓷材质的效果如图10-77所示。

设置步骤

① 设置"漫反射"颜色为（红:250，绿:250，蓝:250）。

② 在"反射"贴图通道中加载"衰减"程序贴图，在"衰减参数"卷展栏下设置"衰减类型"为Fresnel，设置"高光光泽度"为0.9，"反射光泽度"为0.95，"细分"为12。

③ 展开"贴图"卷展栏，在"环境"贴图通道中加载"输出"程序贴图，然后在"输出"卷展栏下设置"输出量"为2。

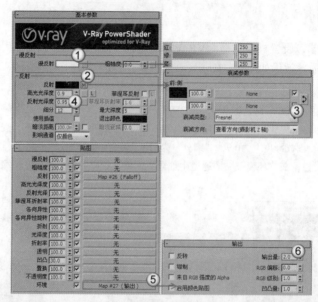

图10-75

图10-76

图10-77

第 **11** 章

灯光技术

　　本章将介绍3ds Max的灯光系统。在3ds Max中可以模拟现实生活中的灯光，从居家到办公室的所有灯光都能模拟，甚至太阳光都可以模拟。不同种类的灯光对象用不同的方式投影灯光，也就形成了3ds Max中多种类型的灯光。在效果图制作中，常用的灯光包括目标灯光、目标平行光、聚光灯、VRay灯光和VRay太阳，尤其是VRay灯光，是制作效果图的必备灯光。

※ 掌握3ds Max常用灯光的参数

※ 掌握VRay灯光、VRay太阳的使用方法和技巧

※ 掌握目标灯光的使用方法

※ 掌握效果图中灯光的设置方法

11.1　3ds Max中的灯光

利用3ds Max中的灯光可以模拟出真实的"照片级"画面，图11-1和图11-2所示是两张利用3ds Max制作的室内外效果图。

图11-1　　　　　　　　　　　　　　　　　图11-2

在"创建"面板中单击"灯光"按钮，在其下拉列表中可以选择灯光的类型。3ds Max 2016包含3种灯光类型，分别是"光度学"灯光、"标准"灯光和VRay光源，如图11-3~图11-5所示。

> **提示**
>
> 如果没有安装VRay渲染器，系统默认的只有"光度学"灯光和"标准"灯光。

图11-3　　　　　　图11-4　　　　　　图11-5

11.2　VRay光源

安装好VRay渲染器后，在"灯光"创建面板中就可以选择VRay。VRay包含4种类型，分别是"VR-灯光""VRayIES""VR-环境灯光"和"VR-太阳"，如图11-6所示。

> **提示**
>
> 本节将着重讲解VRay灯光、VRay太阳及VRay天空照明系统，另外两种灯光在实际工作中一般都不会用到。

图11-6

11.2.1　VRay灯光

功能介绍

VRay灯光主要用来模拟室内灯光，是实际工作中使用频率最高的一种灯光，其参数设置面板如图11-7所示。

参数详解

（1）常规选项组

❖　开：控制是否开启VRay灯光。

❖ 排除 排除 ：用来排除灯光对物体的影响。

❖ 类型：设置VRay灯光的类型，共有"平面""穹顶""球体"和"网格"4种类型，如图11-8所示。

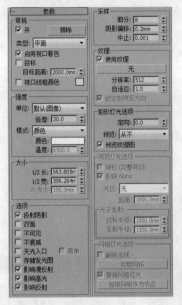

图11-7   图11-8

◇ 平面：将VRay灯光设置成平面形状。

◇ 穹顶：将VRay灯光设置成边界盒形状。

◇ 球体：将VRay灯光设置成穹顶状，类似于3ds Max的天光，光线来自于位于灯光z轴的半球体状圆顶。

◇ 网格：这种灯光是一种以网格为基础的灯光。

提示

"平面""穹顶""球体"和"网格"灯光的形状各不相同，因此它们可以运用在不同的场景中，如图11-9所示。

平面   穹顶   球体   网格

图11-9

（2）强度选项组

❖ 单位：指定VRay灯光的发光单位，共有"默认（图像）""发光率（lm）""亮度（lm/m²/sr）""辐射率（W）"和"辐射（W/m²/sr）"5种。

◇ 默认（图像）：VRay默认单位，依靠灯光的颜色和亮度来控制灯光的最后强弱，如果忽略曝光类型等因素，灯光色彩将是物体表面受光的最终色彩。

◇ 发光率（lm）：当选择这个单位时，灯光的亮度将和灯光的大小无关（100W的亮度大约等于1500LM）。

◇ 亮度（lm/m²/sr）：当选择这个单位时，灯光的亮度和它的大小有关系。

◇ 辐射率（W）：当选择这个单位时，灯光的亮度和灯光的大小无关。注意，这里的瓦特和物理上的瓦特不一样，例如，这里的100W大约等于物理上的2~3瓦特。

◇ 辐射量（W/m²/sr）：当选择这个单位时，灯光的亮度和它的大小有关系。

❖ 倍增：设置VRay灯光的强度。

❖ 模式：设置VRay灯光的颜色模式，共有"颜色"和"色温"两种。

❖ 颜色：指定灯光的颜色。

❖ 温度：以温度模式来设置VRay灯光的颜色。

（3）大小选项组

❖ 1/2长：设置灯光的长度。

❖ 1/2宽：设置灯光的宽度。

❖ W大小：当前这个参数还没有被激活（即不能使用）。另外，这3个参数会随着VRay灯光类型的改变而发生变化。

（4）选项选项组

❖ 投射阴影：控制是否对物体的光照产生阴影。

❖ 双面：用来控制是否让灯光的双面都产生照明效果（当灯光类型设置为"平面"时有效，其他灯光类型无效），图11-10和图11-11所示分别是开启与关闭该选项时的灯光效果。

图11-10　　　　　　　　　　　图11-11

❖ 不可见：这个选项用来控制最终渲染时是否显示VRay灯光的形状，图11-12和图11-13所示分别是关闭与开启该选项时的灯光效果。

图11-12　　　　　　　　　　　图11-13

❖ 不衰减：在物理世界中，所有的光线都是有衰减的。如果勾选这个选项，VRay将不计算灯光的衰减效果，图11-14和图11-15所示分别是关闭与开启该选项时的灯光效果。

图11-14　　　　　　　　　　　图11-15

提示

在真实世界中，光线亮度会随着距离的增大而不断变暗，也就是说远离灯光的物体的表面会比靠近灯光的物体表面更暗。

- ❖ 天光入口：这个选项是把VRay灯光转换为天光，这时的VRay灯光就变成了"间接照明（GI）"，失去了直接照明。当勾选这个选项时，"投射影阴影""双面"和"不可见"等参数将不可用，这些参数将被VRay的天光参数所取代。
- ❖ 存储发光图：勾选这个选项，同时将"间接照明（GI）"里的"首次反弹"引擎设置为"发光图"时，VRay灯光的光照信息将保存在"发光图"中。在渲染光子的时候将变得更慢，但是在渲染出图时，渲染速度会提高很多。当渲染完光子后，可以关闭或删除这个VRay灯光，它对最后的渲染效果没有影响，因为它的光照信息已经保存在了"发光贴"中。
- ❖ 影响漫反射：该选项决定灯光是否影响物体材质属性的漫反射。
- ❖ 影响高光：该选项决定灯光是否影响物体材质属性的高光。
- ❖ 影响反射：勾选该选项时，灯光将对物体的反射区进行光照，物体可以将灯光进行反射。

（5）采样选项组

- ❖ 细分：这个参数控制VRay灯光的采样细分。当设置比较低的值时，会增加阴影区域的杂点，但是渲染速度比较快，如图11-16所示；当设置比较高的值时，会减少阴影区域的杂点，但是会减慢渲染速度，如图11-17所示。

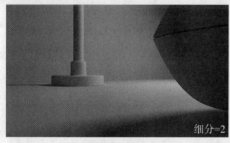

图11-16   图11-17

- ❖ 阴影偏移：这个参数用来控制物体与阴影的偏移距离，较高的值会使阴影向灯光的方向偏移。
- ❖ 中止：设置采样的最小阈值，小于这个数值采样将结束。

（6）纹理选项组

- ❖ 使用纹理：控制是否用纹理贴图作为半球灯光。
- ❖ 无 ▮▮▮▮无▮▮▮▮ ：选择纹理贴图。
- ❖ 分辨率：设置纹理贴图的分辨率，最高为2048。
- ❖ 自适应：设置数值后，系统会自动调节纹理贴图的分辨率。

【练习11-1】用VRay灯光制作工业产品灯光

工业产品灯光场景效果如图11-18所示。

图11-18

01 打开学习资源中的"练习文件>第11章>11-1.max"文件，如图11-19所示。

02 在"创建"面板中单击"灯光"按钮 ，设置灯光类型为VRay，然后单击"VRay灯光"按钮 VR灯光 ，在左视图中创建一盏VRay灯光，其位置如图11-20所示。

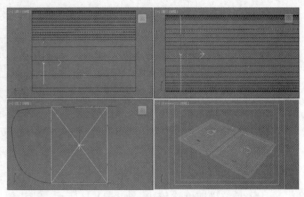

图11-19　　　　　　　　　　　　　　　　　　　　图11-20

03 选择上一步创建的VRay灯光，进入"修改"面板，展开"参数"卷展栏，具体参数设置如图11-21所示。

设置步骤

① 在"常规"选项组下设置"类型"为"平面"。

② 在"强度"选项组下设置"倍增"为10，设置"颜色"为（红:255，绿:251，蓝:243）。

③ 在"大小"选项组下设置"1/2长"为2.45m，"1/2宽"为3.229m。

④ 在"选项"选项组下勾选"不可见"选项。

⑤ 在"采样"选项组下设置"细分"为25。

04 继续在左视图中创建一盏VRay灯光，其位置如图11-22所示。

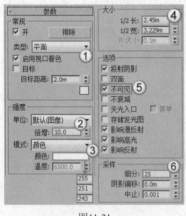

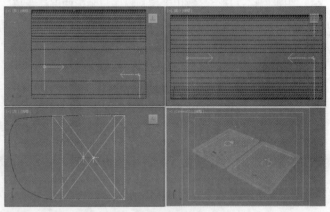

图11-21　　　　　　　　　　　　　　　　　　　　图11-22

05 选择上一步创建的VRay灯光，进入"修改"面板，展开"参数"卷展栏，具体参数设置如图11-23所示。

设置步骤

① 在"常规"选项组下设置"类型"为"平面"。

② 在"强度"选项组下设置"倍增"为8，设置"颜色"为（红:226，绿:234，蓝:235）。

③ 在"大小"选项组下设置"1/2长"为2.45m，"1/2宽"为3.229m。

④ 在"选项"选项组下勾选"不可见"选项。

⑤ 在"采样"选项组下设置"细分"为25。

06 在顶视图中创建一盏VRay灯光，其位置如图11-24所示。

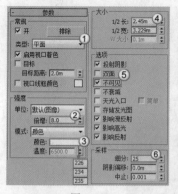
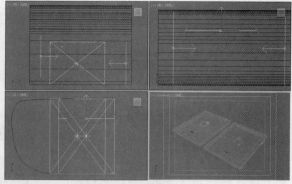

图11-23   图11-24

提示

让VRay灯光朝上照射，可以使光照效果更加柔和，同时在补光时可以避免曝光现象（当反光板使用）。

---

07 选择上一步创建的VRay灯光，进入"修改"面板，展开"参数"卷展栏，具体参数设置如图11-25所示。

设置步骤

① 在"常规"选项组下设置"类型"为"平面"。

② 在"强度"选项组下设置"倍增"为10，设置"颜色"为（红:255，绿:255，蓝:255）。

③ 在"大小"选项组下设置"1/2长"为2.45m，"1/2宽"为3.229m。

④ 在"选项"选项组下勾选"不可见"选项。

⑤ 在"采样"选项组下设置"细分"为25。

08 按F9键渲染当前场景，最终效果如图11-26所示。

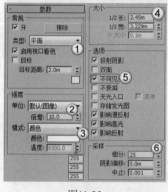

图11-25   图11-26

技术专题：三点照明

本例是一个很典型的三点照明实例，左侧的是主光源，右侧的是辅助光源，顶部的是反光板，如图11-27所示。这种布光方法很容易表现物体的细节，适合用于工业产品的布光。

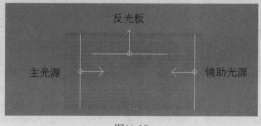

图11-27

【练习11-2】用VRay灯光制作台灯照明

台灯照明效果如图11-28所示。

图11-28

01 打开学习资源中的"练习文件>第11章>11-2.max"文件，如图11-29所示。

02 设置灯光类型为VRay，在顶视图中创建一盏VRay灯光（放在最大的灯罩内），其位置如图11-30所示。

图11-29

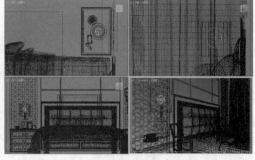

图11-30

03 选择上一步创建的VRay灯光，进入"修改"面板，展开"参数"卷展栏，具体参数设置如图11-31所示。

设置步骤

① 在"常规"选项组下设置"类型"为"球体"。

② 在"强度"选项组下设置"倍增"为200，设置"颜色"为（红:255，绿:174，蓝:70）。

③ 在"大小"选项组下设置"半径"为50mm。

④ 在"选项"选项组下勾选"不可见"选项。

⑤ 在"采样"选项组下设置"细分"为15。

04 将创建的VRay灯光，以"实例"的形式复制到另一个灯罩内，其位置如图11-32所示。

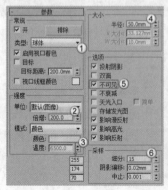

图11-31

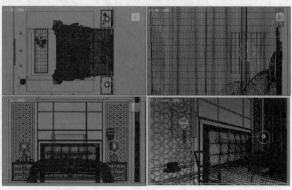

图11-32

05 设置灯光类型为VRay，在窗外创建一盏VRay灯光，其位置如图11-33所示。

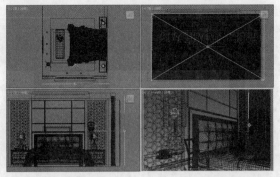

图11-33

06 选择上一步创建的VRay灯光，进入"修改"面板，展开"参数"卷展栏，具体参数设置如图11-34所示。

设置步骤

① 在"常规"选项组下设置"类型"为"平面"。

② 在"强度"选项组下设置"倍增"为5，设置"颜色"为（红:32，绿:105，蓝:255）。

③ 在"大小"选项组下设置"1/2长"为2238.05mm，"1/2宽"为1283.588mm。

④ 在"采样"选项组下设置"细分"为15。

07 按F9键渲染当前场景，最终效果如图11-35所示。

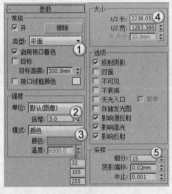

图11-34

图11-35

【练习11-3】用VRay灯光制作落地灯

落地灯照明效果如图11-36所示。

图11-36

01 打开学习资源中的"练习文件>第11章>11-3.max"文件，如图11-37所示。

02 创建环境光。设置灯光类型为VRay，在视图左侧创建一盏VRay灯光，其位置如图11-38所示。

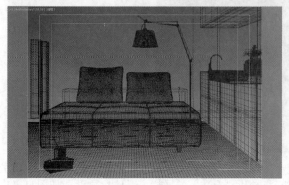

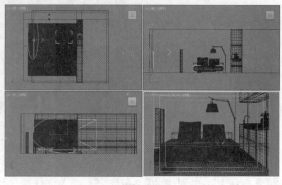

图11-37

图11-38

03 选择上一步创建的VRay灯光，进入"修改"面板，展开"参数"卷展栏，具体参数设置如图11-39所示。

设置步骤

① 在"常规"选项组下设置"类型"为"平面"。

② 在"强度"选项组下设置"倍增"为150，设置"颜色"为（红:11，绿:20，蓝:58）。

③ 在"大小"选项组下设置"1/2长"为233.771cm，"1/2宽"为119.287cm。

④ 在"选项"选项组下勾选"不可见"选项。

⑤ 在"采样"选项组下设置"细分"为8。

04 设置灯光类型为VRay，在视图右侧创建一盏VRay灯光，其位置如图11-40所示。

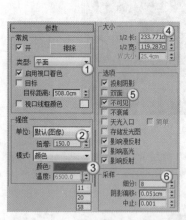

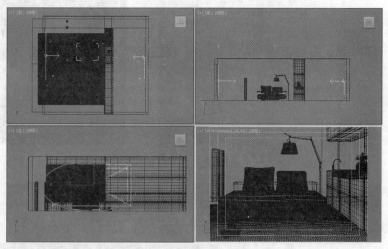

图11-39

图11-40

05 选择上一步创建的VRay灯光，进入"修改"面板，展开"参数"卷展栏，具体参数设置如图11-41所示。

设置步骤

① 在"常规"选项组下设置"类型"为"平面"。

② 在"强度"选项组下设置"倍增"为100，设置"颜色"为（红:6，绿:11，蓝:25）。

③ 在"大小"选项组下设置"1/2长"为200cm，"1/2宽"为100cm。

④ 在"选项"选项组下勾选"不可见"选项。

⑤ 在"采样"选项组下设置"细分"为8。

06 创建落地灯。在顶视图中创建一盏VRay灯光（放在台灯的灯罩内），其位置如图11-42所示。

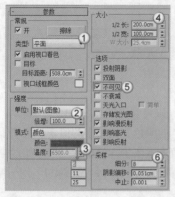
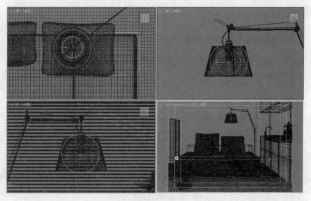

图11-41　　　　　　　　　　　　　　图11-42

07 选择上一步创建的VRay灯光，进入"修改"面板，展开"参数"卷展栏，具体参数设置如图11-43所示。

设置步骤

① 在"常规"选项组下设置"类型"为"球体"。

② 在"强度"选项组下设置"倍增"为1500，设置"颜色"为（红:218，绿:128，蓝:56）。

③ 在"大小"选项组下设置"半径"为11.323cm。

④ 在"选项"选项组下勾选"不可见"选项。

⑤ 在"采样"选项组下设置"细分"为8。

08 按F9键测试渲染当前场景，效果如图11-44所示。

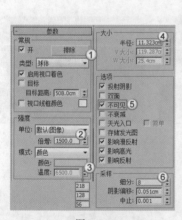

图11-43　　　　　　　　　　　　　　图11-44

11.2.2　VRay太阳

功能介绍

VRay太阳主要用来模拟真实的室外太阳光。VRay太阳的参数比较简单，只包含一个"VRay太阳参数"卷展栏，如图11-45所示。

图11-45

参数详解

❖ **启用**：阳光开关。

❖ **不可见**：开启该选项后，在渲染的图像中将不会出现太阳的形状。

❖ **影响漫反射**：该选项决定灯光是否影响物体材质属性的漫反射。

❖ **影响高光**：该选项决定灯光是否影响物体材质属性的高光。

❖ **投射大气阴影**：开启该选项以后，可以投射大气的阴影，以得到更加真实的阳光效果。

❖ **浊度**：控制空气的混浊度，它影响VRay太阳和VRay天空的颜色。比较小的值表示晴朗干净的空气，此时VRay太阳和VRay天空的颜色比较蓝；较大的值表示灰尘含量重的空气（如沙尘暴），此时VRay太阳和VRay天空的颜色呈现为黄色，甚至橘黄色，图11-46~图11-49所示分别是"浊度"值为2、3、5和10时的阳光效果。

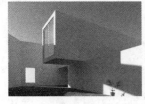   

图11-46　　　　　　　图11-47　　　　　　　图11-48　　　　　　　图11-49

> **提示**
>
> 当阳光穿过大气层时，一部分冷光被空气中的浮尘吸收，照射到大地上的光就会变暖。

❖ **臭氧**：指空气中臭氧的含量，较小的值的阳光比较黄，较大的值的阳光比较蓝，图11-50~图11-52所示分别是"臭氧"值为0、0.5和1时的阳光效果。

  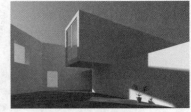

图11-50　　　　　　　　　　图11-51　　　　　　　　　　图11-52

❖ **强度倍增**：指阳光的亮度，默认值为1。

> **提示**
>
> "浊度"和"强度倍增"是相互影响的，因为当空气中的浮尘多的时候，阳光的强度就会降低。"大小倍增"和"阴影细分"也是相互影响的，这主要是因为影子虚边越大，所需的细分就越多，也就是说"大小倍增"值变大，"阴影细分"的值就要适当增大，因为当影子为虚边阴影（面阴影）的时候，就需要一定的细分值来增加阴影的采样，不然就会有很多杂点。

❖ **大小倍增**：指太阳的大小，它的作用主要表现在阴影的模糊程度上，较大的值可以使阳光阴影比较模糊。

❖ **过滤颜色**：用于自定义太阳光的颜色。

❖ **阴影细分**：指阴影的细分，较大的值可以使模糊区域的阴影产生比较光滑的效果，并且没有杂点。

❖ **阴影偏移**：用来控制物体与阴影的偏移距离，较高的值会使阴影向灯光的方向偏移。

❖ **光子发射半径**：和"光子贴图"计算引擎有关。

❖ **天空模型**：选择天空的模型，可以选晴天，也可以选阴天。

❖ **间接水平照明**：该参数目前不可用。

❖ **排除**[　　排除...　　]：将物体排除于阳光照射范围之外。

11.2.3 VRay天空

功能介绍

VRay天空是VRay灯光系统中的一个非常重要的照明系统。VRay没有真正的天光引擎，只能用环境光来代替，图11-53所示是在"环境贴图"通道中加载了一张"VRay天空"环境贴图，这样就可以得到VRay的天光，使用鼠标左键将"VRay天空"环境贴图拖曳到一个空白的材质球上就可以调节VRay天空的相关参数。

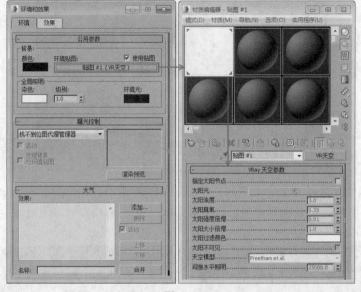

图11-53

参数详解

❖ 指定太阳节点：当关闭该选项时，VRay天空的参数将从场景中的VRay太阳的参数里自动匹配；当勾选该选项时，用户就可以从场景中选择不同的灯光，在这种情况下，VRay太阳将不再控制VRay天空的效果，VRay天空将用它自身的参数来改变天光的效果。

❖ 太阳光：单击该选项后面的"无"按钮 无 可以选择太阳灯光，除了可以选择VRay太阳之外，还可以选择其他的灯光。

❖ 太阳浊度：与"VRay太阳参数"卷展栏下的"浊度"选项的含义相同。

❖ 太阳臭氧：与"VRay太阳参数"卷展栏下的"臭氧"选项的含义相同。

❖ 太阳强度倍增：与"VRay太阳参数"卷展栏下的"强度倍增"选项的含义相同。

❖ 太阳大小倍增：与"VRay太阳参数"卷展栏下的"大小倍增"选项的含义相同。

❖ 太阳过滤颜色：与"VRay太阳参数"卷展栏下的"过滤颜色"选项的含义相同。

❖ 太阳不可见：与"VRay太阳参数"卷展栏下的"不可见"选项的含义相同。

❖ 天空模型：与"VRay太阳参数"卷展栏下的"天空模型"选项的含义相同。

❖ 间接水平照明：该参数目前不可用。

提示

VRay天空是VRay系统中一个程序贴图，主要用作环境贴图或作为天光来照亮场景。在创建VRay太阳时，3ds Max会弹出图11-54所示的对话框，提示是否将"VRay天空"环境贴图自动加载到环境中。

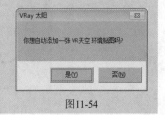

图11-54

【练习11-4】用VRay太阳制作阳光休息室

阳光休息室效果如图11-55所示。

图11-55

01 打开学习资源中的"练习文件>第11章>11-4.max"文件，如图11-56所示。

02 设置灯光类型为VRay，在前视图中创建一盏VRay太阳，然后在弹出的对话框中单击"是"按钮
，其位置如图11-57所示。

图11-56

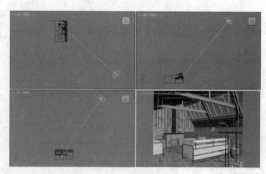

图11-57

03 选择上一步创建的VRay太阳，在"VRay太阳参数"卷展栏下设置"浊度"为4，"强度倍增"为0.12，"阴影细分"为8，"阴影偏移"为0.508cm，"光子发射半径"为127cm，具体参数设置如图11-58所示。

04 按C键切换到摄影机视图，按F9键渲染当前场景，最终效果如图11-59所示。

图11-58

图11-59

技术专题：在Photoshop中制作光晕特效

在3ds Max中制作光晕特效比较麻烦，而且比较耗费渲染时间，因此可以在渲染完成后在Photoshop中制作光晕。光晕的制作方法如下。

第1步：启动Photoshop，然后打开前面渲染好的图像，如图11-60所示。

第2步：按Shift+Ctrl+N组合键新建一个"图层1"，设置前景色为黑色，接着按Alt+Delete组合键用前景色填充"图层1"，如图11-61所示。

图11-60

图11-61

第3步：执行"滤镜>渲染>镜头光晕"菜单命令，如图11-62所示，在弹出的"镜头光晕"对话框中将光晕中心拖曳到右上角，如图11-63所示，效果如图11-64所示。

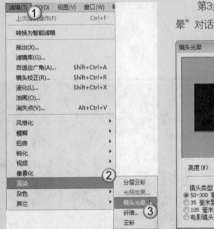

图11-62

图11-63

图11-64

第4步：在"图层"面板中将"图层1"的"混合模式"调整为"滤色"模式，如图11-65所示。

第5步：为了增强光晕效果，可以按Ctrl+J组合键复制一些光晕，如图11-66所示，效果如图11-67所示。

图11-65

图11-66

图11-67

【练习11-5】用VRay太阳制作体育场日光

体育场日光效果如图11-68所示。

01 打开学习资源中的"练习文件>第11章>11-5.max"文件，如图11-69所示。

图11-68   图11-69

02 设置灯光类型为VRay，在前视图中创建一盏VRay太阳（需要在弹出的提示对话框中单击"是"按钮
是(Y)，以加载"VRay天空"环境贴图），其位置如图11-70所示。

03 选择上一步创建的VRay太阳，在"VRay太阳参数"卷展栏下设置"强度倍增"为0.03，"大小倍
增"为3，"阴影细分"为25，具体参数设置如图11-71所示。

04 按F9键渲染当前场景，最终效果如图11-72所示。

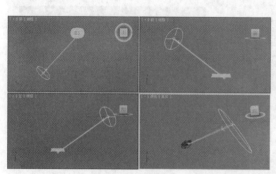

图11-70   图11-71   图11-72

技术专题：用Photoshop合成天空

从渲染效果中可以观察到，体育场的整体效果还是不错的，只是天空部分太过灰暗。遇到这种情况可以直接在
Photoshop中进行调整。

第1步：在Photoshop中打开
渲染好的图像，然后按Ctrl+J组合
键将"背景"图层复制一层，如
图11-73所示。

第2步：在"工具箱"中选择
"魔棒工具" ，然后选择天空
区域，如图11-74所示。

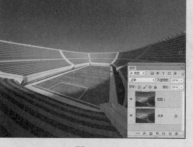

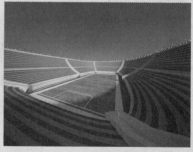

图11-73   图11-74

第3步：按Ctrl+M组合键打开"曲线"对话框，分别对RGB通道、"绿"通道和"蓝"通道进行调节，如图11-75~图11-77所示，调节完成后按Ctrl+D组合键取消选区，效果如图11-78所示。

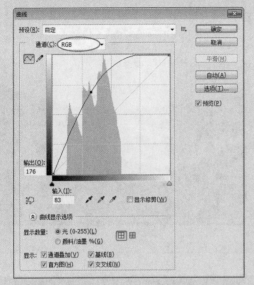

图11-75

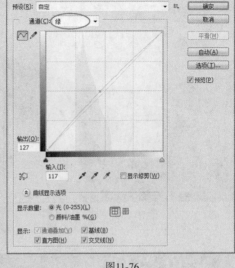

图11-76

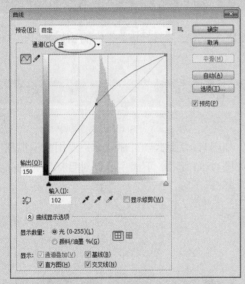

图11-77

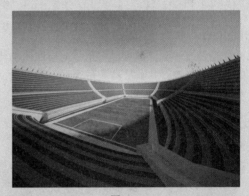

图11-78

第4步：按Shift+Ctrl+N组合键新建"图层2"，采用上一个技术专题的方法制作一个光晕特效，完成后的效果如图11-79所示。

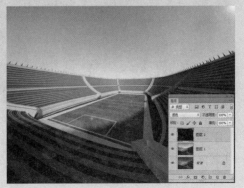

图11-79

第5步：新建"图层3"，设置前景色为白色，然后在"工具箱"中选择"画笔工具" ✎，在画面的右上角绘制一个白色光晕，如图11-80所示。

第6步：寻找一些天空云朵素材，将其合成到天空中，最终效果如图11-81所示。

图11-80

图11-81

11.3 光度学灯光

"光度学"灯光是3ds Max默认的灯光，共有3种类型，分别是"目标灯光""自由灯光"和"mr天空入口"。下面只介绍常用的"目标灯光"和"自由灯光"。

11.3.1 目标灯光

功能介绍

目标灯光带有一个目标点，用于指向被照明物体，如图11-82所示。目标灯光主要用来模拟现实中的筒灯、射灯和壁灯等，其默认参数包含10个卷展栏，如图11-83所示。下面主要针对目标灯光的一些常用卷展栏参数进行讲解。

1.常规参数卷展栏

展开"常规参数"卷展栏，如图11-84所示。

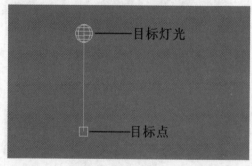

图11-82

图11-83

图11-84

参数详解

（1）灯光属性选项组

❖ 启用：控制是否开启灯光。

❖ 目标：启用该选项后，目标灯光才有目标点；如果禁用该选项，目标灯光没有目标点，将变成自由灯光，如图11-85所示。

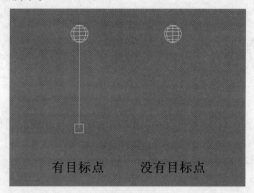

图11-85

提示

目标灯光的目标点并不是固定不可调节的，可以对它进行移动、旋转等操作。

❖ 目标距离：用来显示目标的距离。

（2）阴影选项组

❖ 启用：控制是否开启灯光的阴影效果。

❖ 使用全局设置：如果启用该选项，灯光投射的阴影将影响整个场景的阴影效果；如果关闭该选项，则必须选择渲染器使用哪种方式来生成特定的灯光阴影。

❖ 阴影类型列表：设置渲染器渲染场景时使用的阴影类型，包括"高级光线跟踪""mental ray阴影贴图""区域阴影""阴影贴图""光线跟踪阴影""VR-阴影"和"VR-阴影贴图"7种类型，如图11-86所示。

❖ 排除 排除… ：将选定的对象排除于灯光效果之外。单击该按钮可以打开"排除/包含"对话框，如图11-87所示。

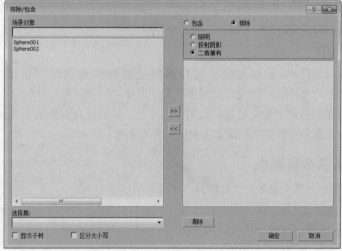

图11-86   图11-87

（3）灯光分布（类型）选项组

❖ 灯光分布类型列表：设置灯光的分布类型，包含"光度学Web""聚光灯""统一漫反射"和"统一球形"4种类型。

2.强度/颜色/衰减卷展栏

展开"强度/颜色/衰减"卷展栏，如图11-88所示。

参数详解

（1）颜色选项组

❖ 灯光：挑选公用灯光，以近似灯光的光谱特征。

❖ 开尔文：通过调整色温微调器来设置灯光的颜色。

❖ 过滤颜色：使用颜色过滤器来模拟置于灯光上的过滤色效果。

（2）强度选项组

❖ lm（流明）：测量整个灯光（光通量）的输出功率。100W的通用灯泡约有 1750 lm的光通量。

❖ cd（坎德拉）：用于测量灯光的最大发光强度，通常沿着瞄准发射。100W通用灯泡的发光强度约为139 cd。

❖ lx（lux）：测量由灯光引起的照度，该灯光以一定距离照射在曲面上，并面向灯光的方向。

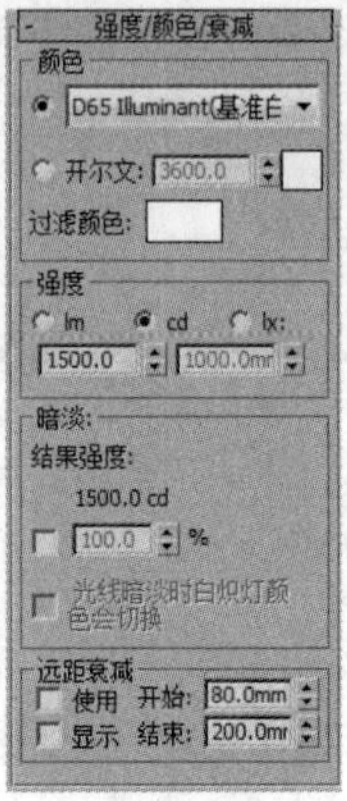

（3）暗淡选项组

❖ 结果强度：用于显示暗淡所产生的强度。

❖ 暗淡百分比：启用该选项后，该值会指定用于降低灯光强度的"倍增"。

❖ 光线暗淡时白炽灯颜色会切换：启用该选项之后，灯光可以在暗淡时通过产生更多的黄色来模拟白炽灯。

（4）远距衰减选项组

❖ 使用：启用灯光的远距衰减。

❖ 显示：在视口中显示远距衰减的范围设置。

❖ 开始：设置灯光开始淡出的距离。

❖ 结束：设置灯光减为0时的距离。

图11-88

3.图形/区域阴影卷展栏

展开"图形/区域阴影"卷展栏，如图11-89所示。

参数详解

❖ 从（图形）发射光线：选择阴影生成的图形类型，包括"点光源""线""矩形""圆形""球体"和"圆柱体"6种类型。

❖ 灯光图形在渲染中可见：启用该选项后，如果灯光对象位于视野之内，那么灯光图形在渲染中会显示为自供照明（发光）的图形。

图11-89

4.阴影参数卷展栏

展开"阴影参数"卷展栏，如图11-90所示。

参数详解

（1）对象阴影选项组

❖ 颜色：设置灯光阴影的颜色，默认为黑色。

❖ 密度：调整阴影的密度。

❖ 贴图：启用该选项，可以使用贴图来作为灯光的阴影。

❖ 无 无 ：单击该按钮可以选择贴图作为灯光的阴影。

❖ 灯光影响阴影颜色：启用该选项后，可以将灯光颜色与阴影颜色（如果阴影已设置贴图）进行混合。

（2）大气阴影选项组

❖ 启用：启用该选项后，大气效果就可以和灯光一样穿过物体投射阴影。

❖ 不透明度：调整大气阴影的不透明度百分比。

图11-90

❖ 颜色量：调整大气颜色与阴影颜色混合的量。

5.阴影贴图参数卷展栏

展开"阴影贴图参数"卷展栏，如图11-91所示。

图11-91

参数详解

❖ 偏移：将阴影移向或移离投射阴影的对象。

❖ 大小：设置用于计算灯光的阴影贴图的大小。

❖ 采样范围：决定阴影内平均有多少个区域。

❖ 绝对贴图偏移：启用该选项后，阴影贴图的偏移不是标准化的，但是该偏移在固定比例的基础上会以3ds Max为单位来表示。

❖ 双面阴影：启用该选项后，计算阴影时物体的背面也将产生阴影。

— 提示 —

注意，这个卷展栏的名称由"常规参数"卷展栏下的阴影类型来决定，不同的阴影类型具有不同的阴影卷展栏及不同的参数选项。

6.大气和效果卷展栏

展开"大气和效果"卷展栏，如图11-92所示。

图11-92

参数详解

❖ 添加 添加：单击该按钮可以打开"添加大气或效果"对话框，如图11-93所示。在该对话框可以将大气或渲染效果添加到灯光中。

❖ 删除 删除：添加大气或效果以后，在大气或效果列表中选择大气或效果，单击该按钮可以将其删除。

❖ 大气和效果列表：显示添加的大气或效果，如图11-94所示。

图11-93　　　　　　　　图11-94

❖ 设置 设置：在大气或效果列表中选择大气或效果以后，单击该按钮可以打开"环境和效果"对话框。在该对话框中可以对大气或效果参数进行更多的设置。

【练习11-6】用目标灯光制作墙壁射灯

墙壁射灯照明效果如图11-95所示。

图11-95

01 打开学习资源中的"练习文件>第11章>11-6.max"文件，如图11-96所示。

02 创建环境光。设置灯光类型为VRay，在左视图中创建一盏VRay灯光，其位置如图11-97所示。

图11-96　　　　　　　　　　　　　　　　　图11-97

03 选择上一步创建的VRay灯光，进入"修改"面板，展开"参数"卷展栏，具体参数设置如图11-98所示。

设置步骤

① 在"常规"选项组下设置"类型"为"平面"。

② 在"强度"选项组下设置"倍增"为1，设置"颜色"为（红:9，绿:23，蓝:91）。

③ 在"大小"选项组下设置"1/2长"为670mm，"1/2宽"为1200mm。

④ 在"选项"选项组下勾选"不可见"选项。

⑤ 在"采样"选项组下设置"细分"为8。

04 继续在左视图中创建一盏VRay灯光，其位置如图11-99所示。

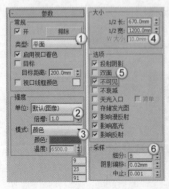

图11-98

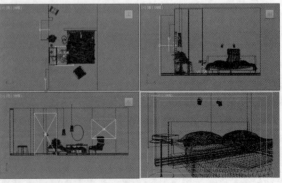

图11-99

05 选择上一步创建的VRay灯光，进入"修改"面板，展开"参数"卷展栏，具体参数设置如图11-100所示。

设置步骤

① 在"常规"选项组下设置"类型"为"平面"。

② 在"强度"选项组下设置"倍增"为1，设置"颜色"为（红:9，绿:23，蓝:91）。

③ 在"大小"选项组下设置"1/2长"为705mm，"1/2宽"为560mm。

④ 在"选项"选项组下勾选"不可见"选项。

⑤ 在"采样"选项组下设置"细分"为8。

06 创建射灯。设置灯光类型为"光度学"，在左视图中创建两盏目标灯光，其位置如图11-101所示。

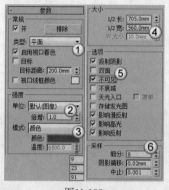
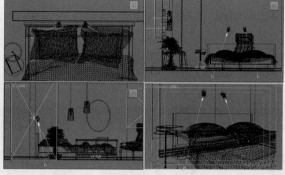

图11-100　　　　　　　　图11-101

提示

由于这两盏目标灯光的参数都相同，因此可以先创建其中一盏，然后通过移动复制的方式创建另外一盏目标灯光，这样可以节省很多时间。但是要注意一点，在复制灯光时，要选择"实例"复制方式，因为这样只需要修改其中一盏目标灯光的参数，其他目标灯光的参数也会跟着改变。

07 选择上一步创建的目标灯光，切换到"修改"面板，具体参数设置如图11-102所示。

设置步骤

① 展开"常规参数"卷展栏，在"阴影"选项组下勾选"启用"选项，设置阴影类型为"VR-阴影"，在"灯光分布（类型）"选项组下设置灯光分布类型为"光度学Web"。

② 展开"分布（光度学Web）"卷展栏，在其通道中加载学习资源中的"练习文件>第11章>练习11-6>贴图>筒灯.ies"光域网文件。

③ 展开"强度/颜色/衰减"卷展栏，设置"过滤颜色"为（红:255，绿:157，蓝:70），设置"强度"为2000。

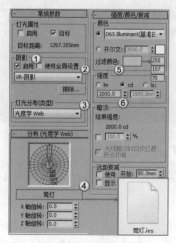

图11-102

将"灯光分布（类型）"设置为"光度学Web"后，系统会自动增加一个"分布（光度学Web）"卷展栏，在"分布（光度学Web）"通道中可以加载光域网文件。

光域网是灯光的一种物理性质，用来确定光在空气中的发散方式。不同的灯光在空气中的发散方式不同，例如，手电筒会发出一个光束，而壁灯或台灯发出的光又是另外一种形状，这些不同的形状是由灯光自身的特性来决定的，也就是说，这些形状是由光域网决定的。灯光之所以会产生不同的图案，是因为每种灯在出厂时，厂家都要对每种灯指定不同的光域网。在3ds Max中，如果为灯光指定一个特殊的文件，就可以产生与现实生活中相同的发散效果，这种特殊文件的标准格式为.ies，图11-103所示是一些不同光域网的显示形态，图11-104所示是这些光域网的渲染效果。

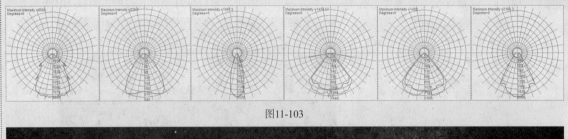

图11-103

图11-104

08 按F9键渲染当前场景，效果如图11-105所示。

图11-105

11.3.2 自由灯光

功能介绍

自由灯光没有目标点，常用来模拟发光球、台灯等。自由灯光的参数与目标灯光的参数完全一样，如图11-106所示。关于自由灯光的参数，请参阅前面的目标灯光的参数介绍。

图11-106

11.4 标准灯光

"标准"灯光包括8种类型，分别是"目标聚光灯"、"自由聚光灯"、"目标平行光"、"自由平行光"、"泛光"、"天光"、mr Area Omni和mr Area Spot。

11.4.1 目标聚光灯

功能介绍

目标聚光灯可以产生一个锥形的照射区域，区域以外的对象不会受到灯光的影响，主要用来模拟吊灯、手电筒等发出的灯光。目标聚光灯由透射点和目标点组成，其方向性非常好，对阴影的塑造能力也很强，如图11-107所示，其参数设置面板如图11-108所示。

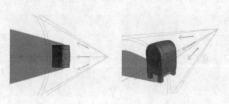

图11-107

图11-108

1.常规参数卷展栏

展开"常规参数"卷展栏，如图11-109所示。

参数详解

（1）灯光类型选项组

❖ 启用：控制是否开启灯光。

❖ 灯光类型列表：选择灯光的类型，包含"聚光灯""平行光"和"泛光"3种类型，如图11-110所示。

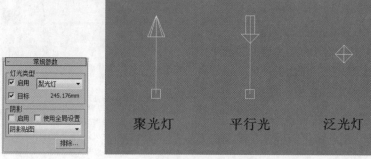

图11-109

图11-110

提示

在切换灯光类型时，可以从视图中直接观察到灯光外观的变化。但是切换灯光类型后，场景中的灯光就会变成当前选择的灯光。

- ❖ 目标：启用该选项后，灯光将成为目标聚光灯；关闭该选项，灯光将变成自由聚光灯。

（2）阴影选项组

- ❖ 启用：控制是否开启灯光阴影。
- ❖ 使用全局设置：启用该选项，该灯光投射的阴影将影响整个场景的阴影效果；如果关闭该选项，则必须选择渲染器使用哪种方式来生成特定的灯光阴影。
- ❖ 阴影类型：切换阴影的类型来得到不同的阴影效果。
- ❖ 排除 排除...：将选定的对象排除于灯光效果之外。

2.强度/颜色/衰减卷展栏

展开“强度/颜色/衰减”卷展栏，如图11-111所示。

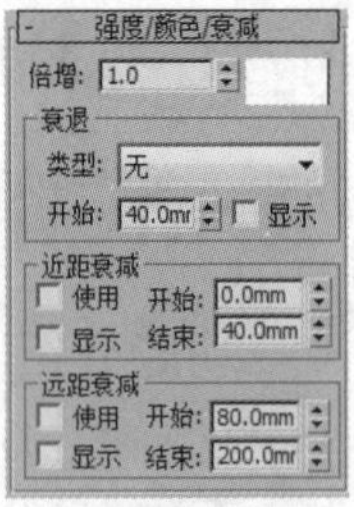

图11-111

参数详解

（1）倍增选项组

- ❖ 倍增：控制灯光的强弱程度。
- ❖ 颜色：用来设置灯光的颜色。

（2）衰退选项组

- ❖ 类型：指定灯光的衰退方式。“无”为不衰退，“倒数”为反向衰退，“平方反比”是以平方反比的方式进行衰退。

提示

在切换灯光类型时，可以从视图中直接观察到灯光外观的变化。但是切换灯光类型后，场景中的灯光就会变成当前选择的灯光。

如果“平方反比”衰退方式使场景太暗，可以按主键盘区的8键打开“环境和效果”对话框，在“全局照明”选项组下适当加大“级别”值来提高场景亮度。

- ❖ 开始：设置灯光开始衰退的距离。
- ❖ 显示：在视口中显示灯光衰退的效果。

（3）近距衰减选项组

- ❖ 使用：启用灯光近距离衰退。
- ❖ 显示：在视口中显示近距离衰退的范围。
- ❖ 开始：设置灯光开始淡出的距离。
- ❖ 结束：设置灯光达到衰退最远处的距离。

（4）远距衰减选项组

- ❖ 使用：启用灯光的远距离衰退。
- ❖ 显示：在视口中显示远距离衰退的范围。
- ❖ 开始：设置灯光开始淡出的距离。
- ❖ 结束：设置灯光衰退为0的距离。

3.聚光灯参数卷展栏

展开“聚光灯参数”卷展栏，如图11-112所示。

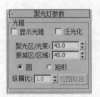

图11-112

参数详解

❖ 显示光锥：控制是否在视图中开启聚光灯的圆锥显示效果，如图11-113所示。

❖ 泛光化：开启该选项时，灯光将在各个方向投射光线。

❖ 聚光区/光束：用来调整灯光圆锥体的角度。

❖ 衰减区/区域：设置灯光衰减区的角度，图11-114所示是不同"聚光区/光束"和"衰减区/区域"的光锥对比。

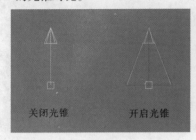

图11-113

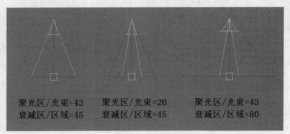

图11-114

❖ 圆/矩形：选择聚光区和衰减区的形状。

❖ 纵横比：设置矩形光束的纵横比。

❖ 位图拟合 位图拟合 ：如果灯光的投影纵横比为矩形，应设置纵横比以匹配特定的位图。

4.高级效果卷展栏

展开"高级效果"卷展栏，如图11-115所示。

图11-115

参数详解

（1）影响曲面选项组

❖ 对比度：调整漫反射区域和环境光区域的对比度。

❖ 柔化漫反射边：增加该选项的数值可以柔化曲面的漫反射区域和环境光区域的边缘。

❖ 漫反射：开启该选项后，灯光将影响曲面的漫反射属性。

❖ 高光反射：开启该选项后，灯光将影响曲面的高光属性。

❖ 仅环境光：开启该选项后，灯光仅仅影响照明的环境光。

（2）投影贴图选项组

❖ 贴图：为投影加载贴图。

❖ 无 无 ：单击该按钮可以为投影加载贴图。

【练习11-7】用目标聚光灯制作舞台灯光

舞台灯光效果如图11-116所示。

图11-116

01 打开学习资源中的"练习文件>第11章>11-7.max"文件，如图11-117所示。

02 创建舞台灯光。设置灯光类型为"标准"，在前视图中创建一盏目标聚光灯，其位置如图11-118所示。

图11-117

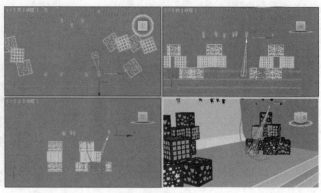

图11-118

03 选择上一步创建的目标聚光灯，切换到"修改"面板，具体参数设置如图11-119所示。

设置步骤

① 展开"常规参数"卷展栏，在"阴影"选项组下勾选"启用"选项，设置阴影类型为"阴影贴图"。

② 展开"强度/颜色/衰减"卷展栏，设置"倍增"为0.3，设置颜色为白色。

③ 展开"聚光灯参数"卷展栏，设置"聚光区/光束"为7.3，"衰减区/区域"为13.5，勾选"圆"选项。

④ 展开"高级效果"卷展栏，在"投影贴图"选项组下勾选"贴图"选项，在其通道中加载学习资源中的"练习文件>第11章>练习11-7>贴图>02.jpg"贴图文件。

04 按F9键测试渲染当前场景，效果如图11-120所示。

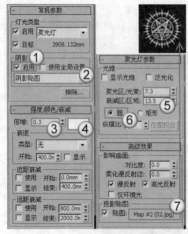

图11-119

图11-120

提示

从测试渲染效果中可以观察到舞台上产生了加载的贴图纹理效果，但是并没有产生聚光灯的光束特效，因此还需要继续对其进行设置。

---

05 按主键盘区的8键打开"环境和效果"对话框，在"大气"卷展栏下单击"添加"按钮 添加... ，在弹出的对话框中选择"体积光"选项，接着在"体积光参数"卷展栏下单击"拾取灯光"按钮 拾取灯光 ，并在场景中拾取目标聚光灯（拾取的灯光会在后面的列表中显示出来），如图11-121所示。

06 按F9键测试渲染当前场景，效果如图11-122所示。

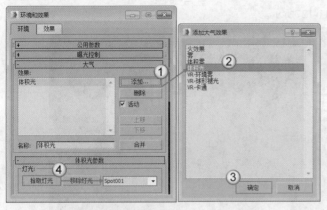

图11-121   图11-122

07 继续在灯孔处创建出其他的目标聚光灯，完成后的效果如图11-123所示。

图11-123

提示

注意，一个灯孔处需要创建两盏目标聚光灯，一盏加载投影贴图，一盏不加载。另外，学习资源中提供了3张不同的投影贴图，利用这3张投影贴图可以制作出3种投影效果。

---

08 按F9键测试渲染当前场景，效果如图11-124所示。

09 创建辅助光源。设置灯光类型为VRay，在顶视图中创建一盏VRay灯光，其位置如图11-125所示。

图11-124   图11-125

10 选择上一步创建的VRay灯光，进入"修改"面板，展开"参数"卷展栏，具体参数设置如图11-126所示。

设置步骤

① 在"常规"选项组下设置"类型"为"平面"。

② 在"强度"选项组下设置"倍增"为5，设置"颜色"为白色。

③ 在"大小"选项组下设置"1/2长"为4400mm，"1/2宽"为2000mm。

④ 在"选项"选项组下勾选"不可见"选项，关闭"影响高光反射"和"影响反射"选项。

11 按F9键渲染当前场景，最终效果如图11-127所示。

图11-126

图11-127

技术专题：冻结与过滤对象

到此处用户会可能发现一个问题，那就是在调整灯光位置时总是会选择到其他物体。这里介绍两种快速选择灯光的方法。

第1种：冻结除了灯光外的所有对象。在"主工具栏"中设置"选择过滤器"类型为"G-几何体"，如图11-128所示，然后在视图中框选对象，这样选择的对象全部是几何体，不会选择到其他对象。选择好对象以后单击鼠标右键，在弹出的菜单中选择"冻结当前选择"命令，冻结的对象将以灰色状态显示在视图中。将"选择过滤器"类型设置为"全部"，此时无论怎么选择都不会选择到几何体了。另外，如果要解冻对象，可以在视图中单击鼠标右键，然后在弹出的菜单中选择"全部解冻"命令。

第2种：过滤掉灯光外的所有对象。在"主工具栏"中设置"选择过滤器"类型为"L-灯光"，如图11-129所示，这样无论怎么选择，选择的对象永远都只有灯光，不会选择到其他对象。

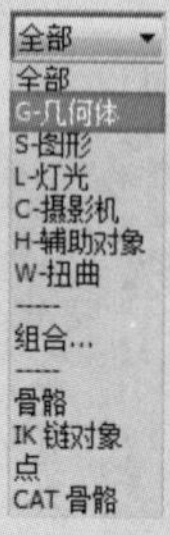

图11-128 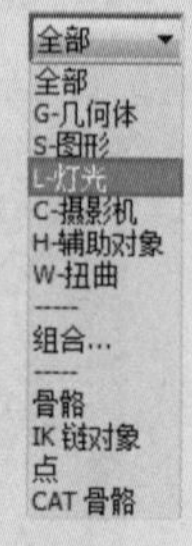　　图11-129

11.4.2　自由聚光灯

功能介绍

自由聚光灯与目标聚光灯的参数基本一致，只是它无法对发射点和目标点分别进行调节，如图11-130所示。自由聚光灯特别适合用来模拟一些动画灯光，如舞台上的射灯。

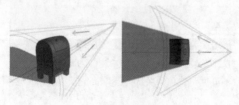

图11-130

11.4.3 目标平行光

功能介绍

目标平行光可以产生一个照射区域，主要用来模拟自然光线的照射效果，如图11-131所示。如果将目标平行光作为体积光来使用的话，那么可以用它模拟出激光束等效果。

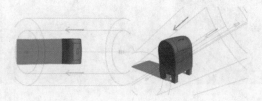

图11-131

提示

虽然目标平行光可以用来模拟太阳光，但是它与目标聚光灯的灯光类型却不相同。目标聚光灯的灯光类型是聚光灯，而目标平行光的灯光类型是平行光，从外形上看，目标聚光灯更像锥形，而目标平行光更像筒形，如图11-132所示。

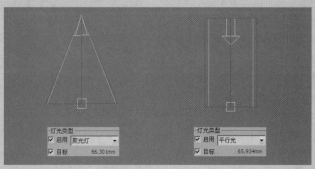

图11-132

【练习11-8】用目标平行光制作柔和阴影

阴影场景效果如图11-133所示。

图11-133

01 打开学习资源中的"练习文件>第11章>11-8.max"文件，如图11-134所示。

02 设置灯光类型为"标准"，在场景中创建一盏目标平行光，其位置如图11-135所示。

图11-134

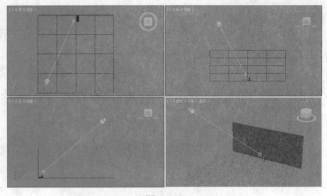

图11-135

03 选择上一步创建的目标平行光，进入"修改"面板，具体参数设置如图11-136所示。

设置步骤

① 展开"常规参数"卷展栏下，在"阴影"选项组下勾选"启用"选项，设置阴影类型为"VR-阴影"。

② 展开"强度/颜色/衰减"卷展栏，设置"倍增"为2.6，设置"颜色"为白色。

③ 展开"平行光参数"卷展栏，设置"聚光区/光束"为1100mm，"衰减区/区域"为19999.99mm。

④ 展开"高级效果"卷展栏，在"投影贴图"选项组下勾选"贴图"选项，然后在贴图通道中加载学习资源中的"练习文件>第11章>练习11-8>材质>阴影贴图.jpg"文件。

⑤ 展开"VRay阴影参数"卷展栏，设置"U大小""V大小"和"W大小"为254mm。

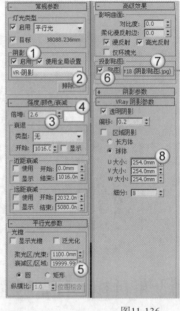

图11-136

技术专题：柔化阴影贴图

这里要注意一点，在使用阴影贴图时，需要先在Photoshop对其进行柔化处理，这样可以产生柔和、虚化的阴影边缘。下面以图11-137所示的黑白图像来介绍一下柔化方法。

执行"滤镜>模糊>高斯模糊"菜单命令，打开"高斯模糊"对话框，对"半径"数值进行调整（在预览框中可以预览模糊效果），如图11-138所示，单击"确定"按钮[确定]完成模糊处理，效果如图11-139所示。

图11-137

图11-138

图11-139

04 按C键切换到摄影机视图，按F9键渲染当前场景，最终效果如图11-140所示。

图11-140

【练习11-9】用目标平行光制作卧室日光

卧室日光效果如图11-141所示。

01 打开学习资源中的"练习文件>第11章>11-9.max"文件，如图11-142所示。

图11-141

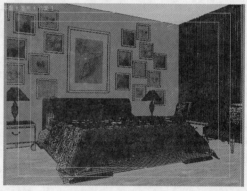

图11-142

技术专题：重新链接场景缺失资源

　　这里要讲解一个在实际工作中非常实用的技术，即追踪场景资源技术。在打开一个场景文件时，往往会缺失贴图、光域网文件。例如，用户在打开本例的场景文件时，会弹出一个"缺少外部文件"对话框，提醒用户缺少外部文件，如图11-143所示。造成这种情况的原因是移动了实例文件或贴图文件的位置（例如，将其从D盘移动到了E盘），造成3ds Max无法自动识别文件路径。遇到这种情况可以先单击"继续"按钮　继续　，然后再查找缺失的文件。

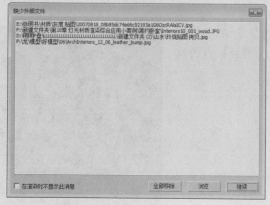

图11-143

补齐缺失文件的方法有两种，下面详细介绍一下。请用户千万注意，这两种方法都基于贴图和光域网等文件没有被删除的情况。

第1种：逐个在"材质编辑器"对话框中的各个材质通道中将贴图路径重新链接好；光域网文件在灯光设置面板中进行链接。这种方法非常烦琐，一般情况下不会使用该方法。

第2种：按Shift+T组合键打开"资源追踪"对话框，如图11-144所示。在该对话框中可以观察到缺失了哪些贴图文件或光域网（光度学）文件。这时可以按住Shift键全选缺失的文件，然后单击鼠标右键，在弹出的菜单中选择"设置路径"命令，如图11-145所示，在弹出的对话框中链接好文件路径（贴图和光域网等文件最好放在一个文件夹中），如图11-146所示。链接好文件路径以后，有些文件可能仍然显示缺失，这是因为在前期制作中可能有多余的文件，而3ds Max保留了下来，这时只要确定场景贴图齐备即可，如图11-147所示。

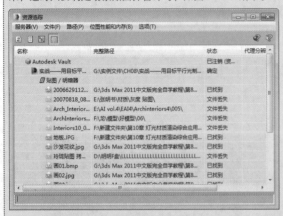

图11-144

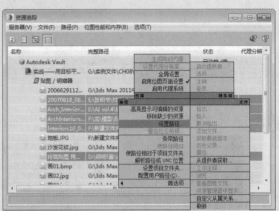

图11-145

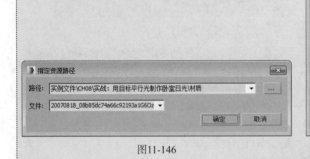

图11-146

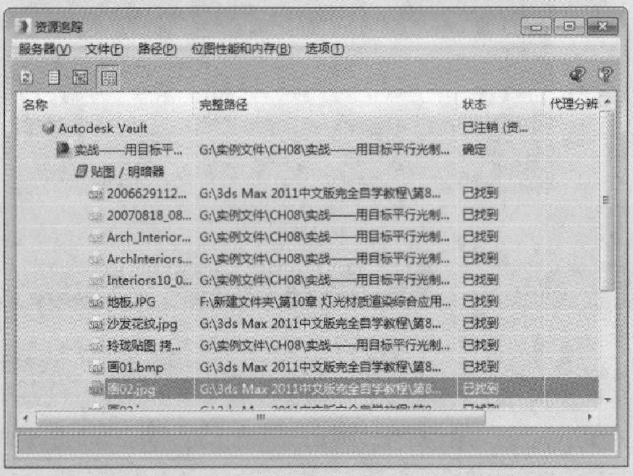

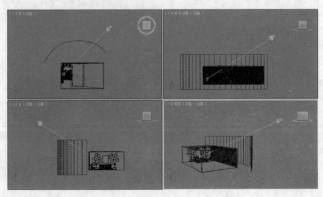

图11-147

02 设置灯光类型为"标准"，在室外创建一盏目标平行光，然后调整好目标点的位置，如图11-148所示。

图11-148

03 选择上一步创建的目标平行光，进入"修改"面板，具体参数设置如图11-149所示。

设置步骤

①展开"常规参数"卷展栏，在"阴影"选项组下勾选"启用"选项，设置阴影类型为"VR-阴影"。

②展开"强度/颜色/衰减"卷展栏，设置"倍增"为3.5，设置"颜色"为（红:255，绿:245，蓝:221）。

③展开"平行光参数"卷展栏，设置"聚光区/光束"为736.6cm，"衰减区/区域"为741.68cm。

④展开"VRay阴影参数"卷展栏，勾选"区域阴影"选项，选择"球体"单选项，设置"U大小""V大小"和"W大小"为25.4cm，设置"细分"为12。

04 设置灯光类型为VRay，在左侧的墙壁处创建一盏VRay灯光作为辅助灯光，其位置如图11-150所示。

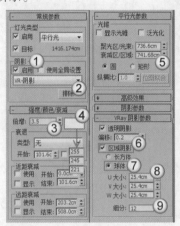

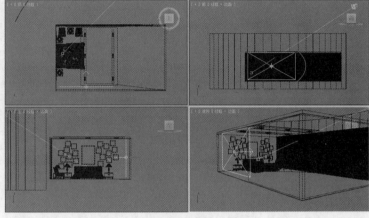

图11-149   图11-150

05 选择上一步创建的VRay灯光，进入"修改"面板，展开"参数"卷展栏，具体参数设置如图11-151所示。

设置步骤

①在"常规"选项组下设置"类型"为"平面"。

②在"强度"选项组下设置"倍增"为4。

③在"大小"选项组下设置"1/2长"为210cm，"1/2宽"为115cm。

06 按C键切换到摄影机视图，按F9键渲染当前场景，最终效果如图11-152所示。

图11-151   图11-152

11.4.4 天光

功能介绍

天光主要用来模拟天空光，以穹顶形式发光，如图11-153所示。天光不是基于物理学的，可以用于所有需要基于物理数值的场景。天光可以作为场景中唯一的灯光，也可以与其他灯光配合使用，实现高光和投射锐边阴影。天光的参数比较少，只有一个"天光参数"卷展栏，如图11-154所示。

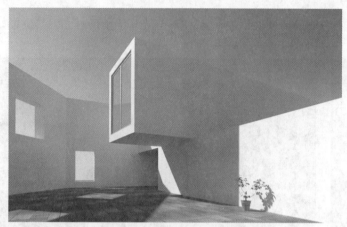

图11-153

图11-154

参数详解

❖ 启用：控制是否开启天光。

❖ 倍增：控制天光的强弱程度。

❖ 使用场景环境：使用"环境与特效"对话框中设置的"环境光"颜色作为天光颜色。

❖ 天空颜色：设置天光的颜色。

❖ 贴图：指定贴图来影响天光的颜色。

❖ 投影阴影：控制天光是否投射阴影。

❖ 每采样光线数：计算落在场景中每个点的光子数目。

❖ 光线偏移：设置光线产生的偏移距离。

第 **12** 章

效果图的布光实例

　　本章将介绍效果图中的布光方法，在效果图制作中，灯光的布置是遵循自然光照法则的，所以在处理灯光的时候，应该先考虑场景空间的实际情况，再考虑当前时间下的灯光特点。本章从空间上介绍半封闭空间的布光方法，从时间上分别介绍清晨和夜晚灯光的表现方法。

※ 掌握半封闭空间的布光方法　　　　　　　※ 掌握夜晚灯光的表现方法
※ 掌握清晨灯光的表现方法

12.1 全封闭办公室的布光

本例是一个现代风格的家装客厅空间，这是一个半封闭的空间，主光源是太阳光。在制作时使用VRay太阳来制作阳光效果，使用VRay光源来模拟天光、灯带和台灯效果，使用目标灯光模拟筒灯效果，效果如图12-1所示。

图12-1

12.1.1 创建阳光

01 打开学习资源中的"练习文件>第12章>12-1.max"文件，然后在"顶"视图中创建一盏VRay太阳，在弹出的对话框中选择"是" 是(V) 按钮，如图12-2所示，其位置如图12-3所示。

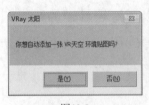

图12-2

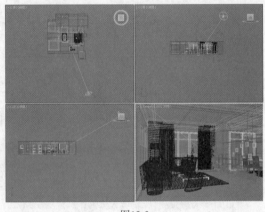

图12-3

02 选择上一步创建的VRay太阳，展开"VRay太阳参数"卷展栏，具体参数设置如图12-4所示。

设置步骤

① 设置"强度倍增"为0.03。

② 设置"大小倍增"为1.2。

③ 设置"阴影细分"为8。

03 按F9键渲染当前场景，效果如图12-5所示。

图12-4

图12-5

12.1.2 创建室内天光

01 设置"灯光类型"为VRay，在窗外创建两盏VRay光源作为天光，其位置如图12-6所示。

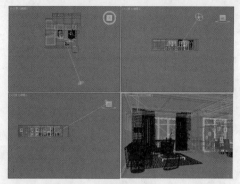

图12-6

02 选择上一步创建的VRay灯光，进入"修改"面板，展开"参数"卷展栏，具体参数设置如图12-7所示。

设置步骤

① 在"常规"选项组下设置"类型"为"平面"。

② 在"强度"选项组下设置"倍增"为4.75，设置"颜色"为（红:230，绿:241，蓝:255）。

③ 在"大小"选项组下设置"1/2长"为1186.178mm，"1/2宽"为1067.691mm。

④ 在"选项"选项组下勾选"不可见"选项。

⑤ 在"选项"选项组下取消对"影响高光"和"影响反射"选项的选择。

⑥ 在"采样"选项组下设置"细分"为16。

03 按F9键渲染当前场景，效果如图12-8所示。

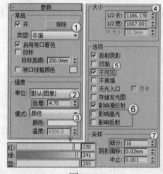

图12-7

图12-8

12.1.3 创建灯带效果

01 设置"灯光类型"为VRay，在吊顶的位置创建8盏VRay光源作为灯带，其位置如图12-9所示。

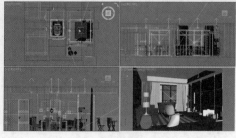

图12-9

02 选择上一步创建的VRay灯光，进入"修改"面板，展开"参数"卷展栏，具体参数设置如图12-10所示。

设置步骤

① 在"常规"选项组下设置"类型"为"平面"。

② 在"强度"选项组下设置"倍增"为15，设置"颜色"为（红:255，绿:183，蓝:105）。

③ 在"大小"选项组下设置"1/2长"为1847.083mm，"1/2宽"为25mm。

④ 在"选项"选项组下勾选"不可见"选项。

⑤ 在"选项"选项组下取消对"影响高光"和"影响反射"选项的选择。

⑥ 在"采样"选项组下设置"细分"为15。

03 按F9键渲染当前场景，效果如图12-11所示。

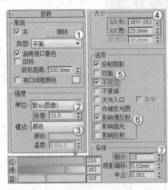

图12-10

图12-11

12.1.4 创建电视墙射灯

01 设置灯光类型为"光度学"，在场景中电视墙上的筒灯孔处创建一盏目标灯光，其位置如图12-12所示。

02 选择上一步创建的目标灯光，进入"修改"面板，具体参数设置如图12-13所示。

设置步骤

① 展开"常规参数"卷展栏，在"阴影"选项组下勾选"启用"选项，设置阴影类型为VR-阴影（VRay阴影），选择"灯光分布（类型）"为"光度学Web"。

② 展开"分布（光度学Web）"卷展栏，在其通道中加载学习资源中的"练习文件>第12章>练习12-1>材质>00.ies"文件。

③ 展开"强度/颜色/衰减"卷展栏，设置"过滤颜色"为（红:255，绿:224，蓝:175），设置"强度"为6000。

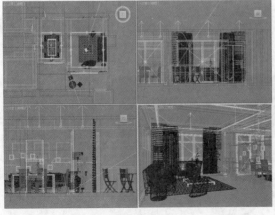

图12-12

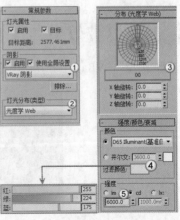

图12-13

03 选择目标灯光，复制两盏目标灯光到其他筒灯处，如图12-14所示的位置。

04 按F9键渲染当前场景，效果如图12-15所示。

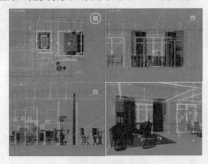

图12-14   图12-15

12.1.5　创建台灯效果

01 设置"灯光类型"为VRay，在台灯位置创建2盏VRay灯光作为光源，其位置如图12-16所示。

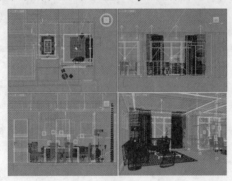

图12-16

02 选择上一步创建的VRay灯光，进入"修改"面板，展开"参数"卷展栏，具体参数设置如图12-17所示。

设置步骤

① 在"常规"选项组下设置"类型"为"球体"。

② 在"强度"选项组下设置"倍增"为1000，设置"颜色"为（红:255，绿:208，蓝:135）。

③ 在"大小"选项组下设置"半径"为25mm。

④ 在"选项"选项组下勾选"不可见"选项。

⑤ 在"选项"选项组下取消对"影响高光"和"影响反射"选项的选择。

⑥ 在"采样"选项组下设置"细分"为25。

03 按F9键渲染当前场景，效果如图12-18所示。

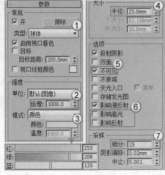

图12-17   图12-18

12.2 清晨卧室的布光

本例是一个现代风格的家装卧室空间，主要表现清晨效果。通常在表现清晨光照时，场景基本上是半封闭空间或室外空间。本场景的光源较少，使用目标平行光制作阳光效果，使用VRay光源来模拟天光、灯带效果，使用目标灯光模拟筒灯效果，灯光效果如图12-19所示。

图12-19

12.2.1 创建阳光

`01` 打开学习资源中的"练习文件>第12章>12-2.max"文件，然后使用目标平行光在场景中创建阳光。在"顶"视图拖曳创建一盏目标平行光，其位置如图12-20所示。

`02` 选择上一步创建的目标平行光，进入"修改"面板，具体参数设置如图12-21所示。

设置步骤

① 展开"常规参数"卷展栏，在"阴影"选项组下勾选"启用"选项，设置阴影类型为"VRay阴影"。

② 展开"VRay阴影参数"卷展栏，勾选"区域阴影"选项并设置类型为"长方体"，设置"U大小"为100、"V大小"为100和"W大小"为100。

③ 展开"强度/颜色/衰减"卷展栏，设置"倍增"为2.5，设置颜色为（红:255，绿:208，蓝:135）。

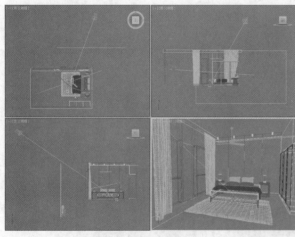

图12-20

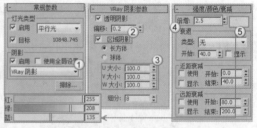

图12-21

12.2.2 创建室内天光

`01` 设置"灯光类型"为VRay，在窗外创建1盏VRay光源作为天光，其位置如图12-22所示。

`02` 选择上一步创建的VRay灯光，进入"修改"面板，展开"参数"卷展栏，具体参数设置如图12-23所示。

设置步骤

① 在"常规"选项组下设置"类型"为"平面"。

② 在"强度"选项组下设置"倍增"为25，设置"颜色"为（红:175，绿:209，蓝:255）。

③ 在"大小"选项组下设置"1/2长"为2100，"1/2宽"为1500。

④ 在"选项"选项组下勾选"不可见"选项。

⑤ 在"选项"选项组下取消对"影响高光"和"影响反射"选项的选择。

⑥ 在"采样"选项组下设置"细分"为10。

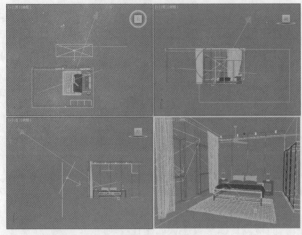

图12-22　　　　　　　　　　　　　　　　图12-23

12.2.3　创建灯带效果

01 设置"灯光类型"为VRay，在吊顶的位置创建1盏VRay光源作为灯带，其位置如图12-24所示。

02 选择上一步创建的VRay灯光，进入"修改"面板，展开"参数"卷展栏，具体参数设置如图12-25所示。

设置步骤

① 在"常规"选项组下设置"类型"为"平面"。

② 在"强度"选项组下设置"倍增"为12，设置"颜色"为（红:255，绿:211，蓝:105）。

③ 在"大小"选项组下设置"1/2长"为2100，"1/2宽"为35。

④ 在"选项"选项组下勾选"不可见"选项。

⑤ 在"选项"选项组下取消对"影响高光"和"影响反射"选项的选择。

⑥ 在"采样"选项组下设置"细分"为15。

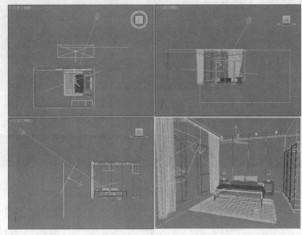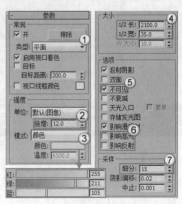

图12-24　　　　　　　　　　　　　　　　图12-25

12.2.4 创建背景墙射灯

01 设置灯光类型为"光度学"，在场景中背景墙上的筒灯孔处一盏目标灯光，然后复制3盏到其他筒灯处，其位置如图12-26所示。

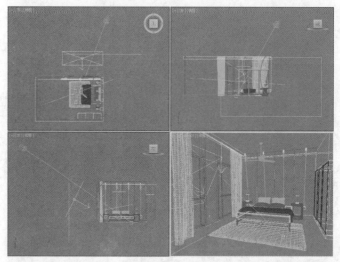

图12-26

02 选择上一步创建的目标灯光，进入"修改"面板，具体参数设置如图12-27所示。

设置步骤

① 展开"常规参数"卷展栏，在"阴影"选项组下勾选"启用"选项，设置阴影类型为"VRay阴影"，选择"灯光分布（类型）"为"光度学Web"。

② 展开"强度/颜色/衰减"卷展栏，设置"过滤颜色"为（红:255，绿:175，蓝:90），设置"强度"为8000。

③ 展开"分布（光度学Web）"卷展栏，在其通道中加载学习资源中的"练习文件>第12章>练习12-2>材质>00.ies"文件。

03 按F9键渲染当前场景，效果如图12-28所示。

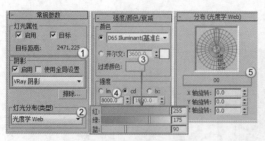

图12-27

图12-28

12.3 夜晚卧室的布光

在表现夜间效果的时候，场景光源不可能是太阳光，所以此时就需要模拟人造光源来实现效果的表现，如台灯和天花灯等。本案例通过表现夜晚时分的卧室效果，来介绍使用VRay模拟室内灯光的方法，卧室的渲染效果如图12-29所示。

图12-29

12.3.1 创建天花灯

01 打开学习资源中的"练习文件>第12章>12-3.max"文件，如图12-30所示，此时场景中只有用于模拟室外灯光（可理解为"环境光"）的"VRay灯光"，按F9键渲染摄影机视图，效果如图12-31所示，场景很黑，就像夜晚没开灯的卧室一样。

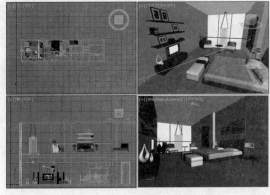

图12-30

图12-31

02 在天花板上的天花灯处创建一盏VRay灯光的"球体"灯，灯光的位置如图12-32所示。

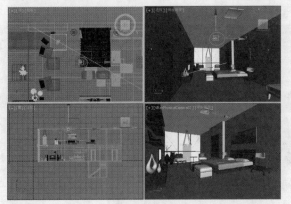

图12-32

03 选择上一步创建的"VRay灯光"，展开"参数"卷展栏，具体参数设置如图12-33所示。

设置步骤

①在"常规"选项组置"类型"为"球体"。

②在"强度"选项组下设置"倍增"为50，设置"颜色"为（红:255，绿:243，蓝:226）。

③在"大小"选项组下设置"半径"为20mm。

④在"选项"选项组下勾选"不可见"选项，取消勾选"影响高光反射"和"影响反射"选项。

⑤在"采样"选项组下设置"细分"为14。

04 按F9键渲染摄影机视图，效果如图12-34所示，天花板的灯光呈现"打开"状态，但是场景却没明亮起来，这里千万不能为了使场景明亮而增加灯光强度，否则会因为灯光过亮而使天花灯隐去。

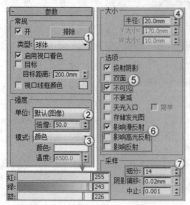

图12-33   图12-34

提示

由于篇幅问题，后面不再对每一盏灯光测试进行说明，但读者在操作过程中还是应该每创建一盏灯光都测试一下。

12.3.2 创建室内灯光

01 在场景中的柜架处创建3盏相同的"VRay灯光"，灯光位置如图12-35所示。

02 选中上一步创建的灯光，展开"参数"卷展栏，其参数设置如图12-36所示。

设置步骤

① 在"常规"选项组下设置"类型"为"平面"。

② 在"强度"选项组下设置"倍增"为20，设置"颜色"为（红:226，绿:242，蓝:255）。

③ 在场景中根据柜架的大小调整灯光大小，在"大小"选项组中设置"1/2长"为698mm，"1/2宽"为8mm。

④ 在"选项"选项组下勾选"不可见"选项，取消勾选"影响高光"和"影响反射"选项。

⑤ 在"采样"选项组下设置"细分"为14。

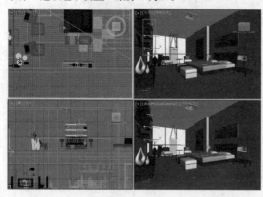

图12-35   图12-36

03 在床头柜的台灯处为其创建"VRay灯光"的"球体"光，灯光在场景中的位置如图12-37所示。

04 选择上一步创建的VRay灯光，展开"参数"卷展栏，具体参数设置如图12-38所示。

设置步骤

① 在"常规"选项组下设置"类型"为"球体"。

② 在"强度"选项组下设置"倍增"为55，设置"颜色"为（红:255，绿:228，蓝:213）。

③ 在"大小"选项组下设置"半径"为30mm。

④ 在"选项"选项组下勾选"不可见"选项，并取消勾选"影响高光"和"影响反射"选项。

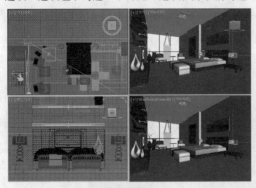 

图12-37　　　　　　　　　　　　　　　　　图12-38

05 在场景中的电视处创建一盏"VRay灯光"的"平面"光，用于模拟电视的灯光效果，灯光在场景中的位置如图12-39所示。

06 选择上一步创建的VRay灯光，展开"参数"卷展栏，具体参数设置如图12-40所示。

设置步骤

① 在"常规"选项组下设置"类型"为"平面"。

② 在"强度"选项组下设置"倍增"为7，设置"颜色"为（红:115，绿:179，蓝:255）。

③ 根据场景中电视屏幕的大小调整灯光的大小，在"大小"选项组中设置"1/2长"为263.767mm，"1/2宽"为148.369mm。

④ 在"选项"选项组下勾选"不可见"选项，取消勾选"影响高光"和"影响反射"选项。

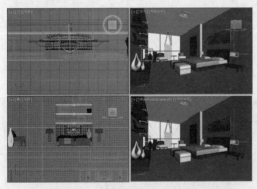 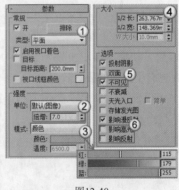

图12-39　　　　　　　　　　　　　　　　　图12-40

07 切换至摄影机视图，按F9键渲染当前场景，效果如图12-41所示，场景中的光源均已处于"开启"状态，此时场景仍然不处于照亮状态，接下来考虑使用"VRay灯光"作为补光。

图12-41

12.3.3 创建补光

01 此时，需要为场景添加一个"补光"来使场景被照亮，从场景的构造分析，主要照明光应该是天花板的灯光，所以"补光"应该模拟天花板灯光来照亮场景，于是在场景的中的天花板处创建一盏方向向下的"VRay灯光"的平面光，灯光位置如图12-42所示。

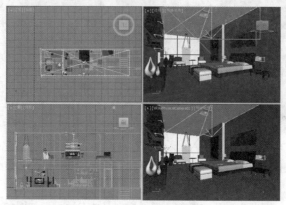

图12-42

02 选中上一步创建的灯光，展开"参数"卷展栏，其参数设置如图12-43所示。

设置步骤

①在"常规"选项组下设置"类型"为"平面"。

②在"强度"选项组下设置"倍增"为0.6，设置"颜色"为（红:229，绿:232，蓝:240）。

③在场景中根据天花板的大小调整灯光大小，在"大小"选项组中设置"1/2长"为1915.376mm，"1/2宽"为1753.306mm。

④在"选项"选项组下勾选"不可见"选项。

⑤在"采样"选项组下设置"细分"为15。

03 设置完成后，切换至摄影机视图，按F9键渲染场景，渲染效果如图12-44所示，此时的场景就变亮了，而且也表现出了夜晚的卧室效果。

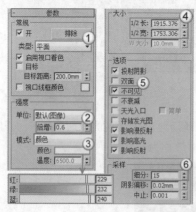

图12-43

图12-44

提示

为了提高渲染速率，方便读者操作练习，笔者将渲染参数设置为低质量的，所以在效果图的细节方面还存在瑕疵，可通过后面的"后期处理"进行优化，希望读者通过本案例能掌握使用模拟灯光和"补光"的方法。

第 13 章

渲染前的准备工作

　　从本章开始将进入效果图的第5个阶段——渲染。渲染是效果图在3ds Max中操作的最后一步，也是决定成图效果的一步，即使模型、材质、灯光和构图这4个阶段处理得相当完美，如果在渲染过程中出现了问题或者渲染效果不好，那么效果图的制作也会功败垂成。本章将介绍渲染效果图前的准备工具，包括显示器校色和渲染的基本常识。

※ 掌握校色的方法
※ 掌握调节显示器对比度、亮度和伽马值的方法

※ 了解渲染器的种类
※ 了解常用的渲染工具

13.1 显示器的校色

一张作品效果的好坏，除了本身的质量以外还有一个很重要的因素，那就是显示器的颜色是否准确。显示器的颜色是否准确决定了最终的打印效果，但现在的显示器品牌太多，每一种品牌的色彩效果都不尽相同，不过原理都一样，这里就以CRT显示器来介绍一下如何校正显示器的颜色。

CRT显示器是以RGB颜色模式来显示图像的，其显示效果除了自身的硬件因素以外还有一些外在的因素，如近处电磁干扰可以使显示器的屏幕发生抖动现象，而磁铁靠近了也可以改变显示器的颜色。

在解决了外在因素以后就需要对显示器的颜色进行调整，可以用专业的软件（如Adobe Gamma）来进行调整，也可以用流行的图像处理软件（如Photoshop）来进行调整，调整的方向主要有显示器的对比度、亮度和伽马值。

下面以Photoshop作为调整软件来学习显示器的校色方法。

13.1.1 调节显示器的对比度

在一般情况下，显示器的对比度调到最高为宜，这样就可以表现出效果图中的细节，在显示器上有相对应的对比度调整按钮。

13.1.2 调节显示器的亮度

将显示器中的颜色模式调成sRGB模式，如图13-1所示，在Photoshop中执行"编辑>颜色设置"菜单命令，打开"颜色设置"对话框，将RGB模式也调成sRGB，如图13-2所示，这样Photoshop就与显示器中的颜色模式相同，接着将显示器的亮度调节到最低。

图13-1

图13-2

在Photoshop中新建一个空白文件，并用黑色填充"背景"图层，然后使用"矩形选框工具" ▣选择填充区域的一半，按Ctrl+U组合键打开"色相/饱和度"对话框，并设置"明度"为3，如图13-3所示。观察选区内和选区外的明暗变化，如果被调区域依然是纯黑色，这时可以调整显示器的亮度，直到两个区域的亮度只有细微的区别，这样就调整好了显示器的亮度，如图13-4所示。

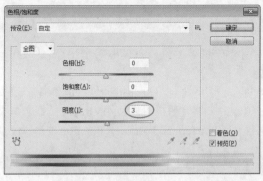

图13-3

图13-4

13.1.3 调节显示器的伽马值

伽马值是曲线的优化调整，是亮度和对比度的辅助功能，强大的伽马功能可以优化和调整画面细微的明暗层次，同时还可以控制整个画面的对比度。设置合理的伽马值，可以得到更好的图像层次效果和立体感，大大优化画面的画质、亮度和对比度。校对伽马值的正确方法如下。

新建一个Photoshop空白文件，然后使用颜色值为（R:188，G:188，B:188）的颜色填充"背景"图层，使用选区工具选择一半区域，并对选择区域填充白色，如图13-5所示，在白色区域中每隔1像素加入一条宽度为1像素的黑色线条，图13-6所示为放大后的效果。从远处观察，如果两个区域内的亮度相同，就说明显示器的伽马是正确的；如果不相同，可以使用显卡驱动程序软件来对伽马值进行调整，直到正确。

图13-5

图13-6

13.2 渲染的基本常识

使用3ds Max创作作品时，一般都遵循"建模→灯光→材质→渲染"这个最基本的步骤，渲染是最后一道工序（后期处理除外）。渲染的英文为Render，翻译为"着色"，也就是对场景进行着色的过程，它是通过复杂的运算，将虚拟的三维场景投射到二维平面上，这个过程需要对渲染器进行复杂的设置，图13-7和图13-8所示是一些比较优秀的渲染作品。

图13-7

图13-8

13.2.1 渲染器的类型

渲染场景的引擎有很多种，例如，VRay渲染器、Renderman渲染器、mental ray渲染器、Brazil渲染器、FinalRender渲染器、Maxwell渲染器和Lightscape渲染器等。

3ds Max 2016自带的渲染器有"iray渲染器""mental ray渲染器""Quicksilver硬件渲染器""VUE文件渲染器"和"默认扫描线渲染器"等，在安装好VRay渲染器之后也可以使用VRay渲染器来渲染场景，如图13-9所示。当然也可以安装一些其他的渲染插件，如Renderman、Brazil、FinalRender、Maxwell和Lightscape等。

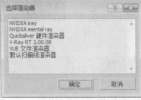

图13-9

13.2.2 渲染工具

在3ds Max 2016"主工具栏"右侧提供了多个渲染工具，如图13-10所示。

图13-10

各种渲染工具简介

- ❖ 渲染设置 ：单击该按钮可以打开"渲染设置"对话框，基本上所有的渲染参数都在该对话框中完成。
- ❖ 渲染帧窗口 ：单击该按钮可以打开"渲染帧窗口"对话框，在该对话框中可以选择渲染区域、切换通道和储存渲染图像等任务。

技术专题：详解"渲染帧窗口"对话框

单击"渲染帧窗口"按钮 ，3ds Max会弹出"渲染帧窗口"对话框，如图13-11所示。下面详细介绍一下该对话框的用法。

图13-11

466

要渲染的区域：该下拉列表中提供了要渲染的区域选项，包括"视图""选定""区域""裁剪"和"放大"。

编辑区域◙：可以调整控制手柄来重新调整渲染图像的大小。

自动选定对象区域◙：激活该按钮后，系统会将"区域""裁剪"和"放大"自动设置为当前选择。

视口：显示当前渲染的那个视图。若渲染的是透视图，那么在这里就显示为透视图。

锁定到视口◙：激活该按钮后，系统就只渲染视口列表中的视图。

渲染预设：可以从下拉列表中选择与预设渲染相关的选项。

渲染设置◙：单击该按钮可以打开"渲染设置"对话框。

环境和效果对话框（曝光控制）◎：单击该按钮可以打开"环境和效果"对话框，在该对话框中可以调整曝光控制的类型。

产品级/迭代："产品级"是使用"渲染帧窗口"对话框、"渲染设置"对话框等所有当前设置进行渲染；"迭代"是忽略网络渲染、多帧渲染、文件输出、导出至MI文件以及电子邮件通知，同时使用扫描线渲染器进行渲染。

渲染 渲染 ：单击该按钮可以使用当前设置来渲染场景。

保存图像🖫：单击该按钮可以打开"保存图像"对话框，在该对话框可以保存多种格式的渲染图像。

复制图像🖭：单击该按钮可以将渲染图像复制到剪贴板上。

克隆渲染帧窗口▩：单击该按钮可以克隆一个"渲染帧窗口"对话框。

打印图像🖶：将渲染图像发送到Windows定义的打印机中。

清除✕：清除"渲染帧窗口"对话框中的渲染图像。

启用红色/绿色/蓝色通道●●●：显示渲染图像的红/绿/蓝通道，图13-12~图13-14所示分别是单独开启红色、绿色、蓝色通道的图像效果。

图13-12

图13-13

图13-14

显示Alpha通道 💿：显示图像的Alpha通道。

单色 💿：单击该按钮可以将渲染图像以8位灰度的模式显示出来，如图13-15所示。

图13-15

切换UI叠加 💿：激活该按钮后，如果"区域""裁剪"或"放大"区域中有一个选项处于活动状态，则会显示表示相应区域的帧。

切换UI 💿：激活该按钮后，"渲染帧窗口"对话框中的所有工具与选项均可使用；关闭该按钮后，不会显示对话框顶部的渲染控件以及对话框下部单独面板上的mental ray控件，如图13-16所示。

图13-16

❖ 渲染产品 💿：单击该按钮可以使用当前的产品级渲染设置来渲染场景。

❖ 渲染迭代 💿：单击该按钮可以在迭代模式下渲染场景。

❖ ActiveShade（动态着色）💿：单击该按钮可以在浮动的窗口中执行"动态着色"渲染。

第 14 章

VRay渲染技术

　　本章将介绍VRay渲染技术，VRay渲染器是目前市面上比较常用的一种效果图渲染插件，其渲染技术也是比较主流的。相对于其他渲染器，VRay渲染器在渲染质量和渲染速度上都有很大的优势。本章将重点介绍VRay渲染器的渲染原理、渲染流程和常用的渲染参数。

※ 掌握渲染效果图的流程

※ 掌握VRay渲染器的结构

※ 掌握VRay、GI、设置选项卡的功能

※ 掌握常用渲染参数的作用

14.1　VRay渲染器

VRay渲染器是保加利亚的Chaos Group公司开发的一款高质量渲染引擎，主要以插件的形式应用在3ds Max、Maya和SketchUp等软件中。由于VRay渲染器可以真实地模拟现实光照，并且操作简单，可控性也很强，因此被广泛应用于建筑表现、工业设计和动画制作等领域。

14.1.1　VRay渲染器的运用领域

VRay的渲染速度与渲染质量比较均衡，也就是说，在保证较高渲染质量的前提下也具有较快的渲染速度，所以它是目前效果图制作领域最为流行的渲染器，图14-1和图14-2所示是一些比较优秀的效果图作品。

图14-1

图14-2

提示

VRay渲染器必须加载后才能使用VRay渲染技术。

14.1.2　VRay渲染的一般流程

在一般情况下，使用VRay渲染器渲染场景的一般流程如下。

第1步：创建好摄影机以确定要表现的内容。

第2步：制作好场景中的材质。

第3步：设置测试渲染参数，逐步布置好场景中的灯光，并通过测试渲染确定效果。

第4步：设置最终渲染参数，然后渲染最终成品图。

【练习14-1】按照一般流程渲染场景

本例将通过一个书房空间来详细介绍VRay渲染的一般流程，效果如图14-3所示。

图14-3

01 创建场景中的摄影机。打开学习资源中的"练习文件>第14章>14-1.max"文件，如图14-4所示，可以观察到场景的框架十分简单，有高细节的书架和椅子等模型。

02 设置摄影机类型为VRay，在顶视图中创建一台VRay物理摄影机，然后在左视图中调整好高度，如图14-5所示。

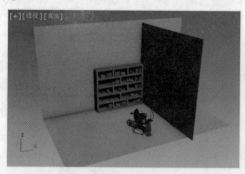

图14-4 图14-5

提示

在创建摄影机时，通常要将视口调整为三视口，其中顶视图用于观察摄影机的位置，左（前）视图用于观察高度，而另外一个视口则用于实时观察。

---

03 由于摄影机视图内模型的显示过小，因此选择创建好的VRay物理摄影机，在"基本参数"卷展栏下设置"焦距"为120，如图14-6所示。

04 在摄影机视图中按Shift+F组合键打开渲染安全框，效果如图14-7所示。可以观察到模型的显示大小比较合适，但视图的长宽比例并不理想，当前所表现出的空间感比较压抑。

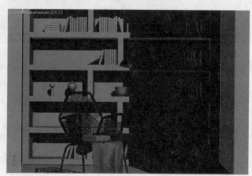

图14-6 图14-7

05 按F10键打开"渲染设置"对话框，单击"公用"选项卡，在"公用参数"卷展栏下设置"宽度"为405，"高度"为450，如图14-8所示。经过调整后，摄影机视图的显示效果就很正常了，如图14-9所示。至此，本场景的摄影机创建完毕，接下来设置场景中的材质。

图14-8 图14-9

06 制作墙面的白色涂料材质。选择一个空白材质球，设置材质类型为VRayMtl材质，并将其命名为qmcz，设置"漫反射"为白色，如图14-10所示，制作好的材质球效果如图14-11所示。

图14-10

图14-11

图14-12

07 制作地毯布纹材质。选择一个空白材质球，设置材质类型为VRayMtl材质，并将其命名为"地毯"，展开"贴图"卷展栏，具体参数设置如图14-13所示，制作好的材质球效果如图14-14所示。

设置步骤

① 在"漫反射"贴图通道中加载学习资源中的"练习文件>第14章>练习14-1>材质>地毯.jpg"文件。

② 使用鼠标左键将"漫反射"通道中的贴图拖曳到"凹凸"贴图通道上，设置凹凸的强度为300。

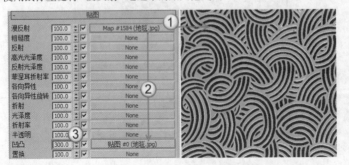

图14-13

图14-14

08 制作书架木纹材质。选择一个空白材质球，设置材质类型为VRayMtl材质，并将其命名为"木纹"，具体参数设置如图14-15所示，制作好的材质球效果如图14-16所示。

设置步骤

① 在"漫反射"贴图通道中加载学习资源中的"练习文件>第14章>练习14-1>材质>木纹.jpg"文件，在"坐标"卷展栏下设置"瓷砖"的U和V为2，"模糊"为0.01。

② 设置"反射"颜色为（红:69，绿:69，蓝:69），勾选"菲涅耳反射"选项，设置"高光光泽度"为0.9，"反射光泽度"为0.95。

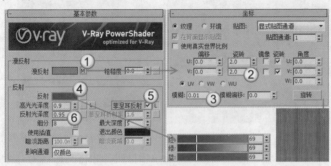

图14-15　　　　　　　　　　　　　　　　图14-16

09 制作书本材质。选择一个空白材质球，设置材质类型为VRayMtl材质，并将其命名为"书01"，然后在"漫反射"贴图通道中加载学习资源中的"练习文件>第14章>练习14-1>材质>书02.jpg"文件，如图14-17所示，制作好的材质球效果如图14-18所示。

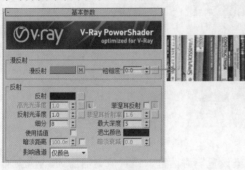

图14-17　　　　　　　　　　　　　　　　图14-18

10 由于加载的贴图为多本书的书脊，为了表现理想的效果，需要为书本模型加载一个"UVW贴图"修改器，设置"贴图"为"长方体"，设置"长度"为762.587mm，"宽度"为597.466mm，"高度"为796.282mm，具体参数设置如图14-19所示。

图14-19

11 制作绸缎材质。选择一个空白材质球，设置材质类型为VRayMtl材质，并将其命名为"绸缎"，具体参数设置如图14-20所示，制作好的材质球效果如图14-21所示。

设置步骤

① 在"漫反射"贴图通道中加载学习资源中的"练习文件>第14章>练习14-1>材质>绸缎.jpg"文件。

② 设置"反射"颜色为（红:59，绿:44，蓝:20），设置"高光光泽度"为0.6，"反射光泽度"为0.8。

图14-20　　　　　　　　　　　　　　　图14-21

12 制作金属材质。选择一个空白材质球，设置材质类型为VRayMtl材质，并将其命名为"金属"，然后设置"反射"颜色为（红:165，绿:162，蓝:133），设置"高光光泽度"为0.85，"反射光泽度"为0.8，具体参数设置如图14-22所示，制作好的材质球效果如图14-23所示。

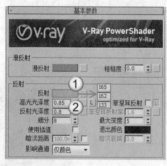

图14-22　　　　　　　　　　　　　　　图14-23

13 设置测试渲染参数。按F10键打开"渲染设置"对话框，设置渲染器为VRay渲染器，然后单击VRay选项卡，在"全局开关"卷展栏下关闭"隐藏灯光"和"光泽效果"选项，设置"二次光线偏移"为0.001，如图14-24所示。

14 展开"图像采样器（抗锯齿）"卷展栏，设置图像采样器"类型"为"固定"，然后在"抗锯齿过滤器"选项组下关闭"图像过滤器"选项，如图14-25所示。

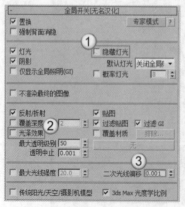
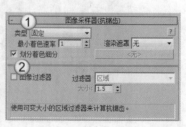

图14-24　　　　　　　　　　　　　　　图14-25

15 单击GI选项卡，在"全局照明"卷展栏下勾选"启用全局照明"选项，设置"首次引擎"为"发光图"，"二次引擎"为"灯光缓存"，如图14-26所示。

16 展开"发光图"卷展栏，设置"当前预设"为"非常低"，设置"细分"为50，"插值采样"为20，勾选"显示计算相位"和"显示直接光"选项，如图14-27所示。

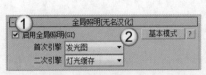

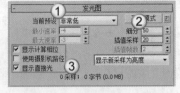

图14-26   图14-27

提示

注意，在设置测试渲染参数时，一般都将"细分"设置为50，"插值采样"设置为20。

---

17 展开"灯光缓存"卷展栏，设置"细分"为100，勾选"存储直接光"和"显示计算相位"选项，如图14-28所示。

18 单击"设置"选项卡，在"系统"卷展栏下设置"序列"为"上->下"，取消勾选"显示消息日志窗口"选项，如图14-29所示。

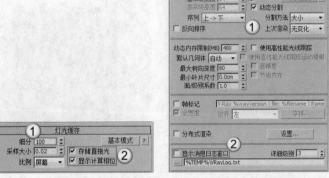

图14-28   图14-29

提示

在渲染时最好关闭"显示消息日志窗口"选项，这样可以避免在渲染前显示信息造成的短暂卡机现象，如果场景在渲染过程出现了问题，可以重新勾选该选项查看相关原因。

---

19 创建场景中的灯光，首先创建环境光。设置灯光类型为VRay，在顶视图中创建一盏VRay灯光，其位置如图14-30所示。

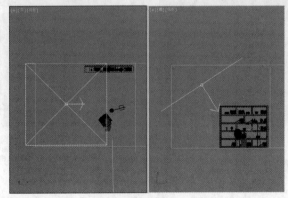

图14-30

技术专题：场景灯光的基本创建顺序

在一般情况下，创建灯光时都应该按照以下3个步骤来进行。

第1步：创建阳光（月光）及环境光，确定好场景灯光的整体基调。

第2步：根据空间中真实灯光的照明强度、影响范围并结合表现意图，逐步创建好空间中真实存在的灯光。

第3步：根据渲染图像所要表现出的效果创建补光，完善最终灯光效果。

遵循"由外到内，由大到小"的顺序。

20 选择上一步创建的VRay灯光，展开"参数"卷展栏，具体参数设置如图14-31所示。

设置步骤

① 在"常规"选项组下设置"类型"为"平面"。

② 在"强度"选项组下后设置"倍增"为2，设置"颜色"为（红:245，绿:245，蓝:245）。

③ 在"大小"选项组下设置"1/2长"为100cm，"1/2宽"为80cm。

④ 在"选项"选项组下勾选"不可见"选项。

21 按C键切换到摄影机视图，然后按Shift+Q组合键或F9键渲染当前场景，效果如图14-32所示。可以观察到场景一片漆黑，这是由于VRay物理摄影机的感光度过低造成的。

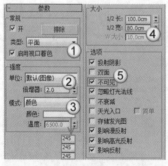

图14-31

图14-32

22 选择场景中的VRay物理摄影机，在"基本参数"卷展栏下设置"光圈数"为2，如图14-33所示，然后按F9键渲染当前场景，效果如图14-34所示。此时可以观察到场景中产生了基本的亮度。

23 创建书架上的射灯。设置灯光类型为"光度学"，在书架上方创建两盏目标灯光，其位置如图14-35所示。

图14-33

图14-34

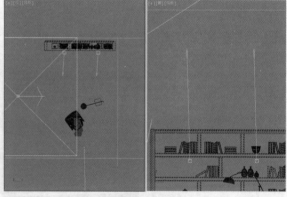

图14-35

24 选择上一步创建的目标灯光，进入"修改"面板，具体参数设置如图14-36所示。

设置步骤

① 展开"常规参数"卷展栏，在"阴影"选项组下勾选"启用"选项，设置阴影类型"VRay阴影"，选择"灯

光分布（类型）"为"光度学Web"。

② 展开"分布（光度学Web）"卷展栏，在其通道中加载学习资源中的"练习文件>第14章>练习14-1>材质>02.ies"文件。

③ 展开"强度/颜色/衰减"卷展栏，设置"过滤颜色"为（红:255，绿:217，蓝:168），设置"强度"为60000。

25 按F9键渲染当前场景，效果如图14-37所示。

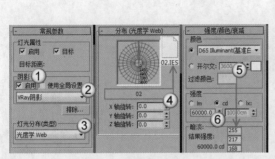 

图14-36　　　　　　　　　　　　　　　　　　　图14-37

26 创建落地灯。设置灯光类型为"标准"，在床左侧的落地灯处创建一盏目标聚光灯，其位置如图14-38所示。

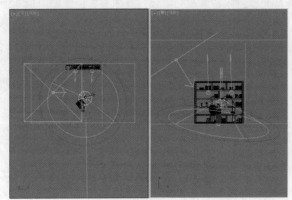

图14-38

27 选择上一步创建的目标聚光灯，展开"参数"卷展栏，具体参数设置如图14-39所示。

设置步骤

① 展开"常规参数"卷展栏，在"阴影"选项组中勾选"启用"选项。

② 展开"强度/颜色/衰减"卷展栏，设置"倍增"为0.45，"颜色"为（红:251，绿:170，蓝:65）。

③ 展开"聚光灯参数"卷展栏，设置"聚光区/光束"为126.6，"衰减区/区域"为135.4。

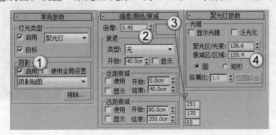

图14-39

28 按F9键渲染当前场景，效果如图14-40所示。至此，场景中的真实灯光创建完毕，接下来在椅子与落地灯上方创建点缀补光，以突出画面内容。

29 创建点缀补光。设置灯光类型为"光度学"，在椅子及落地灯上方创建两盏目标灯光，其位置如图
14-41所示。

 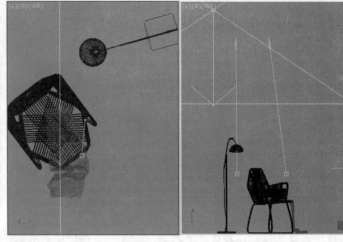

图14-40   图14-41

30 选择上一步创建的目标灯光，进入"修改"面板，具体参数设置如图14-42所示。

设置步骤

① 展开"常规参数"卷展栏，在"阴影"选项组下勾选"启用"选项，设置阴影类型为"VRay阴影"，设置
"灯光分布（类型）"为"光度学Web"。

② 展开"分布（光度学Web）"卷展栏，在其通道中加载学习资源中的"练习文件>第14章>练习14-1>材质>
02.ies"文件。

③ 展开"强度/颜色/衰减"卷展栏，设置"过滤颜色"为（红:255，绿:217，蓝:168），设置"强度"为50000。

31 按F9键渲染当前场景，效果如图14-43所示。至此，场景灯光创建完毕，接下来通过调整VRay物理摄
影机的参数来确定渲染图像的最终亮度与色调。

32 选择VRay物理摄影机，在"基本参数"卷展栏下设置"光圈数"为1.68（以提高场景亮度），关闭
"光晕"选项，设置"自定义平衡"的颜色为（红:255，绿:255，蓝:237），如图14-44
所示。

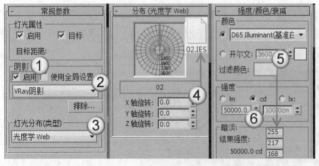  

图14-42   图14-43   图14-44

提示

由于场景内的灯光均为暖色，因此会造成图像整体偏黄，调整"自定义平衡"的颜色为偏白色可以有效纠正偏色。

33 按F9键渲染当前场景，效果如图14-45所示。

34 提高材质细分有利于减少图像中的噪点等问题，但过高的材质细分也会影响渲染速度。在本例中主要

将书架木纹材质"反射"选项组下的"细分"值调整到24即可，如图14-46所示。其他材质的"细分"值设置为16即可。

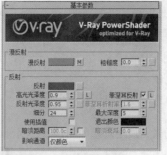

图14-45　　　　　　　　　　图14-46

提示

灯光设置完成后，下面就要对场景中的材质与灯光细分进行调整，以得到最精细的渲染效果。

35 提高灯光细分也有利于减少图像中的噪点等问题，同样过高的灯光细分也会影响到渲染速度。在本例中主要将模拟环境光的VRay灯光的"细分"值提高到30，如图14-47所示。其他灯光的"细分"值设置为24即可。

36 设置最终渲染参数。按F10键打开"渲染设置"对话框，展开"公共参数"卷展栏，设置"宽度"为1800，"高度"为2000，如图14-48所示。

图14-47　　　　　　　　　　图14-48

37 单击VRay选项卡，在"全局开关"卷展栏下勾选"光泽效果"选项，如图14-49所示。

38 在"图像采样器（抗锯齿）"卷展栏下设置图像采样器"类型"为"自适应"，在"抗锯齿过滤器"选项组下勾选"图像过滤器"选项，设置"过滤器"为Catmull-Rom，如图14-50所示。

39 单击"设置"选项卡，展开"全局确定性蒙特卡洛"卷展栏，设置"噪波阈值"为0.005，"最小采样"为12，如图14-51所示。

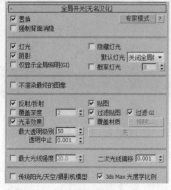

图14-49　　　　　　　　图14-50　　　　　　　　图14-51

40 单击"间接照明"选项卡，在"发光图"卷展栏下设置"当前预设"为"中"，设置"细分"为60，"插值采样"为30，如图14-52所示。

41 展开"灯光缓存"卷展栏，设置"细分"1000，如图14-53所示。

图14-52

图14-53

42 按F9键渲染当前场景，最终效果如图14-54所示。

图14-54

14.2　VRay选项卡

VRay选项卡包含9个参数卷展栏，如图14-55所示。下面重点讲解"帧缓冲区""全局开关""图像采样器（抗锯齿）""自适应图像采样器""环境""颜色贴图"和"全局确定性蒙特卡洛"7个卷展栏下的参数。

图14-55

14.2.1　帧缓冲区卷展栏

功能介绍

"帧缓冲区"卷展栏下的参数可以代替3ds Max自身的帧缓存窗口。在这里可以设置渲染图像的大小及保存渲染图像等，如图14-56所示。

参数详解

❖　启用内置帧缓冲区：当选择这个选项的时候，用户就可以使用VRay自身的渲染窗口。同时需要注意，应该在"公用"选项卡下关闭3ds Max默认的"渲染帧窗口"选项，这样可以节约一些内存资源，如图14-57所示。

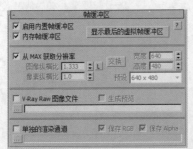

图14-56 图14-57

技术专题：详解"VRay帧缓冲区"对话框

在"帧缓存"卷展栏下勾选"启用内置帧缓冲区"选项后，按F9键渲染场景，3ds Max会弹出"V-Ray frame buffer"对话框，如图14-58所示。

图14-58

切换颜色显示模式：分别为"切换到RGB通道""查看红色通道""查看绿色通道""查看蓝色通道""切换到Alpha通道"和"灰度模式"。

保存图像：将渲染好的图像保存到指定的路径中。

保存所有图像通道：在添加了渲染ID元素以后，单击该按钮可以保存通道图像。

载入图像：载入VRay图像文件。

清除图像：清除帧缓存中的图像。

复制到3ds Max的帧缓存 ：单击该按钮可以将VRay帧缓存中的图像复制到3ds Max中的帧缓存中。

渲染时跟踪鼠标 ：强制渲染鼠标所指定的区域，这样可以快速观察到指定的渲染区域。

区域渲染 ：使用该按钮可以在VRay帧缓存中拖出一个渲染区域，再次渲染时就只渲染这个区域内的物体。

最后渲染 ：重复一次最后进行的渲染。

显示校正控制器 ：单击该按钮会弹出"颜色校正"对话框，在该对话框中可以校正渲染图像的颜色。

强制颜色钳位 ：单击该按钮可以对渲染图像中超出显示范围的色彩不进行警告。

显示像素信息 ：激活该按钮后，使用鼠标右键在图像上单击会弹出一个与像素相关的信息通知对话框。

使用色彩校正 ：在"颜色校正"对话框中调整明度的阈值后，单击该按钮可以将最后调整的结果显示或不显示在渲染的图像中。

使用颜色曲线校正 ：在"颜色校正"对话框中调整好曲线的阈值后，单击该按钮可以将最后调整的结果显示或不显示在渲染的图像中。

使用曝光校正 ：控制是否对曝光进行修正。

显示在sRGB色颜色空间 ：SRGB是国际通用的一种RGB颜色模式，还有Adobe RGB和ColorMatch RGB模式，这些RGB模式主要的区别就在于Gamma值不同。

使用LUT校正 ：在"颜色校正"对话框中加载LUT校正文件后，单击该按钮可以将最后调整的结果显示或不显示在渲染的图像中。

显示VFB历史窗口 ：单击该按钮后将弹出"渲染历史"对话框，该对话框用于查看之前渲染过的图像文件的相关信息。

使用像素纵横比 ：当渲染图像比例不当造成像素失真时，可以单击该按钮进行自动校正。注意，此时校正的是图像内单个像素的纵横比，因此对画面整体的影响并不明显。

立体红色/青色 ：如果需要输出具有立体感的画面，可以通过该按钮分别输出立体红色及立体青色图像，然后经过后期合成制作立体画面效果。

❖ 内存帧缓冲区：当勾选该选项时，可以将图像渲染到内存中，然后再由帧缓冲窗口显示出来，这样可以方便用户观察渲染的过程；当关闭该选项时，不会出现渲染框，而直接保存到指定的硬盘文件夹中，这样的好处是可以节约内存资源。

❖ 从MAX获取分辨率：当勾选该选项时，将从"公用"选项卡的"输出大小"选项组中获取渲染尺寸；当关闭该选项时，将从VRay渲染器的"输出分辨率"选项组中获取渲染尺寸。

❖ 图像纵横比：设置图像的长宽比例，单击后面的L按钮 可以锁定图像的长宽比。

❖ 像素纵横比：控制渲染图像的像素长宽比。

❖ 交换 ：交换"宽度"和"高度"的数值。

❖ 宽度：设置像素的宽度。

❖ 长度：设置像素的长度。

❖ 预设：可以在后面的下拉列表中选择需要渲染的尺寸。

❖ V-Ray Raw图像文件：控制是否将渲染后的文件保存到所指定的路径中。勾选该选项后渲染的图像将以raw格式进行保存。

❖ 生成预览：勾选该选项后，V-Ray Raw图像渲染完成后将生成预览效果。

❖ 单独的渲染通道：控制是否单独保存渲染通道。

❖ 保存RGB：控制是否保存RGB色彩。

❖ 保存Alpha：控制是否保存Alpha通道。

❖ 浏览 ：单击该按钮可以保存RGB和Alpha文件。

【练习14-2】使用VRay帧缓冲区

"VRay帧缓冲区"相对于3ds Max自带的渲染窗口更为丰富，是VRay渲染器的渲染缓冲窗口，如图14-59所示。

图14-59

01 打开学习资源中的"练习文件>第14章>14-2.max"文件，如图14-60所示。

02 按F9键渲染当前场景，在默认设置下将使用3ds Max自带的帧缓冲区，如图14-61所示。接下来启用VRay帧缓冲区。

图14-60

图14-61

03 按F10键打开"渲染设置"对话框，单击VRay选项卡，在"帧缓冲区"卷展栏下勾选"启用内置帧缓冲区""内存帧缓冲区"和"从MAX获取分辨率"选项，如图14-62所示。

04 在启用VRay帧缓冲区以后，默认的3ds Max帧缓冲区仍在后台工作，为了降低计算机的负担，可以单击"公用"选项卡，在"公用参数"卷展栏下关闭"渲染帧窗口"选项，如图14-63所示。

05 按F9键渲染当前场景，此时将弹出"V-Ray frame buffer"对话框，如图14-64所示。

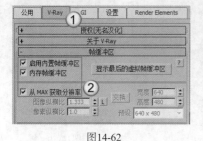

图14-62

图14-63

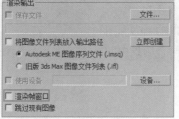

图14-64

14.2.2 全局开关卷展栏

功能介绍

"全局开关"展卷栏下的参数主要用来对场景中的灯光、材质和置换等进行全局设置。例如，是否使用默认灯光，是否开启阴影等，如图14-65所示。

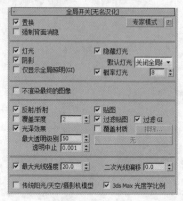

图14-65

提示

请用户特别注意，VRay渲染器的参数卷展栏分为"基本模式""高级模式"和"专家模式"3种类型。选择"基本模式"类型时，VRay渲染器只显示最基本的参数设置选项，如图14-66所示；选择"高级模式"类型时，VRay渲染器会显示大部分的参数设置选项，如图14-67所示；选择"专家模式"类型时，VRay渲染器会显示所有的参数设置选项，如图14-68所示。本书在讲解VRay渲染器时，全部是以"专家模式"或"高级模式"（某些卷展栏只有"高级模式"）进行讲解，也就是讲解该渲染器的所有参数设置选项。

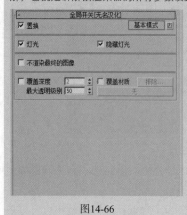

图14-66

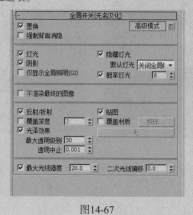

图14-67

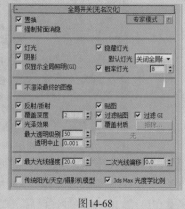

图14-68

参数详解

❖ 置换：控制是否开启场景中的置换效果。在VRay的置换系统中，共有两种置换方式，分别是材质置换方式和"VR-置换模式"修改器方式，如图14-69和图14-70所示。当关闭该选项时，场景中的两种置换都不会起作用。

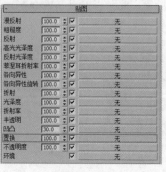

图14-69

图14-70

❖ 强制背面消隐：执行3ds Max中的"自定义>首选项"菜单命令，打开"首选项设置"对话框，在"视口"选项卡下有一个"创建对象时背面消隐"选项，如图14-71所示。"背面强制隐藏"与"创建对象时背面消隐"选项相似，但"创建对象时背面消隐"只用于视图，对渲染没有影响，而"强制背面隐藏"是针对渲染而言的，勾选该选项后反法线的物体将不可见。

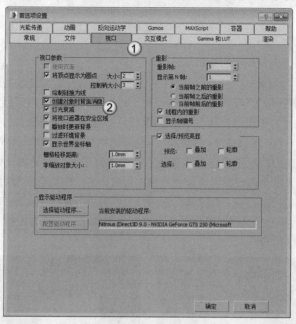

图14-71

❖ 灯光：控制是否开启场景中的光照效果。当关闭该选项时，场景中放置的灯光将不起作用。

❖ 阴影：控制场景是否产生阴影。

❖ 仅显示全局照明（GI）：当勾选该选项时，场景渲染结果只显示全局照明的光照效果。虽然如此，渲染过程中也是计算了直接光照的。

❖ 隐藏灯光：控制场景是否让隐藏的灯光产生光照。这个选项对于调节场景中的光照非常方便。

❖ 默认灯光：控制场景是否使用3ds Max系统中的默认光照，一般情况下都不设置它。

❖ 不渲染最终的图像：控制是否渲染最终图像。如果勾选该选项，VRay在计算完光子以后，将不再渲染最终图像，这在跑小光子图时非常方便。

❖ 反射/折射：控制是否开启场景中的材质的反射和折射效果。

❖ 覆盖深度：控制整个场景中的反射、折射的最大深度，后面的输入框数值表示反射、折射的次数。

❖ 光泽效果：是否开启反射或折射模糊效果。当关闭该选项时，场景中带模糊的材质将不会渲染出反射或折射模糊效果。

❖ 最大透明级别：控制透明材质被光线追踪的最大深度。值越高，被光线追踪的深度越深，效果越好，但渲染速度会变慢。

❖ 透明中止：控制VRay渲染器对透明材质的追踪终止值。当光线透明度的累计比当前设定的阀值低时，将停止光线透明追踪。

❖ 贴图：控制是否让场景中的物体的程序贴图和纹理贴图渲染出来。如果关闭该选项，那么渲染出来的图像就不会显示贴图，取而代之的是漫反射通道里的颜色。

❖ 过滤贴图：这个选项用来控制VRay渲染时是否使用贴图纹理过滤。如果勾选该选项，VRay将用自身的"图像过滤器"来对贴图纹理进行过滤，如图14-72所示；如果关闭该选项，将以原始图像进行渲染。

图14-72

❖ 　过滤GI：控制是否在全局照明中过滤贴图。

❖ 　覆盖材质：是否为场景赋予一个全局材质。当在下面的"无" 　　　　无　　　　通道中设置了材质后，那么场景中所有的物体都将使用该材质进行渲染，这在测试阳光效果及检查模型完整度时非常有用。另外，单击"排除"按钮 　排除...　可以选择不需要覆盖的对象。

❖ 　二次光线偏移：这个选项主要用来控制有重面的物体在渲染时不会产生黑斑。如果场景中有重面，在默认值0的情况下将会产生黑斑，一般通过设置一个比较小的值来纠正渲染错误，如0.0001。但是如果这个值设置得比较大，如10，那么场景中的全局照明将变得不正常。例如，在图14-73中，地板上放了一个长方体，它的位置刚好和地板重合，当"二次光线偏移"数值为0的时候渲染结果不正确，出现黑块；当"二次光线偏移"数值为0.001的时候，渲染结果正常，没有黑斑，如图14-74所示。

二次光线偏移=0
图14-73

二次光线偏移=0.001
图14-74

【练习14-3】测试全局开关的隐藏灯光

"隐藏灯光"选项用于控制场景内隐藏的灯光是否参与渲染照明作用，在同一场景内该选项勾选前后的效果对比如图14-75和图14-76所示。

开启隐藏灯光
图14-75

关闭隐藏灯光
图14-76

01 打开学习资源中的"练习文件>第14章>14-3.max"文件，如图14-77所示。

02 按F9键渲染当前场景，效果如图14-78所示。下面通过场景中的射灯来了解"隐藏灯光"选项的功能。

图14-77　　　　　　　　　　　　　　　　　　　　图14-78

03 选择场景中所有的射灯，单击鼠标右键，在弹出的菜单中选择"隐藏选定对象"命令，将所选灯光隐藏起来，如图14-79所示。

04 按F9键渲染当前场景，效果如图14-80所示。可以观察到场景中的射灯仍然产生了照明作用，这是因为"隐藏灯光"选项在默认情况下处于开启状态。

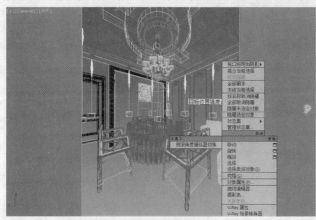

图14-79　　　　　　　　　　　　　　　　　　　　图14-80

05 关闭"隐藏灯光"选项，如图14-81所示，再次按F9键渲染当前场景，效果如图14-82所示。此时可以观察到射灯已经不再产生照明效果。

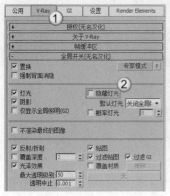

图14-81　　　　　　　　图14-82

提示

在灯光测试阶段应该关闭"隐藏灯光"选项，从而方便单独调整单个或某个区域灯光的细节效果。

【练习14-4】测试全局开关的覆盖材质

"覆盖材质"选项用于统一控制场景内所有模型的材质效果，该功能通常用于检查场景模型是否完整，如图14-83所示。

图14-83

01 打开学习资源中的"练习文件>第14章>14-4.max"文件，如图14-84所示。

02 选择一个空白材质球，设置材质类型为VRayMtl材质，并将其命名为"覆盖材质"，设置"漫反射"颜色为白色，如图14-85所示。

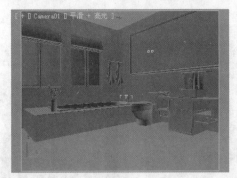

图14-84

图14-85

03 按F10键打开"渲染设置"对话框，在"全局开关"卷展栏下勾选"覆盖材质"选项，然后使用鼠标左键将"覆盖材质"材质球以"实例"方式复制到 "覆盖材质"按钮 覆盖材质 上，如图14-86所示。

04 为了快速产生照明效果，可以展开"环境"卷展栏，在"全局照明环境（天光）覆盖"选项组下勾选"开"选项，设置"倍增器"为2，如图14-87所示。

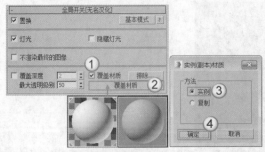

图14-86

图14-87

05 按F9键渲染当前场景，效果如图14-88所示。可以观察到所有对象均显示为灰白色，如果模型有破面、漏光现象就会非常容易发现，如图14-89和图14-90所示。

图14-88 　　　　　　　　　　　图14-89 　　　　　　　　　　　图14-90

【练习14-5】测试全局开关的光泽效果

"光泽效果"选项用于统一控制场景内的模糊反射效果，该选项开启前后的场景渲染效果与耗时对比如图14-91和图14-92所示。

图14-91 　　　　　　　　　　　　　　　图14-92

01 打开学习资源中的"练习文件>第14章>14-5.max"文件，如图14-93所示。

02 按F9键渲染当前场景，效果如图14-94所示。由于默认情况下勾选了"光泽效果"选项，因此当前的边柜漆面产生了比较真实的模糊效果，整体渲染时间约为2分40秒。

图14-93 　　　　　　　　　　　　　　　图14-94

03 按F10键打开"渲染设置"对话框，在"全局开关"卷展栏下关闭"光泽效果"选项，如图14-95所示。

04 再次按F9键渲染当前场景，效果如图14-96所示。可以观察到渲染出了光亮的漆面效果，渲染时间也降低到约1分25秒。

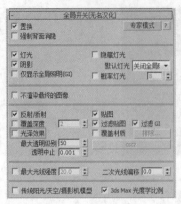

图14-95

render time: 0h 1m 25.4s

图14-96

提示

由于材质的光泽效果对灯光照明效果的影响十分小，因此在测试渲染灯光效果时，可以关闭"光泽效果"选项以加快渲染速度。而在渲染成品图时则需要勾选该选项，以体现真实的材质模糊反射细节。

14.2.3 图像采样器（抗锯齿）卷展栏

功能介绍

"图像采样器（抗锯齿）"在渲染设置中是一个必须调整的参数，其数值的大小决定了图像的渲染精度和渲染时间，但抗锯齿与全局照明精度的高低没有关系，只作用于场景物体的图像和物体的边缘精度，其参数设置面板如图14-97所示。

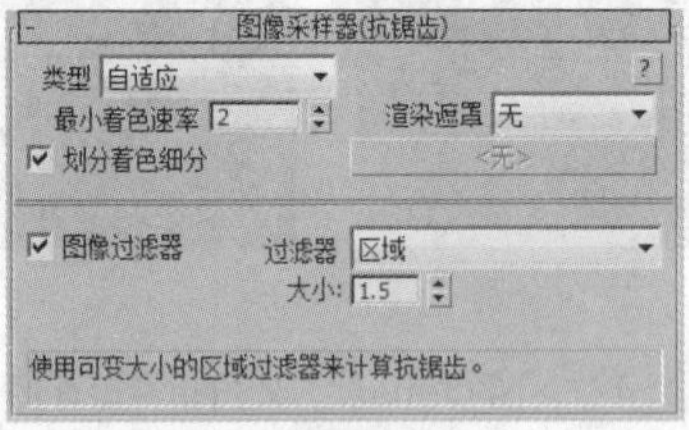

图14-97

参数详解

❖ **类型**：用来设置"图像采样器"的类型，包括"固定""自适应""自适应细分"和"渐进"4种类型。

  ◇ **固定**：对每个像素使用一个固定的细分值。该采样方式适合拥有大量的模糊效果（例如运动模糊、景深模糊、反射模糊和折射模糊等）或者具有高细节纹理贴图的场景。在这种情况下，使用"固定"方式能够兼顾渲染品质和渲染时间。

  ◇ **自适应**：这是最常用的一种采样器，在后面的内容中还要单独介绍，其采样方式可以根据每个像素以及与它相邻像素的明暗差异来使不同像素使用不同的样本数量。在角落部分使用较高的样本数量，在平坦部分使用较低的样本数量。该采样方式适合用于拥有少量的模糊效果或者具有高细节的纹理贴图以及具有大量几何体面的场景。

  ◇ **自适应细分**：这个采样器具有负值采样的高级抗锯齿功能，适用于没有或者有少量的模糊效果的场景中，在这种情况下，它的渲染速度最快，但是在具有大量细节和模糊效果的场景中，它的渲染速度会非常慢，渲染品质也不高，这是因为它需要去优化模糊和大量的细节，这样就需要对模糊和大量细节进行预计算，也就降低了渲染速度。同时该采样方式是4种采样类型中最占内存资源的一种，而"固定"采样器占的内存资源最少。

  ◇ **渐进**：此采样器逐渐采样至整个图像。

❖ 最小着色速率/渲染遮罩/划分着色细分：这3个选项保持默认设置即可。

❖ 图像过滤器：当勾选该选项以后，可以从后面的下拉列表中选择一个图像过滤器来对场景进行抗锯齿处理；如果不勾选此选项，那么渲染时将使用纹理图像过滤器。图像过滤器的类型有以下14种。

   ✧ 区域：用区域大小来计算抗锯齿，如图14-98所示。

   ✧ 清晰四方形：来自Neslon Max算法的清晰9像素重组过滤器，如图14-99所示。

   ✧ Catmull-Rom：一种具有边缘增强的过滤器，可以产生较清晰的图像效果，如图14-100所示。

图14-98   图14-99   图14-100

   ✧ 图版匹配/MAX R2：使用3ds Max R2的方法（无贴图过滤）将摄影机和场景或"无光/投影"元素与未过滤的背景图像相匹配，如图14-101所示。

   ✧ 四方形：与"清晰四方形"相似，能产生一定的模糊效果，如图14-102所示。

   ✧ 立方体：基于立方体的25像素过滤器，能产生一定的模糊效果，如图14-103所示。

图14-101   图14-102   图14-103

   ✧ 视频：适合用于制作视频动画的一种图像过滤器，如图14-104所示。

   ✧ 柔化：用于程度模糊效果的一种图像过滤器，如图14-105所示。

   ✧ Cook变量：一种通用过滤器，较小的数值可以得到清晰的图像效果，如图14-106所示。

视频

柔化

Cook变量

图14-104　　　　　　　　　　　图14-105　　　　　　　　　　　图14-106

◇　混合：一种用混合值来确定图像清晰或模糊的图像抗锯齿过滤器，如图14-107所示。

◇　Blackman：一种没有边缘增强效果的图像过滤器，如图14-108所示。

混合

Blackman

图14-107　　　　　　　　　　　图14-108

◇　Mitchell-Netravali：一种常用的过滤器，能产生微量模糊的图像效果，如图14-109所示。

◇　VRayLanczosFilter/VRaySincFilter：这两个过滤器可以很好地平衡渲染速度和渲染质量，如图14-110所示。

Mitchell-Netravali

Lanczos与Sinc

图14-109　　　　　　　　　　　图14-110

◇ VRayBoxFilter/VRayTriangleFilter：这两个过滤器以"盒子"和"三角形"的方式进行抗锯齿。

❖ 大小：设置过滤器的大小。

【练习14-6】测试图像采样器的采样类型

图像采样指的是VRay渲染器在渲染时对渲染图像中每个像素使用的采样方式，VRay渲染器有"固定""自适应细分"和"自适应"3种常用的采样方式，其生成的效果与耗时对比如图14-111~图14-113所示，接下来了解各采样器的特点与使用方法。

render time: 0h 1m 27.5s 固定

render time: 0h 3m 27.0s 自适应细分

render time: 0h 2m 59.9s 自适应

图14-111　　　　　　　　　　图14-112　　　　　　　　　　图14-113

01 打开学习资源中的"练习文件>第14章>14-6.max"文件，如图14-114所示。

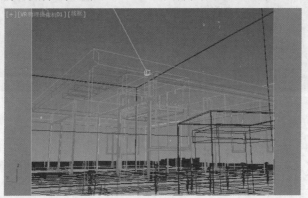

图14-114

02 测试"固定"采样器的作用。在"图像采样器（抗锯齿）"卷展栏下设置图像采样器"类型"为"固定"，如图14-115所示。该采样器是VRay最简单的采样器，对于每一个像素它使用固定数量的样本，选择该采样方式后将自动添加一个"固定图像采样器"卷展栏，如图14-116所示。

图14-115　　　　　　　　　　　　　图14-116

—— 提示 ——

"固定"采样器的效果由"固定图像采样器"卷展栏下的"细分"数值控制，设定的"细分"值表示每个像素使用的样本数量。

03 保持"细分"值为1，按F9键渲染当前场景，效果如图14-117所示，细节放大效果如图14-118所示。可以观察到图像中的锯齿现象比较明显，但对于材质与灯光的查看并没有影响，耗时约为1分27秒。

图14-117　　　　　　　　　　　　　　　　图14-118

04 在"固定图像采样器"卷展栏下将"细分"值修改为2，然后按F9键渲染当前场景，效果如图14-119所示，细节放大效果如图14-120所示。可以观察到图像中的锯齿现象虽然得到了改善，但图像细节反而变得更加模糊，而耗时则增加到约3分56秒。

图14-119　　　　　　　　　　　　　　　　图14-120

提示

　　经过上面的测试可以发现，在使用"固定"采样器并保持默认的"细分"值为1时，可以快速渲染出用于观察材质与灯光效果的图像，但如果增大"细分"值则会使图像变得模糊，同时大幅增加渲染时间。因此，通常用默认设置的"固定"采样器类来测试灯光效果，而如果需要渲染大量的模糊特效（比如运动模糊、景深模糊、反射模糊和折射模糊），则可以考虑提高"细分"值，以达到质量与耗时的平衡。

---

05 测试"自适应细分"采样器的作用。在"图像采样器（抗锯齿）"卷展栏下设置图像采样器"类型"为"自适应细分"，如图14-121所示。该采样器是用得最多的采样器，对于模糊和细节要求不太高的场景，它可以实现速度和质量的平衡，在室内效果图的制作中，这个采样器几乎可以适用于所有场景。选择该采样方式后将自动添加一个"自适应细分图像采样器"卷展栏，如图14-122所示。

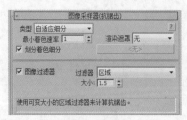 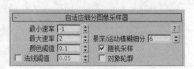

图14-121　　　　　　　　　　　　　　　　图14-122

06 保持默认的"自适应细分"采样器设置，按F9键渲染当前场景，效果如图14-123所示。可以观察到图像没有明显的锯齿现象，材质与灯光的表现也比较理想，耗时约为3分27秒。

图14-123

07 在"自适应细分图像采样器"卷展栏下将"最小比率"修改为0，然后测试渲染当前场景，效果如图14-124所示。可以观察到图像并没有产生明显的变化，而耗时则增加到约3分58秒。

08 将"最小比率"数值还原为-1，将"最大比率"修改为3，然后渲染当前场景，效果如图14-125所示。可以观察到图像效果并没有明显的变化，而耗时则增加到约5分24秒。

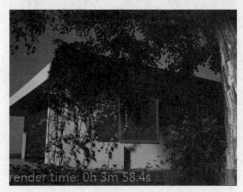

图14-124

图14-125

提示

经过上面的测试可以发现，使用"自适应细分"采样器时，通常情况下，"最小比率"为-1、"最大比率"为2时就能得到较好的效果。而提高"最小比率"或"最大比率"并不会明显改善图像的质量，但渲染时间会大幅增加，因此在使用该采样器时保持默认设置即可。

09 测试"自适应"采样器的作用。在"图像采样器（抗锯齿）"卷展栏下设置图像采样器"类型"为"自适应"，如图14-126所示。该采样器是最复杂的采样器，它根据每个像素和它相邻像素的明暗差异来产生不同数量的样本，从而使需要表现细节的地方使用更多的采样，使效果更为精细，而在细节较少的地方减少采样，以缩短计算时间。选择该采样方式后将自动添加一个"自适应图像采样器"卷展栏，如图14-127所示。

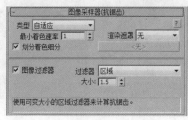

图14-126

图14-127

10 保持默认的"自适应"采样器设置，按F9键渲染当前场景，效果如图14-128所示。可以观察到图像没有明显的锯齿效果，材质与灯光的表达也比较理想，耗时约为2分59秒。

图14-128

11 在"自适应图像采样器"卷展栏下将"最小细分"修改为2，然后测试渲染当前场景，效果如图14-129所示。可以观察到图像效果并没有明显的变化，而耗时则增加到约3分24秒。

12 将"最小细分"数值还原为1，将"最大细分"修改为5，然后测试渲染当前场景，效果如图14-130所示。可以观察到图像效果并没有明显的变化，而耗时则增加到约3分51秒。

图14-129

图14-130

提示

经过以上的测试并对比"自适应细分"采样器的渲染质量与时间可以发现，"自适应"采样器在取得相近的图像质量的前提下，所耗费的时间相对更少，因此当场景具有大量微小细节，如在具有VRay毛发或模糊效果（景深和运动模糊等）的场景中，为了尽可能提高渲染速度，建议选择该采样器。

【练习14-7】测试图像过滤器类型

VRay渲染器支持3ds Max内置的绝大部分反锯齿类型，本例主要介绍最常用的3种类型，分别是"区域"、Catmull-Rom和Mitchell-Netravali，生成的效果与耗时对比如图14-131~图14-133所示。

图14-131

图14-132

图14-133

01 打开学习资源中的"练习文件>第14章>14-7.max"文件，如图14-134所示。

02 展开"图像采样器（抗锯齿）"卷展栏，可以观察到"图像过滤器"的选项处于关闭状态，这表示没有使用任何抗锯齿过滤器，如图14-135所示。

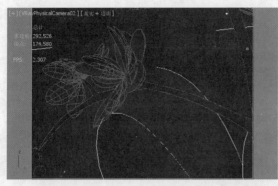

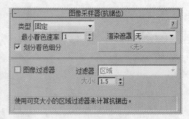

图14-134 图14-135

03 按F9键渲染当前场景，渲染效果如图14-136所示，细节放大效果如图14-137所示。

图14-136 图14-137

04 测试"区域"反锯齿过滤器的作用。展开"图像采样器（抗锯齿）"卷展栏，勾选"图像过滤器"选项，并设置类型为"区域"，如图14-138所示，然后测试渲染当前场景，效果如图14-139所示，细节放大效果如图14-140所示。可以观察到图像整体变得相对平滑，但细节稍有些模糊（注意叶片上的条纹），耗时为2分52秒。

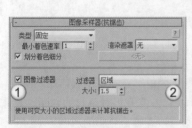

图14-138 图14-139 图14-140

05 测试Catmull-Rom反锯齿过滤器。在"图像采样器（抗锯齿）"卷展栏下设置图像过滤器"类型"为Catmull-Rom，如图14-141所示，然后测试渲染当前场景，效果如图14-142所示，细节放大效果如图14-143所示。可以观察到图像整体变得比较平滑，但图像细节变得比较锐利，耗时约为2分55秒。

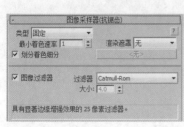

图14-141 图14-142 图14-143

06 测试Mitchell-Netravali反锯齿过滤器。在"图像采样器（抗锯齿）"卷展栏下设置"图像过滤器"类型为Mitchell-Netravali，如图14-144所示，然后测试渲染当前场景，效果如图14-145所示，细节放大效果如图14-146所示。可以观察到图像整体变得平滑，但图像细节损失较大，耗时约为2分52秒。

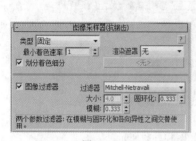

图14-144

图14-145

图14-146

提示

经过上面的测试对比可以发现，如果要想得到清晰锐利的图像效果，最好选择Catmull-Rom抗锯齿过滤器；如果是渲染有模糊特效的场景则应选择Mitchell-Netravali抗锯齿过滤器；在通常情况下，选择"区域"抗锯齿过滤器可以取得渲染质量与渲染时间的平衡。

14.2.4　自适应图像采样器卷展栏

功能介绍

"自适应图像采样器"是一种高级抗锯齿图像采样器。展开"图像采样器（抗锯齿）"卷展栏，设置图像采样器的"类型"为"自适应"，此时会增加一个"自适应图像采样器"卷展栏，如图14-147所示。

图14-147

参数详解

❖　最小细分：定义每个像素使用样本的最小数量。

❖　最大细分：定义每个像素使用样本的最大数量。

❖　使用确定性蒙特卡洛采样器阈值：如果勾选了该选项，"颜色阈值"选项将不起作用。

❖　颜色阈值：色彩的最小判断值，当色彩的判断达到这个值以后，就停止对色彩的判断。具体一点就是分辨哪些是平坦区域，哪些是角落区域。这里的色彩应该理解为色彩的灰度。

14.2.5　环境卷展栏

功能介绍

"环境"卷展栏下的参数主要用于设置天光的亮度、反射、折射和颜色等，如图14-148所示。

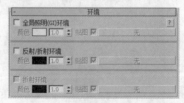

图14-148

参数详解

❖　全局照明（GI）环境：控制是否开启全局照明环境。

◇ 颜色：设置天光的颜色，在后面可设置天光亮度的倍增。值越高，天光的亮度越高。

◇ 贴图：选择贴图来作为天光的光照。

❖ 反射/折射环境：控制是否开启反射/折射环境。

◇ 颜色：设置反射环境的颜色，在后面可设置反射环境亮度的倍增。值越高，反射环境的亮度越高。

◇ 贴图：选择贴图来作为反射环境。

❖ 折射环境：控制是否开启折射环境。

◇ 颜色：设置折射环境的颜色，在后面可设置反射环境亮度的倍增。值越高，折射环境的亮度越高。

◇ 贴图：选择贴图来作为折射环境。

【练习14-8】测试环境的全局照明环境

通过"全局照明（GI）环境"选项可以快速模拟出环境光效果，开启该功能前后的对比效果如图14-149和图14-150所示。

关闭全局照明（GI）环境　　开启全局照明（GI）环境

图14-149　　　　　　　　　　　　　　　　图14-150

[01] 打开学习资源中的"练习文件>第14章>14-8.max"文件，如图14-151所示。本场景中已经创建好了太阳光。

[02] 渲染当前场景，效果如图14-152所示。可以观察到图像出现了日光的光影效果，但是在日光直射的区域外围出现了十分暗淡的阴影（左侧的树木与右侧的草地）。

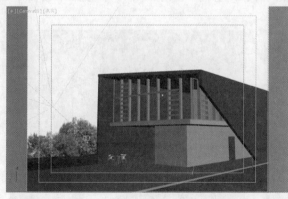

图14-151　　　　　　　　　　　　　　　　图14-152

[03] 展开"环境"卷展栏，勾选"全局照明（GI）环境"选项，如图14-153所示，然后测试渲染当前场景，效果如图14-154所示。可以观察到图像整体变得更为明亮，左侧的树木与右侧的草地等区域的照明效果也得到了改善。

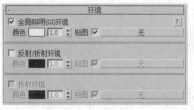

图14-153   图14-154

【练习14-9】测试环境的反射/折射环境

通过"反射/折射环境"选项可以快速在场景内添加反射和折射细节，开启该功能的前后效果对比如图14-155和图14-156所示。

图14-155   图14-156

`01` 打开学习资源中的"练习文件>第14章>14-9.max"文件，如图14-157所示。

`02` 渲染当前场景，效果如图14-158所示。可以观察到由于没有开启"反射/折射环境"功能，玻璃的质感并不强。

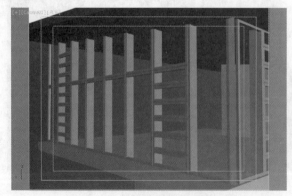

图14-157   图14-158

`03` 展开"环境"卷展栏，勾选"反射/折射环境"选项，在后面的贴图通道中加载一个VRayHDRI环境贴图，如图14-159所示。

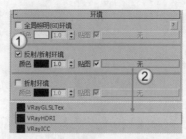

图14-159

04 按M键打开"材质编辑器"对话框，使用鼠标左键将"反射/折射环境"通道中的VRayHDRI环境贴图拖曳到一个空白材质球上，在弹出的对话框中设置"方法"为"实例"，如图14-160所示。

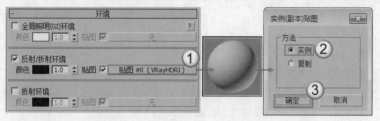

图14-160

05 展开"参数"卷展栏，单击"浏览"按钮 <u>浏览</u>，在弹出的对话框中选择学习资源中的"实例文件>CH13>实战：测试环境的反射/折射环境覆盖>户外.hdr"文件，然后设置"贴图类型"为"球形"，如图14-161所示，最后测试渲染当前场景，效果如图14-162所示。可以观察到玻璃上出现了反射等细节，质感也得到了明显增强。

图14-161

图14-162

06 如果要增强反射的影响程度，可以提高"全局倍增"的数值，如图14-163所示，再次测试渲染当前场景，效果如图14-164所示。

图14-163

图14-164

14.2.6 颜色贴图卷展栏

功能介绍

"颜色贴图"卷展栏下的参数主要用来控制整个场景的颜色和曝光方式，如图14-165所示。

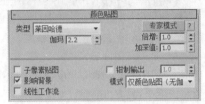

图14-165

参数详解

❖ 类型：提供不同的曝光模式，包括"线性倍增""指数""HSV指数""强度指数""伽马校正""强度伽马"和"莱因哈德"7种模式。

  ❖ 线性倍增：这种模式将基于最终色彩亮度来进行线性的倍增，可能会导致靠近光源的点过分明亮，如图14-166所示。"线性倍增"模式包括3个局部参数，"暗度倍增"是对暗部的亮度进行控制，加大该值可以提高暗部的亮度；"明度倍增"是对亮部的亮度进行控制，加大该值可以提高亮部的亮度；"伽马"主要用来控制图像的伽马值。

  ❖ 指数：这种曝光采用指数模式，它可以降低靠近光源处表面的曝光效果，同时场景颜色的饱和度会降低，如图14-167所示。"指数"模式的局部参数与"线性倍增"一样。

  ❖ HSV指数：与"指数"曝光比较相似，不同点在于可以保持场景物体的颜色饱和度，但是这种方式会取消高光的计算，如图14-168所示。"HSV指数"模式的局部参数与"线性倍增"一样。

图14-166

图14-167

图14-168

  ❖ 强度指数：这种方式是对上面两种指数曝光的结合，既抑制了光源附近的曝光效果，又保持了场景物体的颜色饱和度，如图14-169所示。"强度指数"模式的局部参数与"线性倍增"相同。

  ❖ 伽马校正：采用伽马来修正场景中的灯光衰减和贴图色彩，其效果和"线性倍增"曝光模式类似，如图14-170所示。"伽马校正"模式包括"倍增""反向伽马"和"伽马"3个局部参数，"倍增"主要用来控制图像的整体亮度倍增；"反向伽马"是VRay内部转化的，例如输入2.2就与显示器的伽马2.2相同；"伽马"主要用来控制图像的伽马值。

  ❖ 强度伽马：这种曝光模式不仅拥有"伽马校正"的优点，同时还可以修正场景灯光的亮度，如图14-171所示。

图14-169　　　　　　　　　　　　　图14-170　　　　　　　　　　　　　图14-171

◇　莱因哈德：这种曝光方式可以把"线性倍增"和"指数"曝光混合起来。它包括一个"加深值"局部参数，主要用来控制"线性倍增"和"指数"曝光的混合值，0表示"线性倍增"不参与混合，如图14-172所示；1表示"指数"不参加混合，如图14-173所示；0.5表示"线性倍增"和"指数"曝光效果各占一半，如图14-174所示。

图14-172　　　　　　　　　　　　　图14-173　　　　　　　　　　　　　图14-174

❖　子像素贴图：在实际渲染时，物体的高光区与非高光区的界限处会有明显的黑边，而开启"子像素贴图"选项后就可以缓解这种现象。

❖　钳制输出：勾选这个选项后，在渲染图中有些无法表现出来的色彩会通过限制来自动纠正。但是当使用HDRI（高动态范围贴图）的时候，如果限制了，色彩的输出会出现一些问题。

❖　影响背景：控制是否让曝光模式影响背景。当关闭该选项时，背景不受曝光模式的影响。

❖　模式：通常不进行设置，仅在使用HDRI（高动态范围贴图）和"VRay灯光材质"时，选择"无（不适用任何东西）"选项。

❖　线性工作流：当使用线性工作流时，可以勾选该选项。

【练习14-10】测试颜色贴图的曝光类型

在"颜色贴图"卷展栏下有一个曝光（"类型"选项）功能，利用该功能可以快速改变场景的曝光效果，从而达到调整渲染图像亮度和对比度的目的，常用的曝光类型有"线性倍增""指数"和

"莱因哈德" 3种，其在相同灯光与相同渲染参数（除曝光方式不同外）下的效果对比如图14-175~图14-177所示。

图14-175

图14-176

图14-177

01 打开学习资源中的"练习文件>第14章>14-10.max"文件，如图14-178所示。

图14-178

02 测试"线性倍增"曝光模式。展开"颜色贴图"卷展栏，设置"类型"为"线性倍增"，如图14-179所示。"线性倍增"曝光模式是基于最终图像色彩的亮度来进行简单的亮度倍增的，太亮的颜色成分（在1或255之上）将会被限制，但是这种模式可能会导致靠近光源的点过于明亮。

03 按F9键渲染当前场景，效果如图14-180所示。可以观察到使用"线性倍增"曝光模式产生的图像很明亮，色彩也比较艳丽。

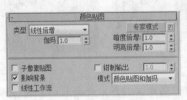

图14-179

图14-180

04 如果要提高图像的亮部与暗部的对比，可以在降低"暗度倍增"数值的同时提高"明亮倍增"的数值，如图14-181所示，然后测试渲染当前场景，效果如图14-182所示。可以观察到图像的明暗对比加强了一些，但窗口的一些区域却出现了曝光过度的现象。

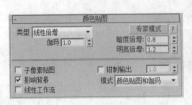

图14-181

图14-182

经过上面的测试可以发现，"线性倍增"模式所产生的曝光效果整体明亮，但容易在局部产生曝光过度的现象。此外，"暗度倍增"与"明亮倍增"选项分别控制着图像亮部与暗部的亮度。

05 测试"指数"曝光模式。"指数"曝光模式与"线性倍增"曝光模式相比，不容易曝光，而且明暗对比也没有那么明显。该模式基于亮度来使图像更加饱和，这对防止非常明亮的区域产生过度曝光十分有效，但是这个模式不会限制颜色范围，而是让它们更饱和（降低亮度）。在"颜色贴图"卷展栏下设置"类型"为"指数"，如图14-183所示。

06 测试渲染当前场景，效果如图14-184所示。可以观察到使用"指数"曝光模式产生的图像整体较暗，色彩也比较平淡。

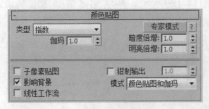

图14-183

图14-184

07 如果要增大图像的亮部与暗部的对比，可以在降低"暗度倍增"数值的同时提高"明亮倍增"的数值，如图14-185所示，然后测试渲染当前场景，效果如图14-186所示。可以观察到场景的明暗对比加强了，但是整体的色彩还是不如"线性倍增"曝光模式的艳丽。

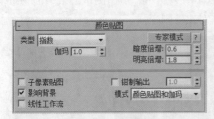

图14-185

图14-186

经过上面的测试可以发现，"指数"曝光模式所产生的曝光效果整体偏暗，通过"暗度倍增"与"明亮倍增"选项的调整可以改善亮度与对比效果（该模式下数值的变动幅度需要大一些才能产生较明显的效果），但在色彩的表现力上还是不如"线性倍增"曝光模式。

08 测试"莱因哈德"曝光模式。展开"颜色贴图"卷展栏，设置"类型"为"莱因哈德"，如图14-187所示。这种曝光模式是"线性倍增"曝光模式与"指数"曝光模式的结合，在该模式下主要通过调整"伽马"参数来校正图像的亮度和对比度。

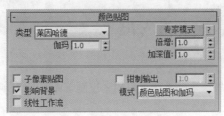

图14-187

09 测试渲染当前场景，效果如图14-188所示。可以观察到使用"莱因哈德"曝光模式产生的图像亮度适中，明暗对比较强，色彩表现力也较理想。

图14-188

10 在"颜色贴图"卷展栏下将"伽马"提高为1.4，如图14-189所示，然后测试渲染当前场景，效果如图14-190所示。可以观察到图像的整体亮度提高了，而明暗对比度则变弱了。

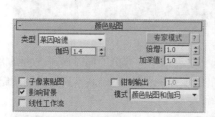

图14-189

图14-190

11 在"颜色贴图"卷展栏下将"伽马"降低为0.6，如图14-191所示，然后测试渲染当前场景，效果如图14-192所示。可以观察到图像的整体亮度降低了，而明暗对比度则变强了。

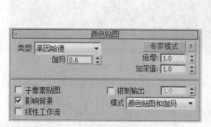

图14-191

图14-192

提示

　　经过上面的测试可以发现，"莱因哈德"曝光模式是一种比较灵活的曝光模式，如果场景室外灯光亮度很高，为了防止过度曝光并保持图像的色彩效果，建议选择这种模式。

14.2.7　全局确定性蒙特卡洛卷展栏

功能介绍

　　"全局确定性蒙特卡洛"卷展栏下的参数可以用来控制整体的渲染质量和速度，其参数设置面板如图14-193所示。

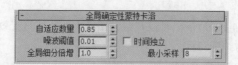

图14-193

参数详解

❖ 自适应数量：主要用来控制适应的百分比。

❖ 噪波阈值：控制渲染中所有产生噪点的极限值，包括灯光细分、抗锯齿等。数值越小，渲染品质越高，渲染速度就越慢。

❖ 时间独立：控制是否在渲染动画时对每一帧都使用相同的"全局确定性蒙特卡洛"参数设置。

❖ 全局细分倍增：VRay渲染器有很多"细分"选项，该选项用来控制所有细分的百分比。

❖ 最小采样：设置样本及样本插补中使用的最少样本数量。数值越小，渲染品质越低，速度就越快。

【练习14-11】测试自适应数量

"自适应数量"选项可以控制图像中的光斑等细节，该数值为采样时最小的终止数量，因此较小的数值可以使采样更为精细，但也会耗费更多的计算时间，图14-194~图14-196所示是不同"适应数量"值渲染得到的图像效果与耗时对比。

自适应数量=0.75　耗时为0分53秒

图14-194

自适应数量=1　耗时为0分36秒

图14-195

自适应数量=0.1　耗时为4分7秒

图14-196

`01` 打开学习资源中的"练习文件>第14章>14-11.max"文件，如图14-197所示。

`02` 展开"全局确定性蒙特卡洛"卷展栏，可以观察到"自适应数量"的默认值为0.75，如图14-198所示。

图14-197

图14-198

03 渲染当前场景，效果如图14-199所示。可以观察到图像中的整体灯光效果尚可接受，但在远处的墙面上出现了较大面积的光斑，耗时约为53秒。

04 在"全局确定性蒙特卡洛"卷展栏下设置"自适应数量"为1，然后测试渲染当前场景，效果如图14-200所示。可以观察到提高数值后，远处墙面的光斑变得更为明显，近处的透明纱窗上也出现了一些光斑，耗时约为36秒。

图14-199

图14-200

05 在"全局确定性蒙特卡洛"卷展栏下设置"自适应数量"为0.55，然后测试渲染当前场景，效果如图14-201所示。可以观察到降低该数值后，远处墙面及近处的透明纱窗变得平滑，但耗时约为53秒。

06 在"全局确定性蒙特卡洛"卷展栏下设置"自适应数量"为0.1，然后再次测试渲染当前场景，效果如图14-202所示。可以观察到相对于0.55的设置，此时的图像并没有太多变化，但耗时约为4分7秒。

图14-201

图14-202

提示

　　经过以上测试可以发现，适当降低"自适应数量"值可以在较合理的时间内得到较高品质的图像，在测试渲染时通常保持默认值0.75即可，在渲染成品图时控制在0.55~0.75之间，设置太低并不能进一步改善图像质量，反而会大幅增加渲染时间。

【练习14-12】测试噪波阈值

　　"噪波阈值"选项可以控制图像的噪点等，VRay渲染器在评估一种模糊效果是否足够好的时候，最小接受值即为该选项设定的数值，小于该数值的采样在最后的结果中将直接转化为噪波。因此，较小的取值意味着较少的噪波，同时使用更多的样本以获得更好的图像品质，但也会耗费更多的计算时间，图14-203~图14-205所示是不同"噪波阈值"数值渲染得到的图像效果与耗时对比。

噪波阈值=0.01　耗时为0分53秒　　噪波阈值=0.1　耗时为0分51秒　　噪波阈值=0.001　耗时为1分31秒
　　　图14-203　　　　　　　　　　　图14-204　　　　　　　　　　　图14-205

`01` 打开学习资源中的"练习文件>第14章>14-12.max"文件，如图14-206所示。

图14-206

`02` 展开"全局确定性蒙特卡洛"卷展栏，可以观察到"噪波阈值"的默认值为0.01，如图14-207所示。

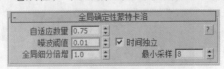

图14-207

`03` 测试渲染当前场景，效果如图14-208所示。可以观察到图像存在很多噪点，远处的墙面上尤为明显，耗时约为53秒。

`04` 在"全局确定性蒙特卡洛"卷展栏下设置"噪波阈值"为0.1，然后测试渲染当前场景，效果如图14-209所示。可以观察到此时的噪点更为明显，耗时约为51秒。

图14-208

图14-209

05 在"全局确定性蒙特卡洛"卷展栏下设置"噪波阈值"为0.001，然后测试渲染当前场景，效果如图14-210所示。可以观察到此时的噪点得到了控制，墙面变得比较光滑，耗时约为1分31秒。

图14-210

提示

经过以上测试可以发现，适当降低"噪波阈值"参数值可以有效地消除模型表面的噪点，在测试渲染时保持默认即可，渲染最终成品图时可以设置为0.001~0.005之间，以获得高品质图像。

【练习14-13】测试最小采样

"最小采样"选项可以进一步消除图像中的噪点，该参数设定的数值为VRay渲染器早期终止算法生效时必须获得的最少样本数量，较高的取值将会减慢渲染速度，但同时会使早期终止算法更加可靠，图14-211~图14-213所示是不同"最小采样"值渲染得到的图像效果与耗时对比。

最小采样=8 耗时为1分35秒
图14-211

最小采样=2 耗时为1分17秒
图14-212

最小采样=36 耗时为1分40秒
图14-213

01 打开学习资源中的"练习文件>第14章>14-13.max"文件，如图14-214所示。

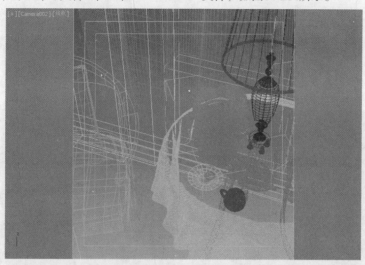

图14-214

02 展开"全局确定性蒙特卡洛"卷展栏，可以观察到"最小采样"的默认值为8，如图14-215所示。

03 渲染当前场景，效果如图14-216所示。可以观察到模型的表面存在噪点，此时耗时约为1分35秒。

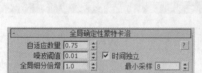

图14-215

图14-216

04 在"全局确定性蒙特卡洛"卷展栏下设置"最小采样"为2，然后测试渲染当前场景，效果如图14-217所示。可以观察到此时的噪点变得更为明显，耗时约为1分17秒。

05 在"全局确定性蒙特卡洛"卷展栏下设置"最小采样"为16，再次测试渲染当前场景，效果如图14-218所示。此时可以观察到噪点得了有效控制，耗时约为1分40秒。

图14-217

图14-218

经过以上测试可以发现，适当增加"最小采样"值可以比较彻底地消除噪点，在测试渲染时通常保持默认数值8即可，在渲染成品图时控制在16~32之间即可。要注意的是，在实际工作中如果"最小采样"设置为32时，噪点仍然比较明显，可以通过提高"全局细分倍增"来进一步校正，图14-219所示是设置该值为1时的渲染效果，图14-220所示是提高到4时的渲染效果。"全局细分倍增"参数值是渲染过程中任何地方任何参数的细分值的倍数值，因此可以较大程度地提高图像的采样品质，但所增加的渲染时间也比较多。

图14-219　　　　　　　　　　　　　　　　　图14-220

14.3　GI选项卡

GI选项卡包含4个卷展栏，如图14-221所示。下面重点讲解"全局照明""发光图""灯光缓存"和"焦散"卷展栏下的参数。

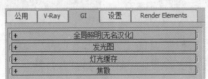

图14-221

在默认情况下是没有"灯光缓存"卷展栏的，要调出这个卷展栏，需要先在"全局照明"卷展栏下将"二次引擎"设置为"灯光缓存"，如图14-222所示。

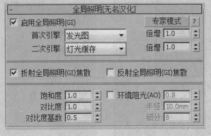

图14-222

14.3.1 全局照明卷展栏

功能介绍

在VRay渲染器中，没有开启全局照明时的效果就是直接照明效果，开启后就可以得到全局照明效果。开启全局照明后，光线会在物体与物体间互相反弹，因此光线计算会更加准确，图像也更加真实，其参数设置面板如图14-223所示。

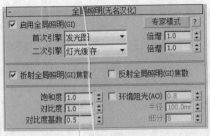

图14-223

参数详解

❖ 启用全局照明（GI）：勾选该选项可开启全局照明。

❖ 首次引擎：设置首次反弹的GI引擎，包括"发光图""光子图""BF算法"和"灯光缓存"4种。

❖ 倍增：控制首次反弹的光的倍增值。值越高，首次反弹的光的能量越强，渲染场景越亮，默认情况下为1。

❖ 二次引擎：设置二次反弹的GI引擎，包括"无""光子图""BF算法"和"灯光缓存"4种。

❖ 倍增：控制二次反弹的光的倍增值。值越高，二次反弹的光的能量越强，渲染场景越亮，最大值为1，默认情况下也为1。

❖ 折射全局照明（GI）焦散：控制是否开启折射焦散效果。

❖ 反射全局照明（GI）焦散：控制是否开启反射焦散效果。

提示

注意，"折射全局照明（GI）焦散"和"反射全局照明（GI）焦散"只有在"焦散"卷展栏下勾选"焦散"选项后才起作用。

❖ 饱和度：可以用来控制色溢，降低该数值可以降低色溢效果，图14-224和图14-225所示是"饱和度"数值为0和2时的效果对比。

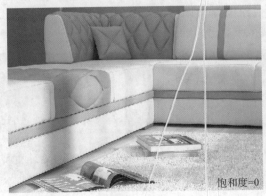

饱和度=0

图14-224

饱和度=2

图14-225

❖ 对比度：控制色彩的对比度。数值越高，色彩对比越强；数值越低，色彩对比越弱。

❖ 对比度基数：控制"饱和度"和"对比度"的基数。数值越高，"饱和度"和"对比度"效果越明显。

❖ 环境阻光（AO）：控制是否开启环境阻光的计算。

❖ 半径：设置环境阻光的半径。

❖ 细分：设置环境阻光的细分值。数值越高，阻光越好，反之越差。

技术专题：首次引擎与二次引擎

在真实世界中，光线具有反弹效果，而且反弹一次比一次减弱。在VRay渲染器，全局照明有"首次引擎"和"二次引擎"，分别用来设置直接照明的光线反弹引擎和全局照明的反弹引擎，但这并不是说光线只反弹两次。"首次引擎"可以理解为直接照明的反弹，光线照射到A物体后反弹到B物体，B物体所接收到的光就是"首次引擎"，B物体再将光线反射到C物体，C物体再将光线反射到D物体……C物体以后的物体所得到的光的反射就是"二次引擎"，如图14-226所示。

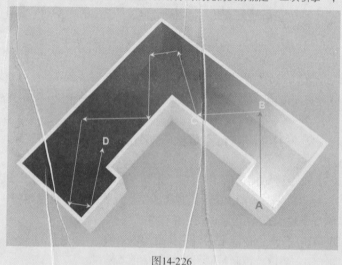

图14-226

【练习14-14】测试全局照明（GI）

在现实生活中，光源所产生的光照有"直接照明"与"间接照明"之分。"直接照明"指的是光线直接照射在对象上产生的直接照明效果，而"间接照明"指的是光线被阻挡（如墙面、沙发）后不断反弹所产生的额外照明，这也是真实物理世界中存在的现象。但由于计算间接照明效果十分复杂，因此不是每款渲染器都能产生理想的模拟效果，有的渲染器甚至只计算"直接光照"（如3ds Max自带的扫描线渲染器），而VRay渲染器则可以计算全局光（直接照明+间接照明），图14-227~图14-229所示是在同一场景未开启间接照明、开启间接照明与调整了间接照明强度的效果对比。

关闭间接照明

图14-227

开启间接照明

图14-228

调整合适的间接照明参数

图14-229

01 打开学习资源中的"练习文件>第14章>14-14.max"文件，如图14-230所示。本场景只创建了一盏太阳光。

图14-230

02 单击GI选项卡，展开"全局照明"卷展栏，可以看到在默认情况下没有开启"启用全局照明（GI）"功能，也就是说，此时场景中没有全局照明效果，如图14-231所示。

03 渲染当前场景，效果如图14-232所示。可以观察到由于没有全局照明反弹光线，此时仅阳光投射的区域产生了较明亮的亮度，而在其他区域则变得十分昏暗，甚至看不到一点光亮。

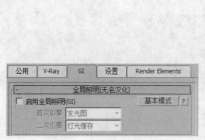

图14-231

图14-232

04 在"全局照明"卷展栏下勾选"启用全局照明（GI）"选项，设置"首次引擎"的为"发光图"，"二次引擎"为"灯光缓存"，如图14-233所示。

05 渲染当前场景，效果如图14-234所示。可以观察到由于全局照明反弹光线，此时整体室内空间都获得了一定的亮度，但整体效果还需要进一步调整。

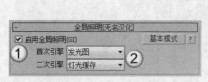

图14-233

图14-234

06 将"首次引擎"的"倍增"值提高为2，如图14-235所示，然后测试渲染当前场景，效果如图14-236所示。可以观察到此时的光照得到了一定的改善。

图14-235   图14-236

07 将"首次引擎"的"倍增"值还原为1，将"二次引擎"的"倍增"值设置为0.5（注意，该值最大为1，如果降低数值将减弱全局照明的反弹强度），如图14-237所示，然后测试渲染当前场景，效果如图14-238所示。可以观察到，由于减弱了全局照明的反弹强度，场景又变得非常昏暗。

图14-237   图14-238

技术专题：环境阻光技术解析

　　在"全局照明"卷展栏下有一个比较常用的"环境阻光（AO）"选项组，这个选项组下的3个选项可以用来刻画模型交接面（如墙面交线）以及角落处的暗部细节效果，如图14-239所示，渲染后得到的效果如图14-240所示。可以观察到在墙线等位置产生了较明显的阴影细节。

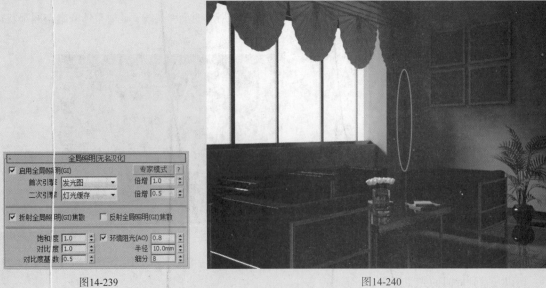

图14-239   图14-240

14.3.2 发光图卷展栏

功能介绍

　　"发光图"中的"发光"描述了三维空间中的任意一点以及全部可能照射到这点的光线，它是一种常用的全局光引擎，只存在于"首次引擎"中，其参数设置面板如图14-241所示。

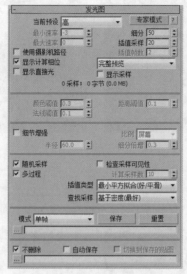

图14-241

参数详解

❖　当前预设：设置发光图的预设类型，共有以下8种。

◇　自定义：选择该模式时，可以手动调节参数。

◇　非常低：这是一种非常低的精度模式，主要用于测试阶段。

◇　低：一种比较低的精度模式，不适合用于保存光子贴图。

◇　中：一种中级品质的预设模式。

◇　中-动画：用于渲染动画效果，可以解决动画闪烁的问题。

◇　高：一种高精度模式，一般用在光子贴图中。

◇　高-动画：比中等品质效果更好的一种动画渲染预设模式。

◇　非常高：预设模式中精度最高的一种，可以用来渲染高品质的效果图。

❖　最小速率：控制场景中平坦区域的采样数量。0表示计算区域的每个点都有样本；-1表示计算区域的1/2是样本；-2表示计算区域的1/4是样本，图14-242和图14-243所示是"最小速率"为-2和-5时的效果。

最小速率=-2

图14-242

最小速率=-5

图14-243

❖ 最大速率：控制场景中的物体边线、角落、阴影等细节的采样数量。0表示计算区域的每个点都有样本；-1表示计算区域的1/2是样本；-2表示计算区域的1/4是样本，图14-244和图14-245所示是"最大速率"为0和-1时的效果对比。

最大速率=0

图14-244

最大速率=-1

图14-245

❖ 细分：因为VRay采用的是几何光学，所以它可以模拟光线的条数。这个参数就是用来模拟光线的数量，值越高，表现的光线越多，那么样本精度也就越高，渲染的品质也越好，同时渲染时间也会增加，图14-246和图14-247所示是"细分"为20和100时的效果对比。

细分=20

图14-246

细分=100

图14-247

❖ 插值采样：这个参数是对样本进行模糊处理，较大的值可以得到比较模糊的效果，较小的值可以得到比较锐利的效果，图14-248和图14-249所示是"插值采样"为2和20时的效果对比。

插值采样=2

图14-248

插值采样=20

图14-249

❖ 插值帧数：该选项当前不可用。

❖ 使用摄影机路径：该参数主要用于渲染动画，勾选后会改变光子采样自摄影机射出的方式，它会自动调整为从整个摄影机的路径发射光子，因此每一帧发射的光子与动画帧更为匹配，可以解决动画闪烁等问题。

❖ 显示计算相位：勾选这个选项后，用户可以看到渲染帧里的GI预计算过程，同时会占用一定的内存资源。

❖ 显示直接光：在预计算的时候显示直接照明，以方便用户观察直接光照的位置。在后面的下拉菜单中可以选择预览的方式。

❖ 显示采样：显示采样的分布以及分布的密度，帮助用户分析GI的精度够不够。

❖ 颜色阈值：这个值主要是让渲染器分辨哪些是平坦区域，哪些不是平坦区域，它是按照颜色的灰度来区分的。值越小，对灰度的敏感度越高，区分能力越强。

❖ 法线阈值：这个值主要是让渲染器分辨哪些是交叉区域，哪些不是交叉区域，它是按照法线的方向来区分的。值越小，对法线方向的敏感度越高，区分能力越强。

❖ 距离阈值：这个值主要是让渲染器分辨哪些是弯曲表面区域，哪些不是弯曲表面区域，它是按照表面距离和表面弧度的比较来区分的。值越高，表示弯曲表面的样本越多，区分能力越强。

❖ 细节增强：控制是否开启"细节增强"功能。

❖ 比例：细分半径的单位依据，有"屏幕"和"世界"两个单位选项。"屏幕"是指用渲染图的最后尺寸来作为单位；"世界"是用3ds Max中的单位来定义。

❖ 半径：表示细节部分有多大区域使用"细节增强"功能。"半径"值越大，使用"细节增强"功能的区域也就越大，同时渲染时间也越长。

❖ 细分倍增：控制细节的细分，但是这个值和"发光图"中的"细分"有关系，0.3表示是"细分"的30%，1表示与"细分"的值一样。值越低，细部就会产生杂点，渲染速度会比较快；值越高，细部的杂点就越少，但是会增加渲染时间。

❖ 随机采样：控制"发光图"的样本是否随机分配。如果勾选该选项，那么样本将随机分配，如图14-250所示；如果关闭该选项，那么样本将以网格方式来进行排列，如图14-251所示。

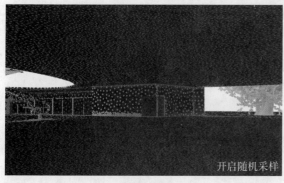
图14-250

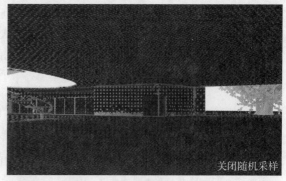
图14-251

❖ 多过程：当勾选该选项时，VRay会根据"最大采样比"和"最小采样比"进行多次计算。如果关闭该选项，那么就强制一次性计算完。一般根据多次计算以后的样本分布会均匀合理一些。

❖ 检查采样可见性：在灯光通过比较薄的物体时，很有可能会产生漏光现象，勾选该选项可以解决这个问题，但是渲染时间就会长一些。通常在比较高的GI情况下，也不会漏光，所以一般情况下不勾选该选项。当出现漏光现象时，可以试着勾选该选项，图14-252所示是右边的薄片出现的漏光现象，图14-253所示是勾选了"检查采样可见性"以后的效果，从图中可以观察到没有漏光现象。

❖ 计算采样数：用在计算"发光图"过程中，主要计算已经被查找后的插补样本的使用数量。较低的数值可以加速计算过程，但是会导致信息不足；较高的值计算速度会减慢，但是所利用的样本数量比较多，所以渲染质量也比较好。官方推荐使用10~25之间的数值。

关闭检查采样可见性

图14-252

开启检查采样可见性

图14-253

❖ 插值类型：VRay提供了4种样本插补方式，为"发光图"的样本的相似点进行插补。

♦ 权重平均值（好/强）：一种简单的插补方法，可以将插补采样以一种平均值的方法进行计算，能得到较好的光滑效果。

♦ 最小平方拟合（好/平滑）：默认的插补类型，可以对样本进行最适合的插补采样，能得到比"权重平均值（好/强）"更光滑的效果。

♦ Delone三角剖分（好/精确）：最精确的插补算法，可以得到非常精确的效果，但是要有更多的"细分"才不会出现斑驳效果，且渲染时间较长。

♦ 最小平方权重/泰森多边形权重（测试）：结合了"权重平均值（好/强）"和"最小平方拟合（好/平滑）"两种类型的优点，但是渲染时间较长。

❖ 查找采样：它主要控制哪些位置的采样点是适合用来作为基础插补的采样点。VRay内部提供了以下4种样本查找方式。

♦ 平衡嵌块（好）：它将插补点的空间划分为4个区域，然后尽量在它们中寻找相等数量的样本，它的渲染效果比"最近（草稿）"效果好，但是渲染速度比"最近（草稿）"慢。

♦ 最近（草稿）：这种方式是一种草图方式，它简单地使用"发光图"里的最靠近的插补点样本来渲染图形，渲染速度比较快。

♦ 重叠（很好/快速）：这种查找方式需要对"发光图"进行预处理，然后对每个样本半径进行计算。低密度区域样本半径比较大，而高密度区域样本半径比较小。渲染速度比其他3种都快。

♦ 基于密度（最好）：它基于总体密度来进行样本查找，不但物体边缘处理得非常好，而且在物体表面也处理得十分均匀。它的效果比"重叠（很好/快速）"更好，其速度也是4种查找方式中最慢的。

❖ 模式：设置发光图的模式，一共有以下8种。

♦ 单帧：一般用来渲染静帧图像。

♦ 多帧增量：这个模式用于渲染仅有摄影机移动的动画。当VRay计算完第1帧的光子以后，在后面的帧里根据第1帧里没有的光子信息进行新计算，这样就节约了渲染时间。

♦ 从文件：当渲染完光子以后，可以将其保存起来，这个选项就是调用保存的光子图进行动画计算（静帧同样也可以这样）。

♦ 添加到当前贴图：当渲染完一个角度的时候，可以把摄影机转一个角度再全新计算新角度的光子，最后把这两次的光子叠加起来，这样的光子信息更丰富、更准确，同时也可以进行多次叠加。

♦ 增量添加到当前贴图：这个模式和"添加到当前贴图"相似，只不过它不是全新计算新角度的光子，而是只对没有计算过的区域进行新的计算。

◇ 块模式：把整个图分成块来计算，渲染完一个块再进行下一个块的计算，但是在低GI的情况下，渲染出来的块会出现错位的情况。它主要用于网络渲染，速度比其他方式快。

◇ 动画（预通过）：适合动画预览，使用这种模式要预先保存好光子贴图。

◇ 动画（渲染）：适合最终动画渲染，这种模式要预先保存好光子贴图。

❖ 保存 保存 ：将光子图保存到硬盘。

❖ 重置 重置 ：将光子图从内存中清除。

❖ …：设置光子图的保存路径。

❖ 不删除：当光子渲染完以后，不把光子从内存中删掉。

❖ 自动保存：当光子渲染完以后，自动保存在硬盘中，单击"浏览"按钮…就可以选择保存位置。

❖ 切换到保存的贴图：当勾选了"自动保存"选项后，在渲染结束时会自动进入"从文件"模式并调用光子贴图。

【练习14-15】测试发光图

"发光图"全局照明引擎仅计算场景中某些特定点的间接照明，然后对剩余的点进行插值计算。其优点是速度要快于直接计算，特别是具有大量平坦区域的场景，产生的噪波较少。"发光图"不但可以保存，也可以调用，特别是在渲染相同场景的不同方向的图像或动画的过程中可以加快渲染速度，还可以加速从面积光源产生的直接漫反射灯光的计算。当然，"发光图"也是有缺点的，由于采用了插值计算，间接照明的一些细节可能会丢失或模糊，如果参数过低，可能会导致在渲染动画的过程中产生闪烁，需要占用较大的内存，运动模糊中的运动物体的间接照明可能不是完全正确的，也可能会导致一些噪波的产生，发光图所产生的质量与渲染时间与"发光图"卷展栏下的很多参数设置有关，图14-254~图14-256所示是不同参数所产生的发光图效果与耗时对比。

render time: 0h 1m 28.1s　　render time: 0h 2m 29.4s　　render time: 0h 23m 45.8s

图14-254　　　　　　　　　　图14-255　　　　　　　　　　图14-256

01 打开学习资源中的"练习文件>第14章>14-15.max"文件，如图14-257所示。

02 单击GI选项卡，展开"全局照明"卷展栏，设置"首次引擎"为"发光图"，"倍增"为3，"二次引擎"为"灯光缓存"，如图14-258所示。

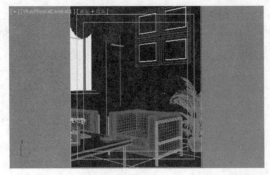

图14-257

图14-258

03 在"发光图"卷展栏下设置"当前预设"为"非常低",此时的"最小速率"为-4,"最大速率"为-3,如图14-259所示,然后测试渲染当前场景,效果如图14-260所示。可以观察到图像的质量较差,墙面交线出现了不正确的高光,墙壁上的挂画也没有体现明显的边框立体感,感觉照片是直接贴在墙上的,耗时约为1分28秒。

图14-259

图14-260

提示

虽然在"非常低"模式下出现了很多的图像品质问题,但其所表现的灯光整体亮度与色彩却是不错的。考虑到该模式的渲染时间,在测试灯光效果时也可以直接使用。

04 在"发光图"卷展栏下设置"当前预设"为"中",此时的"最小速率"为-3,"最大速率"为-1,如图14-261所示,然后测试渲染当前场景,效果如图14-262所示。可以观察到图像质量得到了一定的改善,墙面交线的高光错误得到了一定程度的纠正,墙壁上的挂画边框的立体感也变得比较强,而耗时也增加到约2分29秒。

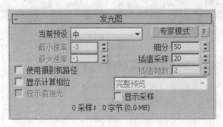

图14-261

图14-262

05 在"发光图"卷展栏下设置"当前预设"为"非常高"，此时的"最小速率"为-3，"最大速率"为1，如图14-263所示，然后测试渲染当前场景，效果如图14-264所示。可以观察到图像的质量得到了进一步的改善，墙面交线的高光错误基本消除，墙壁上的挂画整体立体感也十分理想，但耗时剧增到约23分45秒。

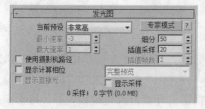

图14-263   图14-264

提示

对比上面3张测试渲染图可以发现，在不同级别的预置模式下，"最小速率"与"最大速率"两个参数值也有所不同，下面对这两个参数的作用与区别进行详细介绍。

最小速率：主要控制场景中比较平坦且面积较大的面的发光图计算质量，这个参数确定全局照明中首次传递的分辨率。0意味着使用与最终渲染图像相同的分辨率，这将使发光图类似于直接计算GI的方法；-1意味着使用最终渲染图像一半的分辨率。在一般情况下都需要将其设置为负值，以便快速计算大而平坦的区域的GI，这个参数类似于"自适应细分"采样器的"最小比率"参数（尽管不完全一样），测试渲染时可以设置为-5或-4，渲染成品图时则可以设置为-2或-1。

最大速率：主要控制场景中细节比较多且弯曲较大的物体表面或物体交会处的质量，这个参数确定GI传递的最终分辨率，类似于"自适应细分"采样器的"最大速率"参数。测试渲染时可以设置为-5或-4，最终出图时可以设置为-2、-1或0。

这两个参数的解释比较复杂，简单来说它决定了发光图的计算精度，两者差值越大，计算越精细，所耗费的时间也越长。但仅仅调整这两个参数并不能产生较理想的效果，也不便控制渲染时间，接下来通过"自定义"模式来平衡渲染品质与渲染速度。

---

06 在"发光图"卷展栏下设置"当前预设"为"自定义"，设置"最小速率"为-3，"最大速率"为0，"细分"为70，"插值采样"为35，具体参数设置如图14-265所示，然后测试渲染当前场景，效果如图14-266所示。可以观察到本次渲染得到的图像质量变得更为理想，而且耗时也减少到约7分30秒。

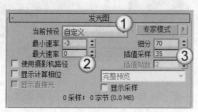

图14-265   图14-266

细分：决定单独的全局照明样本的数量，对整图的质量有重要影响。较小的取值可以获得较快的渲染速度，但是也可能会产生黑斑；较高的取值可以得到平滑的图像。注意，"半球细分"并不代表被追踪光线的实际数量，光线的实际数量接近于这个参数的平方值。测试渲染时可以设置在10~15之间，以提高渲染速度，但图像质量很差，最终出图时可以设置在40~75之间，这样可以模拟光线条数和光线数量，值越高表现的光线越多，样本精度也越高，品质也越好。

插值采样：控制场景中的黑斑，值越大黑斑越平滑，但设置太大会使阴影显得不真实，较小的取值会产生更平滑的细节，但是也可能产生黑斑。测试渲染时采用默认设置即可，而需要表现高品质图像时可以设置在30~40之间。

14.3.3 灯光缓存卷展栏

功能介绍

"灯光缓存"与"发光图"比较相似，它们都是将最后的光发散到摄影机后得到最终图像，只是"灯光缓存"与"发光图"的光线路径是相反的，"发光图"的光线追踪方向是从光源发射到场景的模型中，最后再反弹到摄影机，而"灯光缓存"是从摄影机开始追踪光线到光源，摄影机追踪光线的数量就是"灯光缓存"的最后精度。由于"灯光缓存"是从摄影机方向开始追踪光线的，所以最后的渲染时间与渲染的图像的像素没有关系，只与其中的参数有关，一般适用于"二次引擎"，其参数设置面板如图14-267所示。

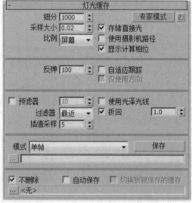

图14-267

参数详解

❖ 细分：用来决定"灯光缓存"的样本数量。值越高，样本总量越多，渲染效果越好，渲染时间越慢，图14-268和图14-269所示是"细分"值为200和800时的渲染效果对比。

图14-268

图14-269

❖ 采样大小：用来控制"灯光缓存"的样本大小，比较小的样本可以得到更多的细节，但是同时需要更多的样本，图14-270和图14-271所示是"采样大小"为0.04和0.01时的渲染效果对比。

图14-270   图14-271

- ❖ 比例：主要用来确定样本的大小依靠什么单位，这里提供了以下两种单位。一般在效果图中使用"屏幕"选项，在动画中使用"世界"选项。
- ❖ 存储直接光：勾选该选项以后，"灯光缓存"将保存直接光照信息。当场景中有很多灯光时，使用这个选项会提高渲染速度。因为它已经把直接光照信息保存到"灯光缓存"里，在渲染出图的时候，不需要再对直接光照进行采样计算。
- ❖ 使用摄影机路径：该参数主要用于渲染动画，用于解决动画渲染中闪烁问题。
- ❖ 显示计算相位：勾选该选项以后，可以显示"灯光缓存"的计算过程，方便观察。
- ❖ 自适应跟踪：这个选项的作用在于记录场景中的灯光位置，并在灯光的位置上采用更多的样本，同时模糊特效也会处理得更快，但是会占用更多的内存资源。
- ❖ 仅使用方向：当勾选"自适应跟踪"选项以后，该选项才被激活。它的作用在于只记录直接光照的信息，而不考虑全局照明，可以加快渲染速度。
- ❖ 预滤器：当勾选该选项以后，可以对"灯光缓存"样本进行提前过滤，它主要是查找样本边界，然后对其进行模糊处理。后面的值越高，对样本进行模糊处理的程度越深，图14-272和图14-273所示是"预滤器"为10和50时的渲染效果。

图14-272   图14-273

- ❖ 使用光泽光线：是否使用平滑的灯光缓存，开启该功能后会使渲染效果更加平滑，但会影响到细节效果。
- ❖ 过滤器：该选项是在渲染最后成图时，对样本进行过滤，其下拉列表中共有以下3个选项。
  - ◇ 无：不对样本进行过滤。
  - ◇ 最近：当使用这个过滤方式时，过滤器会对样本的边界进行查找，然后对色彩进行均化处理，从而得到一个模糊效果。当选择该选项以后，下面会出现一个"插补采样"参数，其值越高，模糊程度越深，图14-274和图14-275所示是"过滤器"都为"最近"，"插值采样"为10和50时的渲染效果。

图14-274   图14-275

插值采样=10（左图）   插值采样=50（右图）

   ◇   固定：这个方式和"最近"方式的不同点在于，它采用距离的判断来对样本进行模糊处理。同时附带一个"过滤器大小"参数，其值越大，表示模糊的半径越大，图像的模糊程度越深，图14-276和图14-277所示是"过滤器"方式都为"固定"，"过滤器大小"为0.02和0.06时的渲染效果。

图14-276   图14-277

过滤器大小=0.02（左图）   过滤器大小=0.06（右图）

   ❖   折回：勾选该选项以后，会提高对场景中反射和折射模糊效果的渲染速度。
   ❖   插值采样：通过后面参数控制插值精度，数值越高采样越精细，耗时也越长。
   ❖   模式：设置光子图的使用模式，共有以下4种。
       ◇   单帧：一般用来渲染静帧图像。
       ◇   穿行：这个模式用在动画方面，它把第1帧到最后1帧的所有样本都融合在一起。
       ◇   从文件：使用这种模式，VRay要导入一个预先渲染好的光子贴图，该功能只渲染光影追踪。
       ◇   渐进路径跟踪：这个模式就是常说的PPT，它是一种新的计算方式，和"自适应"一样是一个精确的计算方式。不同的是，它不停地去计算样本，不对任何样本进行优化，直到样本计算完毕。
   ❖   保存 保存 ：将保存在内存中的光子贴图再次进行保存。
   ❖   ⋯：从硬盘中浏览保存好的光子图。
   ❖   不删除：当光子渲染完以后，不把光子从内存中删掉。
   ❖   自动保存：当光子渲染完以后，自动保存在硬盘中，单击"浏览"按钮⋯可以选择保存位置。
   ❖   切换到被保存的缓存：当勾选"自动保存"选项以后，这个选项才被激活。勾选该选项以后，系统会自动使用最新渲染的光子图来进行大图渲染。

【练习14-16】测试灯光缓存

    "灯光缓存"全局照明引擎是一种近似于场景中全局光照明的技术，"二次引擎"的全局照明引擎一般都使用它。"灯光缓存"是建立在追踪可见的光线路径的基础上（即只计算渲染视图中的可见光），每一次沿路径的光线反弹都会储存照明信息，它们组成了一个3D结构。

"灯光缓存"的优点是对于细小物体的周边和角落可以产生正确的效果，并且可以节省大量的计算时间；缺点是独立于视口，并且是在摄影机的特定位置产生的，它为间接可见的部分场景产生了一个近似值（例如，在一个封闭的房间内使用一个灯光贴图就可以近似完全地计算全局光照），同时它只支持VRay自带的材质，对凹凸类的贴图支持也不够好，不能完全正确计算运动模糊中的运动物体。相对于复杂的"发光图"参数，"灯光缓冲"的控制较为简单，通常调整其下的"细分"值即可，图14-278和图14-279所示是不同"细分"值所产生的效果与耗时对比。

图14-278

图14-279

01 打开学习资源中的"练习文件>第14章>14-16.max"文件，如图14-280所示。

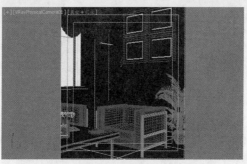

图14-280

02 展开"灯光缓存"卷展栏，设置"细分"为200，如图14-281所示，然后测试渲染当前场景，效果如图14-282所示。可以观察到图像中的整体灯光效果还算理想，仅在墙面交线等位置出现了较小范围的高光错误，此时的耗时约为1分35秒。

图14-281

图14-282

03 将"细分"值提高到600，如图14-283所示，然后测试渲染当前场景，效果如图14-284所示。可以观察到高光错误已经得到了纠正，耗时约为2分14秒。

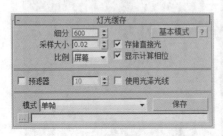

图14-283

render time: 0h 2m 14.7s

图14-284

—— 提示 ——

经过以上测试可以发现，"灯光缓存"是一种可以在渲染质量与渲染时间上取得良好平衡的全局光引擎，其主要影响参数是"细分"值，值越大质量越好，但所增加的计算时间也比较明显，测试渲染时可以设置在100~300之间，最终渲染时可以设置在800~1200之间。

14.3.4 焦散卷展栏

功能介绍

"焦散"是一种特殊的物理现象，在VRay渲染器中有专门调整焦散效果的功能面板，如图14-285所示。

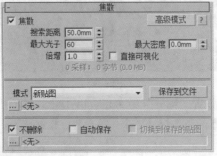

图14-285

参数详解

❖ 焦散：勾选该选项后，可以渲染焦散效果。

❖ 搜索距离：当光子追踪撞击在物体表面的时候，会自动搜寻位于周围区域同一平面的其他光子，实际上这个搜寻区域是一个以撞击光子为中心的圆形区域，其半径就是由这个搜寻距离确定的。较小的值容易产生斑点；较大的值会产生模糊焦散效果，图14-286和图14-287所示分别是"搜索距离"为0.1mm和2mm时的渲染效果。

❖ 最大光子：定义单位区域内的最大光子数量，然后根据单位区域内的光子数量来均分照明。较小的值不容易得到焦散效果；较大的值会使焦散效果产生模糊现象，图14-288和图14-289所示分别是"最大光子"为1和200时的渲染效果。

528

搜索距离=0.1mm

图14-286

搜索距离=2mm

图14-287

最大光子=1

图14-288

最大光子=200

图14-289

❖ 倍增：焦散的亮度倍增。值越高，焦散效果越亮，图14-290和图14-291所示分别是"倍增"为4和12时的渲染效果。

倍增=4

图14-290

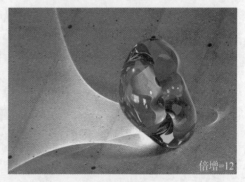

倍增=12

图14-291

❖ 最大密度：控制光子的最大密度，默认值0表示使用VRay内部确定的密度，较小的值会让焦散效果比较锐利，图14-292和图14-293所示分别是"最大密度"为0.01mm和5mm时的渲染效果。

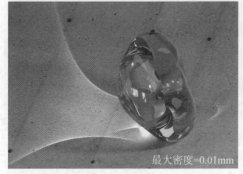

最大密度=0.01mm

图14-292

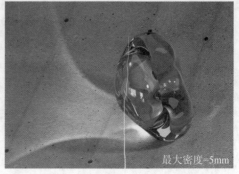

最大密度=5mm

图14-293

14.4 设置选项卡

"设置"选项卡下包含"默认置换"和"系统"两个卷展栏，如图14-294所示。

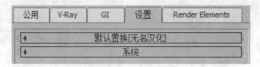

图14-294

14.4.1 默认置换卷展栏

功能介绍

"默认置换"卷展栏下的参数是用灰度贴图来实现物体表面的凸凹效果，它对材质中的置换起作用，而不作用于物体表面，其参数设置面板如图14-295所示。

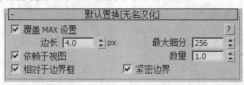

图14-295

参数详解

❖ 覆盖MAX设置：控制是否用"默认置换"卷展栏下的参数来替代3ds Max中的置换参数。

❖ 边长：设置3D置换中产生的最小的三角面长度。数值越小，精度越高，渲染速度越慢。

❖ 依赖于视图：控制是否将渲染图像中的像素长度设置为"边长"的单位。若不开启该选项，系统将以3ds Max中的单位为准。

❖ 相对于边界框：控制是否在置换时关联（缝合）边界。若不开启该选项，在物体的转角处可能会产生裂面现象。

❖ 最大细分：设置物体表面置换后可产生的最大细分值。

❖ 数量：设置置换的强度总量。数值越大，置换效果越明显。

❖ 紧密边界：控制是否对置换进行预先计算。

14.4.2 系统卷展栏

功能介绍

"系统"卷展栏下的参数不仅对渲染速度有影响，还会影响渲染的显示和提示功能，同时还可以完成联机渲染，其参数设置面板如图14-296所示。

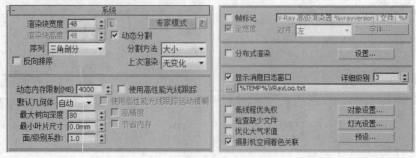

图14-296

参数详解

❖ 渲染块宽度：表示水平方向一共有多少个渲染块。

❖ 渲染块高度：表示垂直方向一共有多少个渲染块。

❖ 序列：控制渲染块的渲染顺序，共有以下6种方式。

　◇ 上→下：渲染块将按照从上到下的渲染顺序渲染。

　◇ 左→右：渲染块将按照从左到右的渲染顺序渲染。

　◇ 棋格：渲染块将按照棋格方式的渲染顺序渲染。

　◇ 螺旋：渲染块将按照从里到外的渲染顺序渲染。

　◇ 三角剖分：这是VRay默认的渲染方式，它将图形分为两个三角形依次进行渲染。

　◇ 希耳伯特：渲染块将按照"希耳伯特曲线"方式的渲染顺序渲染。

❖ 反向排序：当勾选该选项以后，渲染顺序将和设定的顺序相反。

❖ 动态分割：该选项一般保持勾选状态即可。

❖ 分割方法：分为"大小"和"计数"两种方式。

❖ 上次渲染：这个参数确定在渲染开始的时候，在3ds Max默认的帧缓存框中以什么样的方式处理先前的渲染图像。这些参数的设置不会影响最终渲染效果，系统提供了以下6种方式。

　◇ 无变化：与前一次渲染的图像保持一致。

　◇ 交叉：每隔2个像素图像被设置为黑色。

　◇ 场：每隔一条线设置为黑色。

　◇ 变暗：图像的颜色设置为黑色。

　◇ 蓝色：图像的颜色设置为蓝色。

　◇ 清除：清除上一次渲染的图像。

❖ 动态内存限制（MB）：控制动态内存的总量。注意，这里的动态内存被分配给每个线程，如果是双线程，那么每个线程各占一半的动态内存。如果这个值较小，那么系统经常在内存中加载并释放一些信息，这样就减慢了渲染速度。用户应该根据自己的内存情况来确定该值。

❖ 默认几何体：控制内存的使用方式，共有以下3种方式。

　◇ 自动：VRay会根据内存的使用情况自动调整使用静态或动态的方式。

　◇ 静态：在渲染过程中采用静态内存会加快渲染速度，同时在复杂场景中，由于需要的内存资源较多，经常会出现3ds Max跳出的情况。这是因为系统需要更多的内存资源，这时应该选择动态内存。

　◇ 动态：使用内存资源交换技术，当渲染完一个块后就会释放占用的内存资源，同时开始下个块的计算。这样就有效地扩展了内存的使用。注意，动态内存的渲染速度比静态内存慢。

❖ 最大树向深度：控制根节点的最大分支数量。较高的值会加快渲染速度，同时会占用较多的内存。

❖ 最小叶片尺寸：控制叶节点的最小尺寸，当达到叶节点尺寸以后，系统停止计算场景。0mm表示考虑计算所有的叶节点，这个参数对速度的影响不大。

❖ 面/级别系数：控制一个节点中的最大三角面数量，当未超过临近点时计算速度较快；当超过临近点以后，渲染速度会减慢。所以，这个值要根据不同的场景来设定，进而提高渲染速度。

❖ 使用高性能光线跟踪：勾选该选项以后，下面的"使用高性能光线跟踪运动模糊"选项、"高精度"选项和"节省内存"选项才可用。如果要得到非常好的光线跟踪运动模糊效果，可以在这里进行设置。

❖ 帧标记：当勾选该选项后，就可以显示水印。

❖ 全宽度：水印的最大宽度。当勾选该选项后，它的宽度和渲染图像的宽度相当。

- ❖ 对齐：控制水印里的字体排列位置，有"左""中"和"右"3个选项。
- ❖ 字体 字体… ：修改水印里的字体属性。
- ❖ 分布式渲染：当勾选该选项后，可以开启"分布式渲染"功能。
- ❖ 设置 设置… ：控制网络中的计算机的添加、删除等。
- ❖ 显示消息日志窗口：勾选该选项后，可以显示VRay日志的窗口。
- ❖ 详细级别：控制"显示消息日志窗口"的显示内容，一共分为4个级别。1表示仅显示错误信息；2表示显示错误和警告信息；3表示显示错误、警告和情报信息；4表示显示错误、警告、情报和调试信息。
- ❖ … ：可以选择保存VRay日志文件的位置。
- ❖ 低线程优先权：当勾选该选项时，VRay将使用低线程进行渲染。
- ❖ 检查缺少文件：当勾选该选项时，VRay会自己寻找场景中丢失的文件，并将它们进行列表，然后保存到C:\VRayLog.txt中。
- ❖ 优化大气求值：当场景中拥有大气效果，并且大气比较稀薄的时候，勾选这个选项可以得到比较优秀的大气效果。
- ❖ 摄影机空间着色关联：有些3ds Max插件（例如大气等）是采用摄影机空间来进行计算的，因为它们都是针对默认的扫描线渲染器而开发的。为了保持与这些插件的兼容性，VRay通过转换来自这些插件的点或向量的数据，模拟在摄影机空间计算。
- ❖ 对象设置 对象设置… ：单击该按钮会弹出"VRay对象属性"对话框，在该对话框中可以设置场景物体的局部参数。
- ❖ 灯光设置 灯光设置… ：单击该按钮会弹出"VRay灯光属性"对话框，在该对话框中可以设置场景灯光的一些参数。
- ❖ 预设 预设… ：单击该按钮会打开"VRay预设"对话框，在该对话框中可以保存当前VRay渲染参数的各种属性，方便以后调用。

【练习14-17】测试系统的光线计算参数

　　VRay渲染器在计算场景光线时，为了准确模拟光线与场景模型的碰撞和反弹，VRay会将场景中的几何体信息组织成一个特别的结构，这个结构被称为"二元空间划分树（BSP树，即Binary Space Partitioning）"。"BSP树"是一种分级数据结构，是通过将场景细分成两个部分来建立的，然后在每一个部分中寻找并依次细分它们，这两个部分被称为"BSP树的节点"。

　　设置"光线计算参数"选项组下的"最大树向深度"可以定义"BSP树"的最大深度，较大的值将占用更多的内存，但是渲染会很快，一直到一些临界点，超过临界点（每一个场景不一样）以后开始减慢；较小的值将使"BSP树"少占用系统内存，但是整个渲染速度会变慢，图14-297~图14-299所示是不同的"最大树向深度"值渲染得到的效果与耗时对比。

最大树向深度=80　耗时为3分13秒　　　　　最大树向深度=20　耗时为8分11秒

图14-297　　　　　　　　　　　　　　　图14-298

最大树向深度=100　耗时为4分18秒

图14-299

01 打开学习资源中的"练习文件>第14章>14-17.max"文件，如图14-300所示。

图14-300

02 展开"系统"卷展栏，可以观察到"最大树向深度"的默认值为80，如图14-301所示。

03 渲染当前场景，效果如图14-302所示，此时耗时约为3分14秒。

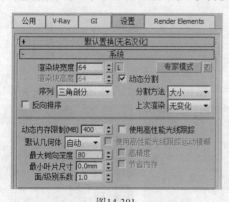

图14-301

图14-302

04 在"系统"卷展栏下设置"最大树向深度"为20，然后渲染当前场景，效果如图14-303所示。可以观察到图像的质量没有发生变化，但耗时剧增到约8分11秒。

05 在"系统"卷展栏下设置"最大树向深度"为最大值100，然后渲染场景，效果如图14-304所示。可以观察到图像质量没有发生变化，但耗时约为3分8秒。

图14-303 图14-304

经过以上测试可以发现，适当提高"最大树向深度"值可以有效加快渲染速度，但数值越大需要使用的内存也越多，因此如果计算机配置比较高，可以提高到最大值100，但如果计算机配置相对比较低，为了保证3ds Max的稳定运行，保持为默认值80即可。

此外，VRay渲染器可以通过"光计算参数"选项组下的"动态内存限制"选项来指定其在进行光线计算时所能占用的内存最大值。该数值越大，渲染速度越快，如图14-305和图14-306所示。但是该参数的具体限定同样要根据计算机的配置而定，通常默认的数值可以保证3ds Max的稳定运行，而在硬件条件允许的情况下可以适当提高数值以加快渲染速度。此外，如果在渲染时出现动态内存不足而自动关闭3ds Max的情况时，也可以尝试增大该数值。

图14-305 图14-306

【练习14-18】测试系统的渲染块

"系统"卷展栏下有一个"渲染区域分割"选项组，该选项组中的"渲染块高度"和"渲染块宽度"参数可以用来调整渲染时每次计算的渲染块大小。修改这两个参数值，并不能影响渲染的图像效果，如图14-307所示，但是可以在渲染耗时上体现出变化，如图14-308~图14-309所示（x表示渲染块的高度和宽度）。

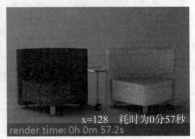

图14-307 图14-308 图14-309

<u>01</u> 打开学习资源中的"练习文件>第14章>14-18.max"文件，如图14-310所示。

<u>02</u> 展开"系统"卷展栏，可以观察到"渲染块宽度/高度"的默认值都为64，如图14-311所示。

图14-310   图14-311

03 渲染当前场景，此时的渲染块大小如图14-312所示，效果及耗时如图14-313所示，当前耗时约为54秒。

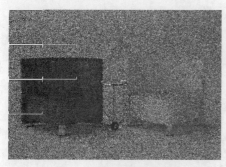

图14-312   图14-313

04 在"系统"卷展栏中设置"渲染块宽度"为32，然后渲染当前场景，此时的渲染块大小如图14-314所示，效果及耗时如图14-315所示，当前耗时约54秒。

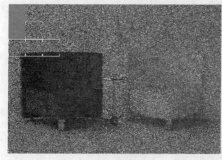

图14-314   图14-315

05 在"系统"卷展栏中设置"渲染块宽度"为128，然后渲染当前场景，此时的渲染块大小如图14-316所示，效果及耗时如图14-317所示，当前耗时约57秒。

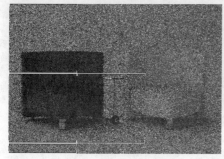

图14-316   图14-317

【练习14-19】测试系统的预置

在"系统"卷展栏下单击"预设"按钮 预设...，可以将当前设置的渲染文件保存为预置文件，下次需要使用到相同渲染参数时可以直接调用。

01 任意打开一个场景文件，展开"系统"卷展栏，单击的"预设"按钮 预设...，在弹出的"VRay预设"对话框中全选右侧列表中的所有参数，并在左侧列表中输入当前渲染参数的名称，单击"保存"按钮 保存 进行保存，如图14-318所示。

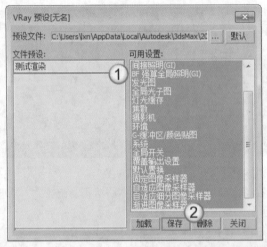

图14-318

02 关闭当前场景，打开一个不同的场景文件，并设置渲染器为VRay渲染器，单击"预设"按钮 预设...，在弹出的"VRay预设"对话框可以查看到之前保存的预设文件，单击"加载"按钮 加载 即可快速将之前设置好的测试渲染参数加载到新打开的场景中，如图14-319所示。

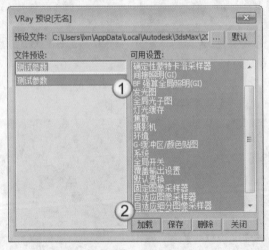

图14-319

第15章

效果图的渲染技法

　　在效果图渲染过程中，除了得到最终效果图，还有很多渲染工作要做，合理地设置相关参数，可以让渲染工作事半功倍。本章将重点介绍渲染彩色通道图、多角度批处理渲染、设置自动保存、设置测试渲染参数和最终渲染参数的方法。

※ 掌握渲染通道元素的方法　　　　　　※ 掌握测试参数的设置方法
※ 掌握多角度批处理渲染的方法　　　　※ 掌握最终渲染参数的设置方法

15.1　常用渲染技巧

在前面的内容中详细介绍了VRay的重要渲染参数，下面将介绍渲染的一些常用技巧，包含渲染后期处理要用到的彩色通道图的方法、批量渲染同一个场景中的多角度效果的方法及在渲染完成后自动保存并关机的方法。

15.1.1　渲染彩色通道图

`01` 打开学习资源中的"练习文件>第15章>15-1.max"文件，如图15-1所示，然后渲染当前场景，效果如图15-2所示。

图15-1

图15-2

`02` 单击Render Elements（渲染元素）选项卡，在"渲染元素"卷展栏下单击"添加"按钮 添加 ，在弹出的"渲染元素"对话框中选择VRayRenderID元素，单击"确定"按钮 确定 ，如图15-3所示。

图15-3

> **提示**
>
> 除了可以用VRayRenderID元素来渲染彩色通道图以外，还可以用VRayWireColor元素来渲染彩色通道图。

`03` 选择VRayRenderID元素后，勾选"显示元素"选项，在"选定元素参数"选项组下勾选"启用"选项，设置好渲染元素的保存名称与路径，如图15-4所示。

> **提示**
>
> 勾选"显示元素"选项后，会在图像渲染完成后自动弹出一个对话框以显示生成的渲染元素效果。

`04` 渲染当前场景，效果如图15-5所示。可以观察到同时生成了渲染图像以及彩色通道图像，这样在使用Photoshop进行后期处理时，可以通过魔棒等工具精确选择到各个色块区域，方便图像局部细节的调整。

图15-4

图15-5

15.1.2 多角度批处理渲染

当场景中存在多个角度的镜头时，多角度批处理渲染可以一次性将需要的镜头全部渲染出来，操作相当方便。

01 打开学习资源中的"练习文件>第15章>15-2.max"，如图15-6所示。场景中有两个摄影机。

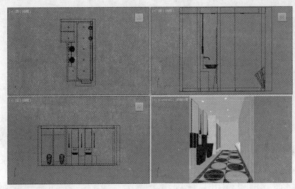

图15-6

02 当设置好成图渲染参数后，在菜单栏上执行"渲染>批处理渲染"命令，如图15-7所示。

03 在弹出的"批处理渲染"对话框中，因为场景中两个摄影机，所以单击两次"添加"按钮，选中View01，在下方"输出路径"设置渲染成图的保存位置，然后在"摄影机"中选择Camera01，按照前边的步骤设置View02，如图15-8所示。

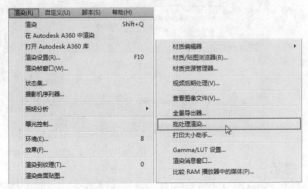

图15-7

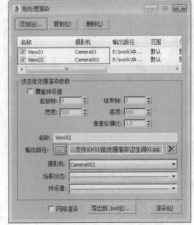

图15-8

04 设置完成后，单击"渲染"按钮，场景开始渲染，如图15-9所示。最终效果如图15-10和图15-11所示。

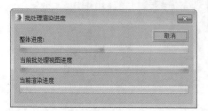

图15-9

图15-10

图15-11

15.1.3 为场景设置自动保存并关闭计算机

01 打开学习资源中的"练习文件>第15章>15-3.max"文件，如图15-12所示。为了确定最终渲染的图像质量，先渲染当前场景，然后查看效果是否满意，如图15-13所示。

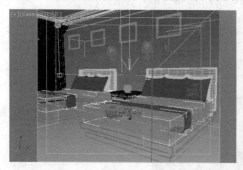

图15-12

图15-13

—— **提示** ——

　　由于在设置自动关机后，只要进行了渲染，则不管是渲染正常完成还是手动终止，计算机都会自动关机，因此必须先渲染一张小图查看图像效果是否达到了要求。

02 单击"公用"选项卡，在"渲染输出"选项组下单击"文件"按钮 文件… ，在弹出的对话框中设置好最终图像的名称与保存路径，如图15-14所示。

03 展开"脚本"卷展栏，在"渲染后期"选项组下单击"文件"按钮 文件… ，如图15-15所示，然后在弹出的对话框中选择学习资源中的"练习文件>第15章>练习15-3>渲染完自动关机.ms"脚本文件，单击"打开"按钮 打开(O) ，如图15-16所示。

图15-14

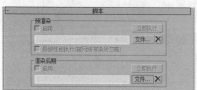

图15-15

图15-16

—— **提示** ——

对于"渲染完自动关机.ms"脚本文件，用户可以在实际工作中直接调用。

04 渲染当前场景，在渲染完成后将弹出一个自动关机的提示对话框，如图15-17所示，待提示时间结束后将自动进入关机程序。

图15-17

15.1.4 检查场景模型

检查模型是否有问题，如漏光、破面和重面等，是效果图制作中比较重要的一步，如果在渲染过程中出现问题，可以在很大程度上排除模型的错误，也就是说，可以提醒我们在其他方面寻求问题的症结所在，检测效果如图15-18所示。

图15-18

01 打开学习资源中的"练习文件>第15章>15-4.max"文件，如图15-19所示，场景中已经设置好了摄影机。

02 在"材质编辑器"中新建一个VRayMtl材质球，将其命名为test，设置其"漫反射"颜色为（红:220，绿:220，蓝:220），如图15-20所示。

图15-19

图15-20

— 提示 —

这里创建的test材质非常简单，为了提高测试的渲染速率，所以不必去模拟真实材质。

03 按F10键打开"渲染设置"对话框，在"公用"选项卡下设置"输出大小"为512×384，如图15-21所示。

04 切换到V-Ray选项卡，打开"全局开关"卷展栏，勾选"覆盖材质"选项，然后将"材质编辑器"中的test材质球拖曳到"覆盖材质"的通道中，如图15-22所示。

05 打开"图像采样器（抗锯齿）"卷展栏，设置"类型"为"固定"，取消勾选"图像过滤器"选项，将"大小"值设置为1，如图15-23所示。

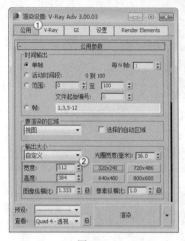

图15-21

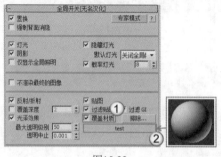

图15-22

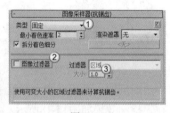

图15-23

06 切换到GI选项卡，打开"全局照明"卷展栏，分别设置"首次引擎"和"二次引擎"为"发光图"和"灯光缓存"，如图15-24所示。

07 打开"发光图"卷展栏，设置"当前预设"为"非常低"，设置"细分"为30，如图15-25所示。

08 打开"灯光缓冲"卷展栏，设置"细分"值为300，勾选"显示计算相位"选项，如图15-26所示。

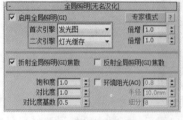

图15-24

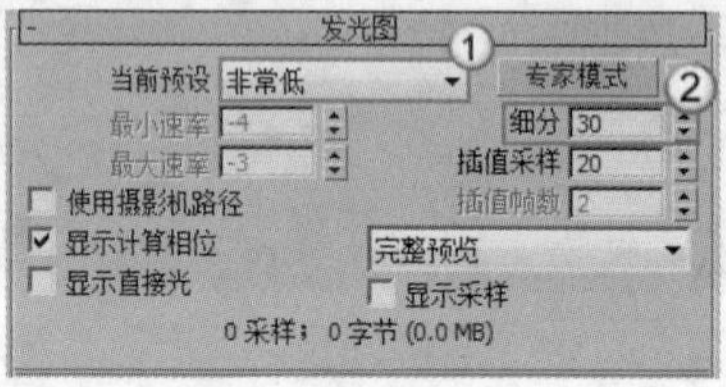

图15-25

图15-26

09 切换至顶视图，在场景中创建一个穹顶光，模拟自然光照明，如图15-27所示。

10 选择创建的灯光，设置"倍增"为20，勾选"不可见"选项，如图15-28所示。

图15-27

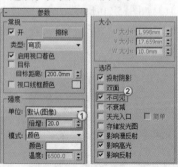

图15-28

11 切换到VRay选项卡，在"颜色贴图"中设置"伽马"为2.2，如图15-29所示。

12 按F9键渲染摄影机视图，如图15-30所示，在测试效果图中，未出现漏光、破面和重面的现象，所以模型是没有问题的。

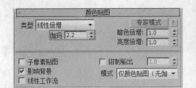

图15-29　　　　　　　　　　　　　　　　图15-30

15.1.5　区域渲染

在工作中，无论是3ds Max软件自身的故障，还是客户连夜催图，对于设计师来说，都是一件很无奈的事情。以3ds Max崩溃为例，假设我们的成品图已经渲染了60%，3ds Max突然崩溃，我们也仅能保存现有的60%，这个时候，我们无比希望3ds Max能接着渲染。那么，3ds Max有没有这种功能呢？当然是有的，那就是区域渲染。不过区域渲染的前提是能够精确选出需要渲染的区域，像图15-31这种图像是无法用区域渲染接着渲染的，因为太不规则了。所以，在渲染成品图之前，应该先设置好渲染的序列，一般选择"左->右"或"上->下"方式。

图15-31

这里详细介绍一下区域渲染的方法。在渲染之前先在"系统"卷展栏下将"序列"设置为"左->右"方式，如图15-32所示。当渲染到60%的时候，3ds Max突然崩溃，立即将渲染好的图像保存起来，如图

15-33所示。重启3ds Max，将"要渲染的区域"设置为"区域"，然后框出未渲染的部分并继续渲染（可以多框一部分，以免少选），如图15-34所示，渲染完成后将图像保存好，然后在Photoshop中进行拼接即可，区域渲染的另一部分如图15-35所示。

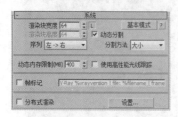

图15-32

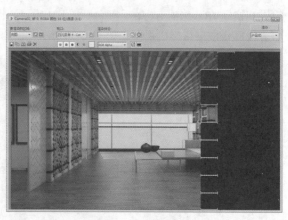

图15-33

图15-34

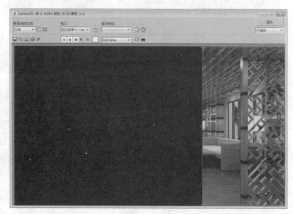

图15-35

15.1.6　渲染光子图并渲染成图

大家从本章的实例中应该体会到了等待渲染出图这一过程的痛苦，从某种意义上来讲，要想得到更好的作品，就需要设置更细的渲染参数，用更多的渲染时间来换取。但是，我们可以用一种方法来兼顾渲染的质量与时间，这就是实际工作中常用的"光子图"。请注意，用光子图渲染成品图的方法，仅限于最终出图这一环节，也就是说，如果改变了场景的灯光、材质和渲染参数，这个方法就不一定适用了。

在用光子图渲染成品图之前，先要清楚VRay的渲染方式，如图15-36所示，这是直接渲染1200×900大小的成品图的过程示意图。简单来说，VRay渲染可以分为两步：第1步是渲染光子图，第2步是渲染成品图。这个过程是直接渲染，并没有利用光子图在时间方面的优势，也就是说，渲染的光子图尺寸是1200×900，渲染所耗费的时间是54分46秒800毫秒，接近1个小时。

渲染光子图

渲染成品图　　得到成品图　渲染耗时0h 54m 46.8s

图15-36

对于光子图,从理论上来讲,渲染10倍于光子图大小的成品图,效果是不会发生变化的,但是在实际工作中,一般选择4倍量级。也就是说,在渲染1200×900大小的成品图之前,可以先渲染一个300×225大小的光子图。在渲染光子图之前,必须先设置好最终渲染的参数,如GI、颜色贴图和图像采样器等,因为在渲染好光子图以后,这些参数是无法更改的,我们要做的只是将光子图渲染出来并进行保存,然后再调用。下面开始演示这一操作过程。

`01` 打开学习资源中的"练习文件>第15章>15-5.max"文件,然后设置光子图的渲染比例。因为最大限度为4倍,所以光子图的渲染尺寸设置为300×225,如图15-37所示。

`02` 因为只是渲染光子图,不用渲染最终图像,所以可以在"全局开关"卷展栏下勾选"不渲染最终的图像"选项,如图15-38所示。

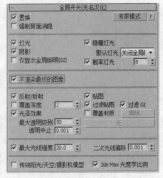

图15-37   图15-38

`03` 请注意,从这一步开始,是比较关键的步骤。在"发光图"卷展栏下设置发光图的保存路径,同时勾选"自动保存"选项,在渲染完成后自动保存发光图光子,如图15-39所示。

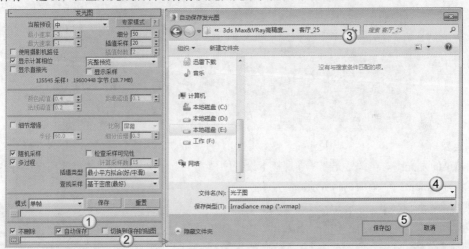

图15-39

`04` 展开"灯光缓存"卷展栏,用同样的方法将发光图光子也保存在项目文件夹中,如图15-40所示。

图15-40

05 按F9键渲染摄影机视图，渲染完成后VRay会自动将光子图保存到前面指定的文件夹中，如图15-41所示。光子图的渲染比例太小，显示不出渲染时间，但是可以从"V-Ray消息"窗口中查看到渲染时间，渲染光子图共耗时144.7s，即2分24秒700毫秒。

灯光缓存.vrlmap　　　　　光子图.vrmap

图15-41

06 请注意，从这一步开始是用光子图渲染成品图。先将渲染尺寸恢复到要渲染的尺寸1200×900，如图15-42所示。

07 因为是渲染最终图像，所以要关闭"不渲染最终的图像"选项，如图15-43所示。

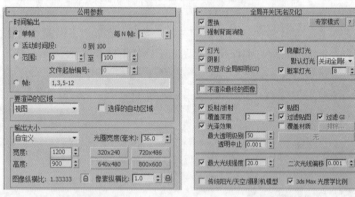

图15-42　　　　　　　　　　图15-43

08 调用渲染的发光图。在"发光图"卷展栏下设置"模式"为"从文件"，选择前面保存好的发光图文件（后缀名为.vrmap），如图15-44所示。

图15-44

09 用相同的方法调用渲染的灯光缓存（后缀名为.vrlmap）文件，如图15-45所示。

图15-45

10 按F9键渲染最终效果，经过45分6秒200毫秒的渲染过程，得到了最终的成品图，如图15-46所示。

图15-46

现在来计算一下用光子图渲染成品图所耗费的时间，渲染光子图用了2分24秒700毫秒，渲染成品图用了45分6秒200毫秒，所以实际耗时47分30秒900毫秒，比直接渲染快了7分多钟，速度快了15%左右。大家不要小看这7分钟，这只是一个小场景的测试。实际工作中的大型商业项目，渲染时间通常是10多个小时，甚至数天，而且商业项目的灯光更多、更细腻，渲染起来更慢，这种情况下使用光子图渲染成品图的优势就体现出来了。

15.2 常用渲染参数

对于初学者来说，渲染参数复杂难记，测试渲染参数和成图渲染参数很难灵活掌握。下面将各列举一套测试渲染和成图渲染的参数，方便广大读者学习。另外，本节还列举了常用的渲染搭配方式。

15.2.1 测试渲染参数

测试渲染参数，是为了更快地预览渲染效果，方便材质和灯光的修改，因此，参数的数值都不会太高。速度快是测试渲染的重点。

01 按F10键打开"渲染设置"面板，在"公用"选项卡中设置"输出大小"的"宽度"为600，如图15-47所示。

图15-47

提示

"宽度"设置不会超过1000，一般设置在500~800。

02 切换到V-Ray选项卡，展开"图像采样器（抗锯齿）"卷展栏，设置图像采样器"类型"为"固定"，设置"过滤器"为"区域"，如图15-48所示。

03 展开"全局确定性蒙特卡洛"卷展栏，设置"自适应数量"为0.85，"噪波阈值"为0.01，"最小采样"为8，如图15-49所示。

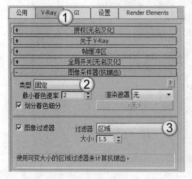

图15-48

图15-49

04 展开"颜色贴图"卷展栏，当场景为室外时，设置"类型"为"线性倍增"，如图15-50所示；当场景为室内时，设置"类型"为"指数"，如图15-51所示。

提示

室外和室内的曝光类型不是绝对的，这里只是列举了常用的两类。

图15-50

图15-51

05 切换到GI面板，勾选"启用全局照明（GI）"选项，设置"首次引擎"为"发光图"，"二次引擎"为"灯光缓存"，如图15-52所示。

06 展开"发光图"卷展栏，设置"当前预设"为"非常低"，设置"细分"为50，"插值采样"为20，如图15-53所示。

07 展开"灯光缓存"卷展栏，设置"细分"为200，如图15-54所示。

图15-52

图15-53

图15-54

08 切换到"设置"卷栅栏,设置"序列"为"上->下",如图15-55所示。

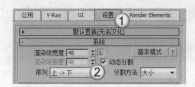

图15-55

15.2.2 成图渲染参数

成图渲染参数,除了速度要尽量快,还要考虑成图质量,不能出现过多的噪点和锯齿。但过高的参数,却会大大降低渲染速度,质量也不会有明显的提高,因此,速度和质量之间怎样平衡,就是成图渲染的重点。

01 切换到"公用"选项卡,在"输出大小"选项组中设置"宽度"为2000,然后在"渲染输出"选项组中单击"文件"按钮,在弹出的对话框中设置成图保存的路径和格式,如图15-56所示。

02 切换到V-Ray选项卡,展开"图像采样器(抗锯齿)"卷展栏,设置图像采样器"类型"为"自适应",设置"过滤器"为Mitchell-Netravali,如图15-57所示。

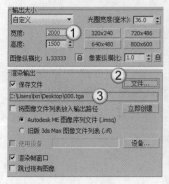

图15-56

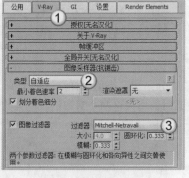

图15-57

> ── 提示 ──
>
> 成图的保存格式,最好为.tga或.tif格式,这些格式都带有Alpha通道,方便在后期软件中进行修改。

03 展开"全局确定性蒙特卡洛"卷展栏,设置"自适应数量"为0.8,"噪波阈值"为0.005和"最小采样"为16,如图15-58所示。

04 切换到GI选项卡,展开"发光图"卷展栏,设置"当前预设"为"中",设置"细分"为60,"插值采样"为30,如图15-59所示。

05 展开"灯光缓存"卷展栏,设置"细分"为1000,如图15-60所示。

图15-58

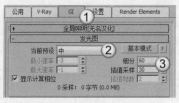

图15-59

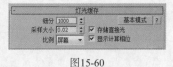

图15-60

15.2.3 渲染引擎的组合

常用的渲染引擎组合,除了"发光图"+"灯光缓存"这一组最常用的组合外,"发光图"+"BF算法"也是常用的一种组合。

"发光图"+"BF算法"组合常用于渲染室外场景。该组合可以更好地渲染出室外场景的细节,尤其是包含大量植物模型的场景。

"BF算法"＋"BF算法"是所有组合中质量最高的一组引擎搭配，能非常好地渲染出场景的各种细节。相对的，渲染速度也是所有组合中最慢的，对计算机的配置要求也最高，平常基本不使用。

15.2.4 提高渲染质量的方法

提高渲染质量的方法有以下3种方式。

第1种：增大"自适应图像采样器"的"最大细分"参数。默认情况下，"最大细分"是4，如图15-61所示。在渲染细节较多的场景时可以增大这个参数。例如，室内场景增大到20，室外场景增大到50或100。增大这个参数，渲染的速度也会相应减慢。

图15-61

第2种：调整"全局确定性蒙特卡洛"卷展栏中的参数。适当减小"自适应数量"这个参数值，将"噪波阈值"设置为0.001，将"最小采样"默认的8设置到16。如果渲染的效果还是会出现噪点，增大"全局细分倍增"这个参数值，如图15-62所示。

图15-62

第3种：增大"发光图"的"细分"和"插值采样"这两个值。默认情况下"细分"为50，"插值采样"为20，如图15-63所示。在渲染时，增大这两个参数值，渲染的效果会更好。

图15-63

需要注意的是，要想渲染出高质量的效果图，这3种方式的参数是互相搭配，而不是独立存在的。设置较高的参数，除了要考虑计算机本身的配置外，还要考虑渲染的时间。尽量用最短的时间渲染出较好的效果。

简约客厅：阴天效果表现

本章将介绍一个简约客厅的表现方法，重点有两个方面：一是设计风格，即简约；二是表现氛围，即阴天。

※ 掌握效果图制作的基本流程

※ 掌握墙面、地面和外墙等常用主体材质的制作方法

※ 掌握沙发、橱柜和落地灯等常用家具材质的制作方法

※ 掌握阴天效果的灯光设置方法

16.1 客厅空间介绍

本场景是一个独立的住宅建筑，采光效果非常好，室内采用简约设计风格，如图16-1所示。在考虑表现手法时，首先考虑阴天效果，因为从图16-1中可以看到整个色彩调子主要为白色，而且很清爽，所以用阴天效果来表现。

图16-1

16.2 创建摄影机

01 打开学习资源中的"练习文件>第16章>简约客厅.max"文件，在顶视图中创建一个摄影机，摄影机的位置如图16-2所示。

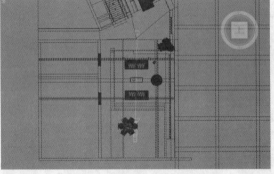

图16-2

02 切换到左视图，调整摄影机的高度，如图16-3所示。

03 设置摄影机的参数的参数，如图16-4所示；切换到摄影机视图，最后场景的视角如图16-5所示。

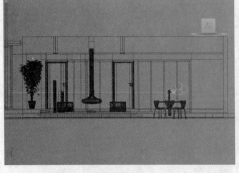

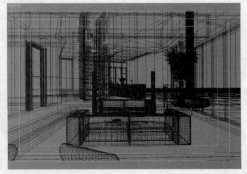

图16-3　　　　　　　　　图16-4　　　　　　　　　图16-5

16.3 材质的设定

16.3.1 大体材质的设定

为了方便讲解，对场景中的材质进行编号，按照编号逐一对材质进行讲解，如图16-6所示。

图16-6

1.墙面材质

新建一个VRayMtl材质球，这里的墙面材质是设定的一个颜色，设置"漫反射"通道的颜色为（红:245，绿:244，蓝:236），因为这里的墙面离摄影机比较远，所以不需要模拟真实世界中墙面的刷痕效果，如图16-7所示，其材质球效果如图16-8所示，实际渲染效果如图16-9所示。

图16-7

图16-8

图16-9

2.地面材质

01 新建一个VRayMtl材质球，设置"漫反射"通道的颜色为（红:248，绿:247，蓝:243），模拟地面的颜色，如图16-10所示。

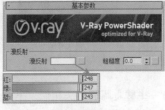

图16-10

02 设置"反射"选项组的参数，设置步骤如下，具体参数设置如图16-11所示。

设置步骤

① 因为地面带有一点反射，所以在"反射"通道里添加了一个"衰减"程序贴图，在"衰减"通道里设置"衰减类型"方式为Fresnel，并设置"侧"贴图通道的颜色为（红:236，绿:236，蓝:236），同时将"折射率"设置为1.1。

② 由于这里的地面需要表现一种比较光滑的材质，所以设置"高光光泽度"为0.92；因为本案例的地面还带点模糊，所以设置"反射光泽度"为0.94，设置"细分"值为15，"最大深度"为2（可以提高渲染速度）。

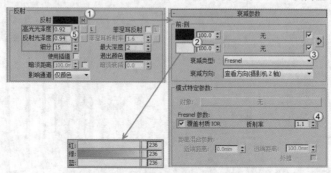

图16-11

03 打开"贴图"卷展栏，在"凹凸"通道中添加一个"噪波"程序贴图，同时设置"模糊"为3，"大小"为400，最后设置"凹凸"强度为2，具体参数设置如图16-12所示。

04 设置完成后，其材质球效果如图16-13所示，实际渲染效果如图16-14所示。

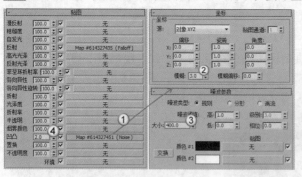
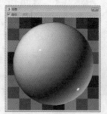

图16-12   图16-13   图16-14

3.外墙材质

新建一个VRayMtl材质球，这里的墙面材质和内墙一样，给定一个颜色即可，设置"漫反射"颜色为（红:192，绿:193，蓝:194），这里的墙面是在室外，如果和室内设置一样的亮度，到打光的时候外墙就会曝光，具体参数设置如图16-15所示，材质球效果如图16-16所示，实际渲染效果如图16-17所示。

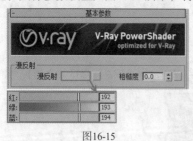

图16-15   图16-16   图16-17

4.窗框材质

这里的窗框材质和前面章节中的一些材质调节方法相似，下面介绍其具体设置方法。

01 新建一个VRayMtl材质球，设置"漫反射"颜色值为（红:13，绿:13，蓝:13），用来模拟窗框的颜色，参数设置如图16-18所示。

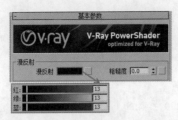

图16-18

02 设置"反射"选项组的参数，设置步骤如下，具体参数设置如图16-19所示。

设置步骤

① 因为窗框带有一点反射，所以在"反射"贴图通道里添加一个"衰减"程序贴图，然后在"衰减"通道里设置"衰减类型"为Fresnel，设置"侧"贴图通道的颜色为（红:82，绿:82，蓝:82），用来控制反射的强度。

② 由于这里的窗框不需要太光滑，所以设置"高光光泽度"为0.7；因为材质还带点模糊，所以设置"反射光泽度"为0.6，设置"细分"值为20，"最大深度"为1（可以提高渲染速度）。

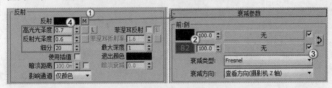

图16-19

03 设置完成后，其材质球效果如图16-20所示，实际渲染效果如图16-21所示。

图16-20

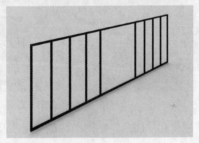

图16-21

16.3.2 家具材质

为了便于讲解和读者理解，这里给家具的材质也编上号，如图16-22所示。

图16-22

1.沙发材质

沙发材质是材质制作中的一个难点，下面介绍其具体设置方法。

01 新建一个"标准"材质球，打开"Oren-Nayar-Blinn基本参数"卷展栏，具体参数设置如图16-23所示。

设置步骤

① 设置"漫反射"为（红:200，绿20，:蓝:20），在"自发光"选项组中勾选"颜色"选项，并加载一张"遮罩"程序贴图。

② 在"贴图"通道中加载一张"衰减"程序贴图，设置"侧"通道的颜色为（红:86，绿:71，蓝:71），设置"衰减类型"为Fresnel。

③ 在"遮罩"通道中同样加载一张"衰减"程序贴图，设置"衰减类型"为"阴影/灯光"，设置"光"通道颜色为（红:86，绿:71，蓝:71）。

④ 回到"Oren-Nayar-Blinn基本参数"卷展栏，设置"高光级别"为26，"光泽度"为9，"柔化"为1。

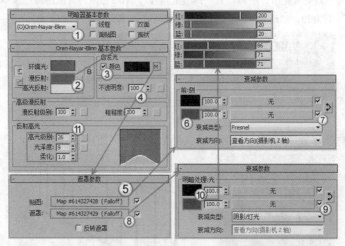

图16-23

02 打开"贴图"卷展栏，在"凹凸"贴图中加载一张凹凸贴图，并设置"凹凸"的强度为12，具体参数设置如图16-24所示，材质球效果如图16-25所示，实际渲染效果如图16-26所示。

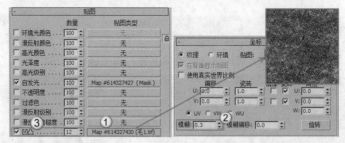

图16-24

图16-25

图16-26

2.烟囱材质

材质设置和前面的窗框材质类似，这里就不赘述了，具体参数设置如图16-27所示，其材质球效果如图16-28所示，实际渲染效果如图16-29所示。

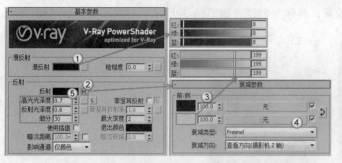
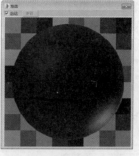

图16-27　　　　　　　　　　　　　　　　图16-28　　　　　图16-29

3.橱柜材质

橱柜材质和前面的地面材质类似，读者可以参考"地面材质"自行设置其参数，具体参数设置如图16-30和图16-31所示，其材质球效果如图16-32所示，实际渲染效果如图16-33所示。

图16-30

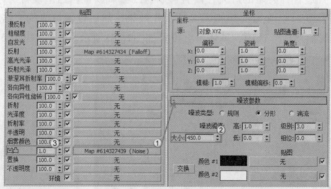

图16-31

图16-32　　　　　　　　　图16-33

4.落地灯材质

此处的落地灯材质也很简单，笔者使用3ds Max标准材质来制作。

新建一个"标准"材质球，然后将"漫反射"通道的颜色设置为（红:255，绿:223，蓝:209），将"不透明度"改为85来模拟灯罩的半透明效果，具体参数设置如图16-34所示，材质球效果如图16-35所示，实际渲染效果如图16-36所示。

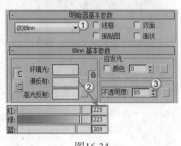  

图16-34　　　　　　　　　　图16-35　　　　　　　　图16-36

关于材质就介绍到这里，其他材质的设定请大家参考案例源文件。

16.4　灯光的设定

材质设定完毕，就需要对场景进行灯光设定，一般设定灯光的顺序是先创建主光，再添加辅光。

16.4.1　设置天光

因为本案例是一种阴天效果，而且窗户比较多，所以使用"VRay灯光"的"穹顶"灯来模拟天光效果。

01 在场景中创建一盏"VRay灯光"的"穹顶"光，用来模拟天光，灯光的具体位置如图16-37所示。

02 前面的案例已经设置过各种类型的灯光，读者可以自己尝试设置，这里设置"穹顶"灯的颜色为浅蓝色（红:205，绿:240，蓝:255），主要是模拟阴天的天光效果，然后设置灯光的"倍增"为3，勾选"不可见"选项，取消勾选"影响反射"选项，具体参数设置如图16-38所示。

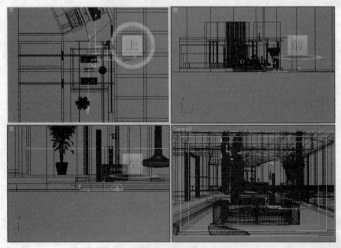 

图16-37　　　　　　　　　　　　　　　　图16-38

03 灯光调整好以后，就可以设置测试渲染参数，具体参数设置如图16-39~图16-42所示，红框以外的参数保持默认即可。

04 设置完成后，按F9键对场景进行渲染，渲染效果图如图16-43所示。

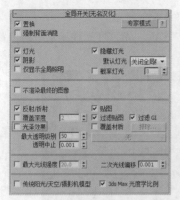
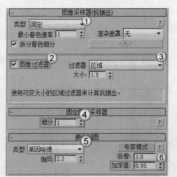
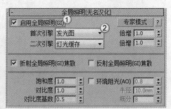

图16-39　　　　　　　　图16-40　　　　　　　　图16-41

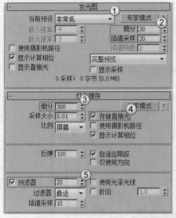

图16-42　　　　　　　　　　　　图16-43

16.4.2　室内光的设定

通过观察渲染效果可以发现，天光的亮度已经合适，接下来可以进行室内灯光的设置。

01 在顶视图中，在厨房顶上的光带布置灯光，这里用的是"VRay灯光"的"平面"光，具体的位置如图16-44所示。

02 选中创建的灯光，设置其"颜色"为（红:255，绿:130，蓝:31），设置其"倍增"为20，调整其"大小"至合适的尺寸，勾选"不可见"选项，取消勾选"影响反射"选项，具体参数设置如图16-45所示。

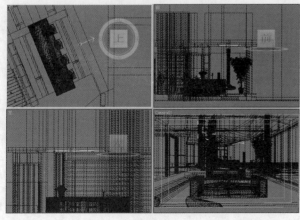
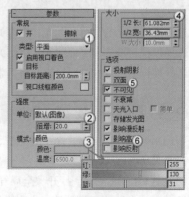

图16-44　　　　　　　　　　　　图16-45

03 设置完成后按F9键对场景进行渲染，渲染效果如图16-46所示。

04 接下来为两个落地灯布置灯光，这里依然使用"VRay灯光"的"平面"光，灯光在场景中的位置如图16-47所示。

 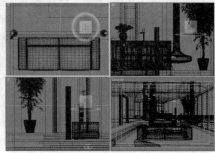

图16-46　　　　　　　　　　　　　　　　图16-47

05 设置灯光的颜色为（红:255，绿:165，蓝:111），设置"倍增"为80，然后适当调整灯光的"大小"，具体参数设置如图16-48所示。

06 设置完成后，按F9键对场景进行测试渲染，渲染效果如图16-49所示，通过测试图可以看出，效果已经不错了，灯光效果基本体现出来了，接下来设置渲染参数。

图16-48　　　　　　　　　　　　　　　　图16-49

16.5　渲染参数的设定

渲染参数可以根据自己的要求来设定，因为它不可能同时满足比较高的质量，又花很少的时间。需要根据自己的质量要求和计算机性能来设定渲染参数，以获得合适的渲染质量和速度。

16.5.1　灯光的细分参数

01 选择模拟天光的"穹顶"光，把灯光"细分"值设置为20，以减少杂点。

02 选择模拟光带的"平面"光，将灯光"细分"值设置为18。

03 选择模拟落地灯"平面"光，将两盏灯光"细分"值都设置为15。

16.5.2　设置渲染参数

01 按F10键打开"渲染设置"对话框，设置渲染图像的"输出大小"，"宽度"为1600，"高度"为1000，如图16-50所示。

02 切换到VRay选项卡，打开"全局开关"卷展栏，勾选"光泽效果"选项，同时把"二次光线偏移"设定为0.001，防止有重面的地方出现黑块，如图16-51所示。

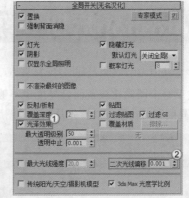

图16-50　　　　　　　　　　　　　　　　图16-51

03 打开"图像采样器（抗锯齿）"卷展栏，设置"类型"为"自适应"，勾选"图像过滤器"选项，并设置"过滤器"为Mitchell-Netravali，然后在"自适应图像采样器"卷展栏中设置其"最小细分"为1，"最大细分"为5，目的是得到一个更好的抗锯齿效果，让场景中的物体边线渲染出来更精确，具体参数设置如图16-52所示。

04 打开"环境"卷展栏，设置其"反射/折射环境"和"折射环境"的强度均为2，如图16-53所示。

05 切换到GI选项卡，主要将"发光图"和"灯光缓存"的参数适当设置高一些，以得到高质的渲染效果，具体参数设置如图16-54所示。

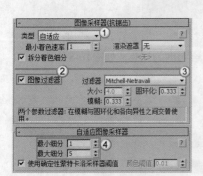

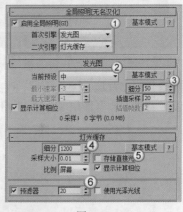

图16-52　　　　　　　　　　图16-53　　　　　　　　　　图16-54

06 为了得到更好的渲染质量，切换到VRay选项卡，在"全局确定性蒙特卡洛"卷展栏中把参数设置更高一些，具体参数设置如图16-55所示。

07 其他参数可以保持默认设置，经过几个小时的渲染，最后的效果如图16-56所示。

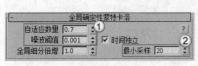

图16-55

图16-56

16.6 Photoshop后期处理

使用Photoshop打开渲染的成图，如图16-57所示，下面对其进行后期处理。

01 观察图像，发现整个图像比较灰而且亮度也不够，下面将通过复制图层、改变图层的模式和不透明度，来调节图像的亮度和对比度等。首先复制背景图层，如图16-58所示。

图16-57　　　　　　　　　　　　　　　　　　　　　　　　　图16-58

02 选择"背景 副本"图层，改变图层混合模式为"滤色"，设置不透明度为35%，如图16-59所示。改变"背景 副本"图层混合模式和不透明度后，效果如图16-60所示。

图16-59　　　　　　　　　　　　　　　　　　图16-60

03 合并图层，继续观察图像，发现亮度够了但图的对比度比较低，图像还是很灰。继续复制背景图层，设置图层混合模式为"柔光"，不透明度为35%，如图16-61所示，此时的图像效果如图16-62所示。

图16-61　　　　　　　　　　　　　　　　　图16-62

04 现在图像效果就好多了，不过整个图像对比度还是不够强，下面使用"色阶"命令来调节，参数如图16-63所示，调整之后的效果如图16-64所示。

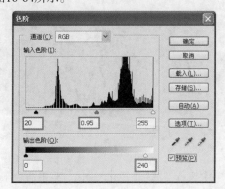

图16-63

图16-64

05 为图像添加"照片滤镜",让图像更冷一些,参数设置如图16-65所示,此时的图像效果如图16-66所示。

图16-65

图16-66

06 复制"背景"图层,在新图层中执行"滤镜>锐化>锐化"菜单命令来锐化图像,并将锐化图层的不透明度改为30%,最后合并图层,最终效果如图16-67所示。到这里,后期处理就结束了。

图16-67

第**17**章

办公空间：严肃氛围表现

前面两章介绍了家装效果图的制作技法和表现思路，本章将继续介绍工装效果图的表现方法。无论是家装效果图，还是工装效果图，都有很多空间类型和设计风格，受篇幅所限，本书能给大家提供的案例实训不多，但所有室内效果图的制作方法和思路是相同的，希望大家通过本书的学习能够举一反三，掌握更多设计风格和不同类型空间的效果图表现方法。

※ 了解办公空间在灯光和材质运用方面的要求
※ 掌握"标准摄影机"的使用方法
※ 掌握大理石、皮革和塑料等材质的制作方法

※ 合理搭配自然光和室内光来营造柔和的光感

17.1 办公空间介绍

本例是一个老总办公室，设计风格极为简洁，大量木材质的运用使空间显得朴素、严谨，所以在表现上采用了柔和日光效果，使画面显得干净、肃静，如图17-1所示。

图17-1

17.2 创建摄影机及检查模型

在前面的案例中，我们在处理一个场景之前会对其进行测试，这里也不例外，首先要做的就是创建摄影机及测试模型。

17.2.1 创建摄影机

01 打开学习资源中的"练习文件>第17章>办公空间.max"文件，如图17-2所示。

02 在顶视图中创建一个"目标摄影机"，调整摄影机的焦距和位置，使摄影机有一个较好的观察范围，位置如图17-3所示。

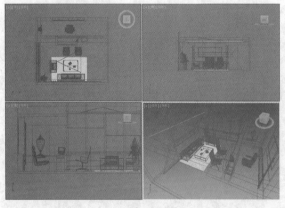

图17-2

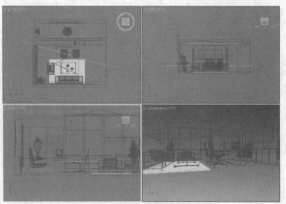

图17-3

03 在修改器面板中设置"目标摄影机"的参数，如图17-4所示。

04 按C键切换到摄影机视图，如图17-5所示。

图17-4   图17-5

17.2.2 检查模型

01 按F10键打开"渲染设置"对话框，在"公用"选项卡下设置图像输出的"宽度"为600，"高度"为375，如图17-6所示。

图17-6

02 切换到V-Ray选项卡，在"全局开关"卷展栏中设置"默认灯光"为"关"，勾选"覆盖材质"和"光泽效果"选项，设置"二次光线偏移"为0.001，最后拖动一个测试材质（test）到"覆盖材质"的材质通道中，如图17-7所示。

03 在"图像采样器（抗锯齿）"卷展栏中，设置"图像采样器"的类型为"固定"采样，取消勾选"图像过滤器"选项，如图17-8所示。

04 在"颜色贴图"卷展栏中设置曝光类型为"线性倍增"，勾选"子像素贴图"选项，设置"伽马"值为2.2（这里就相当于使用了线性工作流），如图17-9所示。

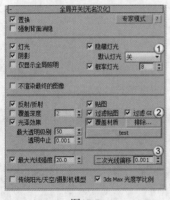

图17-7   图17-8   图17-9

05 切换至GI选项卡，在"全局照明"卷展栏中设置"首次引擎"为"发光图"，设置"二次引擎"为"灯光缓存"，如图17-10所示。

06 在"发光图"卷展栏中设置"当前预设"参数为"非常低"，"细分"为20，如图17-11所示。

07 在"灯光缓存"卷展栏中设置"细分"为100，"预滤器"为20，如图17-12所示。

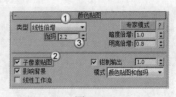

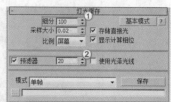

图17-10 图17-11 图17-12

08 在窗口处创建一盏VRay的"平面"灯光，模拟窗户采光，位置如图17-13所示。

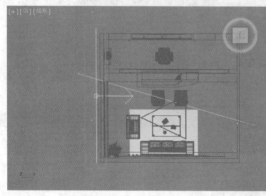

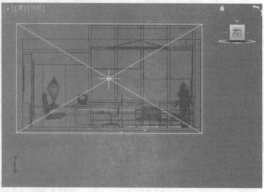

图17-13

09 选中上一步创建的灯光，在修改面板中设置灯光颜色为（红:166，绿:187，蓝:255），然后设置灯光"倍增器"为2，勾选"不可见"选项，如图17-14所示。

图17-14

10 选中玻璃模型，将其隐藏，如图17-15所示，按F9键进行渲染，效果如图17-16所示，从效果来看整个场景的模型没有出现问题，下面开始对场景的材质进行制作（此处操作前千万不要忘记取消隐藏）。

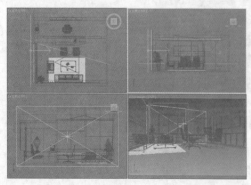

图17-15 图17-16

17.3 制作场景中的材质

为了便于讲解，这里给最终效果图上的材质编号，根据图上的标识号依次设定材质，编号如图17-17所示。

图17-17

17.3.1 地板材质

新建一个VRayMtl材质球，参数设置如图17-18所示，材质球效果如图17-19所示。

设置步骤

① 在"漫反射"贴图通道中加载一张模拟地板的木纹贴图。

② 在"反射"贴图通道中加载一张"衰减"程序贴图，然后设置"衰减类型"为Fresnel。

③ 设置"高光光泽度"为0.85，"反射光泽度"为0.9。

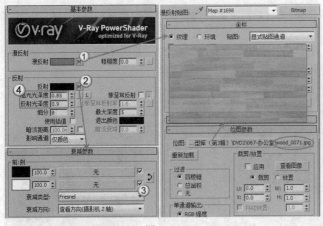

图17-18

图17-19

17.3.2 大理石材质

01 新建一个VRayMtl材质球，在"漫反射"通道中添加一张大理石贴图，如图17-20所示。

569

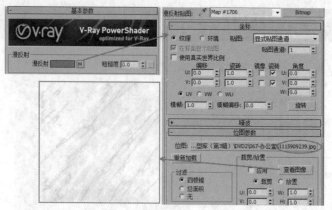

图17-20

02 在"反射"贴图通道中加载一张"衰减"程序贴图，设置"衰减类型"为Fresnel，设置"高光光泽度"为0.85，"反射光泽度"为0.9，如图17-21所示，材质球效果如图17-22所示。

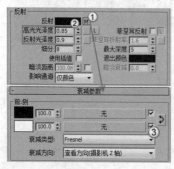

图17-21

图17-22

17.3.3 木纹材质

在"材质编辑器中"新建一个VRayMtl材质球，参数设置如图17-23所示，材质球效果如图17-24所示。

设置步骤

① 在"漫反射"贴图通道中加载一张木纹贴图。

② 在"反射"贴图通道中加载一张"衰减"程序贴图，设置"侧"通道的颜色为（红:50，绿:50，蓝:50），再设置"衰减类型"为Fresnel。

③ 设置"高光光泽度"为0.85，"反射光泽度"为0.9，"细分"为12，"最大深度"为3。

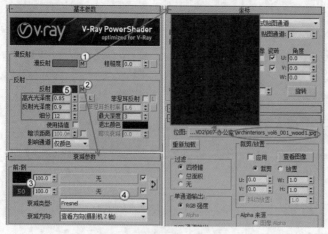

图17-23

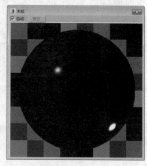

图17-24

17.3.4 皮材质

皮材质在生活中常用于表现沙发和坐垫等，读者一定要掌握其设置方法。

01 新建一个VRayMtl材质球，展开"基本参数"卷展栏，参数设置如图17-25所示。

设置步骤

① 设置"漫反射"的颜色为（红:8，绿:6，蓝:5）。

② 设置"反射"的颜色为（红:35，绿:35，蓝:35），设置"高光光泽度"为0.6，"反射光泽度"为0.7，"细分"为15，"最大深度"为3。

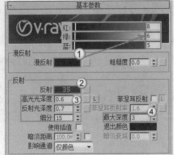

图17-25

02 打开"贴图"卷展栏，在"凹凸"贴图通道中加载一张模拟皮材质凹凸的位图，设置"凹凸"的强度为15，如图17-26所示，材质球效果如图17-27所示。

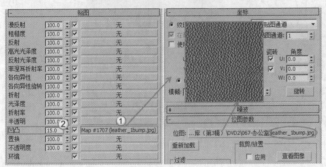

图17-26

图17-27

17.3.5 不锈钢材质

新建一个VRayMtl材质球，参数设置如图17-28所示，材质球效果如图17-29所示。

设置步骤

①设置"漫反射"颜色为（红:0，绿:0，蓝:0）。

②设置"反射"颜色为（红:190，绿:190，蓝:190），设置"高光光泽度"为0.87，"反射光泽度"为0.9，"细分"为15，"最大深度"为3。

图17-28

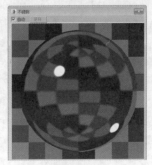

图17-29

17.3.6 塑料材质

`01` 新建一个VRayMtl材质球，展开"基本参数"卷展栏，其参数设置如图17-30所示。

设置步骤

① 在"漫反射"贴图通道中加载一张模拟塑料的位图。

② 设置"反射"颜色为（红:8，绿:8，蓝:8），设置"高光光泽度"为0.8，"反射光泽度"为0.85，"最大深度"为3。

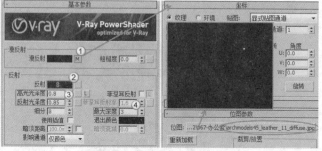

图17-30

`02` 打开"贴图"卷展栏，将"漫反射"贴图通道中的贴图拖曳到"凹凸"贴图中，设置"凹凸"的强度为8，如图17-31所示，材质球效果如图17-32所示。

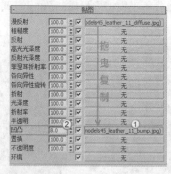

图17-31   图17-32

17.4 布置灯光

本场景虽然空间面积不大，但是设计比较精致，为了表达一种清爽、高贵的气氛，此处采用纯自然光来进行照明，营造出一种柔和的日光效果。

17.4.1 设置测试参数

按F10键打开"渲染设置"对话框，在"全局开关"卷展栏中设置"默认灯光"为"关"，取消勾选"光泽效果"和"覆盖材质"选项，其他参数保持不变，如图17-33所示。其他卷展栏的参数保持"检查模型"时的设置不变。

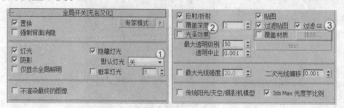

提示

这里千万不要忘记取消对窗玻璃的隐藏。

图17-33

17.4.2 窗户外景的设定

01 在顶视图中建立一个弧形面片作为外景模型，位置如图17-34和图17-35所示。

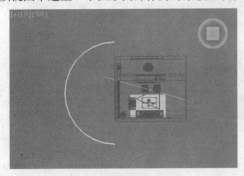

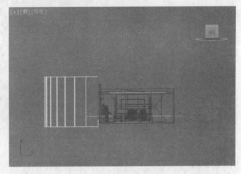

图17-34　　　　　　　　　　　　　　　　图17-35

02 新建一个"VRay灯光材质"材质球，在颜色通道中添加一张外景贴图，如图17-36所示，材质球效果如图17-37所示。

图17-36　　　　　　　　　　　　　　　　图17-37

17.4.3 设置灯光

同样，在布置场景灯光之前，一定要删除在"检查模型"时创建的照明灯光。

1.模拟天光

01 在"创建面板"中选择"VRay灯光"，在场景中的窗户处创建一盏VRay的"平面"灯光，用来作为本场景的天光照明，位置如图17-38和图17-39所示。

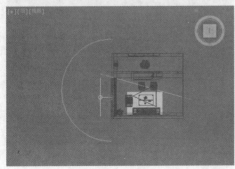

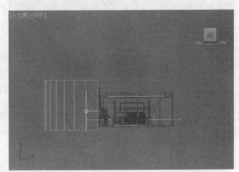

图17-38　　　　　　　　　　　　　　　　图17-39

02 选中创建的灯光，设置"倍增"为12，设置颜色为（红:135，绿:191，蓝:255），调整"大小"为合适尺寸，勾选"不可见"选项，如图17-40所示。

图17-40

03 按F9键对场景进行一次渲染，结果如图17-41所示。

图17-41

2.模拟室内灯

从测试的结果来看，整个画面亮度合适，但是缺乏层次，这里可以考虑将室内台灯打亮作为点缀，通过对场景的观察，室内灯光包含装饰筒灯、灯带和天花板灯这3种室内灯光。

01 在场景中创建一盏"目标灯光"，以"实例"的方式复制6盏，然后将其分别平移到每个灯筒处，灯光在场景中的位置如图17-42和图17-43所示。

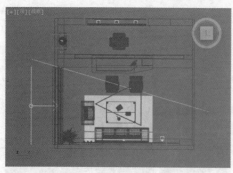

图17-42

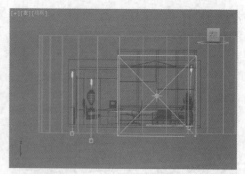

图17-43

02 选中其中一盏"目标灯光"并对其进行设置，参数设置如图17-44所示。

设置步骤

① 启用"阴影"选项，设置阴影类型为"VRay阴影"，选择"灯光分布（类型）"为"光度学Web"。

② 在"分布（光度学Web）"卷展栏中加载一个"鱼尾巴.ies"光域网文件。

③ 在"强度/颜色/衰减"卷展栏中设置颜色为（红:255，绿:214，蓝:155），"强度"为2000。

03 按F9键对场景进行渲染，渲染结果如图17-45所示，场景中的筒灯使灯效有了一定的层次感。

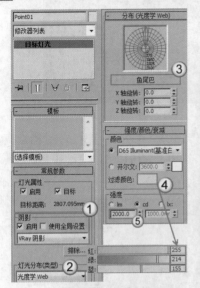

图17-44

图17-45

04 在场景中天花板的灯处创建一盏VRay的"平面"灯，灯光在场景中的位置如图17-46和图17-47所示。

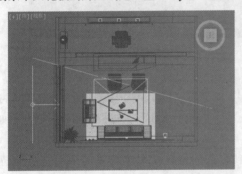

图17-46

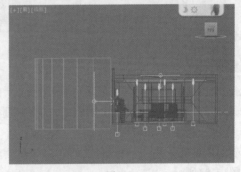

图17-47

05 选中上一步创建的灯光，设置"倍增"为5，调整灯光的"颜色"为（红:175，绿:213，蓝:255），然后在场景中根据天花板灯模型的大小调整灯光的大小，最后勾选"不可见"选项，如图17-48所示。

图17-48

06 在场景中的灯带处创建一盏VRay的"平面"灯，灯光在场景中的位置如图17-49和图17-50所示。

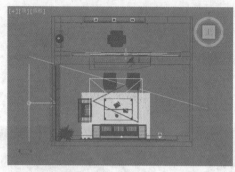

图17-49　　　　　　　　　　　图17-50

07 选中上一步创建的灯光，设置"倍增"为13，设置"颜色"为（红:255，绿:201，蓝:125），然后调整灯光的大小，最后勾选"不可见"选项，并取消勾选"影响反射"选项，如图17-51所示。

08 设置完所有室内灯光后，按F9键对场景进行渲染，效果如图17-52所示。

图17-51　　　　　　　　　　　图17-52

3.模拟阳光

从这次的渲染结果来看，通过暖色调灯光的点缀，画面有了层次感，但室内的气氛还是太冷，给人一种比较疏远的感觉，在前面一个案例中，采用的是通过"VRay太阳"来模拟太阳，下面介绍如何通过"目标平行光"来模拟太阳光。

01 在场景中创建一盏"目标平行光"，将其放到合适的位置模拟本场景的阳光，具体位置如图17-53和图17-54所示。

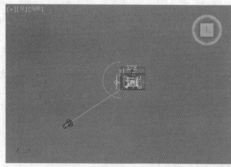
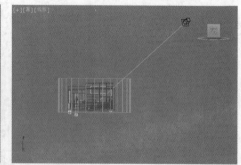

图17-53　　　　　　　　　　　图17-54

02 选中上一步创建的灯光，其参数设置如图17-55所示。

设置步骤

① 展开"常规参数"卷展栏，勾选"启用"选项，设置阴影类型为"VRay阴影"。

② 展开"强度/颜色/衰减"卷展栏，设置"倍增"为1.5，颜色为（红:255，绿:234，蓝:205）。

③ 展开"平行光参数"卷展栏，设置"聚光区/光束"为7000mm，"衰减区/区域"为8000，勾选"矩形"选

项，设置"纵横比"为1。

④ 展开"VRay阴影参数"卷展栏，勾选"区域阴影"选项，设置类型为"长方体"，设置"U大小"为1000mm，"V大小"为500mm和"W大小"为500mm。

03 按F9键对场景进行渲染，渲染结果如图17-56所示，此时的效果相对于前面变化并不大，我们可以通过后期处理来完成对色调的优化。

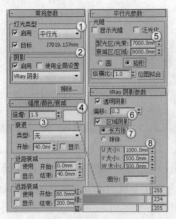

图17-55　　　　　　　　　　　　　　　　　　　图17-56

17.5　渲染输出

灯光布置完成后，就要开始设置合理的渲染参数，以渲染出真实、细腻的效果图。

01 按F10键打开"渲染设置"对话框，在"公用"选项卡中设置"输出大小"的"宽度"为1000，"高度"为625，如图17-57所示。

02 切换到V-Ray选项卡，打开"全局开关"卷展栏，设置"默认灯光"为"关"，然后勾选"光泽效果"选项，设置"二次光线偏移"为0.001，如图17-58所示。

图17-57　　　　　　　　　　　　　　　图17-58

03 打开"图像采样器（抗锯齿）"卷展栏，设置"类型"为"自适应"，勾选"图像过滤器"选项，设置"过滤器"为"Mitchell-Netravali"，如图17-59所示。

04 打开"自适应图像采样器"卷展栏，设置"最小细分"为1，"最大细分"为4，如图17-60所示。

05 切换到GI选项卡，在"全局照明"卷展栏中设置"首次引擎"为"发光图"，"二次引擎"为"灯光缓存"，如图17-61所示。

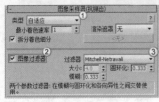

图17-59　　　　　　　　图17-60　　　　　　　　图17-61

06 打开"发光图"卷展栏，设置"当前预设"为"中"，"细分"为50，勾选"显示计算相位"选项，如图17-62所示。

07 打开"灯光缓存"卷展栏，设置"细分"为1200，"预滤器"为100，勾选"存储直接光"和"显示计算相位"选项，如图17-63所示。

08 切换至"设置"选项卡，在"全局确定性蒙特卡洛"卷展栏中设置"自适应数量"为0.8，"噪波阈值"为0.005，"最小采样"为16，如图17-64所示。

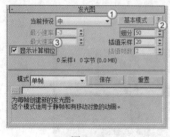

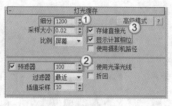

图17-62   图17-63   图17-64

09 在布置灯光时，为了使渲染速度尽可能的快，在灯光参数设置中均未设置"采样"选项组中的细分，所以在这里统一对其进行设置，将所有"VRay灯光"的采样"细分"设置为16，如图17-65所示。

10 其他参数保持默认设置，然后渲染出图，最后得到的成图效果如图17-66所示。

图17-65   图17-66

17.6 Photoshop后期处理

从最终的渲染结果来看，整体效果不错，在后期阶段不用做过多的处理，简单调试一下即可。

01 使用Photoshop打开渲染完成的图像，如图17-67所示。

图17-67

02 使用"曲线"命令把画面提亮一点，在"曲线"上创建一个点，将点的"输出"值设置为47，点的

"输入"值设置为31，如图17-68所示，调节后的效果如图17-69所示，现在的效果看起来很有空气感，只是有些地方的暖色稍微有点过了。

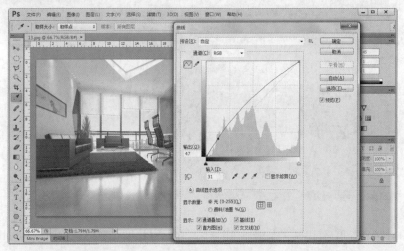

图17-68

图17-69

03 执行"图像>调整>照片滤镜"菜单命令，在弹出的"照片滤镜"对话框内把"滤镜"改为"冷却滤镜（82）"，设置"浓度"值为5%，如图17-70所示，调整后的效果如图17-71所示。

图17-70

图17-71

04 执行"图像>调整>亮度/对比度"菜单命令打开"亮度/对比度"对话框，调整其对比度为25，如图17-72所示。

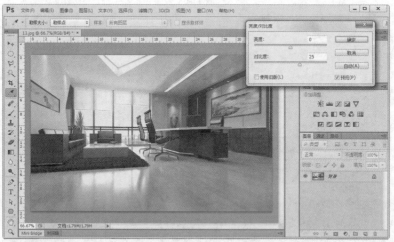

图17-72

05 调整完成后的最终效果如图17-73所示。

图17-73